“十三五”江苏省高等学校重点教材（编号：2020-2-251）

数 学 分 析

（第三册）

张福保　薛星美　主编

科学出版社

北 京

内 容 简 介

本教材的前两册涵盖了通常的"高等数学"和"工科数学分析"的内容,同时注重数学思想的传递、数学理论的延展、科学方法的掌握等. 第三册则是在现代分析学的高观点与框架下编写的,不仅开阔了学生的视野,让学生尽早领略现代数学的魅力,而且做到了与传统的数学分析内容有机融合. 将实数连续性理论、一致连续性与一致收敛性理论、可积性理论等较难的概念在不同场景、不同层次和不同要求下多次呈现、螺旋式上升,使其更加容易被初学者接受. 本教材注重数学史、背景知识的介绍与概念的引入,可读性强. 习题分成三类,A 类是基本题,B 类是提高题,C 类是讨论题和拓展题,同时每章还配有总练习题(第三册除外).

本教材可作为数学和统计学各专业、理工科大类各专业的"数学分析"课程的教材,其中前两册也可单独作为"高等数学"与"工科数学分析"的教材.

图书在版编目(CIP)数据

数学分析 / 张福保, 薛星美主编. —北京: 科学出版社, 2022.8
"十三五" 江苏省高等学校重点教材
ISBN 978-7-03-072792-3

Ⅰ. ①数… Ⅱ. ①张… ②薛… Ⅲ. ①数学分析–高等学校–教材 Ⅳ. ①O17

中国版本图书馆 CIP 数据核字(2022)第 138098 号

责任编辑: 许 蕾 曾佳佳 / 责任校对: 杨聪敏
责任印制: 张 伟 / 封面设计: 许 瑞

科 学 出 版 社 出版
北京东黄城根北街 16 号
邮政编码: 100717
http://www.sciencep.com

北京建宏印刷有限公司 印刷
科学出版社发行 各地新华书店经销
*
2022 年 8 月第 一 版 开本: 787 × 1092 1/16
2022 年 8 月第一次印刷 印张: 46 1/4
字数: 1096 000
定价: **179.00 元 (全 3 册)**
(如有印装质量问题, 我社负责调换)

目　　录

第 17 章　实数的连续性 · 507

§17.1　可数集和不可数集 · 507

§17.1.1　有限集和无穷集 · 507

§17.1.2　可数集和不可数集 · 508

§17.1.3　集列的上极限和下极限 * · 509

§17.2　实数集的连续性 · 511

§17.2.1　有序域 · 512

§17.2.2　实数域 · 514

§17.2.3　实数连续性命题的等价性 · 517

§17.2.4　实数连续性命题的应用 · 519

§17.3　数列的上极限与下极限 · 522

§17.3.1　数列的上极限与下极限的定义 · · · · · · · · · · · · · · · · · · 522

§17.3.2　上极限与下极限的运算性质 · 525

§17.3.3　上极限和下极限的等价定义 * · · · · · · · · · · · · · · · · · · · 529

§17.4　数项级数 (续) · 531

§17.4.1　数项级数的 Abel-Dirichlet 判别法的证明 · · · · · · · · 531

§17.4.2　上极限与下极限在级数中的应用 · · · · · · · · · · · · · · · · 533

§17.4.3　绝对收敛级数的性质 · 537

§17.4.4　Hölder 不等式与 Minkowski 不等式 · · · · · · · · · · · · 542

§17.5　无穷乘积 · 546

§17.5.1　无穷乘积的定义 · 546

§17.5.2　无穷乘积的性质 · 549

§17.5.3　无穷乘积与无穷级数的转化 · 550

§17.5.4　无穷乘积的绝对收敛 · 551

第 18 章　度量空间与赋范空间 · 555

§18.1　度量空间 · 555

§18.1.1　度量空间的定义 · 555

§18.1.2　度量空间中的收敛性与完备性 · · · · · · · · · · · · · · · · · · 556

§18.1.3　度量空间中的开集和闭集 · 558

§18.2　赋范空间与内积空间 · 562

§18.2.1　实线性空间 · 562

§18.2.2　赋范空间与 Banach 空间 · 564

§18.2.3　内积空间 · 565

§18.3　赋范空间上的有界线性算子 ·· 568

　　§18.3.1　线性空间上的线性算子 ·· 568

　　§18.3.2　赋范空间上的有界线性算子 ·· 569

　　§18.3.3　有限维空间上的线性算子 ·· 572

　　§18.3.4　$\mathbb{R}^n$ 上的线性算子 ·· 572

第 19 章　度量空间上的连续映射 ·· 576

　§19.1　度量空间上的连续映射与 Banach 压缩映像原理 ···························· 576

　　§19.1.1　度量空间上的连续映射 ·· 576

　　§19.1.2　赋范空间上线性算子的连续性与有界性 ·································· 579

　　§19.1.3　Banach 压缩映像原理 ··· 579

　§19.2　紧集与连通集上连续映射的性质 ·· 582

　　§19.2.1　度量空间中的紧性与列紧性 ·· 583

　　§19.2.2　度量空间中的连通性 ·· 585

　　§19.2.3　紧集和连通集上连续映射的性质 ·· 586

　§19.3　度量空间中映射列的一致收敛性 ·· 589

　　§19.3.1　映射列的收敛与一致收敛性 ·· 589

　　§19.3.2　度量空间上的函数项级数的一致收敛性 ·································· 591

　　§19.3.3　度量空间上函数集的等度连续性与函数列的一致收敛性 * ··············· 595

　　§19.3.4　Stone-Weierstrass 定理 * ··· 597

第 20 章　微分学 ·· 602

　§20.1　可微性 ·· 602

　　§20.1.1　赋范空间上映射的可微性 ·· 602

　　§20.1.2　可微映射的有限增量定理 ·· 605

　　§20.1.3　$\mathbb{R}^n$ 上向量值函数的可偏导与 Jacobi 矩阵 $f'(a)$ ········· 607

　　§20.1.4　$\mathbb{R}^n$ 上多元函数的 Taylor 公式 ···························· 610

　§20.2　逆映射定理和隐函数定理 ·· 615

　　§20.2.1　逆映射定理 ·· 615

　　§20.2.2　隐函数定理 ·· 617

　§20.3　条件极值与条件最值 (续) ··· 621

　　§20.3.1　条件极值与 Lagrange 乘数法 ·· 621

　　§20.3.2　条件极值的充分条件 ·· 623

　　§20.3.3　条件最值 ·· 624

第 21 章　积分学 ·· 629

　§21.1　Riemann 积分的可积性理论 ·· 629

　　§21.1.1　Darboux 和及其性质 ·· 629

　　§21.1.2　可积的充要条件 ·· 632

　　§21.1.3　定积分的性质 (续) ··· 636

　　§21.1.4　广义微积分基本定理 ·· 644

§21.2　反常重积分 ·· 649

　§21.2.1　反常重积分的定义 ··· 649

　§21.2.2　反常二重积分的性质与敛散性判别 ····························· 651

　§21.2.3　反常二重积分的计算 ·· 658

§21.3　Riemann-Stieltjes 积分简介 * ·· 662

　§21.3.1　Riemann-Stieltjes 积分的定义 ··································· 663

　§21.3.2　Riemann-Stieltjes 积分的可积性 ································· 664

　§21.3.3　Riemann-Stieltjes 积分性质 ····································· 667

第 22 章　含参变量积分 ··· 671

§22.1　含参变量的常义积分 ··· 671

　§22.1.1　含参变量积分的概念 ·· 671

　§22.1.2　含参变量的常义积分所定义的函数的分析性质 ················· 672

§22.2　含参变量反常积分 ··· 679

　§22.2.1　含参变量的反常积分的一致收敛性 ····························· 680

　§22.2.2　含参变量反常积分一致收敛性的判别 ·························· 681

　§22.2.3　一致收敛反常积分的分析性质 ··································· 687

§22.3　Euler 积分 ·· 698

　§22.3.1　Beta 函数 ··· 698

　§22.3.2　Gamma 函数 ··· 700

　§22.3.3　Beta 函数与 Gamma 函数的关系 ································ 704

　§22.3.4　Legendre 公式、余元公式和 Stirling 公式 ····················· 706

参考文献 ·· 709

索引 ··· 710

扫码查看"附录　习题参考答案"

第 17 章 实数的连续性

§17.1 可数集和不可数集

我们在第 1 章已经学习了集合和映射的概念, 以及集合的运算和映射的性质等. 集合可以分为有限集和无穷集, 而无穷集又可以分为可数集和不可数集.

自然数集 N, 正整数集 N^+, 整数集 Z, 有理数集 Q, 实数集 R 都是常见的无穷集合, 其中 N, N^+, Z, Q 都是可数集.

§17.1.1 有限集和无穷集

自然数起源于计数, 是人类最早认识的数, 也是我们最为熟悉的数. 自然数集 N 不是一个有限集, 而是一个无穷集, 但这个无穷集有一个很基本而重要的性质, 称为 "良序", 即 N 中的任意两个元素都可以比较大小, 且它的每个子集 S 都有最小元, 亦即对每个 $S \subset N$, 必存在 $n_0 \in S$, 使 $\forall m \in S$, 有 $n_0 \leqslant m$. 自然数集的 "良序" 性质是数学归纳法的基础. 但显然整数集 Z 和有理数集 Q 都不具备这样的 "良序" 性质.

若集合 A, B 满足: 存在双射 $f : A \to B$, 则称集合 A, B 是**对等** (equipotent) 的, 记为 $A \sim B$. 这时称集合 A, B 具有相同的**基数** (cardinality)(或**势**), 记为 $\overline{\overline{A}} = \overline{\overline{B}}$. 同时, 若 A 与 B 的某一子集对等, 则称 A 的基数不大于 B 的基数, 即 $\overline{\overline{A}} \leqslant \overline{\overline{B}}$; 若 $\overline{\overline{A}} \leqslant \overline{\overline{B}}$, 且 $\overline{\overline{A}} \neq \overline{\overline{B}}$, 则称 A 的基数小于 B 的基数, 即 $\overline{\overline{A}} < \overline{\overline{B}}$.

若某一集合是有限集, 那么其元素个数 (即基数) 是非负整数, 我们通过 "数" 其元素的个数, 就很容易区分不同集合的元素的多少. 但对于无穷集而言, 我们是用有限集的否定来定义无穷集的, 我们没有办法通过 "数" 其元素的个数来比较其元素的多少, 因此无穷与有限具有本质的区别.

Hilbert 曾经说过: "没有任何问题可以像无穷那样深深地触动人的情感, 很少有别的观念能像无穷那样激励理智产生富有成果的思想, 然而也没有任何其他的概念能像无穷那样需要加以阐明". "数学是无穷的科学, 数学也是唯一能研究无穷的科学". 从 "有限" 到 "无穷" 的跨越, 也标志着数学由初等数学时期进入了高等数学时代.

那么, 无穷集与有限集本质的区别是什么呢? 若集合 A 是有限集, 且 B 是 A 的真子集, 则 $\overline{\overline{A}} > \overline{\overline{B}}$. 那么无穷集是否具有这样的性质呢? 我们知道自然数集 N 和整数集 Z 都是可数集, 且 N 是 Z 的真子集, 但 $\overline{\overline{N}} = \overline{\overline{Z}}$. 事实上, 这正是无穷集的特征性质. 下面我们给出集合是无穷集的充要条件.

定理 17.1.1 集合 A 是无穷集的充要条件是存在 A 的真子集 $\tilde{A}$ 与 A 对等.

证明 因为两个有限集合对等的充要条件是元素个数 (即基数) 相等, 因此充分性显然成立. 下面证明必要性.

　　任取 $a_1 \in A$, 则 $A\backslash\{a_1\}$ 仍然是无穷集, 取 $a_2 \in A\backslash\{a_1\}$, 而 $A\backslash\{a_1, a_2\}$ 仍然是无穷集, 取 $a_3 \in A\backslash\{a_1, a_2\}$, 这样下去就得到一列互异的元 $\{a_1, a_2, \cdots, a_n, \cdots\} \subset A$, 因此任意无穷集一定包含一个可数子集.

　　记 $\tilde{A} = A\backslash\{a_1\}$, 定义 A 到 $\tilde{A}$ 的映射:

$$f(x) = \begin{cases} a_{n+1}, & x = a_n, n = 1, 2, \cdots, \\ x, & x \in A\backslash\{a_1, a_2, \cdots\}, \end{cases}$$

则映射 f 是双射, 从而 A 与其真子集 $\tilde{A}$ 对等. 　　　　　　　　　　　□

　　Dedekind(戴德金, 1831~1916) 曾建议利用上面的结论来定义有限集和无穷集, 即若一个集合不会与自己的任意真子集对等, 则称之为有限集; 若集合与自己的某一个真子集对等, 则称之为无穷集.

§17.1.2　可数集和不可数集

　　与自然数集 N 对等的集合, 称其为可数集 (countable set)(或可列集). 可数集的基数记为 $\aleph_0$(读作阿列夫零).

　　自然数集 N 与正整数集 N^+ 具有相同的基数, 因为我们可以建立 N 与 N^+ 之间的一一对应如下:

$$f: N \to N^+, i \to i + 1, i \in N.$$

易见, 偶数集、奇数集都是可数集. 进一步, 可以证明, 可数集的每一个无穷子集都是可数集.

　　设 A 是可数集, 则正整数集 N^+ 与 A 之间存在双射 f, 则 $A = \{f(1), \cdots, f(n), \cdots\}$, 即可以将 A 进行"排队", 据此, 我们也经常将可数集称为可列集; 反之, 若 A 中的元素可以"排队", 即可以写成 $A = \{x_1, \cdots, x_n, \cdots\}$, 则这个排序就定义了双射 $f: N^+ \to A$ 为 $f(n) = x_n$, 即 A 是可数集.

　　对于有限集合而言, 其"基数"就是元素的个数, 而且两个有限集对等的充要条件是元素个数相同, 而由定理 17.1.1的证明过程知: 任意无穷集一定包含一个可数子集, 因此可数集是基数"最小"的无穷集, 那么是否所有的无穷集都是可数集呢? 或者说: 是否所有的无穷集都和自然数对等呢?

　　定理 17.1.2　设集合 A 非空, 则 A 的所有子集构成的集合 M(也称之为 A 的**幂集** (power set), 记为 2^A) 与 A 不是对等的.

　　证明　假设集合 M 与 A 对等, 则存在双射 $f: A \to M$. 设 $B = \{x \in A: x \notin f(x)\}$, 则 B 是 A 的子集, 从而存在 $y \in A$, 使得 $f(y) = B$.

　　如果 $y \in f(y)$, 即 $y \in B$, 而由 B 的定义知, $y \notin f(y)$, 矛盾; 如果 $y \notin f(y)$, 则由 B 的定义知, $y \in B$, 与 $f(y) = B$ 矛盾. 因此结论成立. 　　　　　　　　　　□

　　根据定理 17.1.2, 可数集的幂集的基数一定不等于 $\aleph_0$, 从而大于 $\aleph_0$, 即一定存在不是可数集的无穷集 (即不可数集 (uncountable test)). 不仅如此, 而且对任意一个集合, 一定存在比它基数更大的集合, 即基数没有最大, 只有更大.

　　在第 1 章中, 我们知道: 可数个可数集的并是可数的; 有限个可数集的 Descartes 乘积是可数的.

例 17.1.1 可数集的有限子集的全体组成的集合是可数的.

证明 设集合 A 是可数集, 则对任意的自然数 n, 记 A 的元素个数为 n 的子集的全体组成的集合为 B_n, 则 B_n 在 $n \geqslant 1$ 时一定是无穷集.

若 $n = 0$, B_n 含有一个元: 空集 $\varnothing$.

若 $n = 1$, B_n 与 A 对等, 因此 B_1 可数.

若 $n > 1$ 时, 因为 A 是可数集, 则 n 个 A 的 Descartes 乘积 $A^n \doteq \underbrace{A \times A \times \cdots \times A}_{n}$ 是可数的, 定义映射 $f: B_n \to A^n$ 为: $f(\{x_1, x_2, \cdots, x_n\}) = (x_1, x_2, \cdots, x_n)$, 则 f 是单射. 因为 $f(B_n)$ 是 A^n 的子集, 因此 $f(B_n)$ 至多可数, 则由 B_n 与 $f(B_n)$ 对等知 B_n 至多可数, 又因为 B_n 是无穷集, 则一定是可数集.

因为可数个可数集的并一定可数, 因此 A 的有限子集的全体组成的集合是可数的. □

由定理 17.1.2 和例 17.1.1 知, 可数集的可数子集的全体一定是不可数的.

下面我们给出集合论中非常著名的 Zermelo(策梅洛, 1871~1953) 选择公理, 这个公理是为了解决集合基数的比较问题而提出的, 而且它和 Zorn(佐恩, 1906~1993) 引理是等价的.

Zermelo 选择公理: 设 $\mathcal{S} = \{M\}$ 是一族两两不相交的非空集, 那么存在集合 $\mathcal{L}$, 满足以下两个条件:

(1) $\mathcal{L} \subset \bigcup\limits_{M \in \mathcal{S}} M$,

(2) 集合 $\mathcal{L}$ 与 $\mathcal{S}$ 中每一个集 M 有且只有一个公共元.

§17.1.3 集列的上极限和下极限 *

本小节我们讨论集合列的运算: 上极限和下极限.

定义 17.1.1 设 $A_1, A_2, \cdots, A_n, \cdots$ 是一列集合. 由属于集列 $\{A_n\}$ 中无穷多个集合的元素的全体组成的集合称为集列 $\{A_n\}$ 的**上极限** (upper limit), 记为 $\varlimsup\limits_{n \to \infty} A_n$ 或 $\limsup\limits_{n \to \infty} A_n$, 即

$$\varlimsup_{n \to \infty} A_n = \{x : \forall n \in \mathbb{N}^+, \exists m > n, x \in A_m\}.$$

由属于集列 $\{A_n\}$ 中除有限多个集合外的所有集合的元素全体组成的集合称为集列 $\{A_n\}$ 的**下极限** (lower limit), 记为 $\varliminf\limits_{n \to \infty} A_n$ 或 $\liminf\limits_{n \to \infty} A_n$, 即

$$\varliminf_{n \to \infty} A_n = \{x : \exists n \in \mathbb{N}^+, \forall m > n, x \in A_m\}.$$

若 $\varlimsup\limits_{n \to \infty} A_n = \varliminf\limits_{n \to \infty} A_n$, 则称集列 $\{A_n\}$ 收敛, 记为 $\lim\limits_{n \to \infty} A_n = \varliminf\limits_{n \to \infty} A_n$.

根据定义, 集列的上极限和下极限与集列中的任意有限多个集合无关, 且

$$\bigcap_{n=1}^{\infty} A_n \subset \varliminf_{n \to \infty} A_n \subset \varlimsup_{n \to \infty} A_n \subset \bigcup_{n=1}^{\infty} A_n.$$

例 17.1.2 设 $A_n = \left[0, 1 + \dfrac{1}{n}\right]$, 则由定义可知

$$\lim_{n \to \infty} A_n = \varlimsup_{n \to \infty} A_n = \varliminf_{n \to \infty} A_n = [0, 1].$$

例 17.1.3 设 $A_{2n+1} = \left[0, 2 - \dfrac{1}{2n+1}\right]$, $A_{2n} = \left[0, 1 + \dfrac{1}{2n}\right]$. 若 $x < 0$ 或 $x \geqslant 2$, 则 x 不在任意的 A_n 中; 若 $x \in [0,1]$, 则 x 在所有的 A_n 中; 若 $x \in (1, 2)$, 则 n 充分大后, x 在 A_{2n+1} 中, 但不在 A_{2n} 中. 因此

$$\overline{\lim_{n \to \infty}} A_n = [0, 2), \quad \varliminf_{n \to \infty} A_n = [0, 1].$$

用定义计算集列的上极限和下极限比较困难, 下面给出集列上极限和下极限的等价定义 (充要条件).

定理 17.1.3 设 $A_1, A_2, \cdots, A_n, \cdots$ 是一列集合, 则

(1) $\displaystyle \overline{\lim_{n \to \infty}} A_n = \bigcap_{n=1}^{\infty} \bigcup_{m=n}^{\infty} A_m$;

(2) $\displaystyle \varliminf_{n \to \infty} A_n = \bigcup_{n=1}^{\infty} \bigcap_{m=n}^{\infty} A_m$.

证明 我们只证明 (1).

对任意的 $x \in \overline{\lim\limits_{n \to \infty}} A_n$, 由定义知, 对任意 n, 存在 $k \geqslant n$, 使得 $x \in A_k$, 则 $x \in \bigcup\limits_{m=n}^{\infty} A_m$, 因此 $x \in \bigcap\limits_{n=1}^{\infty} \bigcup\limits_{m=n}^{\infty} A_m$, 则

$$\overline{\lim_{n \to \infty}} A_n \subset \bigcap_{n=1}^{\infty} \bigcup_{m=n}^{\infty} A_m.$$

另一方面, 对任意的 $x \in \bigcap\limits_{n=1}^{\infty} \bigcup\limits_{m=n}^{\infty} A_m$, 则对任意 n, 有 $x \in \bigcup\limits_{m=n}^{\infty} A_m$, 即存在 $k \geqslant n$, 使得 $x \in A_k$, 从而 $x \in \overline{\lim\limits_{n \to \infty}} A_n$. 故

$$\overline{\lim_{n \to \infty}} A_n \supset \bigcap_{n=1}^{\infty} \bigcup_{m=n}^{\infty} A_m.$$

因此 (1) 成立.   □

利用上面结论, 再次讨论例 17.1.3: 对任意的 n, 有

$$\bigcup_{m=n}^{\infty} A_m = [0, 2), \quad \bigcap_{m=n}^{\infty} A_m = [0, 1],$$

则易见

$$\overline{\lim_{n \to \infty}} A_n = [0, 2), \quad \varliminf_{n \to \infty} A_n = [0, 1].$$

定理 17.1.4 (1) 设 $\{A_n\}$ 是渐张集列, 即 $A_n \subset A_{n+1}, n = 1, 2, \cdots$, 则

$$\lim_{n \to \infty} A_n = \bigcup_{n=1}^{\infty} A_n,$$

(2) 设 $\{A_n\}$ 是渐缩集列, 即 $A_n \supset A_{n+1}, n = 1, 2, \cdots$, 则

$$\lim_{n \to \infty} A_n = \bigcap_{n=1}^{\infty} A_n.$$

证明 我们只证明 (1).

由 $\{A_n\}$ 渐张知 $\bigcap\limits_{m=n}^{\infty} A_m = A_n$. 因此, 由定理 17.1.3(2) 得

$$\lim_{n\to\infty} A_n = \bigcup_{n=1}^{\infty}\bigcap_{m=n}^{\infty} A_m = \bigcup_{n=1}^{\infty} A_n.$$

又对任意的自然数 n, $A_n \subset \bigcup_{n=1}^{\infty} A_n$, 则

$$\overline{\lim_{n\to\infty}} A_n \subset \bigcup_{n=1}^{\infty} A_n = \underline{\lim_{n\to\infty}} A_n.$$

因此 (1) 成立. □

习题 17.1

A1. 设 A, B, C, D 是集合, 证明:

$$(A\cup C)\backslash(B\cup D) \subset (A\backslash B)\cup(C\backslash D) \subset (A\cup C)\backslash(B\cap D).$$

并举例说明, 等式不一定成立.

A2. 设映射 $f: X \to Y$, $A, B \subset X$, $C, D \subset Y$, 证明:

(1) $f(A\cup B) = f(A)\cup f(B)$;   (2) $f^{-1}(C\cup D) = f^{-1}(C)\cup f^{-1}(D)$;

(3) $f(A\cap B) \subset f(A)\cap f(B)$;   (4) $f^{-1}(C\cap D) = f^{-1}(C)\cap f^{-1}(D)$.

并举例说明 (3) 中等式不一定成立.

A3. 设映射 $f: X \to Y$, $A \subset X$, $D \subset Y$, 证明:

(1) $f(f^{-1}(D)) \subset D$;   (2) $f^{-1}(f(A)) \supset A$;   (3) $f^{-1}(D^C) = (f^{-1}(D))^C$.

并举例说明 (1)(2) 中等式不一定成立.

A4. 设映射 $f: X \to Y$, $A_n \subset X$, $D_n \subset Y$, $n = 1, 2, \cdots$, 证明:

(1) $f\left(\bigcup_{n=1}^{\infty} A_n\right) = \bigcup_{n=1}^{\infty} f(A_n)$;   (2) $f\left(\bigcap_{n=1}^{\infty} A_n\right) \subset \bigcap_{n=1}^{\infty} f(A_n)$;

(3) $f^{-1}\left(\bigcup_{n=1}^{\infty} D_n\right) = \bigcup_{n=1}^{\infty} f^{-1}(D_n)$;   (4) $f^{-1}\left(\bigcap_{n=1}^{\infty} D_n\right) = \bigcap_{n=1}^{\infty} f^{-1}(D_n)$.

并讨论何时 (2) 中等式成立.

A5. 设映射 $f: X \to Y$, 证明下列命题等价:

(1) f 是单射;

(2) 对任意的 $y \in Y$, 有 $f^{-1}(\{y\}) \subset X$ 是至多单点集;

(3) 对任意的 $A, B \subset X$, 有 $f(A\cap B) = f(A)\cap f(B)$;

(4) 对任意的 $A \subset X$, 有 $f^{-1}(f(A)) = A$.

A6. 设 $A_1, A_2, \cdots, A_n$ 均是可列集, 证明: $A_1 \times A_2 \times \cdots \times A_n$ 也是可列集.

A7. 设 $A = \{I_\alpha : \alpha \in \Lambda\}$ 是实数集 $\mathbb{R}$ 中非空且互不相交的开区间族, 证明: A 为至多可数集.

A8. 证明: 单调函数的间断点至多可数.

A9. 证明: 整系数多项式的全体是可数集.

A10. 我们称整系数多项式的实根是代数数 (algebraic number). 证明: 代数数的全体是可数集.

B11. 设 $A_{2n} = [0, 2n]\times\left[0, \dfrac{1}{2n}\right]$, $A_{2n-1} = \left[0, \dfrac{1}{2n-1}\right]\times[0, 2n-1]$, $n = 1, 2, \cdots$, 求 $\overline{\lim\limits_{n\to\infty}} A_n$, $\underline{\lim\limits_{n\to\infty}} A_n$.

B12. 证明: 定理 17.1.3(2) 和定理 17.1.4(2).

§17.2 实数集的连续性

微积分讨论的是实数集 $\mathbb{R}$ 和 Euclid 空间 $\mathbb{R}^n$ 上函数的性质. 连续, 导数 (微分) 以及积分等都是用极限定义的, 因此极限理论是微积分的基础. 而极限理论是建立在实数理论的

基础上的, 但在前面的学习中, 我们并没有给出实数集严格的定义, 而更多的是从几何的直观或朴素的无限小数的观点来理解实数集, 并从承认但并未证明的确界原理出发, 来展开极限理论的. 因此为了极限理论乃至整个微积分理论的严密性, 本节给出实数集的严格定义, 并系统地研究实数集的性质.

§17.2.1　有序域

从整数集出发, 我们可以非常简单地定义有理数集 $\mathbb{Q} = \left\{ \dfrac{n}{m} :$ 其中 m, n 是既约的整数, 且 $m > 0 \right\}$. 在有理数集中我们定义了四则运算和序关系, 使得有理数集 $\mathbb{Q}$ 成为有序的数域, 但是有理数集在极限运算下并不封闭 (即收敛的有理数列的极限不一定是有理数), 因此有理数集不能成为极限理论的基本数域. 那么作为微积分的基本数域的实数集是否一定对极限运算封闭呢? 在数学的发展历史中, 在严格的极限理论出现之前, 我们一直是用将实数集与实数轴一一对应这一直观的朴素的几何观点来理解实数集的, 但在微积分的严格化过程中, 这种朴素的观点受到了极大的挑战, 直到 Cantor 和 Dedekind 等的实数构造理论建立后, 这一问题才得到了初步解决.

从几何上来说, 实数集就是和实数轴一一对应的一个集合, 那么我们如何严格地定义实数集呢? 我们希望建立的实数集是有理数集的拓展, 是有四则运算和序关系的有序的数域, 且要满足极限运算的封闭性.

下面我们先来定义有序域.

定义 17.2.1　设 S 是非空集合, 在 S 中的两个元素间的关系 "$<$", 若满足:

(1) 对任意 $x, y \in S$, 则在 $x < y$, $x = y$, $y < x$ 三种关系必有且只有一种成立;

(2) 传递性, 即如果 $x < y$, $y < z$, 则 $x < z$,

则称 "$<$" 是集合 S 上的**序**, 这时称集合 S 是**有序集** (ordered set)(或称为全序集).

在有序集 S 中, 若 $x < y$, 也称 $y > x$; 若 $x < y$ 或 $x = y$, 则称 $x \leqslant y$ 或 $y \geqslant x$.

例如, 在自然数集 $\mathbb{N}$, 整数集 $\mathbb{Z}$, 有理数集 $\mathbb{Q}$ 中, 如果 $y - x > 0$, 则定义 $x < y$, 则这几个数集皆为有序集. 在集合 $\mathbb{Z} \times \mathbb{Z}$ 中按字典排序, 即对任意的: $(m_1, n_1), (m_2, n_2) \in \mathbb{Z} \times \mathbb{Z}$, 若 $m_1 < m_2$ 或 $m_1 = m_2$ 但 $n_1 < n_2$ 时, 定义 $(m_1, n_1) < (m_2, n_2)$, 则 $\mathbb{Z} \times \mathbb{Z}$ 是有序集.

下面我们给出有序集中上界和下界, 最大值和最小值以及上确界和下确界的定义.

定义 17.2.2　设 S 是有序集, $E \subset S$, 如果存在 $a \in S$, 使得对任意的 $x \in E$, 都有 $x \leqslant a$, 则称 a 是 E 的**上界** (upper bound), 这时称 E 是**有上界的**或**上有界** (bounded from above) 的;

如果存在 $b \in S$, 使得对任意的 $x \in E$, 都有 $x \geqslant b$, 则称 b 是 E 的**下界** (lower bound), 这时称 E 是**有下界的**或**下有界** (bounded from below) 的.

定义 17.2.3　设 S 是有序集, $E \subset S$. 如果存在 E 的上界 $a \in E$, 则称 a 是 E 的**最大值** (maximal), 记为 $a = \max E$; 如果存在 E 的下界 $b \in E$, 则称 b 是 E 的**最小值** (minimal), 记为 $b = \min E$.

定义 17.2.4　设 S 是有序集, $E \subset S$, 且 E 有上界. 如果存在 E 的上界 $a \in S$ 满足: 对任意的 $x < a$, x 不是 E 的上界, 则称 a 是 E 的**上确界** (supremum), 记为 $a = \sup E$;

若 $E \subset S$, 且 E 有下界. 如果存在 E 的下界 $b \in S$ 满足: 对任意的 $x > b$, x 不是 E

的下界, 则称 b 是 E 的**下确界** (infimum), 记为 $b = \inf E$.

显然, E 的上确界就是 E 的最小的上界, E 的下确界就是 E 的最大的下界; 而且, 集合 E 的最大值一定是 E 的上确界, E 的最小值一定是 E 的下确界. 易见, E 的上下确界如果存在, 则必是唯一的.

例 17.2.1 设 $E = \{x \in \mathbb{Q} : 0 < x < 1\}$, 则 $\sup E = 1, \inf E = 0$; 设 $F = \{x \in \mathbb{Q} : x^2 < 2\}$, 则集合 F 在有理数集中有上界, 也有下界, 但在有理数集中没有上下确界.

定义 17.2.5 若有序集 S 满足: 对任意的有上界的子集 $E \subset S$, 其上确界一定存在, 则称 S 是**有最小上界性** (least upper bound principle); 若有序集 S 满足: 对任意的有下界的子集 $E \subset S$, 其下确界一定存在, 则称 S 是**有最大下界性** (greatest lower bound principle).

整数集是既有最小上界性, 也有最大下界性的; 而例 17.2.1说明有理数集 $\mathbb{Q}$ 既没有最小上界性, 也没有最大下界性.

最小上界性和最大下界性是密切相关的, 事实上我们可以证明它们是等价的.

定理 17.2.1 有序集 S 有最小上界性的充要条件是 S 有最大下界性.

证明 我们只证明必要性, 充分性的证明是类似的. 假设有序集 S 有最小上界性.

设 $E \subset S$ 有下界, 记 E 的下界全体组成的集合为 F, 则 $F \neq \varnothing$. 任取 $y \in E$, 对任意的 $x \in F$, 因为 x 是 E 的下界, 则有 $y \geqslant x$ 成立, 因此 y 是 F 的上界, 即 F 有上界, 根据假设 F 有上确界, 记 $a = \sup F$.

若 $x < a$, 因为 $a = \sup F$, 则 x 不是 F 的上界, 从而 $x \notin E$. 因此对任意的 $x \in E$, 必有 $x \geqslant a$, 即 a 是 E 的下界, 从而 $a \in F$, 故 a 是 F 的最大值, 即 a 是 E 的最大的下界, 从而 $a = \inf E$. □

下面我们来定义 "域" 的概念.

定义 17.2.6 设 S 是非空集合, 如果在 S 上有两种运算, 分别是加法运算 "+" 和乘法运算 "·", 满足:

(A) **加法公理**

(1) (封闭性) 若 $x, y \in S$, 则 $x + y \in S$;

(2) (交换律) 对所有的 $x, y \in S$, 有 $x + y = y + x$;

(3) (结合律) 对所有的 $x, y, z \in S$, 有 $(x + y) + z = x + (y + z)$;

(4) (零元) S 含有零元 0, 使得对所有的 $x \in S$, 有 $x + 0 = x$;

(5) (负元) 对所有的 $x \in S$, 存在负元 $-x \in S$, 使得 $x + (-x) = 0$;

(B) **乘法公理**

(6) (封闭性) 若 $x, y \in S$, 则 $x \cdot y \in S$;

(7) (交换律) 对所有的 $x, y \in S$, 有 $x \cdot y = y \cdot x$;

(8) (结合律) 对所有的 $x, y, z \in S$, 有 $(x \cdot y) \cdot z = x \cdot (y \cdot z)$;

(9) (单位元) S 含有单位元 1, 使得对所有的 $x \in S$, 有 $1 \cdot x = x$;

(10) (逆元) 对所有的 $x \in S, x \neq 0$, 存在逆元 $\dfrac{1}{x} \in S$, 使得 $x \cdot \dfrac{1}{x} = 1$;

(C) **分配律**

(11) 对所有的 $x, y, z \in S$, 有 $x \cdot (y + z) = x \cdot y + x \cdot z$,

则称 S 是**域** (field). 如果 S 只满足 (1) $\sim$ (5), 则称 S 是 (加法) **交换群** (Abelian group).

简单来说, 域就是定义了四则运算且满足若干运算法则的集合. 显然, 在数的四则运算下, 整数集是交换群, 但不是域, 因为除了 1 以外, 其他非零元的逆元都不存在; 有理数集是域, 故我们经常称之为有理数域.

为简明起见, 我们将乘法运算 "$x \cdot y$" 简记为 "xy".

定义 17.2.7 设有序集 S 是域, 且满足:

(1) 如果 $x, y, z \in S$, 且 $x < y$, 则 $x + z < y + z$;

(2) 如果 $x, y \in S$, 且 $x, y > 0$, 则 $xy > 0$,

则称 S 是**有序域** (ordered field).

显然, 有理数集 $\mathbb{Q}$ 是有序域, 但复数域按字典排法形成的有序集在复数加法和乘法运算下不是有序域, 因为按字典排法: $1 + \mathrm{i} > 0, 1 + 2\mathrm{i} > 0, (1 + \mathrm{i})(1 + 2\mathrm{i}) = -1 + 3\mathrm{i} < 0$.

下面我们从有理数集 $\mathbb{Q}$ 出发, 来定义实数域.

§17.2.2　实数域

首先定义有理数域 $\mathbb{Q}$ 中的收敛列和 Cauchy 列.

定义 17.2.8 设 $\{x_n\} \subset \mathbb{Q}$ 是有理数列, 若存在 $a \in \mathbb{Q}$, 对于任意给定的有理数 $\varepsilon > 0$, 存在正整数 N, 使得
$$|x_n - a| < \varepsilon, \forall n > N,$$
则称 $\{x_n\}$ 为 $\mathbb{Q}$ **中的收敛列** (convergent sequence), 记为 $\lim\limits_{n \to \infty} x_n = a$ 或 $x_n \longrightarrow a$.

由定义容易得到: $\mathbb{Q}$ 中的收敛列的和以及乘积均在 $\mathbb{Q}$ 中收敛.

定义 17.2.9 设 $\{x_n\} \subset \mathbb{Q}$, 若对于任意给定的有理数 $\varepsilon > 0$, 存在正整数 N, 使得
$$|x_n - x_m| < \varepsilon, \forall m, n > N,$$
则称 $\{x_n\}$ 为 $\mathbb{Q}$ **中的 Cauchy 列**.

$\mathbb{Q}$ 中的收敛列一定是 Cauchy 列, 但 Cauchy 列不一定收敛. 下面定义 Cauchy 列的等价性.

定义 17.2.10 设 $\{x_n\}, \{y_n\} \subset \mathbb{Q}$ 是 Cauchy 列, 若 $\lim\limits_{n \to \infty} (x_n - y_n) = 0$, 则称 Cauchy 列 $\{x_n\}$ 与 $\{y_n\}$ **等价** (equivalent).

将彼此等价的 Cauchy 列归为一类, 称之为等价类. 可以证明每个 Cauchy 列必属于某一等价类且只属于一个等价类. 记与 $\{x_n\}$ 等价的所有 Cauchy 列的全体组成的集合 (等价类 (equivalence class)) 为 $[x_n]$. 下面, 我们利用有理 Cauchy 列的等价类 $[x_n]$ 给出实数集的定义, 并由此定义实数集中序关系, 加法, 乘法和绝对值.

定义 17.2.11 定义集合 $\mathbb{R} = \{[x_n] : \{x_n\} \subset \mathbb{Q}$ 是 Cauchy 列 $\}$, 称之为实数集, 设 $a = [x_n], b = [y_n] \in \mathbb{R}$, 在 $\mathbb{R}$ 中定义相等, 序关系, 加法, 乘法和绝对值:

(1) 如果 $\{x_n\}$ 与 $\{y_n\}$ 等价, 则称 $a = b$;

(2) 若存在正有理数 ε_0 及正整数 N, 使得 $n > N$ 时, 有 $x_n - y_n > \varepsilon_0$, 则称 $a > b$;

(3) $a + b \doteq [x_n + y_n], ab \doteq [x_n y_n]$;

(4) $|a| \doteq [|x_n|]$.

据 Zermelo 选择公理, 可以在每一个等价类中选择一个元来定义集合, 因此 $\mathbb{R}$ 也可以看成是每个等价类中选择一个元 (有理 Cauchy 列) 组成的集合. 同时, 我们还可以证明上面定义的集合 $\mathbb{R}$ 是有序域, 称之为**实数域**.

记恒等的有理 Cauchy 列全体组成的集合为 $\widehat{\mathbb{Q}}$, 即 $\widehat{\mathbb{Q}} = \{[a] : a \in \mathbb{Q}\}$, 则 $\widehat{\mathbb{Q}} \subset \mathbb{R}$, 同时 $\widehat{\mathbb{Q}}$ 与有理数域 $\mathbb{Q}$ 是一一对应的, 且其对应元的序关系和四则运算均一致. 从而, 我们可以认为 $\widehat{\mathbb{Q}}$ 与有理数域 $\mathbb{Q}$ 是等同的, 则可以将有理数域看成实数域的子集.

命题 17.2.1 设 $a = [x_n], b = [y_n] \in \mathbb{R}$, 则

(1) 若存在 N, 使得 $n > N$ 时, 有 $x_n \leqslant y_n$, 则 $a \leqslant b$;

(2) $|a + b| \leqslant |a| + |b|$;

(3) 对任意的 k, 存在 N, 使得 $n > N$ 时, 有 $|a - x_n| < \dfrac{1}{k}$.

命题 17.2.1的证明参见 *The Way of Analysis* (Strichartz, 2000).

下面定义实数域 $\mathbb{R}$ 中的收敛列和 Cauchy 列.

定义 17.2.12 设 $\{x_n\} \subset \mathbb{R}$, 若存在 $a \in \mathbb{R}$, 对于任意给定的 $\varepsilon > 0$, 存在正整数 N, 使得

$$|x_n - a| < \varepsilon, \forall n > N,$$

则称 $\{x_n\}$ 为 $\mathbb{R}$ **中的收敛列** (convergent sequence), 记为 $\lim\limits_{n \to \infty} x_n = a$ 或 $x_n \to a$.

定义 17.2.13 设 $\{x_n\} \subset \mathbb{R}$, 若对于任意给定的 $\varepsilon > 0$, 存在正整数 N, 使得

$$|x_n - x_m| < \varepsilon, \forall m, n > N,$$

则称 $\{x_n\}$ 为 $\mathbb{R}$ **中的 Cauchy 列**.

若 $a = [x_n] \in \mathbb{R}$, 即 $\{x_n\} \subset \mathbb{Q}$ 是 Cauchy 列, 则由命题 17.2.1(3) 知, 在 $\mathbb{R}$ 中 $x_n \to a$, 即每一个实数均是有理数列的极限, 因此有理数集是实数集的稠密子集. 由有理数集在实数集中稠密知, 定义 17.2.12和定义 17.2.13中的 ε 取有理数时定义是等价的.

下面我们给出实数域 $\mathbb{R}$ 中的非常重要的性质: Cauchy 收敛准则.

定理 17.2.2 (Cauchy 收敛准则) 实数域 $\mathbb{R}$ 中的收敛列等价于 Cauchy 列.

证明 设 $\{a_n\}$ 为 $\mathbb{R}$ 中的 Cauchy 列, 则对任意的有理数 $\varepsilon > 0$, 存在正整数 N, 使得

$$|a_n - a_m| < \varepsilon, \forall m, n > N$$

成立. 因为有理数集在实数集中稠密, 则对任意 n, 存在有理数 x_n, 使得 $|a_n - x_n| < \dfrac{1}{n}$. 故

$$|x_n - x_m| \leqslant |a_n - x_n| + |a_m - x_m| + |a_n - a_m| < \frac{1}{n} + \frac{1}{m} + \varepsilon,$$

从而 $\{x_n\}$ 是有理的 Cauchy 列, 记 $a = [x_n]$, 则由命题 17.2.1(3) 知, 对任意的 k, 存在 N, 使得 $n > N$ 时, 有

$$|a - x_n| < \frac{1}{k}.$$

因此 $n > N$ 时, 有

$$|a_n - a| \leqslant |a_n - x_n| + |a - x_n| < \frac{1}{n} + \frac{1}{k},$$

由 k 的任意性知: $a_n \to a, n \to \infty$, 即 $\{a_n\}$ 在 $\mathbb{R}$ 中收敛. □

下面我们给出实数域 $\mathbb{R}$ 中非常重要的性质: 确界原理.

定理 17.2.3 (确界原理 (supremum and infimum principle)) 实数域 $\mathbb{R}$ 有最小上界性.

证明 若非空数集 S 有上界, 设 b_1 是它的某个上界. 在 S 中任取一个数, 记为 a_1.

如果 $\dfrac{a_1+b_1}{2}$ 是 S 的上界, 令 $a_2=a_1$, $b_2=\dfrac{a_1+b_1}{2}$; 如果 $\dfrac{a_1+b_1}{2}$ 不是 S 的上界, 则 $\left[\dfrac{a_1+b_1}{2},b_1\right]\cap S$ 非空, 令 $b_2=b_1$, 取 $a_2\in\left[\dfrac{a_1+b_1}{2},b_1\right]\cap S$. 因此 $a_2\in S, b_2$ 是 S 的上界, 且 $b_2-a_2\leqslant\dfrac{b_1-a_1}{2}$.

继续以上步骤, 我们可以得到 $a_n\in S, b_n$ 是 S 的上界, 且 $b_n-a_n\leqslant\dfrac{b_1-a_1}{2^n}, a_n\leqslant a_{n+1}<b_{n+1}\leqslant b_n$.

从而对任意的 $m>n$, 有 $0\leqslant b_n-b_m\leqslant\dfrac{b_1-a_1}{2^n}$, 即 $\{b_n\}$ 是 Cauchy 列, 则存在 $a\in\mathbb{R}$, 使得 $b_n\longrightarrow a$, 因此 $a_n\longrightarrow a$ 也成立.

因为 b_n 是 S 的上界, 则 a 也是 S 的上界. 又若 $x<a$, 则存在 $a_n\in S$, 使得 $a_n>x$, 即 x 不是 S 的上界, 因此 a 是 S 最小的上界, 结论成立.　　　□

综上, 我们从有理数集出发, 利用有理 Cauchy 列, 构造了实数集, 在其上我们定义了四则运算和序关系, 使得实数集成为了有序域 (详细的讨论参见 *The Way of Analysis* (Strichartz, 2000)), 进而我们定义了实数域中的收敛性, 证明了实数域中的 Cauchy 收敛准则, 说明实数域对极限运算具有封闭性, 同时我们利用 Cauchy 收敛准则证明了确界原理, 说明实数域是具有最小上界性的数域. 这样我们就可以展开实数域中的极限理论, 进而定义微分和积分, 讨论其性质.

实数的构造理论, 除了有理 Cauchy 列的方法外, 还有 Dedekind 的切割法和 Cantor 的公理化法, 有兴趣的同学可以参阅其他教材 (阿黑波夫等, 2006; 陈纪修等, 2004; Rudin, 2004; Strichartz, 2000).

对于实数集, 除了几何上的朴素认识外, 我们还可以从代数的角度将实数理解为无限小数, 下面我们给出实数和十进制小数的等价性. 这里, 我们只讨论正实数的十进制表示, 负实数可以由正实数得到.

设 $x>0$ 是实数, 令 n_0 是满足 $n_0\leqslant x$ 的最大整数, n_1 是满足 $n_0+\dfrac{n_1}{10}\leqslant x$ 的最大整数, 在取定了 $n_0,n_1,\cdots,n_{k-1}$ 后, 设 n_k 是使得

$$n_0+\frac{n_1}{10}+\frac{n_2}{10^2}+\cdots+\frac{n_k}{10^k}\leqslant x$$

的最大整数.

设 $x_k=n_0+\dfrac{n_1}{10}+\dfrac{n_2}{10^2}+\cdots+\dfrac{n_k}{10^k}$, 则 $\{x_k\}\subset\mathbb{Q}$ 是 Cauchy 列, 且 $x_k\to x$. 故可以记 x 为 $n_0.n_1n_2n_3\cdots$. 反之, 对于某一个十进制表示小数 $x=n_0.n_1n_2n_3\cdots$, 定义 $x_k=n_0+\dfrac{n_1}{10}+\dfrac{n_2}{10^2}\cdots+\dfrac{n_k}{10^k}$, 则 $x_k\to x$. 因此实数与所有的有限或无穷十进制小数集合相同.

利用以上十进制小数, 可以证明 $(0,1)$ 不可数, 进而说明实数集也是不可数集.

例 17.2.2　集合 $(0,1)$ 是不可数集.

证明　**反证法**　若集合 $(0,1)$ 是可数集, 则可以将集合中的所有元排成一列. 设

$$(0,1)=\{a_1,a_2,\cdots,a_n,\cdots\}.$$

每一个 a_n 均可表示为无限小数的形式 (有限小数的剩余位数均用 0 表示). 设 $a_n=0.a_{n1}a_{n2}a_{n3}\cdots$, 令 $x=0.x_1x_2x_3\cdots$, 其中

$$x_n = \begin{cases} 1, & a_{nn} = 2, \\ 2, & a_{nn} \neq 2. \end{cases}$$

因此 $x \in (0,1)$, 但是 $x \neq a_n, n = 1, 2, \cdots$, 矛盾, 因此结论成立. $\qquad\square$

注 17.2.1 可数集的基数为 $\aleph_0$, 而实数集不可数, 其基数大于 $\aleph_0$, 记实数集的基数为 $\aleph$ (读作阿列夫), 又因其与任意有界开区间对等, 即基数相同, 故也称为是连续统基数 (cardinality of the continuum). 现在我们知道 $\aleph_0 < \aleph$. 可是在 $\aleph_0, \aleph$ 之间还有没有其他的基数呢? 集合论创始人 Cantor 确信不存在这种基数. 他的猜测就是著名的连续统假设. 1900 年, 连续统假设被 Hilbert 列为著名的 "Hilbert 23 个问题" 之首, 足见其在数学中的重要地位. 1938 年, 奥地利数学家、逻辑学家和哲学家 Kurt Gödel(哥德尔, 1906 ~ 1978 年) 证明: 标准集合论与连续统假设是不矛盾的. 1963 年, 美国数学家 P. Cohen (保罗·科恩, 1934 ~ 2007 年) 证明: 如果否定连续统假设, 这也不与集合论矛盾. 简言之, 连续统假设是由表明它 "不可判定的" 来判定的. 这里的情况与平行线 (第五) 公设的独立性是类似的.

§17.2.3 实数连续性命题的等价性

在第 1 章中, 我们未加证明地给出了确界原理 (定理 1.3.1). 在第 2 章中, 我们从确界原理出发, 证明了单调有界原理 (定理 2.3.1)、致密性定理 (定理 2.3.2) 与 Cauchy 收敛准则 (定理 2.3.5), 进而我们在第 10 章中讨论了闭区间套定理 (定理 10.1.7), 以及 $\mathbb{R}^n$ 空间中的紧性定义和 Heine-Borel 定理 (定理 10.1.11), 但并未给出定理的证明. 本节中我们将继续讨论 $\mathbb{R}$ 中的紧性及其性质.

本节中, 我们从实数构造理论出发, 证明了 Cauchy 收敛准则, 进而证明了实数集具有最小上界性 (即确界原理). 事实上, 这些定理是相互等价的. 不过, 这些定理虽然是等价的, 但它们还是各自反映了实数系性质的不同层面. 例如, 确界原理反映的是实数的连续性, Cauchy 收敛准则反映的是实数的完备性等.

我们知道, 紧集具有**有限覆盖性质**, 即任意 (无穷) 开区间覆盖都具有有限子覆盖, 它是有限和无穷、局部和整体之间的桥梁, 通过紧性就可以实现把无穷转化为有限, 把局部性质转化为整体性质的目的, 因此紧集是极其重要的. 在第 19 章中, 我们将学习一般度量空间中的紧集的定义和性质, 这里我们就不去讨论 $\mathbb{R}$ 中的紧集的进一步的性质. 我们只用闭区间套定理证明实数域中的有界闭区间的有限覆盖定理 (Heine-Borel 定理).

定理 17.2.4 (Heine-Borel 定理) $\mathbb{R}$ 中的有界闭区间是紧集 (compact set).

证明 假设有界闭区间 $J = [a,b]$ 不是紧的, 那么存在 J 的一个开区间覆盖 $\mathcal{A} = \{I_\alpha\}$, 其任意有限个 I_α 的并集都不能覆盖 J.

将区间 $[a,b]$ 等分两个闭区间 $\left[a, \dfrac{a+b}{2}\right]$, $\left[\dfrac{a+b}{2}, b\right]$, 则其中至少有一个不能被有限个 I_α 所覆盖, 记其为 J_1.

同样将 J_1 等分成两个闭区间, 至少有一个不能被有限个 I_α 所覆盖, 记其为 J_2. 如此下去就得到一列闭区间

$$J_1 \supset J_2 \supset J_3 \supset \cdots,$$

满足

(1) 闭区间 $J_n(n = 1, 2, \cdots)$ 不能被有限个 I_α 所覆盖;

(2) 区间 J_n 长度为 $\dfrac{b-a}{2^n}$.

因此, 由闭区间套定理知, 存在唯一的一点 $c \in \bigcap\limits_{n=1}^{\infty} J_n$.

因为 $c \in J$, 则存在 I_α, 使得 $c \in I_\alpha$, 设 $I_\alpha = (t, s)$. 故当 $\dfrac{b-a}{2^n} < \min\{s - c, c - t\}$ 时, $J_n \subset I_\alpha$, 即 J_n 被一个 I_α 所覆盖, 与闭区间 $J_n(n = 1, 2, \cdots)$ 不能被有限个 I_α 所覆盖矛盾, 因此结论成立. $\square$

利用有界闭区间的紧性, 可以讨论很多实数的性质. 下面用有限覆盖定理证明关于数集的聚点原理 (它等价于关于数列的致密性定理 (定理 2.3.3)).

定理 17.2.5 (聚点原理) $\mathbb{R}$ 中的有界无穷集一定有聚点.

证明 假设结论不成立, 即 A 是 $\mathbb{R}$ 中的有界无穷集, 但聚点不存在.

因为 A 有界, 则存在有界闭区间 $[a, b]$, 使得 $A \subset [a, b]$, 故 $[a, b]$ 中每一个点都不是 A 的聚点, 即对任意 $x \in [a, b]$, 存在 $\delta_x > 0$, 使得 $(x - \delta_x, x + \delta_x) \cap A$ 是有限集.

显然 $\{(x - \delta_x, x + \delta_x) : x \in [a, b]\}$ 是 $[a, b]$ 的开区间覆盖, 由有限覆盖定理知, 存在有限子覆盖, 即存在 $x_1, x_2, \cdots, x_n \in [a, b]$, 使得 $A \subset \bigcup\limits_{i=1}^{n} (x_i - \delta_{x_i}, x + \delta_{x_i})$, 而 $(x_i - \delta_{x_i}, x + \delta_{x_i}) \cap A$ 是有限集, 从而 A 为有限集, 矛盾. $\square$

我们已经介绍了以下有关实数连续性的基本定理:

确界原理、单调有界原理、致密性定理 (Bolzano-Weierstrass 定理)、Cauchy 收敛准则、闭区间套定理、有限覆盖定理 (Heine-Borel 定理).

这六个定理是可以相互证明的, 即从任何一个结论出发, 证明另外五个结论, 这样我们可以脱离实数构造理论, 从公理化角度出发, 只要承认以上六个定理中的任何一个结论作为公理, 都可以展开整个的极限理论.

下面作为例题我们给出以下两个证明.

例 17.2.3 用有限覆盖定理来证明确界原理.

证明 若 S 是有限集, 其最大值一定存在, 即上确界存在. 若 S 是无穷集, 且有上界, 设 b 是它的某个上界, 取 $a \in S$, 使得 $a < b$, 且 a 不是 S 的上界, 则 a 一定可以取到, 否则 S 是单点集.

假设 S 没有上确界, 即没有最小上界, 则对任意 $x \in [a, b]$:

(1) 当 x 是 S 的上界时, 必有更小的上界, 则存在包含 x 的开区间 I_x, 使得 I_x 中元皆为 S 的上界;

(2) 当 x 不是 S 的上界时, 必有 S 的元 $y > x$, 这时小于 y 的数均不是 S 的上界, 则存在包含 x 的开区间 I_x, 使得 I_x 中元都不是 S 的上界.

从而对任意 $x \in [a, b]$, 有以上两种情形之一定义的包含 x 的开区间 I_x, 则 $\{I_x, x \in [a, b]\}$ 是 $[a, b]$ 的一个开区间覆盖, 由有限覆盖定理知, 存在其中有限个开区间覆盖 $[a, b]$, 设这有限个开区间为 $I_1, I_2, \cdots, I_n$. 不妨假设这些开区间互不包含, 否则去掉子区间即可.

由上面讨论知, a 一定在 $\{I_1, I_2, \cdots, I_n\}$ 中的某一个开区间中, 不妨假设 $a \in I_1$, 则 I_1 中的每一个元均不是 S 的上界, 因为 a 不是 S 的上界.

设 I_1 的右端点为 x_1, 则 x_1 一定在 $\{I_1, I_2, \cdots, I_n\}$ 中的异于 I_1 的某一开区间中, 不妨假设 $x_1 \in I_2$, , 则 $I_1 \cap I_2 \neq \varnothing$, 从而 I_2 中的每一个元均不是 S 的上界. 因为 S 没有上界, 以上过程一直可以重复下去, 这样经过有限步, 得到包含 b 的开区间 I_i, 使得 I_i 中每一个元均不是 S 的上界, 显然与 b 是 S 的上界矛盾. 因此确界定理成立. □

例 17.2.4 用 Cauchy 收敛准则来证明区间套定理 (nested intervals theorem).

证明 设 $\{[a_n, b_n]\}$ 是渐缩的闭区间套, 且 $b_n - a_n \to 0$, 则对任意的 $m > n$ 有

$$|a_n - a_m| \leqslant |b_n - a_n|, \ |b_n - b_m| \leqslant |b_n - a_n|,$$

因此 $\{a_n\}, \{b_n\}$ 均为 Cauchy 列, 由 Cauchy 收敛准则知收敛, 设 $b_n \to \xi$, 则 $a_n \to \xi$, 且

$$a_n \leqslant \xi \leqslant b_n, n = 1, 2, \cdots,$$

即 $\xi \in [a_n, b_n]$ 对任意 n 成立.

又因为 $b_n - a_n \to 0$, 则 $\bigcap_{n=1}^{\infty} [a_n, b_n]$ 至多包含一个点. 故区间套定理成立. □

最后我们总结实数连续性六个定理的等价证明如下:

确界原理 $\xrightarrow{\text{定理 2.3.1}}$ 单调有界原理 $\xrightarrow{\text{定理 2.3.3}}$ 致密性定理 $\xrightarrow{\text{定理 2.3.5}}$ Cauchy 收敛准则 $\xrightarrow{\text{例 17.2.4}}$ 闭区间套定理 $\xrightarrow{\text{定理 17.2.4}}$ 有限覆盖定理 $\xrightarrow{\text{例 17.2.3}}$ 确界原理.

§17.2.4 实数连续性命题的应用

利用实数连续性理论, 我们得到了极限理论以及函数的诸多性质. 下面, 作为应用, 我们讨论连续函数的若干性质.

例 17.2.5 用有限覆盖定理证明闭区间上连续函数的有界性定理.

证明 设 $f : [a, b] \to \mathbb{R}$ 连续, 由连续函数的局部有界性定理知, 对任意 $x \in [a, b]$, 存在 $\delta_x > 0$, 使得 f 在 $(x - \delta_x, x + \delta_x)$ 上有界, 而 $\{(x - \delta_x, x + \delta_x) : x \in [a, b]\}$ 是 $[a, b]$ 的开覆盖, 由有限覆盖定理知, 存在有限子覆盖, 即存在 $x_1, x_2, \cdots, x_n \in [a, b]$, 使得 $\{(x_i - \delta_{x_i}, x + \delta_{x_i}) : i = 1, \cdots, n\}$ 覆盖 $[a, b]$, 而 f 在 $(x_i - \delta_{x_i}, x + \delta_{x_i})$ 都是有界的, 从而 f 在 $[a, b]$ 上有界. □

例 17.2.6 用致密性定理证明 Cantor 定理 (即一致连续性定理).

证明 反证法 设 f 在闭区间 $[a, b]$ 上连续但非一致连续, 则存在 $\varepsilon_0 > 0$, 对任何正数 δ, 都存在 $x, y \in [a, b]$, 尽管 $|x - y| < \delta$, 但 $|f(x) - f(y)| \geqslant \varepsilon_0$. 取 $\delta = \dfrac{1}{n}$, 则存在 $x_n, y_n \in [a, b]$, 尽管 $|x_n - y_n| < \dfrac{1}{n}$, 但

$$|f(x_n) - f(y_n)| \geqslant \varepsilon_0. \tag{17.2.1}$$

因为 $\{x_n\}$ 有界, 由致密性定理, $\{x_n\}$ 存在收敛子列, 记为 $\{x_{n_k}\}$, 其极限为 ξ, 则 $\xi \in [a, b]$. 由于 f 在 ξ 点连续, 所以对上述 ε_0, 存在 $\delta_0 > 0$, 当 $|x - \xi| < \delta_0$ 时, $|f(x) - f(\xi)| < \dfrac{\varepsilon_0}{2}$. 由于 $\{y_n\}$ 相应的子列 $\{y_{n_k}\}$ 满足 $|x_{n_k} - y_{n_k}| \leqslant \dfrac{1}{n_k}$, 且 $x_{n_k} \to \xi$, 所以 $y_{n_k} \to \xi (k \to \infty)$. 由式 (17.2.1) 知, 对任意的 k, 有

$$|f(x_{n_k}) - f(y_{n_k})| \geqslant \varepsilon_0,$$

令 $k \to \infty$ 得 $|f(\xi) - f(\xi)| \geqslant \varepsilon_0$. 矛盾. □

下面用 Cauchy 收敛准则讨论有界区间上连续函数的一致连续性.

定理 17.2.6　函数 f 在有界区间 I 上一致连续的充分必要条件是 f 映射 I 内的 Cauchy 数列为 Cauchy 数列.

证明　**必要性**　设函数 f 在区间 I 上一致连续, 数列 $\{x_n\}$ 是区间 I 上的任一 Cauchy 列.

由 f 在 I 上的一致连续性, 知 $\forall \varepsilon > 0, \exists \delta > 0$, 当 $x, y \in I$ 且 $|x - y| < \delta$ 时, $|f(x) - f(y)| < \varepsilon$. 由于 $\{x_n\}$ 是 I 上的 Cauchy 数列, 所以存在 N, 当 $n, m > N$ 时, $|x_n - x_m| < \delta$. 因此, $|f(x_n) - f(x_m)| < \varepsilon$, 这表明 $\{f(x_n)\}$ 是 Cauchy 数列.

充分性　用反证法. 假定 $f(x)$ 在区间 I 上非一致连续, 则存在 $\varepsilon_0 > 0$, 对任何 $\delta > 0$, 存在 $x, y \in I$, 尽管 $|x - y| < \delta$, 但 $|f(x) - f(y)| \geqslant \varepsilon_0$. 取 $\delta = \dfrac{1}{n}, n = 1, 2, \cdots$, 则相应地存在 $x_n, y_n \in I$, 尽管 $|x_n - y_n| < \dfrac{1}{n}$, 但 $|f(x_n) - f(y_n)| \geqslant \varepsilon_0$. 由于 $\{x_n\}$ 为有界数列, 所以存在收敛子列, 记为 $\{x_{n_k}\}$. 显然, 这时 $\{y_{n_k}\}$ 也收敛, 并且由 $|x_n - y_n| < \dfrac{1}{n}$ 知数列

$$x_{n_1}, y_{n_1}, x_{n_2}, y_{n_2}, \cdots, x_{n_k}, y_{n_k}, \cdots$$

收敛, 从而是 Cauchy 数列. 但注意这时

$$f(x_{n_1}), f(y_{n_1}), f(x_{n_2}), f(y_{n_2}), \cdots, f(x_{n_k}), f(y_{n_k}), \cdots$$

不收敛, 因为 $|f(x_{n_k}) - f(y_{n_k})| \geqslant \varepsilon_0$, 从而不是 Cauchy 数列, 矛盾. 因此 $f(x)$ 在区间 I 上一致连续.　□

Cantor 定理说明有界闭区间上的连续函数和一致连续函数等价. 下面给出有界开区间上连续函数一致连续的充要条件.

定理 17.2.7　设 $f(x)$ 在有限开区间 (a, b) 上连续, 则它在 (a, b) 上一致连续的充分必要条件是在区间端点的单侧极限 $f(a+), f(b-)$ 都存在.

证明　**必要性**　设 $f(x)$ 在 (a, b) 内一致连续, 则对任何数列 $\{x_n\}$, 其中 $x_n \to a+$, 它必是 Cauchy 数列, 由定理 17.2.6 知, $\{f(x_n)\}$ 也是 Cauchy 数列, 从而 $f(x_n)$ 收敛, 由 Heine 定理 (归结原则) 知 $f(a+)$ 存在. 同理, $f(b-)$ 也存在.

充分性　令

$$F(x) = \begin{cases} f(a+), & x = a, \\ f(x), & a < x < b, \\ f(b-), & x = b, \end{cases}$$

则 $F(x)$ 在 $[a, b]$ 上连续, 从而由 Cantor 定理知在 $[a, b]$ 上一致连续. 因此 $F(x)$ 在 (a, b) 上一致连续, 即 $f(x)$ 在 (a, b) 上一致连续.　□

例 17.2.7　用区间套定理证明闭区间 $[0, 1]$ 不可数.

证明　若集合 $[0, 1]$ 是可数集, 则可以将集合中的所有元排成一列. 设

$$[0, 1] = \{a_1, a_2, \cdots, a_n, \cdots\}.$$

取 $[0, 1]$ 的子区间 I_1, 使得 $a_1 \notin I_1$, 且 I_1 的区间长度 (记为 $|I_1|$) 小于 $\dfrac{1}{2}$; 再取 I_1 的子区间 I_2, 使得 $a_2 \notin I_2$, 且 $|I_2| \leqslant \dfrac{|I_1|}{2}; \cdots$. 这样一直继续前面的步骤得到渐缩的闭区间套 $\{I_n\}$,

使得 $a_n \notin I_n$, 且 $|I_n| \leqslant \dfrac{|I_{n-1}|}{2}$.

由区间套定理知 $\bigcap\limits_{n=1}^{\infty} I_n = \{\xi\} \in [0,1]$, 即 $\xi \neq a_n$ 对任意 $n = 1, 2, \cdots$ 成立, 这与 $[0,1] = \{a_1, a_2, \cdots, a_n, \cdots\}$ 矛盾, 因此结论成立. $\square$

习题 17.2

A1. 设 S 是有序集, $A \subset S$. 证明: $\sup A, \inf A$ 若存在必是唯一的.

A2. 设 S 是有序域, $A \subset S$, 记 $-A = \{-x : x \in A\}$. 证明: $\sup A = -\inf(-A)$.

B3. 用单调有界原理分别证明区间套定理和确界原理.

B4. 分别用区间套定理和 Cauchy 收敛准则证明单调有界原理.

B5. 用区间套定理证明致密性定理和确界原理.

B6. 用致密性定理证明 Cauchy 收敛准则.

B7. 用 Heine-Borel 定理证明单调有界原理和 Cauchy 收敛准则.

B8. (1) 用聚点原理证明致密性定理; (2) 用致密性定理证明聚点原理.

B9. 设 $f : (a,b) \to \mathbb{R}$ 满足: 对任意的 $\xi \in (a,b)$, 存在 $\delta > 0$, 使得当 $x \in (a,b) \cap (\xi - \delta, \xi)$ 时 $f(x) < f(\xi)$, 当 $x \in (a,b) \cap (\xi, \xi + \delta)$ 时 $f(x) > f(\xi)$. 证明: $f(x)$ 在 (a,b) 上严格单增.

B10. 证明: 有界数列 $\{x_n\}$ 发散的充要条件是: $\{x_n\}$ 的任意子列必有收敛子列且 $\{x_n\}$ 必有极限不同两个收敛子列.

B11. 证明: $\{x_n\}$ 是无界但不是无穷大量数列的充要条件是: $\{x_n\}$ 必有两个子列, 其中一个收敛, 一个是无穷大量.

B12. 因为 $(0,1)$ 中的有理数是可数集, 故可以排列成数列, 设为 $\{x_n\}$, 请讨论 $\{x_n\}$ 子列的极限.

B13. 用有限覆盖定理证明 Cantor 定理.

B14. 用有限覆盖定理证明有界闭区间上的连续函数的零点定理.

B15. 设函数 f 在 $\mathbb{R}$ 上连续, 且 $\lim\limits_{x \to -\infty} f(x) = m$, $\lim\limits_{x \to +\infty} f(x) = M$ ($m < M$ 且可能为 $\pm\infty$). 证明: 对每个 $\mu \in (m, M)$, 存在 $\xi \in \mathbb{R}$, 使得 $f(\xi) = \mu$.

B16. 设 f 在闭区间 $[a,b]$ 上连续, 且为单射, 证明: f 在 $[a,b]$ 上严格单调.

B17. 设函数 f 在区间 I 上有定义, 且只有可去间断点, 定义 $g(x) = \lim\limits_{y \to x} f(y)$, 证明: g 为 I 上连续函数.

B18. 设 f 为 $\mathbb{R}$ 上的单调函数, 定义 $g(x) = f(x+)$, 证明: g 在 $\mathbb{R}$ 每一点都右连续.

B19. 设函数 f 在 (a,b) 内连续, $f(a+0) = f(b-0) = A$.

(1) 若 $A = +\infty$, 证明: f 在 (a,b) 内能取到最小值;

(2) 若 A 为有限值, 证明: f 在 (a,b) 内能取到最小值或最大值.

B20. 设函数 f 在 (a,b) 上连续, 且 $f(a+0)$ 与 $f(b-0)$ 为有限值.

(1) 证明: f 在 (a,b) 内有界;

(2) 能否肯定 f 在 (a,b) 上有最大值或最小值存在?

(3) 假定存在 $\xi \in (a,b)$, 使得 $f(\xi) \geqslant \max\{f(a+0), f(b-0)\}$, 证明: f 在 (a,b) 内能取到最大值.

C21. (复合函数的极限和连续性) 设函数 f, g 分别定义在区间 I_f 和 I_g 上, 且 $R(f) \subset I_g$.

(1) 若 $\lim\limits_{x \to a} f(x) = A$, $\lim\limits_{y \to A} g(y) = B$, 是否能得到 $\lim\limits_{x \to a} g(f(x)) = B$?

(2) 若 $\lim\limits_{x \to a} f(x) = A \in I_g$, $g(y)$ 在点 A 连续, 是否能得到 $\lim\limits_{x \to a} g(f(x)) = g(A)$?

(3) 若 $f(x)$ 在点 a 连续, 且 $\lim\limits_{y \to f(a)} g(y) = B$, 是否能得到 $\lim\limits_{x \to a} g(f(x)) = B$?

(4) 若 $f(x)$ 在点 a 不连续, 且 $g(y)$ 在点 $f(a)$ 不连续, 是否 $g(f(x))$ 在点 a 不连续?

(5) 若 $f(x)$ 在点 a 连续, 但 $g(y)$ 在点 $f(a)$ 不连续, 是否 $g(f(x))$ 在点 a 不连续?

(6) 若 $f(x)$ 在点 a 不连续, 但 $g(y)$ 在点 $f(a)$ 连续, 是否 $g(f(x))$ 在点 a 不连续?

§17.3　数列的上极限与下极限

数列极限在实数连续性甚至整个数学分析中具有重要地位. 我们已经知道, 收敛数列必有界, 反之不成立. 但根据致密性定理知, 有界列一定有收敛子列, 子列的极限是数列非常重要的关注点. 为了更深入地研究数列的收敛问题, 本节将引入存在性条件比数列极限更弱的数列的上极限与下极限的概念, 这将为我们研究数列的收敛性带来新的方法, 拓展了极限理论, 同时也为我们今后进一步研究级数收敛性提供更好的工具.

§17.3.1　数列的上极限与下极限的定义

我们先讨论有界数列的上极限与下极限. 下面给出有界数列极限点的定义.

定义 17.3.1　给定有界数列 $\{x_n\}$, 若存在实数 ξ 和 $\{x_n\}$ 的一个子列 $\{x_{n_k}\}$, 使得

$$\lim_{k\to\infty} x_{n_k} = \xi,$$

则称 ξ 是数列 $\{x_n\}$ 的一个**极限点** (limit point).

极限点就是子列的极限, 其几何描述就是: ξ 是数列 $\{x_n\}$ 的极限点, 当且仅当 ξ 的任意邻域中都含有数列 $\{x_n\}$ 中的无穷多项.

记 E 是有界数列 $\{x_n\}$ 的所有极限点的集合, 即

$$E = \{\xi: \xi是\{x_n\}的极限点\}. \tag{17.3.1}$$

例 17.3.1　分别求数列 $\left\{x_n = (-1)^n \dfrac{n}{n+1}\right\}$ 和 $\left\{y_n = \sin \dfrac{n\pi}{4}\right\}$ 的极限点.

解　因为 $\{x_n\}$ 的偶子列和奇子列分别收敛于 $1, -1$, 且若 $\xi \neq \pm 1$, 则对任意

$$\varepsilon \in (0, \min\{|\xi - 1|, |\xi + 1|\}),$$

有 $(\xi - \varepsilon, \xi + \varepsilon)$ 中最多只有数列中的有限项, 所以 $\left\{(-1)^n \dfrac{n}{n+1}\right\}$ 的全部极限点为 1 和 -1.

因为

$$y_{8n} = y_{8n+4} = 0, y_{8n+1} = y_{8n+3} = \frac{\sqrt{2}}{2}, y_{8n+2} = 1, y_{8n+5} = y_{8n+7} = -\frac{\sqrt{2}}{2}, y_{8n+6} = -1,$$

易得 $\left\{\sin \dfrac{n\pi}{4}\right\}$ 的极限点集为 $\left\{0, \dfrac{\sqrt{2}}{2}, -\dfrac{\sqrt{2}}{2}, 1, -1\right\}$.

设 $\{x_n\}$ 及其任意子列 $\{x_{n_k}\}$ 的极限点集分别为 E, F, 则 $F \subset E$. 特别地, 设奇偶子列 $\{x_{2n-1}\}, \{x_{2n}\}$ 的极限点集分别为 E_1, E_2, 则 $E_1 \cup E_2 = E$.

对于有界数列 $\{x_n\}$, 由 Bolzano-Weierstrass 定理知, 其极限点集 E 是非空的有界的. 又由确界原理知, 其上确界和下确界一定存在. 记

$$H = \sup E, \quad h = \inf E, \tag{17.3.2}$$

则 $h \leqslant H$. 下面的定理说明 $H, h \in E$, 即 E 有最大值和最小值.

定理 17.3.1　$H = \max E, h = \min E.$

证明 当 E 为有限集时, 定理自然成立, 所以不妨设 E 是无限集.

由 $H = \sup E$ 可知, 存在 $\xi_k \in E (k = 1, 2, \cdots)$, 使得

$$\lim_{k \to \infty} \xi_k = H.$$

下面证明 $H \in E$ 即可.

取 $\varepsilon_k = \dfrac{1}{k} > 0 \ (k = 1, 2, \cdots)$. 因为 ξ_1 是 $\{x_n\}$ 的极限点, 所以在 $O(\xi_1, \varepsilon_1) \doteq (\xi_1 - \varepsilon_1, \xi_1 + \varepsilon_1)$ 中有 $\{x_n\}$ 的无穷多个项, 可任取其中的一项, 记为 x_{n_1};

因为 ξ_2 是 $\{x_n\}$ 的极限点, 故在 $O(\xi_2, \varepsilon_2)$ 中有 $\{x_n\}$ 的无穷多个项, 任取 $n_2 > n_1$, 使得 $x_{n_2} \in O(\xi_2, \varepsilon_2)$; $\cdots\cdots$

因为 ξ_k 是 $\{x_n\}$ 的极限点, 所以在 $O(\xi_k, \varepsilon_k)$ 中有 $\{x_n\}$ 的无穷多个项, 可以取 $n_k > n_{k-1}$, 使得 $x_{n_k} \in O(\xi_k, \varepsilon_k), k = 1, 2, \cdots$

这样下去, 就可得到 $\{x_n\}$ 的子列 $\{x_{n_k}\}$, 使得

$$|x_{n_k} - \xi_k| < \frac{1}{k}, \ k = 1, 2, \cdots.$$

于是由三角不等式可得

$$\lim_{k \to \infty} x_{n_k} = \lim_{k \to \infty} \xi_k = H,$$

则 H 是 $\{x_n\}$ 的极限点, 因此 $H = \max E$.

同理可证 $h = \min E$. □

下面利用极限点集的上确界与下确界来定义有界数列的上极限与下极限.

定义 17.3.2 有界数列 $\{x_n\}$ 的最大极限点 $H = \max E$ 称为数列 $\{x_n\}$ 的**上极限** (upper limit), 记为

$$H = \varlimsup_{n \to \infty} x_n, \ \text{或} \ H = \limsup_{n \to \infty} x_n. \tag{17.3.3}$$

有界数列 $\{x_n\}$ 的最小极限点 $h = \min E$ 称为数列 $\{x_n\}$ 的**下极限** (lower limit), 记为

$$h = \varliminf_{n \to \infty} x_n, \ \text{或} \ h = \liminf_{n \to \infty} x_n. \tag{17.3.4}$$

由上面的讨论知, 有界数列的上 (下) 极限总是存在的 (但极限却未必存在). 显然, 数列收敛当且仅当其极限点唯一, 因此易得下面的上 (下) 极限性质.

定理 17.3.2 (1) 数列 $\{x_n\}$ 收敛当且仅当 $\varlimsup\limits_{n \to \infty} x_n = \varliminf\limits_{n \to \infty} x_n$;

(2) 对任意的 $c < 0$, 有 $\varlimsup\limits_{n \to \infty} (cx_n) = c \varliminf\limits_{n \to \infty} x_n$.

由定义直接可得数列与其子列的上极限和下极限关系.

定理 17.3.3 设 $\{x_{n_k}\}$ 是有界数列 $\{x_n\}$ 的任一子列, 则

$$\varliminf_{n \to \infty} x_n \leqslant \varliminf_{k \to \infty} x_{n_k} \leqslant \varlimsup_{k \to \infty} x_{n_k} \leqslant \varlimsup_{n \to \infty} x_n.$$

下面再用 ε-N 语言刻画上极限与下极限.

定理 17.3.4 设 $\{x_n\}$ 是有界数列, 则

(1) H 是 $\{x_n\}$ 的上极限的充要条件是对任意 $\varepsilon > 0$, 存在正整数 N, 当 $n > N$ 时, $x_n < H + \varepsilon$, 并且 $\{x_n\}$ 中有无穷多项 $x_n > H - \varepsilon$;

(2) h 是 $\{x_n\}$ 的下极限的充要条件是对任意 $\varepsilon > 0$, 存在正整数 N, 当 $n > N$ 时, $x_n > h - \varepsilon$, 并且 $\{x_n\}$ 中有无穷多项 $x_n < h + \varepsilon$.

证明　下面只给出 (1) 的证明, (2) 的证明由 (1) 的结论和定理 17.3.2(2) 直接可得.

必要性　由于 H 是 $\{x_n\}$ 的最大极限点, 因此对于任意给定的 $\varepsilon > 0$, 大于或等于 $H+\varepsilon$ 的 x_n 至多只有有限项, 否则就有极限点 $\xi' \geqslant H + \varepsilon$, 这与 H 是 $\{x_n\}$ 的最大极限点矛盾. 设这有限项中最大的下标为 N, 则当 $n > N$ 时, 必有

$$x_n < H + \varepsilon,$$

由于 H 是 $\{x_n\}$ 的极限点, $\{x_n\}$ 中有无穷多项属于 H 的 ε 邻域, 因此这无穷多个项满足

$$x_n > H - \varepsilon.$$

充分性　由条件, 对任意给定的 $\varepsilon > 0$, 存在正整数 N, 使得当 $n > N$ 时, $x_n < H + \varepsilon$, 于是对每个收敛子列 $\{x_{n_k}\}$ 来说, 都有 $\lim\limits_{k \to \infty} x_{n_k} \leqslant H + \varepsilon$, 因此有 $\varlimsup\limits_{n \to \infty} x_n \leqslant H + \varepsilon$. 由 ε 的任意性可知

$$\varlimsup_{n \to \infty} x_n \leqslant H.$$

又由于 $\{x_n\}$ 中有无穷多项满足 $x_n > H - \varepsilon$, 于是 $\varlimsup\limits_{n \to \infty} x_n \geqslant H - \varepsilon$, 由 ε 的任意性又可知

$$\varlimsup_{n \to \infty} x_n \geqslant H.$$

结合上述两式, 就得到

$$\varlimsup_{n \to \infty} x_n = H. \qquad \square$$

在上极限和下极限问题的讨论中, 经常遇到函数与上极限或下极限运算交换问题.

定理 17.3.5　设 $f : [a,b] \to [c,d]$ 是连续的严格单调增加函数, $f^{-1} : [c,d] \to [a,b]$ 也连续, 则对任意的 $\{x_n\} \subset [a,b]$, 有

$$\varlimsup_{n \to \infty} f(x_n) = f(\varlimsup_{n \to \infty} x_n), \quad \varliminf_{n \to \infty} f(x_n) = f(\varliminf_{n \to \infty} x_n).$$

证明　设 E, F 分别是 $\{x_n\}, \{f(x_n)\}$ 的极限点集, 则由 f, f^{-1} 连续知,

$$f(E) \subset F, f^{-1}(F) \subset E.$$

因此由 f 是单射知, $f(E) = F$. 又 f 严格单增, 则

$$f(\max E) = \max f(E) = \max F, f(\min E) = \min f(E) = \min F,$$

结论成立.　　　　　　　　　　　　　　　　　　　　　　　　　　　　　　　$\square$

在定理 17.3.5中, f^{-1} 的连续性可由其他条件推出 (参见定理 19.2.9). 对于严格单调递减函数, 我们同样可以得到类似结论, 这里就不再赘述, 请同学自己给出并证明.

前面讨论了有界数列的上极限和下极限问题, 对无界数列, 类似于广义极限, 我们也有广义的上、下极限的概念.

定义 17.3.1′　给定数列 $\{x_n\}$, 若存在 $\xi \in [-\infty, +\infty]$, 以及 $\{x_n\}$ 的一个子列 $\{x_{n_k}\}$, 使得

$$\lim_{k \to \infty} x_{n_k} = \xi,$$

则称 ξ 是数列 $\{x_n\}$ 的一个**极限点** (limit point). 仍然记 E 为 $\{x_n\}$ 的极限点的集合.

定义 E 的上确界 (可能为有限数, $+\infty$ 或 $-\infty$) 为数列 $\{x_n\}$ 的 **广义上极限** $H = \varlimsup\limits_{n\to\infty} x_n = \sup E$; 定义 E 的下确界 (可能为有限数, $+\infty$ 或 $-\infty$) 为数列 $\{x_n\}$ 的 **广义下极限** $h = \varliminf\limits_{n\to\infty} x_n = \inf E$.

特别地, 若 $\xi = +\infty$ 是唯一的极限点, 即 $\lim\limits_{n\to\infty} x_n = +\infty$, 则 $H = h = +\infty$. 同样, $\xi = -\infty$ 是唯一的极限点, 即 $\lim\limits_{n\to\infty} x_n = -\infty$, 则 $H = h = -\infty$.

定理 17.3.2′ (广义) 上极限与下极限有如下关系:

(1) 极限存在 (可为有限, $+\infty$ 或 $-\infty$) 当且仅当上极限与下极限相等;

(2) 对任意的 $c < 0$, 有 $\varlimsup\limits_{n\to\infty}(cx_n) = c\varliminf\limits_{n\to\infty} x_n$.

证明留作习题.

例 17.3.2 求下列数列的上极限和下极限: (1) $\{x_n = n^{(-1)^n}\}$; (2) $\{x_n = -n\}$.

解 (1) 此数列为

$$1,\ 2,\ \frac{1}{3},\ 4,\ \frac{1}{5},\ 6,\ \frac{1}{7},\ 8,\ \cdots,$$

它无上界, 因而

$$\varlimsup\limits_{n\to\infty} x_n = +\infty.$$

又由 $x_n > 0$ 且 $\{x_{2n-1}\}$ 的极限为 0, 即知

$$\varliminf\limits_{n\to\infty} x_n = 0.$$

(2) 由于 $\lim\limits_{n\to\infty} x_n = -\infty$, 因而

$$\varlimsup\limits_{n\to\infty} x_n = \varliminf\limits_{n\to\infty} x_n = \lim\limits_{n\to\infty} x_n = -\infty.$$

§17.3.2 上极限与下极限的运算性质

极限满足诸多性质, 如极限运算满足四则运算性质, 这些性质对上极限与下极限未必都成立. 例如, 和的上极限未必等于上极限的和, 即下式

$$\varlimsup\limits_{n\to\infty}(x_n + y_n) = \varlimsup\limits_{n\to\infty} x_n + \varlimsup\limits_{n\to\infty} y_n$$

一般不成立!

例如: $x_n = (-1)^n$, $y_n = (-1)^{n+1}$, 则

$$\varlimsup\limits_{n\to\infty}(x_n + y_n) = 0,$$

而

$$\varlimsup\limits_{n\to\infty} x_n + \varlimsup\limits_{n\to\infty} y_n = 2.$$

但是对上极限与下极限我们有如下的运算性质.

定理 17.3.6 设 $\{x_n\}$ 和 $\{y_n\}$ 是两个数列, 则

(1) 若 $x_n \leqslant y_n$, 则 $\varliminf\limits_{n\to\infty} x_n \leqslant \varliminf\limits_{n\to\infty} y_n$, $\varlimsup\limits_{n\to\infty} x_n \leqslant \varlimsup\limits_{n\to\infty} y_n$;

(2) $\varliminf\limits_{n\to\infty} x_n + \varlimsup\limits_{n\to\infty} y_n \leqslant \varlimsup\limits_{n\to\infty}(x_n + y_n) \leqslant \varlimsup\limits_{n\to\infty} x_n + \varlimsup\limits_{n\to\infty} y_n$,

$\varliminf\limits_{n\to\infty} x_n + \varliminf\limits_{n\to\infty} y_n \leqslant \varliminf\limits_{n\to\infty}(x_n + y_n) \leqslant \varlimsup\limits_{n\to\infty} x_n + \varliminf\limits_{n\to\infty} y_n$;

(3) 若 $\lim\limits_{n\to\infty} x_n$ 存在, 则

$$\varlimsup\limits_{n\to\infty}(x_n + y_n) = \lim\limits_{n\to\infty} x_n + \varlimsup\limits_{n\to\infty} y_n; \quad \varliminf\limits_{n\to\infty}(x_n + y_n) = \lim\limits_{n\to\infty} x_n + \varliminf\limits_{n\to\infty} y_n.$$

这里要求上述诸式两端不是待定型, 即不是 $(+\infty) + (-\infty)$ 等形式的不定式.

证明   (1) 的证明显然, (3) 可由 (2) 得证, (2) 的第二式可由第一式和定理 17.3.2′ 证明.

下面只给出 (2) 的第一式证明. 记 $\varlimsup\limits_{n\to\infty} x_n = H_1, \varlimsup\limits_{n\to\infty} y_n = H_2$.

若 $H_1 = H_2 = +\infty$ 或 H_1, H_2 中一个为有限数、一个为 $+\infty$ 时, $H_1 + H_2 = +\infty$. 因此不等式

$$\varlimsup_{n\to\infty} (x_n + y_n) \leqslant \varlimsup_{n\to\infty} x_n + \varlimsup_{n\to\infty} y_n$$

成立. 若 $H_1 = H_2 = -\infty$ 或 H_1, H_2 中一个为有限数、一个为 $-\infty$ 时, $x_n + y_n \to -\infty$, 故上面不等式也成立.

若 H_1, H_2 均为有限数, 由定理 17.3.4, 对任意给定的 $\varepsilon > 0$, 存在正整数 N, 对一切 $n > N$ 成立

$$x_n < H_1 + \varepsilon, \quad y_n < H_2 + \varepsilon,$$

即

$$x_n + y_n < H_1 + H_2 + 2\varepsilon,$$

所以

$$\varlimsup_{n\to\infty} (x_n + y_n) \leqslant H_1 + H_2 + 2\varepsilon,$$

由 ε 的任意性, 即得到

$$\varlimsup_{n\to\infty} (x_n + y_n) \leqslant H_1 + H_2 = \varlimsup_{n\to\infty} x_n + \varlimsup_{n\to\infty} y_n,$$

即 (2) 的第一式的第二个不等式成立.

由此不等式及定理 17.3.2(2) 又可得

$$\varlimsup_{n\to\infty} y_n = \varlimsup_{n\to\infty} [(x_n + y_n) - x_n] \leqslant \varlimsup_{n\to\infty} (x_n + y_n) + \varlimsup_{n\to\infty} (-x_n) = \varlimsup_{n\to\infty} (x_n + y_n) - \varliminf_{n\to\infty} x_n,$$

移项得 (2) 的第一式中的第一个不等式:

$$\varliminf_{n\to\infty} x_n + \varlimsup_{n\to\infty} y_n \leqslant \varlimsup_{n\to\infty} (x_n + y_n). \qquad \square$$

例 17.3.3   设 $x_1 \in [0,1], x_{2n} = \dfrac{x_{2n-1}}{2}, x_{2n+1} = \dfrac{1}{2} + x_{2n}, n = 1, 2, \cdots$, 求数列 $\{x_n\}$ 的上极限和下极限.

解   由条件容易归纳知: $x_{2n} \in \left[0, \dfrac{1}{2}\right], x_{2n-1} \in [0, 1], n = 1, 2, \cdots$, 且

$$x_{2n+1} = \frac{1}{2} + \frac{x_{2n-1}}{2}, x_{2n+2} = \frac{1}{4} + \frac{x_{2n}}{2}. \tag{17.3.5}$$

设 $\{x_{2n-1}\}$ 的上极限和下极限分别为 H_1, h_1; $\{x_{2n}\}$ 的上极限和下极限分别为 H_2, h_2, 在式 (17.3.5) 两边分别取上极限和下极限得

$$H_1 = \frac{1}{2} + \frac{H_1}{2}, h_1 = \frac{1}{2} + \frac{h_1}{2}, H_2 = \frac{1}{4} + \frac{H_2}{2}, h_2 = \frac{1}{4} + \frac{h_2}{2},$$

则 $H_1 = h_1 = 1, H_2 = h_2 = \dfrac{1}{2}$. 因此 $\{x_n\}$ 的上极限和下极限分别为 $1, \dfrac{1}{2}$.

本题也可以由式 (17.3.5) 证明 $\{x_{2n-1}\}, \{x_{2n}\}$ 均为单增有界子列来得到收敛性, 进而求得奇偶子列的极限.

例 17.3.4 设数列 $\{x_n\}$ 是非负数列, 且满足

$$x_{n+1} \leqslant x_n + \frac{1}{n^2}.$$

证明: 数列 $\{x_n\}$ 收敛.

证明 由条件易得

$$x_{n+1} \leqslant x_n + \frac{1}{n^2} \leqslant x_1 + \sum_{k=1}^{n} \frac{1}{k^2},$$

又 $\{x_n\}$ 非负, 从而是有界列, 其上极限和下极限均存在.

对任意正整数 n, k

$$x_{n+k} - x_n \leqslant \sum_{i=n}^{n+k} \frac{1}{i^2},$$

在不等式两边令 $k \to \infty$ 取上极限得

$$\varlimsup_{k \to \infty} x_{n+k} - x_n \leqslant \sum_{i=n}^{\infty} \frac{1}{i^2},$$

即

$$\varlimsup_{k \to \infty} x_k - x_n \leqslant \sum_{i=n}^{\infty} \frac{1}{i^2},$$

在不等式两边令 $n \to \infty$ 取上极限得

$$\varlimsup_{n \to \infty} \left(\varlimsup_{k \to \infty} x_k - x_n \right) \leqslant 0,$$

则

$$\varlimsup_{n \to \infty} x_n - \varliminf_{n \to \infty} x_n \leqslant 0,$$

因此 $\varlimsup\limits_{n \to \infty} x_n = \varliminf\limits_{n \to \infty} x_n$, 即数列 $\{x_n\}$ 收敛. $\quad\square$

注意到, 例 17.3.4 可以用单调有界原理来讨论, 即证明数列 $\left\{ x_{n+1} + \dfrac{1}{n} \right\}$ 单减有下界.

定理 17.3.7 设 $\{x_n\}$ 和 $\{y_n\}$ 是两个数列,

(1) 若 $x_n \geqslant 0, y_n \geqslant 0$, 则

$$\varlimsup_{n \to \infty} (x_n y_n) \leqslant \varlimsup_{n \to \infty} x_n \cdot \varlimsup_{n \to \infty} y_n; \quad \varliminf_{n \to \infty} (x_n y_n) \geqslant \varliminf_{n \to \infty} x_n \cdot \varliminf_{n \to \infty} y_n.$$

这里要求上述诸式的右端不是待定型, 即不为 $0 \cdot (\pm\infty)$ 等形式.

(2) 若 $\lim\limits_{n \to \infty} x_n = x \in (0, +\infty)$, 则

$$\varlimsup_{n \to \infty} (x_n \cdot y_n) = \lim_{n \to \infty} x_n \cdot \varlimsup_{n \to \infty} y_n; \quad \varliminf_{n \to \infty} (x_n \cdot y_n) = \lim_{n \to \infty} x_n \cdot \varliminf_{n \to \infty} y_n.$$

证明 我们只给出上极限的证明, 下极限的证明类似 (或直接由上极限的结论可得).

(1) 设 $H_1 = \varlimsup\limits_{n \to \infty} x_n$, $H_2 = \varlimsup\limits_{n \to \infty} y_n$, 则 $H_1, H_2 \geqslant 0$.

若 $H_1 = +\infty$, $H_2 > 0$ 或 $H_2 = +\infty$, $H_1 > 0$, 结论显然成立.

当 $H_1 < +\infty$ 且 $H_2 < +\infty$ 时, 对任意 $\varepsilon > 0$, 存在正整数 N, 当 $n > N$ 时,

$$x_n < H_1 + \varepsilon, y_n < H_2 + \varepsilon.$$

由条件知 $x_n \geqslant 0, y_n \geqslant 0$, 则

$$x_n y_n < H_1 H_2 + (H_1 + H_2 + \varepsilon)\varepsilon.$$

令 $n \to \infty$, 取上极限, 因此有

$$\varlimsup_{n\to\infty} (x_n \cdot y_n) \leqslant H_1 H_2 = \varlimsup_{n\to\infty} x_n \cdot \varlimsup_{n\to\infty} y_n.$$

(2) 分以下三种情况讨论:

(i) 若 $\varlimsup\limits_{n\to\infty} y_n = +\infty$, 则 $\{y_n\}$ 是上无界的, 又 $\lim\limits_{n\to\infty} x_n = x > 0$, 因此 $\{x_n y_n\}$ 是上无界的, 从而 $\varlimsup\limits_{n\to\infty} x_n y_n = +\infty$, 因此 $\varlimsup\limits_{n\to\infty} (x_n \cdot y_n) = \lim\limits_{n\to\infty} x_n \cdot \varlimsup\limits_{n\to\infty} y_n$;

(ii) 若 $\varlimsup\limits_{n\to\infty} y_n = -\infty$, 则 $\{y_n\}$ 是负无穷大列, 因此 $\{x_n y_n\}$ 也是负无穷大列, 即 $\varlimsup\limits_{n\to\infty} (x_n y_n) = -\infty$, 因此 $\varlimsup\limits_{n\to\infty} (x_n \cdot y_n) = \lim\limits_{n\to\infty} x_n \cdot \varlimsup\limits_{n\to\infty} y_n$;

(iii) 若 $\varlimsup\limits_{n\to\infty} y_n$ 是有限数, 则 $\{x_n y_n\}$ 为上有界数列.

设 $H = \varlimsup\limits_{n\to\infty} (x_n y_n)$, 则存在子列 $\{x_{n_k} y_{n_k}\}$ 收敛于 H. 由于 $\{x_{n_k}\}$ 收敛于正数 x, 所以 $\{y_{n_k}\}$ 也收敛, 因此

$$H = \lim_{k\to\infty} x_{n_k} \lim_{k\to\infty} y_{n_k} \leqslant \lim_{n\to\infty} x_n \varlimsup_{n\to\infty} y_n.$$

另外, 因为 $x > 0$, 则由上式得

$$\varlimsup_{n\to\infty} y_n = \varlimsup_{n\to\infty} \left[(x_n y_n) \cdot \frac{1}{x_n} \right] \leqslant \varlimsup_{n\to\infty} (x_n y_n) \cdot \lim_{n\to\infty} \frac{1}{x_n},$$

即

$$\varlimsup_{n\to\infty} (x_n y_n) \geqslant \lim_{n\to\infty} x_n \cdot \varlimsup_{n\to\infty} y_n.$$

两式结合即得到 (2) 的第一式.   □

例 17.3.5 设数列 $\{a_n\}$ 满足对一切 $m, n \in \mathbb{N}^+$, 有

$$0 \leqslant a_{m+n} \leqslant a_m + a_n,$$

证明: 数列 $\left\{ \dfrac{a_n}{n} \right\}$ 收敛.

证明 由条件知: $a_n \leqslant n a_1$, 故 $\left\{ \dfrac{a_n}{n} \right\}$ 有界.

任意给定 $k \in \mathbb{N}$, 则每个自然数 $n > k$ 都可唯一表示为

$$n = mk + l, \ m, l \in \mathbb{N}, \ 0 \leqslant l < k, \ m > 0.$$

记 $a_0 = 0$, $M_k = \max\{a_1, \cdots, a_{k-1}\}$, 所以有

$$\frac{a_n}{n} \leqslant \frac{a_{mk} + a_l}{n} \leqslant \frac{m a_k + a_l}{mk + l} \leqslant \frac{a_k}{k + l/m} + \frac{M_k}{n}.$$

当 k 固定时, $n \to \infty$ 意味着 $m \to \infty$. 在上式中令 $n \to \infty$ 取上极限得

$$\varlimsup_{n\to\infty} \frac{a_n}{n} \leqslant \frac{a_k}{k}.$$

再对上式令 $k \to \infty$ 取下极限得

$$\varlimsup_{n\to\infty} \frac{a_n}{n} \leqslant \varliminf_{k\to\infty} \frac{a_k}{k}.$$

于是两者相等, 所以极限存在.   □

例 17.3.6 设数列 $\{x_n\}$ 有界, 且 $\lim\limits_{n\to\infty} (x_{2n} + 2x_n)$ 存在, 证明 $\lim\limits_{n\to\infty} x_n$ 也存在.

证明 令 $a = \lim\limits_{n\to\infty}(x_{2n} + 2x_n)$, 由由定理 17.3.6得

$$a = \overline{\lim_{n\to\infty}}(x_{2n} + 2x_n) \geqslant \underline{\lim_{n\to\infty}} x_{2n} + \overline{\lim_{n\to\infty}}(2x_n) \geqslant \underline{\lim_{n\to\infty}} x_n + 2\overline{\lim_{n\to\infty}} x_n.$$

同理也有

$$a = \lim_{n\to\infty}(x_{2n} + 2x_n) \leqslant \overline{\lim_{n\to\infty}} x_n + 2\underline{\lim_{n\to\infty}} x_n.$$

于是 $\underline{\lim\limits_{n\to\infty}} x_n \geqslant \overline{\lim\limits_{n\to\infty}} x_n$, 因此 $\lim\limits_{n\to\infty} x_n$ 存在. □

例 17.3.7 设 $\{x_n\}$ 为正数列, 证明: $\underline{\lim\limits_{n\to\infty}} \dfrac{x_{n+1}}{x_n} \leqslant \underline{\lim\limits_{n\to\infty}} \sqrt[n]{x_n} \leqslant \overline{\lim\limits_{n\to\infty}} \sqrt[n]{x_n} \leqslant \overline{\lim\limits_{n\to\infty}} \dfrac{x_{n+1}}{x_n}$.

证明 只证明 $\overline{\lim\limits_{n\to\infty}} \sqrt[n]{x_n} \leqslant \overline{\lim\limits_{n\to\infty}} \dfrac{x_{n+1}}{x_n}$.

设 $a = \overline{\lim\limits_{n\to\infty}} \dfrac{x_{n+1}}{x_n}$. 若 $a = +\infty$, 结论显然成立, 下面仅讨论 $0 \leqslant a < +\infty$ 的情形, 即要证明: 对任意 $\varepsilon > 0$, 有 $\overline{\lim\limits_{n\to\infty}} \sqrt[n]{x_n} \leqslant a + \varepsilon$.

因为 $a = \overline{\lim\limits_{n\to\infty}} \dfrac{x_{n+1}}{x_n}$, 所以对任意 $\varepsilon > 0$, 存在 $N \in \mathbb{N}$, 使得

$$\frac{x_{k+1}}{x_k} < a + \varepsilon, \quad \forall k \geqslant N.$$

于是对任意 $n > N$, 有

$$\frac{x_{N+1}}{x_N} \cdot \frac{x_{N+2}}{x_{N+1}} \cdot \cdots \cdot \frac{x_n}{x_{n-1}} < (a + \varepsilon)^{n-N}.$$

即

$$x_n < x_N(a + \varepsilon)^{n-N} = \frac{x_N}{(a + \varepsilon)^N}(a + \varepsilon)^n,$$

记 $M = \dfrac{x_N}{(a + \varepsilon)^N} > 0$, 则

$$\sqrt[n]{x_n} < \sqrt[n]{M}(a + \varepsilon),$$

令 $n \to \infty$ 得

$$\overline{\lim_{n\to\infty}} \sqrt[n]{x_n} \leqslant \overline{\lim_{n\to\infty}} \sqrt[n]{M}(a + \varepsilon) = a + \varepsilon.$$

由 ε 的任意性立得结论. □

§17.3.3 上极限和下极限的等价定义 *

上极限和下极限概念比极限概念更难以理解. 下面我们再换个角度来帮助大家理解.

设 $\{x_n\}$ 是数列, 令

$$a_n = \inf\{x_n, x_{n+1}, \cdots\} = \inf_{k \geqslant n}\{x_k\}, \tag{17.3.6}$$

$$b_n = \sup\{x_n, x_{n+1}, \cdots\} = \sup_{k \geqslant n}\{x_k\}. \tag{17.3.7}$$

则 $\{a_n\}$(可能为有限值, 可能为负无穷) 是单调递增的, $\{b_n\}$ (可能为有限值, 可能为正无穷) 是单调递减的, 且

$$a_n \leqslant x_n \leqslant b_n. \tag{17.3.8}$$

记 $\{a_n\}, \{b_n\}$ 的广义极限

$$\bar{H} = \lim_{n\to\infty} b_n = \lim_{n\to\infty} \sup_{k\geqslant n}\{x_k\},$$

$$\bar{h} = \lim_{n\to\infty} a_n = \lim_{n\to\infty} \inf_{k\geqslant n}\{x_k\}.$$

若数列 $\{x_n\}$ 有界, 则数列 $\{a_n\}$ 与 $\{b_n\}$ 均单调有界, 从而均收敛, 这时 $-\infty < \bar{h} \leqslant \bar{H} < +\infty$.

当数列 $\{x_n\}$ 无上界而有下界时, 则对一切 $n \in \mathbb{N}^+, b_n = +\infty$; 而这时数列 a_n 都为有限数且单调递增, 但可能收敛也可能极限值为 $+\infty$, 这时 $-\infty < \bar{h} \leqslant \bar{H} = +\infty$.

当数列 $\{x_n\}$ 无下界而有上界时, 则对一切 $n \in \mathbb{N}^+, a_n = -\infty$; 这时数列 $\{b_n\}$ 都为有限数且单调递减, 可能收敛也可能极限值为 $-\infty$, 这时 $-\infty = \bar{h} \leqslant \bar{H} < +\infty$.

当数列 $\{x_n\}$ 既无上界又无下界时, 则对一切 $n \in \mathbb{N}^+, a_n = -\infty, b_n = +\infty$, 这时 $\bar{H} = +\infty, \bar{h} = -\infty$.

所以, 对于任意实数数列, 不管其是否有界, 也不管其极限值是否存在, 但 $\bar{H}$ 与 $\bar{h}$ 总是存在的 (有限数, $+\infty$ 或 $-\infty$), 且由式 (17.3.8) 知

$$-\infty \leqslant \bar{h} \leqslant h \leqslant H \leqslant \bar{H} \leqslant +\infty. \tag{17.3.9}$$

定理 17.3.8 $\bar{H}, \bar{h}$ 分别等于 (广义) 上极限与 (广义) 下极限, 即

$$\lim_{n\to+\infty} b_n = \bar{H} = H = \overline{\lim_{n\to\infty}} x_n; \qquad \lim_{n\to+\infty} a_n = \bar{h} = h = \underline{\lim_{n\to\infty}} x_n.$$

证明   假设 $\bar{H} \neq H$, 则由式 (17.3.9) 知: $H < \bar{H} \leqslant +\infty$.

取 $a \in (H, \bar{H})$, 则存在正整数 N, 使得当 $n > N$ 时, $x_n < a$, 从而 $b_n \leqslant a$, 于是 $\bar{H} = \lim_{n\to\infty} b_n \leqslant a$, 矛盾. 因此 $H = \bar{H}$.

$h = \bar{h}$ 类似可得.   □

习题 17.3

A1. 求以下数列的上、下极限:

(1) $\{-n[(-1)^n + 1]\}$;   (2) $\left\{\dfrac{3n}{2n+1} \sin \dfrac{n\pi}{3}\right\}$;   (3) $\{3n+1\}$;

(4) $\left\{\sqrt[n]{n+2} + \cos \dfrac{n\pi}{4}\right\}$;   (5) $\left\{3(-1)^{n+2} + 2(-1)^{\frac{n(n+1)}{2}}\right\}$.

A2. 证明:

(1) 若 $\{a_n\}$ 是有界数列, 则 $\underline{\lim_{n\to\infty}} a_n = -\overline{\lim_{n\to\infty}}(-a_n)$;

(2) 若 $\{a_n\}$ 是有界正数列, 且 $\underline{\lim_{n\to\infty}} a_n > 0$, 则 $\overline{\lim_{n\to\infty}} \dfrac{1}{a_n} = \dfrac{1}{\underline{\lim_{n\to\infty}} a_n}$;

(3) 若 $\{a_n\}$ 是递增数列, 则 $\overline{\lim_{n\to\infty}} a_n = \lim_{n\to\infty} a_n$;

(4) 若 $\{a_n\}$ 是有界正数列, 且 $\overline{\lim_{n\to\infty}} a_n \cdot \overline{\lim_{n\to\infty}} \dfrac{1}{a_n} = 1$, 则数列 $\{a_n\}$ 收敛.

A3. 设 $x_n \leqslant y_n, n \in \mathbb{N}^+$, 证明: $\overline{\lim_{n\to\infty}} x_n \leqslant \overline{\lim_{n\to\infty}} y_n, \underline{\lim_{n\to\infty}} x_n \leqslant \underline{\lim_{n\to\infty}} y_n$.

A4. 证明: $\underline{\lim_{n\to\infty}} x_n - \overline{\lim_{n\to\infty}} y_n \leqslant \overline{\lim_{n\to\infty}}(x_n - y_n) \leqslant \overline{\lim_{n\to\infty}} x_n - \underline{\lim_{n\to\infty}} y_n$.

A5. 若 $x_n, y_n > 0$, 且 $\underline{\lim_{n\to\infty}} y_n > 0$, 证明:

$$\dfrac{\underline{\lim_{n\to\infty}} x_n}{\underline{\lim_{n\to\infty}} y_n} \leqslant \underline{\lim_{n\to\infty}} \dfrac{x_n}{y_n} \leqslant \overline{\lim_{n\to\infty}} \dfrac{x_n}{y_n} \leqslant \dfrac{\overline{\lim_{n\to\infty}} x_n}{\underline{\lim_{n\to\infty}} y_n}.$$

A6. 设 H, h 分别为数列 $\{x_n\}$ 的广义上极限和下极限, 证明:

(1) $H = +\infty \Leftrightarrow \{x_n\}$ 是上无界的, $h = -\infty \Leftrightarrow \{x_n\}$ 是下无界的;

(2) $H = -\infty \Leftrightarrow \{x_n\}$ 是负无穷大列, $h = +\infty \Leftrightarrow \{x_n\}$ 是正无穷大列.

A7. 设 $y_n = x_n + 2x_{n+1}, n \in \mathbb{N}^+$, 且 $\{x_n\}$ 有界, $\{y_n\}$ 收敛. 证明: $\{x_n\}$ 收敛.

B8. 设 $x_1 = \sqrt{3}$, $x_2 = \sqrt{3 - \sqrt{3}}$, $x_{n+2} = \sqrt{3 - \sqrt{3 + x_n}}$, $n = 1, 2, \cdots$, 试证数列 $\{x_n\}$ 极限存在, 并求此极限.

B9. 设 $x_1 > x_2 > 0$, $x_{n+2} = \sqrt{x_{n+1}x_n}, n \in \mathbb{N}^+$, 证明: 数列 $\{x_n\}$ 收敛.

B10. 任意给定 $x \in \mathbb{R}$, 令 $x_1 = \cos x$, $x_{n+1} = \cos x_n$, $n \in \mathbb{N}^+$, 证明: 数列 $\{x_n\}$ 收敛.

B11. 令 α 为一个正实数, 定义序列 x_n 为

$$x_0 = 0, \quad x_{n+1} = \alpha + x_n^2, \ n \geqslant 0.$$

找出关于 α 的一个充要条件, 使得 $\lim\limits_{n \to \infty} x_n$ 必定存在, 且为有限数.

B12. 若 $\varlimsup\limits_{n \to \infty} x_n \leqslant c$, 证明: $\varlimsup\limits_{n \to \infty} \dfrac{x_n}{1 + |x_n|} \leqslant \dfrac{c}{1 + |c|}$.

B13. 设有界数列 $\{x_n\}$ 的上下极限分别为 L, l, 且满足 $\lim\limits_{n \to \infty}(x_{n+1} - x_n) = 0$. 证明: $\{x_n\}$ 的极限点集为 $[l, L]$.

C14. (函数的上极限和下极限) 设 f 是定义在 a 的某一去心邻域中的有界函数, 若存在 a 的去心邻域中点列 x_n, 使得 $x_n \to a$, 且 $f(x_n) \to \alpha$, 则称 α 是 f 在点 a 的子极限. 记子极限的全体组成的集合为 E, 定义 E 的上确界为 f 在点 a 的上极限, 记为 $\varlimsup\limits_{x \to a} f(x)$; 定义 E 的下确界为 f 在点 a 的下极限, 记为 $\varliminf\limits_{x \to a} f(x)$.

(1) (i) 讨论 Dirichlet 函数 $D(x) = \begin{cases} 1, & x \in \mathbb{Q}, \\ 0, & x \notin \mathbb{Q} \end{cases}$ 在每一点 $a \in \mathbb{R}$ 的上极限和下极限;

　　(ii) 讨论函数 $f(x) = \sin\dfrac{1}{x}$ 在 $a = 0$ 的上极限和下极限.

(2) 集合 E 的上确界和下确界是子极限吗? 即 E 有最大值和最小值吗?

(3) 给出 f 在点 a 的极限和其上极限下极限的关系.

(4) 给出函数上极限和下极限的几何描述.

(5) 给出函数上极限和下极限的运算性质.

§17.4 数项级数 (续)

在第 14 章和第 15 章我们学习了数项级数和函数项级数的收敛性的部分判别方法和性质, 但有的只给出结论而并未证明. 本部分我们继续讨论级数的收敛性判别法及其性质, 给出 Abel-Dirichlet 判别法的证明, 利用上极限和下极限给出 Cauchy 判别法和 D'Alembert 判别法的推广, 并讨论绝对收敛级数的若干性质, 最后给出在后面经常要用到的两个重要不等式: Hölder 不等式和 Minkowski 不等式.

§17.4.1 数项级数的 Abel-Dirichlet 判别法的证明

第 14 章给出了形如 $\sum\limits_{n=1}^{\infty} a_n b_n$ 的级数的 Abel-Dirichlet 判别法, 但并未证明. 本小节将给出证明, 为此我们先介绍非常重要的 Abel 变换和 Abel 引理.

引理 17.4.1 (Abel 变换)　　设 $\{a_n\}$ 和 $\{b_n\}$ 是两数列, 记 $B_k = \sum\limits_{i=1}^{k} b_i$, $k = 1, 2, \cdots$, 则

$$\sum_{k=1}^{m} a_k b_k = a_m B_m - \sum_{k=1}^{m-1}(a_{k+1} - a_k)B_k. \tag{17.4.1}$$

证明

$$\sum_{k=1}^{m} a_k b_k = a_1 B_1 + \sum_{k=2}^{m} a_k(B_k - B_{k-1})$$

$$= a_1 B_1 + \sum_{k=2}^{m} a_k B_k - \sum_{k=2}^{m} a_k B_{k-1}$$

$$= \sum_{k=1}^{m-1} a_k B_k - \sum_{k=1}^{m-1} a_{k+1} B_k + a_m B_m$$

$$= a_m B_m - \sum_{k=1}^{m-1}(a_{k+1} - a_k)B_k. \qquad \square$$

注 17.4.1　由于积分是 Riemann 和的极限, 导数是差商的极限, 因此 Abel 变换公式类似于定积分的分部积分公式

$$\int_a^b f(x)g(x)\mathrm{d}x = f(b)G(b) - \int_a^b f'(x)G(x)\mathrm{d}x,$$

其中, $G(x) = \displaystyle\int_a^x g(t)\mathrm{d}t$, 所以 Abel 变换公式也称为**分部求和公式** (formula for summation by parts).

利用 Abel 变换可以得到下面的 Abel 引理.

引理 17.4.2 (Abel 引理)　设

(1) $\{a_k\}$ 为单调数列;

(2) $\left\{\displaystyle\sum_{i=1}^{k} b_i\right\}$ 为有界数列, 即存在常数 $M > 0$, 使对一切 $k \in \mathbb{N}$, 有 $|B_k| = \left|\displaystyle\sum_{i=1}^{k} b_i\right| \leqslant M$,

则对任意的正整数 m, 有

$$\left|\sum_{k=1}^{m} a_k b_k\right| \leqslant M(|a_1| + 2|a_m|).$$

证明　由 Abel 变换, 即式 (17.4.1) 得

$$\left|\sum_{k=1}^{m} a_k b_k\right| \leqslant |a_m B_m| + \sum_{k=1}^{m-1} |a_{k+1} - a_k|\,|B_k|$$

$$\leqslant M\left(|a_m| + \sum_{k=1}^{m-1} |a_{k+1} - a_k|\right).$$

由于 $\{a_k\}$ 单调, 所以

$$\sum_{k=1}^{m-1} |a_{k+1} - a_k| = \left|\sum_{k=1}^{m-1}(a_{k+1} - a_k)\right| = |a_m - a_1|,$$

于是得到

$$\left|\sum_{k=1}^{m} a_k b_k\right| \leqslant M(|a_1| + 2|a_m|). \qquad \square$$

下面我们运用 Cauchy 收敛准则和 Abel 引理来证明级数收敛性判别中的 Abel-Dirichlet 判别法 (定理 14.3.2).

定理 17.4.1 若下列两个条件之一满足, 则级数 $\sum\limits_{n=1}^{\infty} a_n b_n$ 收敛:

(1) (Abel 判别法) $\{a_n\}$ 单调有界, $\sum\limits_{n=1}^{\infty} b_n$ 收敛;

(2) (Dirichlet 判别法) $\{a_n\}$ 单调趋于 0, $\left\{\sum\limits_{i=1}^{n} b_i\right\}$ 有界.

证明 (1) 若 Abel 判别法条件满足, 设 $|a_n| \leqslant M$. 由于 $\sum\limits_{n=1}^{\infty} b_n$ 收敛, 则对于任意给定的 $\varepsilon > 0$, 存在正整数 N, 使得对于一切 $n > N$ 和任意的正整数 p 成立 $\left|\sum\limits_{k=n+1}^{n+p} b_k\right| < \varepsilon$.

对 $\sum\limits_{k=n+1}^{n+p} a_k b_k$ 应用 Abel 引理, 即得到

$$\left|\sum_{k=n+1}^{n+p} a_k b_k\right| < \varepsilon(|a_{n+1}| + 2|a_{n+p}|) \leqslant 3M\varepsilon.$$

(2) 若 Dirichlet 判别法条件满足, 由于 $\lim\limits_{n \to \infty} a_n = 0$, 因此对于任意给定的 $\varepsilon > 0$, 存在 $N > 0$, 使得对于一切 $n > N$, 成立 $|a_n| < \varepsilon$.

设 $\left|\sum\limits_{i=1}^{n} b_i\right| \leqslant M$ $(n = 1, 2, \cdots)$, 令 $B_k = \sum\limits_{i=n+1}^{n+k} b_i$ $(k = 1, 2, \cdots)$, 则

$$|B_k| = \left|\sum_{i=1}^{n+k} b_i - \sum_{i=1}^{n} b_i\right| \leqslant 2M,$$

应用 Abel 引理, 同样得到: 对任意 $n > N$ 及正整数 p,

$$\left|\sum_{k=n+1}^{n+p} a_k b_k\right| \leqslant 2M(|a_{n+1}| + 2|a_{n+p}|) < 6M\varepsilon.$$

根据 Cauchy 收敛准则, 在条件 (1) 或 (2) 下, 级数 $\sum\limits_{n=1}^{\infty} a_n b_n$ 都收敛. □

利用 Abel 引理, 同样很容易证明函数项级数的一致收敛的 Abel-Dirichlet 判别法 (定理 15.1.5).

§17.4.2 上极限与下极限在级数中的应用

在第 14 章和第 15 章, 我们讨论了级数收敛的 Cauchy 判别法 (定理 14.2.4), D'Alembert 判别法 (定理 14.2.5) 和 Rabbe 判别法 (定理 14.2.7), 并据此得到了幂级数的 Cauchy-Hadamard 定理 (定理 15.3.2), 在这里我们利用上极限和下极限给出上述判别法的一些推广.

1. Cauchy 判别法 (检根法 (nth-root test)) 的推广

定理 17.4.2 (Cauchy 判别法) 设 $\sum\limits_{n=1}^{\infty} x_n$ 是级数, 令

$$r = \varlimsup_{n \to \infty} \sqrt[n]{|x_n|}, \tag{17.4.2}$$

则　(1) 当 $r < 1$ 时, 级数 $\sum\limits_{n=1}^{\infty} x_n$ 绝对收敛 (absolute convergence);

　　(2) 当 $r > 1$ 时, 级数 $\sum\limits_{n=1}^{\infty} x_n$ 发散;

证明　当 $r < 1$ 时, 取 $q \in (r, 1)$, 根据上极限的 ε-N 刻画可知, 存在正整数 N, 使得对一切 $n > N$, 成立 $\sqrt[n]{|x_n|} < q$, 从而 $|x_n| < q^n$. 因为 $0 < q < 1$, 由比较判别法可知, $\sum\limits_{n=1}^{\infty} x_n$ 绝对收敛.

当 $r > 1$ 时, 可知存在无穷多个 n 满足 $\sqrt[n]{|x_n|} > 1$, 则 $x_n \nrightarrow 0$, 从而 $\sum\limits_{n=1}^{\infty} x_n$ 发散.　□

注意: 当 $r = 1$, Cauchy 判别法失效, 即级数可能绝对收敛, 可能条件收敛 (conditional convergence), 也可能发散. 例如, 级数 $\sum\limits_{n=1}^{\infty} \dfrac{1}{n^2}$ 绝对收敛, $\sum\limits_{n=1}^{\infty} \dfrac{(-1)^n}{n}$ 条件收敛, $\sum\limits_{n=1}^{\infty} \dfrac{1}{n}$ 发散, 但它们对应的 r 都是 1.

例 17.4.1　判断级数 $\sum\limits_{n=1}^{\infty} \dfrac{n^2[\sqrt{3} + (-1)^n]^n}{3^n}$ 的敛散性.

解　设 $x_n = \dfrac{n^2[\sqrt{3} + (-1)^n]^n}{3^n}$, 则

$$\overline{\lim_{n \to \infty}} \sqrt[n]{x_n} = \frac{\sqrt{3} + 1}{3} < 1,$$

知级数 $\sum\limits_{n=1}^{\infty} x_n$(绝对) 收敛.

注意到, $\varliminf\limits_{n \to \infty} \sqrt[n]{x_n} = \dfrac{\sqrt{3} - 1}{3} < \dfrac{\sqrt{3} + 1}{3}$, 故 $\lim\limits_{n \to \infty} \sqrt[n]{x_n}$ 不存在, 因此原来的 Cauchy 判别法 (定理 14.2.4) 失效.

2. D'Alembert 判别法 (检比法 (ratio test)) 的推广

定理 17.4.3 (D'Alembert 判别法)　设 $\sum\limits_{n=1}^{\infty} x_n$ $(x_n \neq 0)$ 是级数, 记

$$\bar{r} = \overline{\lim_{n \to \infty}} \left| \frac{x_{n+1}}{x_n} \right|, \quad \underline{r} = \varliminf_{n \to \infty} \left| \frac{x_{n+1}}{x_n} \right|, \tag{17.4.3}$$

则　(1) 当 $\bar{r} < 1$ 时, 级数 $\sum\limits_{n=1}^{\infty} x_n$ 绝对收敛;

　　(2) 当 $\underline{r} > 1$ 时, 级数 $\sum\limits_{n=1}^{\infty} x_n$ 发散.

证明　由例 17.3.7 知

$$\underline{r} = \varliminf_{n \to \infty} \left| \frac{x_{n+1}}{x_n} \right| \leqslant \varliminf_{n \to \infty} \sqrt[n]{|x_n|} \leqslant r = \overline{\lim_{n \to \infty}} \sqrt[n]{|x_n|} \leqslant \overline{\lim_{n \to \infty}} \left| \frac{x_{n+1}}{x_n} \right| = \bar{r}. \tag{17.4.4}$$

再由 Cauchy 判别法即可知结论成立.　□

也可以用类似于 Cauchy 判别法的证法直接证明, 请读者自己完成.

注意, 在定理 17.4.3中, 当 $\bar{r} \geqslant 1$ 或 $\underline{r} \leqslant 1$ 时, 判别法失效, 即级数可能绝对收敛, 有可能条件收敛, 也可能发散.

例如: 级数 $\sum\limits_{n=1}^{\infty} x_n$ 绝对收敛, 其中

$$x_n = \begin{cases} \dfrac{1}{n}, n = k^2, \\[2mm] \dfrac{1}{n^2}, n \neq k^2; \end{cases}$$

而级数 $\sum\limits_{n=1}^{\infty} y_n$ 发散, 其中,

$$y_n = \begin{cases} \dfrac{1}{n}, n = 2k, \\[2mm] \dfrac{1}{n^2}, n = 2k+1, \end{cases}$$

但这两个级数均为: $r = 1, \bar{r} = +\infty > 1, \underline{r} = 0 < 1$.

级数 $\sum\limits_{n=1}^{\infty} \dfrac{(-1)^n}{n}$ 条件收敛, 但这时 $\bar{r} = \underline{r} = 1$.

3. 对数判别法

定理 17.4.4 (对数判别法 (logarithmic test)) 设 $\sum\limits_{n=1}^{\infty} a_n \, (a_n \neq 0)$ 是正项级数, (1) 若 $\varliminf\limits_{n\to\infty} \dfrac{\ln \frac{1}{a_n}}{\ln n} > 1$, 则 $\sum\limits_{n=1}^{\infty} a_n$ 收敛; (2) 若 $\varlimsup\limits_{n\to\infty} \dfrac{\ln \frac{1}{a_n}}{\ln n} < 1$, 则 $\sum\limits_{n=1}^{\infty} a_n$ 发散.

证明 (1) 记 $r = \varliminf\limits_{n\to\infty} \dfrac{\ln \frac{1}{a_n}}{\ln n} > 1$, 则对于 $c \in (1, r)$, 存在 N, 使得 $n > N$ 时

$$\frac{\ln \frac{1}{a_n}}{\ln n} > c,$$

即 $a_n < n^{-c}$. 因此 $\sum\limits_{n=1}^{\infty} a_n$ 收敛.

(2) 记 $r' = \varlimsup\limits_{n\to\infty} \dfrac{\ln \frac{1}{a_n}}{\ln n} < 1$, 则对于 $d \in (r', 1)$, 存在 N, 使得 $n > N$ 时

$$\frac{\ln \frac{1}{a_n}}{\ln n} < d,$$

即 $a_n > n^{-d}$. 因此 $\sum\limits_{n=1}^{\infty} a_n$ 发散. $\qquad\qquad\square$

注意: (1) 若 n 充分大时有 $\dfrac{\ln \frac{1}{a_n}}{\ln n} \leqslant 1$, 则级数 $\sum\limits_{n=1}^{\infty} a_n$ 发散.

(2) 若 $\varliminf\limits_{n\to\infty} \dfrac{\ln \frac{1}{a_n}}{\ln n} = 1$ 或 $\varlimsup\limits_{n\to\infty} \dfrac{\ln \frac{1}{a_n}}{\ln n} = 1$, 则级数 $\sum\limits_{n=1}^{\infty} a_n$ 可能收敛也可能发散. 如: $\sum\limits_{n=1}^{\infty} \dfrac{1}{n \ln^\alpha n}$ 在 $\alpha > 1$ 时收敛, 在 $\alpha \leqslant 1$ 发散, 但对任意 α 均有 $\lim\limits_{n\to\infty} \dfrac{\ln \frac{1}{a_n}}{\ln n} = 1$.

例 17.4.2 讨论级数 $\sum\limits_{n=1}^{\infty} \dfrac{1}{(\ln\ln n)^{\ln n}}$ 的敛散性.

解 记 $a_n = \dfrac{1}{(\ln\ln n)^{\ln n}}$, 则 $\dfrac{\ln \frac{1}{a_n}}{\ln n} = \ln\ln\ln n \to +\infty$. 因此由对数判别法知级数 $\sum\limits_{n=1}^{\infty} a_n$ 收敛.

本例也可以直接估计通项, n 充分大时, $\ln\ln n > \mathrm{e}^2$, 则 $a_n < \dfrac{1}{n^2}$.

注意到, 对数判别法与 Cauchy 判别法及 D'Alembert 判别法都是用等比级数作为参照级数的比较判别法. 请大家理解这三个判别法的不同情形下的应用.

4. Rabbe 判别法的推广

在第 14 章, 我们未加证明地给出了 Rabbe 判别法 (定理 14.2.7). 下面, 利用上极限和下极限给出推广的 Rabbe 判别法.

定理 17.4.5 (Raabe 判别法)　设 $a_n > 0, n = 1, 2, \cdots$, 记

$$\underline{r} = \varliminf_{n\to\infty} n\left(\frac{a_n}{a_{n+1}} - 1\right), \quad \overline{r} = \varlimsup_{n\to\infty} n\left(\frac{a_n}{a_{n+1}} - 1\right),$$

则当 $\underline{r} > 1$ 时, 级数 $\sum\limits_{n=1}^{\infty} a_n$ 收敛; 当 $\overline{r} < 1$ 时, 级数 $\sum\limits_{n=1}^{\infty} a_n$ 发散.

证明　设 $s > t > 1, f(x) = 1 + sx - (1+x)^t$, 由 $f(0) = 0$ 与 $f'(0) = s - t > 0$, 可知存在 $\delta > 0$, 当 $0 < x < \delta$ 时, 成立

$$1 + sx > (1+x)^t.$$

当 $\underline{r} > 1$ 时, 取 s, t 满足 $\underline{r} > s > t > 1$. 因此对于充分大的 n, 成立

$$\frac{a_n}{a_{n+1}} > 1 + \frac{s}{n} > \left(1 + \frac{1}{n}\right)^t = \frac{(n+1)^t}{n^t}.$$

这说明正项数列 $\{n^t a_n\}$ 从某一项开始单调递减, 因而 $\{n^t a_n\}$ 必有上界. 设 $n^t a_n \leqslant A, n = 1, 2, \cdots$, 于是

$$a_n \leqslant \frac{A}{n^t}, \ n = 1, 2, \cdots.$$

由于 $t > 1$, 因而 $\sum\limits_{n=1}^{\infty} \dfrac{1}{n^t}$ 收敛, 根据比较判别法即得到 $\sum\limits_{n=1}^{\infty} a_n$ 的收敛性.

当 $\overline{r} < 1$, 则对于充分大的 n, 成立

$$\frac{a_n}{a_{n+1}} < 1 + \frac{1}{n} = \frac{n+1}{n},$$

这说明正项数列 $\{na_n\}$ 从某一项开始单调递增, 因而存在正整数 N 与实数 $\alpha > 0$, 使得

$$\forall\, n > N,\ na_n > \alpha,\ \text{即 } a_n > \frac{\alpha}{n},$$

由于 $\sum\limits_{n=1}^{\infty} \dfrac{1}{n}$ 发散, 根据比较判别法即得到 $\sum\limits_{n=1}^{\infty} a_n$ 发散.　　　　□

在定理 17.4.5中, 当 $\underline{r} \leqslant 1$ 时, 或 $\overline{r} \geqslant 1$ 时, 级数 $\sum\limits_{n=1}^{\infty} a_n$ 可能收敛也可能发散. 例子请自举.

5. Cauchy-Hadamard 定理

对幂级数 $\sum\limits_{n=0}^{\infty} a_n x^n$, 易见

$$\varlimsup_{n\to\infty} \sqrt[n]{|a_n x^n|} = \varlimsup_{n\to\infty} \sqrt[n]{|a_n|} \cdot |x|,$$

令 $A = \varlimsup\limits_{n\to\infty} \sqrt[n]{|a_n|}$, 则根据推广的数项级数的 Cauchy 判别法, 我们有下面的定理.

定理 17.4.6 (Cauchy-Hadamard 定理) 幂级数 $\sum\limits_{n=0}^{\infty} a_n x^n$ 的收敛半径为 $R = \dfrac{1}{A}$.

例 17.4.3 求幂级数 $\sum\limits_{n=2}^{\infty} \dfrac{[2+(-1)^n]^n}{\ln n} \left(x+\dfrac{1}{2}\right)^n$ 的收敛域.

解 因为

$$\varlimsup_{n\to\infty} \sqrt[n]{\dfrac{[2+(-1)^n]^n}{\ln n}} = 3,$$

所以收敛半径为 $R = \dfrac{1}{3}$. 当 $x = -\dfrac{1}{2} + \dfrac{1}{3} = -\dfrac{1}{6}$ 时, 级数为

$$\sum_{n=2}^{\infty} \dfrac{[2+(-1)^n]^n}{\ln n} \left(\dfrac{1}{3}\right)^n,$$

它是发散的, 因为这时可以表示为收敛级数与发散级数的和:

$$\sum_{n=2}^{\infty} \dfrac{[2+(-1)^n]^n}{\ln n} \left(\dfrac{1}{3}\right)^n = \sum_{k=1}^{\infty} \dfrac{1}{\ln 2k} + \sum_{k=1}^{\infty} \dfrac{1}{\ln(2k+1)} \left(\dfrac{1}{3}\right)^{2k+1}.$$

同样, $x = -\dfrac{1}{2} - \dfrac{1}{3} = -\dfrac{5}{6}$ 时, 幂级数都是发散的. 因此它的收敛域是 $\left(-\dfrac{5}{6}, -\dfrac{1}{6}\right)$.

例 17.4.4 设 $x_n = 1 + \dfrac{1}{\sqrt{2}} + \cdots + \dfrac{1}{\sqrt{n}} - 2\sqrt{n}$, 证明: $\{x_n\}$ 收敛.

证明 令 $y_n = x_n - x_{n-1}, x_0 = 0, n = 1, 2, \cdots$, 则 x_n 是 $\sum\limits_{n=1}^{\infty} y_n$ 的部分和, 因此数列 $\{x_n\}$ 收敛当且仅当级数 $\sum\limits_{n=1}^{\infty} y_n$ 收敛. 而

$$y_n = \dfrac{1}{\sqrt{n}} - 2\sqrt{n} + 2\sqrt{n-1} = \dfrac{-1}{\sqrt{n}(\sqrt{n}+\sqrt{n-1})^2} \sim \dfrac{-1/4}{\sqrt{n^3}}.$$

故 $\sum\limits_{n=1}^{\infty} y_n$ 收敛, 从而 $\{x_n\}$ 收敛. □

§17.4.3 绝对收敛级数的性质

在第 14 章, 我们初步讨论了级数的绝对收敛性和条件收敛性, 但有些性质并未证明. 下面我们继续讨论.

对任何实数 x, 令

$$x^+ = \dfrac{|x|+x}{2} = \begin{cases} x, & x \geqslant 0, \\ 0, & x < 0, \end{cases} \quad x^- = \dfrac{|x|-x}{2} = \begin{cases} -x, & x \leqslant 0, \\ 0, & x > 0, \end{cases}$$

则 x^+, x^- 都是非负的, 且

$$x = x^+ - x^-, \quad |x| = x^+ + x^-. \tag{17.4.5}$$

给定级数 $\sum\limits_{n=1}^{\infty} x_n$, 必对应两个正项级数 (我们称之为级数的正部和负部)

$$\sum_{n=1}^{\infty} x_n^+, \quad \sum_{n=1}^{\infty} x_n^-. \tag{17.4.6}$$

下面我们讨论这些级数的敛散性之间的关系.

定理 17.4.7　级数 $\sum\limits_{n=1}^{\infty} x_n$ 绝对收敛当且仅当它的正部和负部这两个正项级数都收敛. 而级数 $\sum\limits_{n=1}^{\infty} x_n$ 条件收敛时, 这两个级数都发散 (到 $+\infty$).

证明　若 $\sum\limits_{n=1}^{\infty} x_n$ 绝对收敛, 由于

$$0 \leqslant x_n^+ \leqslant |x_n|, \ \ 0 \leqslant x_n^- \leqslant |x_n|, \ \ n = 1, 2, \cdots,$$

则由 $\sum\limits_{n=1}^{\infty} |x_n|$ 的收敛性知, $\sum\limits_{n=1}^{\infty} x_n^+$ 与 $\sum\limits_{n=1}^{\infty} x_n^-$ 都收敛.

反之, 若 $\sum\limits_{n=1}^{\infty} x_n^+$ 与 $\sum\limits_{n=1}^{\infty} x_n^-$ 都收敛, 则由 $|x_n| = x_n^+ + x_n^-$ 知, $\sum\limits_{n=1}^{\infty} x_n$ 绝对收敛.

若 $\sum\limits_{n=1}^{\infty} x_n$ 条件收敛, 假设 $\sum\limits_{n=1}^{\infty} x_n^+ \left(\text{或} \sum\limits_{n=1}^{\infty} x_n^-\right)$ 也收敛, 则由

$$\sum_{n=1}^{\infty} x_n^- = \sum_{n=1}^{\infty} x_n^+ - \sum_{n=1}^{\infty} x_n \left(\text{或} \sum_{n=1}^{\infty} x_n^+ = \sum_{n=1}^{\infty} x_n^- + \sum_{n=1}^{\infty} x_n\right)$$

可知 $\sum\limits_{n=1}^{\infty} x_n^-$(或 $\sum\limits_{n=1}^{\infty} x_n^+$) 也收敛, 于是得到

$$\sum_{n=1}^{\infty} |x_n| = \sum_{n=1}^{\infty} x_n^+ + \sum_{n=1}^{\infty} x_n^-$$

的收敛性, 从而产生矛盾.　　　　　　　　　　　　　　　　　　　　　　　□

例 17.4.5　设 $\{x_n\}$ 是非负单减列, 且 $\sum\limits_{n=1}^{\infty} x_n$ 发散. 证明:

$$\lim_{n\to\infty} \frac{x_2 + x_4 + \cdots + x_{2n}}{x_1 + x_3 + \cdots + x_{2n-1}} = 1.$$

证明　记 $a_n = x_2 + x_4 + \cdots + x_{2n}, b_n = x_1 + x_3 + \cdots + x_{2n-1}$.

因为 $\{x_n\}$ 非负单减, 则必收敛, 设其极限为 a. 若 $a > 0$, 则

$$\lim_{n\to\infty} \frac{a_n}{n} = \lim_{n\to\infty} \frac{b_n}{n} = a.$$

因此

$$\lim_{n\to\infty} \frac{a_n}{b_n} = 1.$$

若 $a = 0$, 令 $y_n = (-1)^n x_n$, 则 $\sum\limits_{n=1}^{\infty} y_n$ 条件收敛, 且 a_n 是 $\sum\limits_{n=1}^{\infty} y_n^+$ 的前 $2n$ 项和, b_n 是 $\sum\limits_{n=1}^{\infty} y_n^-$ 的前 $2n$ 项和, $a_n - b_n$ 是 $\sum\limits_{n=1}^{\infty} y_n$ 的前 $2n$ 项和. 因此 $a_n, b_n \to +\infty, a_n - b_n \to A$, 其中 A 为级数 $\sum\limits_{n=1}^{\infty} y_n$ 的和, 故

$$\lim_{n\to\infty} \frac{a_n}{b_n} = 1 + \lim_{n\to\infty} \frac{a_n - b_n}{b_n} = 1. \qquad\qquad □$$

本例也可以用条件进行放缩, 用夹逼法证明.

在第 14 章中, 我们给出了级数的重排 (更序) 的结论 (定理 14.3.4 和定理 14.3.5), 但我们并未证明, 下面我们重新叙述结论并证明.

定理 17.4.8 若级数 $\sum\limits_{n=1}^{\infty} x_n$ 绝对收敛, 则它的更序级数 $\sum\limits_{n=1}^{\infty} x_n'$ 也绝对收敛, 且和不变.

证明 分两步来证明定理.

(1) 先设 $\sum\limits_{n=1}^{\infty} x_n$ 是正项级数, 则对一切 $n \in \mathbb{N}^+$,

$$\sum_{k=1}^{n} x_k' \leqslant \sum_{n=1}^{\infty} x_n,$$

即正项级数 $\sum\limits_{n=1}^{\infty} x_n'$ 的部分和有上界, 于是 $\sum\limits_{n=1}^{\infty} x_n'$ 收敛, 且

$$\sum_{n=1}^{\infty} x_n' \leqslant \sum_{n=1}^{\infty} x_n.$$

反之, 也可将 $\sum\limits_{n=1}^{\infty} x_n$ 看成 $\sum\limits_{n=1}^{\infty} x_n'$ 的更序级数, 从而有

$$\sum_{n=1}^{\infty} x_n \leqslant \sum_{n=1}^{\infty} x_n'.$$

合之即得

$$\sum_{n=1}^{\infty} x_n' = \sum_{n=1}^{\infty} x_n.$$

(2) 设 $\sum\limits_{n=1}^{\infty} x_n$ 是绝对收敛的任意项级数, 由定理 17.4.7知, 正项级数 $\sum\limits_{n=1}^{\infty} x_n^+$ 与 $\sum\limits_{n=1}^{\infty} x_n^-$ 都收敛, 且

$$\sum_{n=1}^{\infty} x_n = \sum_{n=1}^{\infty} x_n^+ - \sum_{n=1}^{\infty} x_n^-, \quad \sum_{n=1}^{\infty} |x_n| = \sum_{n=1}^{\infty} x_n^+ + \sum_{n=1}^{\infty} x_n^-.$$

对于更序级数 $\sum\limits_{n=1}^{\infty} x_n'$, 同样也有相应的正项级数 $\sum\limits_{n=1}^{\infty} x_n'^+$ 与 $\sum\limits_{n=1}^{\infty} x_n'^-$, 由于 $\sum\limits_{n=1}^{\infty} x_n'^+$ 为 $\sum\limits_{n=1}^{\infty} x_n^+$ 的更序级数, $\sum\limits_{n=1}^{\infty} x_n'^-$ 为 $\sum\limits_{n=1}^{\infty} x_n^-$ 的更序级数, 根据 (1) 的结论,

$$\sum_{n=1}^{\infty} x_n'^+ = \sum_{n=1}^{\infty} x_n^+, \quad \sum_{n=1}^{\infty} x_n'^- = \sum_{n=1}^{\infty} x_n^-,$$

于是得到

$$\sum_{n=1}^{\infty} |x_n'| = \sum_{n=1}^{\infty} x_n'^+ + \sum_{n=1}^{\infty} x_n'^-$$

收敛, 即 $\sum\limits_{n=1}^{\infty} x_n'$ 绝对收敛, 且

$$\sum_{n=1}^{\infty} x_n' = \sum_{n=1}^{\infty} x_n'^+ - \sum_{n=1}^{\infty} x_n'^- = \sum_{n=1}^{\infty} x_n^+ - \sum_{n=1}^{\infty} x_n^- = \sum_{n=1}^{\infty} x_n. \qquad \square$$

定理 17.4.9 设级数 $\sum\limits_{n=1}^{\infty} x_n$ 条件收敛, 则对任意给定的常数 $a\,(-\infty \leqslant a \leqslant +\infty)$, 必存在 $\sum\limits_{n=1}^{\infty} x_n$ 的更序级数 $\sum\limits_{n=1}^{\infty} x_n'$, 其和恰为 a.

证明 只证 a 为有限数的情况, $a = \pm\infty$ 的情况证明类似, 且更简单.

由于 $\sum\limits_{n=1}^{\infty} x_n$ 条件收敛, 由定理 17.4.7知,

$$\sum_{n=1}^{\infty} x_n^+ = +\infty, \quad \sum_{n=1}^{\infty} x_n^- = +\infty.$$

若 $x_1^+ \geqslant a$, 取 $n_1 = 1$, 否则依次计算 $\sum\limits_{n=1}^{\infty} x_n^+$ 的部分和, 必定存在最小的正整数 n_1, 满足

$$x_1^+ + x_2^+ + \cdots + x_{n_1 - 1}^+ \leqslant a < x_1^+ + x_2^+ + \cdots + x_{n_1}^+,$$

再依次计算 $\sum\limits_{n=1}^{\infty} x_n^-$ 的部分和, 也必定存在最小的正整数 m_1, 满足

$$x_1^+ + x_2^+ + \cdots + x_{n_1}^+ - x_1^- - x_2^- - \cdots - x_{m_1 - 1}^- - x_{m_1}^- < a$$
$$\leqslant x_1^+ + x_2^+ + \cdots + x_{n_1}^+ - x_1^- - x_2^- - \cdots - x_{m_1 - 1}^-,$$

类似地, 可找到最小的正整数 $n_2 > n_1, m_2 > m_1$, 满足

$$x_1^+ + x_2^+ + \cdots + x_{n_1}^+ + x_1^- - x_2^- - \cdots - x_{m_1}^- + x_{n_1 + 1}^+ + \cdots + x_{n_2 - 1}^+$$
$$\leqslant a < x_1^+ + x_2^+ + \cdots + x_1^- - x_2^- - \cdots - x_{m_1}^- + x_{n_1 + 1}^+ + \cdots + x_{n_2 - 1}^+ + x_{n_2}^+,$$
$$x_1^+ + x_2^+ + \cdots + x_1^- - x_2^- - \cdots - x_{m_1}^- + x_{n_1 + 1}^+ + \cdots + x_{n_2}^+ - x_{m_1 + 1}^- - \cdots - x_{m_2}^-$$
$$\leqslant a < x_1^+ + x_2^+ + \cdots + x_1^- - x_2^- - \cdots - x_{m_1}^- + x_{n_1 + 1}^+ + \cdots + x_{n_2}^+ - x_{m_1 + 1}^- - \cdots - x_{m_2 - 1}^-,$$
$$\vdots$$

这样的步骤可一直继续下去, 由此得到 $\sum\limits_{n=1}^{\infty} x_n$ 的一个更序级数 $\sum\limits_{n=1}^{\infty} x_n'$, 它的部分和 $S_n'\,(n > n_1)$ 摆动于 $a + x_{n_k}^+$ 与 $a - x_{m_k}^-$ 之间. 由 $\sum\limits_{n=1}^{\infty} x_n$ 收敛可知, $\lim\limits_{n \to \infty} x_n^+ = \lim\limits_{n \to \infty} x_n^- = 0$, 于是得到 $\sum\limits_{n=1}^{\infty} x_n' = a$.   □

在第 14 章中, 我们讨论了级数乘积问题, 我们知道收敛级数的正方形排列的乘积一定收敛, 但结论对 Cauchy 乘积并不成立.

例如: 对于收敛级数 $\sum\limits_{n=1}^{\infty} \dfrac{(-1)^n}{\sqrt{n}}$, 我们来讨论其和自身的 Cauvhy 乘积, 这时

$$c_n = (-1)^{n+1} \sum_{k=1}^{n} \frac{1}{\sqrt{k(n-k+1)}},$$

因为 $4k(n-k+1) \leqslant (n+1)^2$, 得 $|c_n| \geqslant \dfrac{2n}{n+1}$, 显然 $\sum\limits_{n=1}^{\infty} c_n$ 发散.

如果级数是绝对收敛的, 则其任意形式的乘积也是绝对收敛的 (定理 14.3.6). 下面我们重新叙述并证明.

定理 17.4.10 如果级数 $\sum\limits_{n=1}^{\infty} a_n$ 和 $\sum\limits_{n=1}^{\infty} b_n$ 都绝对收敛, 则将 $a_i b_j (i, j = 1, 2 \cdots)$ 按任意方式排列求和而成的级数也绝对收敛, 而且其和等于 $\left(\sum\limits_{n=1}^{\infty} a_n \right) \left(\sum\limits_{n=1}^{\infty} b_n \right)$.

证明 设

$$a_{i_1} b_{j_1}, \ a_{i_2} b_{j_2}, \cdots, a_{i_k} b_{j_k} \cdots$$

是所有 $a_i b_j (i = 1, 2, \cdots; j = 1, 2, \cdots)$ 的任意一种排列, 对任意的 n, 取

$$N = \max_{1 \leqslant k \leqslant n} \{i_k, j_k\},$$

则

$$\sum_{k=1}^{n} |a_{i_k} b_{j_k}| \leqslant \left(\sum_{i=1}^{N} |a_i| \right) \left(\sum_{j=1}^{N} |b_j| \right) \leqslant \left(\sum_{n=1}^{\infty} |a_n| \right) \left(\sum_{n=1}^{\infty} |b_n| \right),$$

因此 $\sum\limits_{k=1}^{\infty} a_{i_k} b_{j_k}$ 绝对收敛. 由定理 17.4.8, $\sum\limits_{k=1}^{\infty} a_{i_k} b_{j_k}$ 的任意更序级数也绝对收敛, 且和不变.

设 $\sum\limits_{n=1}^{\infty} d_n$ 是级数 $\sum\limits_{n=1}^{\infty} a_n$ 与 $\sum\limits_{n=1}^{\infty} b_n$ 按正方形排列所得的乘积, 则 $\sum\limits_{n=1}^{\infty} d_n$ 是 $\sum\limits_{k=1}^{\infty} a_{i_k} b_{j_k}$ 更序后再添加括号所成的级数, 于是得到

$$\sum_{k=1}^{\infty} a_{i_k} b_{j_k} = \sum_{n=1}^{\infty} d_n = \left(\sum_{n=1}^{\infty} a_n \right) \left(\sum_{n=1}^{\infty} b_n \right). \qquad \square$$

对于 Cauchy 乘积, 结论成立的条件可以放宽为一个级数绝对收敛, 另一个级数收敛即可.

定理 17.4.11 如果级数 $\sum\limits_{n=1}^{\infty} a_n$ 和 $\sum\limits_{n=1}^{\infty} b_n$ 中有一个绝对收敛, 另一个收敛, 则 Cauchy 乘积 $\sum\limits_{n=1}^{\infty} c_n$ 也收敛, 且

$$\sum_{n=1}^{\infty} c_n = \left(\sum_{n=1}^{\infty} a_n \right) \left(\sum_{n=1}^{\infty} b_n \right),$$

其中, $c_n = a_1 b_n + a_2 b_{n-1} + \cdots + a_n b_1$.

证明 不妨设级数 $\sum\limits_{n=1}^{\infty} a_n$ 绝对收敛, 记

$$D = \sum_{n=1}^{\infty} |a_n|, A = \sum_{n=1}^{\infty} a_n, B = \sum_{n=1}^{\infty} b_n, A_n = \sum_{k=1}^{n} a_k, B_n = \sum_{k=1}^{n} b_k, u_n = B - B_n,$$

则

$$\begin{aligned}
\sum_{k=1}^{n} c_k &= a_1 b_1 + (a_1 b_2 + a_2 b_1) + \cdots + (a_1 b_n + a_2 b_{n-1} + \cdots + a_n b_1) \\
&= a_1 B_n + a_2 B_{n-1} + \cdots + a_n B_1 \\
&= a_1 (B - u_n) + a_2 (B - u_{n-1}) + \cdots + a_n (B - u_1) \\
&= A_n B - (a_1 u_n + a_2 u_{n-1} + \cdots + a_n u_1) \doteq A_n B - v_n.
\end{aligned}$$

因为 $A_n \to A$, 因此要证明结论成立, 只需证明 $\lim\limits_{n\to\infty} v_n = 0$ 即可.

因为 $\sum\limits_{n=1}^{\infty} b_n$ 收敛于 B, 则 $\{u_n\}$ 收敛于 0. 故对任意 $\varepsilon > 0$, 存在正整数 N, 使得当 $n > N$ 时, $|u_n| < \varepsilon$, 这时

$$|v_n| \leqslant |a_1 u_n + a_2 u_{n-1} + \cdots + a_{n-N-1} u_{N+1}| + |a_{n-N} u_N + \cdots + a_n u_1|$$
$$\leqslant D\varepsilon + |a_{n-N} u_N + \cdots + a_n u_1|.$$

对于固定的 N, 令 $n \to \infty$, 在上式两边取上极限, 由 $\{a_n\}$ 收敛于 0 得

$$\varlimsup_{n\to\infty} |v_n| \leqslant D\varepsilon.$$

由 ε 的任意性知 $\{v_n\}$ 收敛于 0, 因此结论成立. $\qquad\qquad\qquad\qquad\qquad\qquad\square$

§17.4.4 Hölder 不等式与 Minkowski 不等式

本小节我们给出在后面章节必需的几个重要的不等式.

在第 5 章例 5.1.10, 我们证明了 Young 不等式:

$$ab \leqslant \frac{a^p}{p} + \frac{b^q}{q}.$$

其中 $a, b \geqslant 0, p, q$ 为满足 $\dfrac{1}{p} + \dfrac{1}{q} = 1$ 的正数.

下面我们介绍分析学中非常重要的 Hölder 不等式和 Minkowski 不等式.

我们先讨论无穷级数形式的 Hölder 不等式.

定理 17.4.12 设 $p, q > 1, \dfrac{1}{p} + \dfrac{1}{q} = 1$, 且数列 $\{x_n\}, \{y_n\}$ 满足: 无穷级数 $\sum\limits_{n=1}^{\infty} |x_n|^p$, $\sum\limits_{n=1}^{\infty} |y_n|^q$ 收敛, 则 $\sum\limits_{n=1}^{\infty} |x_n y_n|$ 收敛, 且

$$\sum_{n=1}^{\infty} |x_n y_n| \leqslant \left(\sum_{n=1}^{\infty} |x_n|^p \right)^{\frac{1}{p}} \left(\sum_{n=1}^{\infty} |y_n|^q \right)^{\frac{1}{q}}.$$

证明 不妨设 $\{x_n\}, \{y_n\}$ 均为不全为 0 的数列, 即 $\sum\limits_{n=1}^{\infty} |x_n|^p > 0, \sum\limits_{n=1}^{\infty} |y_n|^q > 0$. 令

$$a_n = \frac{|x_n|}{\left(\sum\limits_{n=1}^{\infty} |x_n|^p \right)^{\frac{1}{p}}}, \quad b_n = \frac{|y_n|}{\left(\sum\limits_{n=1}^{\infty} |y_n|^q \right)^{\frac{1}{q}}},$$

带入 Young 不等式, 得

$$a_n b_n \leqslant \frac{|x_n|^p}{p \sum\limits_{n=1}^{\infty} |x_n|^p} + \frac{|y_n|^q}{q \sum\limits_{n=1}^{\infty} |y_n|^q}.$$

由 $\sum\limits_{n=1}^{\infty} |x_n|^p, \sum\limits_{n=1}^{\infty} |y_n|^q$ 的收敛性知, $\sum\limits_{n=1}^{\infty} a_n b_n$ 收敛, 且

$$\sum_{n=1}^{\infty} a_n b_n \leqslant \frac{1}{p} + \frac{1}{q} = 1,$$

整理可得结论. $\qquad\qquad\qquad\qquad\qquad\qquad\qquad\qquad\qquad\qquad\qquad\qquad\qquad\qquad\square$

下面给出积分形式的 Hölder 不等式.

定理 17.4.13 设 $f(x), g(x)$ 在 $[a,b]$ 上连续, p, q 为满足 $\dfrac{1}{p} + \dfrac{1}{q} = 1$ 的正数, 则

$$\int_a^b |f(x)g(x)| \mathrm{d}x \leqslant \left(\int_a^b |f(x)|^p \mathrm{d}x\right)^{\frac{1}{p}} \left(\int_a^b |g(x)|^q \mathrm{d}x\right)^{\frac{1}{q}}. \tag{17.4.7}$$

证明 显然, 只需考虑 $\displaystyle\int_a^b |f(x)|^p \mathrm{d}x \neq 0$, $\displaystyle\int_a^b |g(x)|^q \mathrm{d}x \neq 0$ 的情况 (即 f, g 不恒等于 0). 令

$$\phi(x) = \frac{|f(x)|}{\left(\displaystyle\int_a^b |f(x)|^p \mathrm{d}x\right)^{\frac{1}{p}}}, \psi(x) = \frac{|g(x)|}{\left(\displaystyle\int_a^b |g(x)|^q \mathrm{d}x\right)^{\frac{1}{q}}}, \quad x \in [a,b],$$

由 Young 不等式得到

$$\phi(x)\psi(x) \leqslant \frac{1}{p}\phi(x)^p + \frac{1}{q}\psi(x)^q,$$

即

$$\phi(x)\psi(x) \leqslant \frac{|f(x)|^p}{p\displaystyle\int_a^b |f(x)|^p \mathrm{d}x} + \frac{|g(x)|^q}{q\displaystyle\int_a^b |g(x)|^q \mathrm{d}x}, \quad x \in [a,b].$$

对上式两边在 $[a,b]$ 上求积分,

$$\int_a^b \phi(x)\psi(x)\mathrm{d}x \leqslant \frac{\displaystyle\int_a^b |f(x)|^p \mathrm{d}x}{p\displaystyle\int_a^b |f(x)|^p \mathrm{d}x} + \frac{\displaystyle\int_a^b |g(x)|^q \mathrm{d}x}{q\displaystyle\int_a^b |g(x)|^q \mathrm{d}x} = \frac{1}{p} + \frac{1}{q} = 1,$$

利用定积分的性质得到

$$\int_a^b |f(x)g(x)| \mathrm{d}x \leqslant \left(\int_a^b |f(x)|^p \mathrm{d}x\right)^{\frac{1}{p}} \left(\int_a^b |g(x)|^q \mathrm{d}x\right)^{\frac{1}{q}}. \qquad \square$$

利用 Hölder 不等式, 我们先讨论无穷级数形式的 Minkowski 不等式.

定理 17.4.14 设 $p \geqslant 1$, 且实 (复) 数列 $\{x_n\}, \{y_n\}$ 满足: 无穷级数 $\displaystyle\sum_{n=1}^{\infty} |x_n|^p, \sum_{n=1}^{\infty} |y_n|^p$ 收敛, 则 $\displaystyle\sum_{n=1}^{\infty} |x_n + y_n|^p$ 收敛, 且

$$\left(\sum_{n=1}^{\infty} |x_n + y_n|^p\right)^{\frac{1}{p}} \leqslant \left(\sum_{n=1}^{\infty} |x_n|^p\right)^{\frac{1}{p}} + \left(\sum_{n=1}^{\infty} |y_n|^p\right)^{\frac{1}{p}}.$$

证明 若 $p = 1$, 结论显然成立. 若 $p > 1$, 取 $q = \dfrac{p}{p-1}$, 则 $\dfrac{1}{p} + \dfrac{1}{q} = 1$.

$$\sum_{n=1}^{\infty} |x_n + y_n|^p \leqslant \sum_{n=1}^{\infty} (|x_n| + |y_n|)|x_n + y_n|^{p-1} = \sum_{n=1}^{\infty} |x_n||x_n + y_n|^{p-1} + \sum_{n=1}^{\infty} |y_n||x_n + y_n|^{p-1}.$$

又由 Hölder 不等式知,

$$
\begin{aligned}
\sum_{n=1}^{\infty} |x_n||x_n + y_n|^{p-1} &\leqslant \left(\sum_{n=1}^{\infty} |x_n|^p \right)^{\frac{1}{p}} \left(\sum_{n=1}^{\infty} |x_n + y_n|^{q(p-1)} \right)^{\frac{1}{q}} \\
&= \left(\sum_{n=1}^{\infty} |x_n|^p \right)^{\frac{1}{p}} \left(\sum_{n=1}^{\infty} |x_n + y_n|^p \right)^{\frac{1}{q}},
\end{aligned}
$$

$$
\begin{aligned}
\sum_{n=1}^{\infty} |y_n||x_n + y_n|^{p-1} &\leqslant \left(\sum_{n=1}^{\infty} |y_n|^p \right)^{\frac{1}{p}} \left(\sum_{n=1}^{\infty} |x_n + y_n|^{q(p-1)} \right)^{\frac{1}{q}} \\
&= \left(\sum_{n=1}^{\infty} |y_n|^p \right)^{\frac{1}{p}} \left(\sum_{n=1}^{\infty} |x_n + y_n|^p \right)^{\frac{1}{q}}.
\end{aligned}
$$

因此

$$
\sum_{n=1}^{\infty} |x_n + y_n|^p \leqslant \left[\left(\sum_{n=1}^{\infty} |x_n|^p \right)^{\frac{1}{p}} + \left(\sum_{n=1}^{\infty} |y_n|^p \right)^{\frac{1}{p}} \right] \left(\sum_{n=1}^{\infty} |x_n + y_n|^p \right)^{\frac{1}{q}},
$$

由 $\dfrac{1}{p} + \dfrac{1}{q} = 1$ 知结论成立. $\qquad\qquad\qquad\qquad\qquad\qquad\qquad\qquad\qquad\qquad\qquad$ □

类似于积分形式的 Hölder 不等式和无穷级数形式的 Minkowski 不等式的证明方法, 我们可以得到积分形式的 Minkowski 不等式.

定理 17.4.15　设 $f(x), g(x)$ 在 $[a,b]$ 上连续, $p \geqslant 1$, 则

$$
\left(\int_a^b |f(x) + g(x)|^p \mathrm{d}x \right)^{\frac{1}{p}} \leqslant \left(\int_a^b |f(x)|^p \mathrm{d}x \right)^{\frac{1}{p}} + \left(\int_a^b |g(x)|^p \mathrm{d}x \right)^{\frac{1}{p}}. \tag{17.4.8}
$$

证明留作习题.

注: 积分形式的 Hölder 不等式 (定理 17.4.13) 和 Minkowski 不等式 (定理 17.4.15) 在不等式右边可积的条件下仍然成立.

习题 17.4

A1. 判别下列级数的敛散性, 收敛时是条件收敛还是绝对收敛 (其中 x 为常数).

(1) $\displaystyle\sum_{n=1}^{\infty} \frac{\sin nx}{n^2}$;
　　　　　　　　　　　　　　　　(2) $\displaystyle\sum_{n=1}^{\infty} n! \left(\frac{x}{n} \right)^n$ $(x \geqslant 0)$.

A2. 求下列幂级数的收敛半径和收敛域:

(1) $\displaystyle\sum_{n=1}^{\infty} n x^{n^2}$;
　　　　　　　　　　　　　　　　(2) $\displaystyle\sum_{n=1}^{\infty} \frac{x^{2^n}}{n}$;

(3) $\displaystyle\sum_{n=1}^{\infty} \cos \frac{n\pi}{4} x^n$;
　　　　　　　　　　　　　　　　(4) $\displaystyle\sum_{n=1}^{\infty} \frac{1}{3^n + (-2)^n} \frac{x^n}{n}$.

B3. 设正项级数 $\displaystyle\sum_{n=1}^{\infty} a_n$ 收敛, 证明: $\displaystyle\lim_{n \to \infty} \frac{1}{n} \sum_{k=1}^{n} k a_k = 0$.

B4. (1) 设数列 $\{n a_n\}$ 收敛, $\displaystyle\sum_{n=2}^{\infty} n(a_n - a_{n-1})$ 收敛, 证明: $\displaystyle\sum_{n=1}^{\infty} a_n$ 收敛;

(2) 设正项级数 $\displaystyle\sum_{n=1}^{\infty} a_n$ 收敛, 且数列 $\{a_n\}$ 单调, 证明: 级数 $\displaystyle\sum_{n=1}^{\infty} n(a_n - a_{n+1})$ 收敛.

B5. (1) 设 $\sum\limits_{n=2}^{\infty}(a_n-a_{n-1})$ 收敛, 正项级数 $\sum\limits_{n=1}^{\infty}b_n$ 收敛, 证明: $\sum\limits_{n=1}^{\infty}a_nb_n$ 绝对收敛;

(2) 设级数 $\sum\limits_{n=1}^{\infty}b_n$ 收敛, 且级数 $\sum\limits_{n=1}^{\infty}(a_n-a_{n-1})$ 绝对收敛, 证明: 级数 $\sum\limits_{n=1}^{\infty}a_nb_n$ 收敛;

(3) 设级数 $\sum\limits_{n=1}^{\infty}b_n$ 部分和数列有界, 级数 $\sum\limits_{n=1}^{\infty}(a_n-a_{n-1})$ 绝对收敛, 且 $a_n\to 0(n\to\infty)$. 证明: 级数 $\sum\limits_{n=1}^{\infty}a_nb_n$ 收敛.

B6. 若对任意的正整数 $n,\ b_n>0$ 且 $\lim\limits_{n\to\infty}n\left(\dfrac{b_n}{b_{n+1}}-1\right)=c>0$, 试证: 交错级数 $\sum\limits_{n=1}^{\infty}(-1)^{n+1}b_n$ 收敛.

A7. 讨论级数 $\sum\limits_{n=1}^{\infty}\dfrac{1}{(\ln n)^{\ln\ln n}}$ 的敛散性.

B8. (第二对数判别法 (second logarithmic test)) 设 $\sum\limits_{n=1}^{\infty}a_n$ 是正项级数. 证明: (1)若 $\varliminf\limits_{n\to\infty}\dfrac{\ln\frac{1}{na_n}}{\ln\ln n}>1$, 则 $\sum\limits_{n=1}^{\infty}a_n$ 收敛; (2) 若 $\varlimsup\limits_{n\to\infty}\dfrac{\ln\frac{1}{na_n}}{\ln\ln n}<1$, 则 $\sum\limits_{n=1}^{\infty}a_n$ 发散.

B9. 设 $\sum\limits_{n=1}^{\infty}a_n$ 是级数, $\{n_k\}$ 是严格单增的正整数列, 记 $b_k=a_{n_{k-1}+1}+\cdots+a_{n_k},(k=1,2,\cdots,n_0=0)$. 若对任意 $k=1,2,\cdots,\ a_{n_{k-1}+1},\cdots,a_{n_k}$ 同号, 且级数 $\sum\limits_{k=1}^{\infty}b_k$ 收敛. 证明: $\sum\limits_{n=1}^{\infty}a_n$ 收敛, 且和相同.

B10. 设级数 $\sum\limits_{n=1}^{\infty}a_n$ 收敛, 证明: 存在严格单增的正整数列 $\{n_k\}$, 使得级数 $\sum\limits_{k=1}^{\infty}b_k$ 绝对收敛, 其中 $b_k=a_{n_{k-1}+1}+\cdots+a_{n_k},\ (k=1,2,\cdots,n_0=0)$.

B11. 证明: 级数 $\sum\limits_{n=1}^{\infty}\dfrac{(-1)^{[\sqrt{n}]}}{n}$ 收敛.

B12. 设 $p,q>0$, 讨论级数

$$1-\frac{1}{2^q}+\frac{1}{3^p}-\frac{1}{4^q}+\cdots+\frac{1}{(2n-1)^p}-\frac{1}{(2n)^q}+\cdots$$

的绝对收敛与条件收敛性.

B13. 设函数 $f(x)$ 在 $[a,b]$ 上满足 $a\leqslant f(x)\leqslant b,|f'(x)|\leqslant q<1$, 令 $u_n=f(u_{n-1}),n=1,2,\cdots,u_0\in[a,b]$, 证明: $\sum\limits_{n=1}^{\infty}(u_{n+1}-u_n)$ 绝对收敛.

B14. 设级数 $\sum\limits_{n=1}^{\infty}a_n$ 条件收敛, 记 S_n^+,S_n^- 为级数 $\sum\limits_{n=1}^{\infty}a_n$ 的前 n 项中正项的和及负项的和, 证明: $\lim\limits_{n\to\infty}\dfrac{S_n^+}{S_n^-}=-1$.

B15. 证明: 级数 $\sum\limits_{n=1}^{\infty}\dfrac{(-1)^{n-1}}{n}$ 与自身的 Cauchy 乘积是收敛的级数.

B16. 证明定理 17.4.15.

B17. 利用 Hölder 不等式证明以下结果:

(1) 若 f 在 $[a,b]$ 上连续, 则

$$\left(\int_a^b f(x)\mathrm{d}x\right)^2\leqslant (b-a)\int_a^b f^2(x)\mathrm{d}x;$$

(2) 若 f 在 $[a,b]$ 上连续, 且 $f(x)\geqslant m>0$, 则

$$\int_a^b f(x)\mathrm{d}x\cdot\int_a^b\frac{1}{f(x)}\mathrm{d}x\geqslant (b-a)^2;$$

(3) $\displaystyle\int_0^1\sqrt{1+x^n}\mathrm{d}x\leqslant\sqrt{\dfrac{n+2}{n+1}},\ \forall n\in\mathbb{N}^+$.

B18. 设 $f(x)$ 在 $[a,b]$ 上连续可微, 且 $f(a)=0$. 证明:

(1) $\displaystyle\int_a^b f^2(x)\mathrm{d}x \leqslant \frac{(b-a)^2}{2}\int_a^b [f'(x)]^2\mathrm{d}x;$

(2) $\displaystyle\int_a^b |f(x)f'(x)|\mathrm{d}x \leqslant \frac{b-a}{2}\int_a^b [f'(x)]^2\mathrm{d}x.$

C19. (1) 正项级数 $\sum\limits_{n=1}^\infty a_n$ 收敛, 是否能得到 $a_n = o\left(\dfrac{1}{n}\right)$?

(2) 若级数 $\sum\limits_{n=1}^\infty a_n$ 收敛, $a_n \sim b_n$, 是否能得到级数 $\sum\limits_{n=1}^\infty b_n$ 收敛?

(3) 交错级数的通项收敛于 0, 是否能得到级数一定收敛?

(4) 若级数 $\sum\limits_{n=1}^\infty a_n$ 收敛, $\{b_n\}$ 有界, 是否能得到级数 $\sum\limits_{n=1}^\infty a_n b_n$ 收敛?

(5) 若级数 $\sum\limits_{n=1}^\infty a_n$ 收敛, $\{b_n\}$ 非负有界, 是否能得到级数 $\sum\limits_{n=1}^\infty a_n b_n$ 收敛?

(6) 若级数 $\sum\limits_{n=1}^\infty a_n$ 收敛, $b_n \to 0$, 是否能得到级数 $\sum\limits_{n=1}^\infty a_n b_n$ 收敛?

(7) 若 $\sum\limits_{n=1}^\infty a_n$ 是正项级数, 再回答 (2)(4)(5)(6) 的问题.

§17.5　无 穷 乘 积

本节讨论与无穷级数密切相关的无穷乘积问题.

§17.5.1　无穷乘积的定义

设 $\{p_n\}$ 是一个数列, 且 $p_n \neq 0, n \in \mathbb{N}^+$, 其形式乘积

$$\prod_{n=1}^\infty p_n = p_1 \cdot p_2 \cdots p_n \cdots \tag{17.5.1}$$

称为**无穷乘积** (infinite product), 其中, p_n 称为这个无穷乘积的通项或一般因子. 定义其"部分积 (partial product) 数列"$\{P_n\}$ 如下:

$$P_1 = p_1,\ P_2 = p_1 \cdot p_2,\ \cdots,\ P_n = p_1 \cdot p_2 \cdots p_n = \prod_{k=1}^n p_k, \cdots \tag{17.5.2}$$

定义 17.5.1　若部分积数列 $\{P_n\}$ 收敛于一非零的有限数 P, 则称无穷乘积 $\prod\limits_{n=1}^\infty p_n$ 收敛 (convergence), 记为

$$\prod_{n=1}^\infty p_n = P. \tag{17.5.3}$$

如果 $\{P_n\}$ 发散或收敛于 0, 则称无穷乘积 $\prod\limits_{n=1}^\infty p_n$ 发散 (divergent).

例 17.5.1　证明: 无穷乘积 $\prod\limits_{n=2}^\infty \left(1 - \dfrac{1}{n^2}\right)$ 收敛.

证明　因为其部分积

$$P_{n-1} = \prod_{k=2}^n \left(1 - \frac{1}{k^2}\right) = \prod_{k=2}^n \left(1 - \frac{1}{k}\right)\left(1 + \frac{1}{k}\right)$$

$$= \prod_{k=2}^{n} \frac{k-1}{k} \prod_{k=2}^{n} \frac{k+1}{k} = \frac{1}{n} \cdot \frac{n+1}{2} \to \frac{1}{2} \ (n \to \infty),$$

所以 $\displaystyle\prod_{n=2}^{\infty} \left(1 - \frac{1}{n^2}\right)$ 收敛. $\qquad\qquad\qquad\qquad\qquad\qquad\qquad$ □

例 17.5.2 证明: 当 $|x| < 1$ 时,

$$\prod_{n=0}^{\infty} (1 + x^{2^n}) = \frac{1}{1-x}.$$

证明 因为

$$(1-x) \cdot \prod_{k=0}^{n-1} (1 + x^{2^k}) = (1-x) \cdot (1+x) \cdot (1+x^2) \cdot \cdots \cdot (1 + x^{2^{n-1}}) = 1 - x^{2^n},$$

所以

$$\lim_{n \to \infty} (1-x) \cdot \prod_{k=0}^{n-1} (1 + x^{2^k}) = 1,$$

即结论获证. $\qquad\qquad\qquad\qquad\qquad\qquad\qquad\qquad\qquad\qquad\qquad$ □

例 17.5.3 证明: 无穷乘积 $\displaystyle\prod_{n=1}^{\infty} \left(1 - \frac{1}{n+1}\right)$ 发散于 0.

证明 部分积

$$P_n = \prod_{k=1}^{n} \left(1 - \frac{1}{k+1}\right) = \prod_{k=1}^{n} \frac{k}{k+1}$$

$$= \frac{1}{2} \cdot \frac{2}{3} \cdot \frac{3}{4} \cdot \cdots \cdot \frac{n}{n+1} = \frac{1}{n+1},$$

由 $\displaystyle\lim_{n \to \infty} P_n = 0$, 可知无穷乘积 $\displaystyle\prod_{n=1}^{\infty} \left(1 - \frac{1}{n+1}\right)$ 发散于 0. $\qquad$ □

例 17.5.4 证明 Wallice (沃利斯, 1616~1703) 公式:

$$\prod_{n=1}^{\infty} \frac{(2n)^2}{(2n-1)(2n+1)} = \frac{\pi}{2}. \qquad\qquad\qquad (17.5.4)$$

证明 设 $p_n = 1 - \dfrac{1}{(2n)^2}, n = 1, 2, \cdots$, 则 $\displaystyle\prod_{n=1}^{\infty} p_n$ 部分积

$$P_n = \prod_{k=1}^{n} \left(1 - \frac{1}{(2k)^2}\right) = \prod_{k=1}^{n} \frac{(2k-1)(2k+1)}{2k \cdot 2k}$$

$$= \frac{1 \cdot 3 \cdot 3 \cdot 5 \cdot 5 \cdot 7 \cdot \cdots \cdot (2n-1)(2n+1)}{2 \cdot 2 \cdot 4 \cdot 4 \cdot 6 \cdot 6 \cdot \cdots \cdot (2n)(2n)}$$

$$= \frac{[(2n-1)!!]^2}{[(2n)!!]^2} \cdot (2n+1).$$

为了判断部分积数列 $\{P_n\}$ 的收敛性, 考虑积分

$$I_n = \int_0^{\frac{\pi}{2}} \sin^n x \mathrm{d}x.$$

我们知道

$$I_{2n} = \frac{(2n-1)!!}{(2n)!!} \cdot \frac{\pi}{2}, \quad I_{2n+1} = \frac{(2n)!!}{(2n+1)!!},$$

因此

$$\frac{\pi}{2} P_n = \frac{I_{2n}}{I_{2n+1}}.$$

由 $I_{2n+1} < I_{2n} < I_{2n-1}$ 可得

$$1 < \frac{I_{2n}}{I_{2n+1}} < \frac{I_{2n-1}}{I_{2n+1}},$$

即

$$1 < \frac{\pi}{2} P_n < \frac{I_{2n-1}}{I_{2n+1}}.$$

因为 $\lim\limits_{n\to\infty} \dfrac{I_{2n-1}}{I_{2n+1}} = \lim\limits_{n\to\infty} \dfrac{2n+1}{2n} = 1$, 由数列极限的夹逼性,

$$\lim_{n\to\infty} P_n = \lim_{n\to\infty} \frac{2}{\pi} \cdot \frac{I_{2n}}{I_{2n+1}} = \frac{2}{\pi},$$

于是得到无穷乘积 $\prod\limits_{n=1}^{\infty} p_n$ 收敛于 $\dfrac{2}{\pi}$, 即

$$\prod_{n=1}^{\infty} \left(1 - \frac{1}{(2n)^2} \right) = \frac{2}{\pi}.$$

将上式两边取倒数, 就得到著名的 Wallice 公式:

$$\frac{\pi}{2} = \frac{2}{1} \cdot \frac{2}{3} \cdot \frac{4}{3} \cdot \frac{4}{5} \cdot \frac{6}{5} \cdot \frac{6}{7} \cdots \cdots \frac{2n}{2n-1} \cdot \frac{2n}{2n+1} \cdots \cdots$$

$$= \lim_{n\to\infty} \frac{[(2n)!!]^2}{[(2n-1)!!]^2} \cdot \frac{1}{2n+1}. \tag{17.5.5}$$

$\square$

由 Wallice 公式知 $\lim\limits_{n\to\infty} \dfrac{(2n)!!}{(2n-1)!!} \cdot \dfrac{1}{\sqrt{n}} = \sqrt{\pi}$, 即 $\dfrac{(2n)!!}{(2n-1)!!} \sim \sqrt{n\pi}$.

例 17.5.5 设 $p_n = \cos\dfrac{x}{2^n}, n = 1, 2, \cdots$, 应用三角函数的倍角公式, 有

$$\sin x = 2\cos\frac{x}{2} \cdot \sin\frac{x}{2} = 2^2 \cos\frac{x}{2} \cdot \cos\frac{x}{2^2} \cdot \sin\frac{x}{2^2}$$

$$= \cdots = 2^n \cos\frac{x}{2} \cdot \cos\frac{x}{2^2} \cdots \cos\frac{x}{2^n} \cdot \sin\frac{x}{2^n},$$

可知, 当 $0 < x < \pi$ 时, 部分积

$$P_n = \prod_{k=1}^{n} \cos\frac{x}{2^k} = \frac{\sin x}{2^n \sin\frac{x}{2^n}},$$

所以

$$\lim_{n\to\infty} P_n = \lim_{n\to\infty} \frac{\sin x}{2^n \sin\frac{x}{2^n}} = \frac{\sin x}{x},$$

即

$$\prod_{n=1}^{\infty} \cos \frac{x}{2^n} = \frac{\sin x}{x}.$$

令 $x = \dfrac{\pi}{2}$ 就得到 Viète(韦达, 1540~1603) 公式

$$\frac{2}{\pi} = \cos \frac{\pi}{4} \cdot \cos \frac{\pi}{8} \cdot \cdots \cdot \cos \frac{\pi}{2^n} \cdots , \tag{17.5.6}$$

亦即

$$\frac{2}{\pi} = \sqrt{\frac{1}{2}} \cdot \sqrt{\frac{1}{2} + \frac{1}{2}\sqrt{\frac{1}{2}}} \cdot \sqrt{\frac{1}{2} + \frac{1}{2}\sqrt{\frac{1}{2} + \frac{1}{2}\sqrt{\frac{1}{2}}}} \cdots . \tag{17.5.7}$$

Viète 公式发表于 1593 年, 而 Wallice 公式则出现在 1655 年, 均早于微积分的正式诞生, 是人类认识圆周率的重要突破.

§17.5.2 无穷乘积的性质

性质 17.5.1 (无穷乘积收敛的必要条件) 如果无穷乘积 $\prod\limits_{n=1}^{\infty} p_n$ 收敛, 则

(1) $\lim\limits_{n \to \infty} p_n = 1$; (2) $\lim\limits_{m \to \infty} \prod\limits_{n=m+1}^{\infty} p_n = 1$.

证明 设 $\prod\limits_{n=1}^{\infty} p_n$ 的部分积数列为 $\{P_n\}$, 则

$$\lim_{n \to \infty} p_n = \lim_{n \to \infty} \frac{P_n}{P_{n-1}} = 1;$$

$$\lim_{m \to \infty} \prod_{n=m+1}^{\infty} p_n = \lim_{m \to \infty} \frac{\prod\limits_{n=1}^{\infty} p_n}{\prod\limits_{n=1}^{m} p_n} = 1. \qquad \square$$

注 17.5.1 (1) 由性质 17.5.1 可知, 收敛的无穷乘积中只能有有限个负因子;

(2) 由例 17.5.3 可知, $\lim\limits_{n \to \infty} p_n = 1$ 是无穷乘积收敛的必要条件, 而非充分条件.

例 17.5.6 无穷乘积 $\prod\limits_{n=1}^{\infty} \dfrac{n}{2n+1}$ 发散, 这是因为 $\lim\limits_{n \to \infty} \dfrac{n}{2n+1} = \dfrac{1}{2} \neq 1$, 由上述无穷乘积收敛的必要性可知该无穷乘积发散.

由无穷乘积收敛的定义立得下面的性质.

性质 17.5.2 如果无穷乘积 $\prod\limits_{n=1}^{\infty} p_n$ 收敛, 则任意增加有限个非零因子或删除有限个因子, 所得的无穷乘积仍收敛.

性质 17.5.3 如果无穷乘积 $\prod\limits_{n=1}^{\infty} p_n$ 和 $\prod\limits_{n=1}^{\infty} q_n$ 都收敛, 则 $\prod\limits_{n=1}^{\infty} p_n q_n$ 也收敛, 且

$$\prod_{n=1}^{\infty} p_n q_n = \left(\prod_{n=1}^{\infty} p_n \right) \cdot \left(\prod_{n=1}^{\infty} q_n \right). \tag{17.5.8}$$

性质 17.5.4　如果无穷乘积 $\prod\limits_{n=1}^{\infty} p_n$ 收敛, 则

$$(p_1 \cdots p_{n_1})(p_{n_1+1} \cdots p_{n_2}) \cdots (p_{n_k+1} \cdots p_{n_{k+1}}) \cdots$$

也收敛.

性质 17.5.4的逆一般不成立, 例如, 设

$$p_n = \begin{cases} \dfrac{1}{2}, & n\text{为奇数}, \\ 2, & n\text{为偶数}, \end{cases}$$

当 $n_k(k=1,2,\cdots)$ 均为偶数时, 加括号的无穷乘积收敛, 而去括号的无穷乘积却发散.

如果每个括号内的因子都大于等于 1 或都是小于等于 1 的正数时, 性质 17.5.4的逆成立. 设加括号的无穷乘积的部分积序列为 $\{\bar{P}_n\}$, 则对 $\forall n, \exists k$, 使得 $n_k \leqslant n < n_{k+1}$, 因此

$$\bar{P}_k \leqslant \prod_{i=1}^{n} p_i \leqslant \bar{P}_{k+1}, \text{ 或 } \bar{P}_k \geqslant \prod_{i=1}^{n} p_i \geqslant \bar{P}_{k+1}.$$

令 $n \to +\infty$, 则 $k \to +\infty$, 得 $\prod\limits_{n=1}^{\infty} p_n = \bar{P} = \lim\limits_{k\to+\infty} \bar{P}_k$.

§17.5.3　无穷乘积与无穷级数的转化

由性质 17.5.1知, $\prod\limits_{n=1}^{\infty} p_n$ 收敛的必要条件是 $p_n \to 1(n \to \infty)$, 则存在 N, 使得对一切 $n > N$, 有 $p_n > 0$. 根据性质 17.5.1和性质 17.5.2, 我们只改变无穷乘积中有限个负因子的符号, 不影响无穷乘积的收敛性. 因此, 在讨论收敛性时, 可假设无穷乘积的通项 $p_n > 0$, 从而可以通过取对数的方法, 把无穷乘积的敛散性问题化为无穷级数的敛散性问题.

定理 17.5.1　若 $p_n > 0$, 则无穷乘积 $\prod\limits_{n=1}^{\infty} p_n$ 收敛的充要条件是无穷级数 $\sum\limits_{n=1}^{\infty} \ln p_n$ 收敛.

证明　设 $\prod\limits_{n=1}^{\infty} p_n$ 的部分积数列为 $\{P_n\}$, $\sum\limits_{n=1}^{\infty} \ln p_n$ 的部分和数列为 $\{S_n\}$, 则

$$P_n = e^{S_n}, \tag{17.5.9}$$

由此得到 $\{P_n\}$ 收敛于正数的充分必要条件是 $\{S_n\}$ 收敛. 特别地, $\{P_n\}$ 收敛于 0, 即 $\prod\limits_{n=1}^{\infty} p_n$ 发散于 0 的充分必要条件是 $\{S_n\}$ 发散于 $-\infty$. □

记 $p_n = 1 + a_n$, 这时, $\prod\limits_{n=1}^{\infty} p_n$ 收敛的必要条件是 $a_n \to 0(n \to \infty)$, 这和无穷级数的情形有些类似. 事实上, 它们之间有更密切的关系. 下面先来讨论 a_n 定号情形.

推论 17.5.1　设对任意 $n, a_n \geqslant 0$(或 $a_n \leqslant 0, a_n \neq -1$), 则无穷乘积 $\prod\limits_{n=1}^{\infty} (1+a_n)$ 收敛的充要条件是无穷级数 $\sum\limits_{n=1}^{\infty} a_n$ 收敛.

证明　级数 $\sum\limits_{n=1}^{\infty} \ln(1+a_n)$ 与 $\sum\limits_{n=1}^{\infty} a_n$ 都是正项级数 (或都是负项级数), 它们都以 $\lim\limits_{n\to\infty} a_n = 0$ 为收敛的必要条件, 而当 $\lim\limits_{n\to\infty} a_n = 0$ 时, 我们有 $\ln(1+a_n) \sim a_n$. 由正项级数的比较判别法知, 级数 $\sum\limits_{n=1}^{\infty} \ln(1+a_n)$ 收敛的充分必要条件是 $\sum\limits_{n=1}^{\infty} a_n$ 收敛, 因此结论成立. □

例 17.5.7 无穷乘积 $\prod\limits_{n=1}^{\infty}\left(1-\dfrac{1}{n^2}\right)$ 收敛; 但无穷乘积 $\prod\limits_{n=1}^{\infty}\left(1-\dfrac{1}{n}\right)$ 发散.

证明 因为 $\sum\limits_{n=1}^{\infty}\dfrac{1}{n^2}$ 收敛, $\sum\limits_{n=1}^{\infty}\dfrac{1}{n}$ 发散, 则由推论 17.5.1可得结论成立. □

一般情况下, 即 a_n 非定号时, 在 $\lim\limits_{n\to\infty}a_n=0$ 时, 由 Taylor 公式得

$$\ln(1+a_n)=a_n-\frac{a_n^2}{2}+o(a_n^2),$$

因此

$$0\leqslant a_n-\ln(1+a_n)=\frac{a_n^2}{2}+o(a_n^2),$$

即 $a_n-\ln(1+a_n)\sim\dfrac{a_n^2}{2}$, 从而正项级数 $\sum\limits_{n=1}^{\infty}[a_n-\ln(1+a_n)]$ 收敛当且仅当正项级数 $\sum\limits_{n=1}^{\infty}a_n^2$ 收敛, 因此级数

$$\sum_{n=1}^{\infty}a_n,\ \sum_{n=1}^{\infty}\ln(1+a_n),\ \sum_{n=1}^{\infty}a_n^2$$

中若有两个收敛, 第三个级数一定收敛. 由此立即可得以下两个推论.

推论 17.5.2 设无穷级数 $\sum\limits_{n=1}^{\infty}a_n$ 收敛, 则无穷乘积 $\prod\limits_{n=1}^{\infty}(1+a_n)$ 收敛的充要条件是无穷级数 $\sum\limits_{n=1}^{\infty}a_n^2$ 收敛.

推论 17.5.3 如果无穷级数 $\sum\limits_{n=1}^{\infty}a_n^2$ 收敛, 则无穷乘积 $\prod\limits_{n=1}^{\infty}(1+a_n)$ 收敛的充要条件是无穷级数 $\sum\limits_{n=1}^{\infty}a_n$ 收敛.

例 17.5.8 讨论无穷乘积 $\prod\limits_{n=1}^{\infty}\left(1+\dfrac{(-1)^{n+1}}{n^{\alpha}}\right)$ 的敛散性.

解 由无穷乘积收敛性的必要条件, 可知当 $\alpha\leqslant 0$ 时, $\prod\limits_{n=1}^{\infty}\left(1+\dfrac{(-1)^{n+1}}{n^{\alpha}}\right)$ 是发散的.

当 $\alpha>0$, $\sum\limits_{n=1}^{\infty}a_n=\sum\limits_{n=1}^{\infty}\dfrac{(-1)^{n+1}}{n^{\alpha}}$ 收敛; 而 $\sum\limits_{n=1}^{\infty}a_n^2=\prod\limits_{n=1}^{\infty}\dfrac{1}{n^{2\alpha}}$ 当 $0<\alpha\leqslant\dfrac{1}{2}$ 时发散, 当 $\alpha>\dfrac{1}{2}$ 时收敛. 于是由推论 17.5.2得, 当 $\alpha>\dfrac{1}{2}$ 时, $\prod\limits_{n=1}^{\infty}\left(1+\dfrac{(-1)^{n+1}}{n^{\alpha}}\right)$ 收敛; 当 $0<\alpha\leqslant\dfrac{1}{2}$ 时, $\prod\limits_{n=1}^{\infty}\left(1+\dfrac{(-1)^{n+1}}{n^{\alpha}}\right)$ 发散.

我们已经知道, 一般项级数与其更序级数敛散性不一定相同, 即使同时收敛, 其和也不一定相同; 但对于绝对收敛级数不仅敛散性相同, 其和也相等. 同样, 对于无穷乘积一般也不满足更序性质. 为保证更序无穷乘积敛散性与积均不变, 我们同样要讨论无穷乘积的绝对收敛性.

§17.5.4 无穷乘积的绝对收敛

定义 17.5.2 设 $p_n>0$, 若级数 $\sum\limits_{n=1}^{\infty}\ln p_n$ 绝对收敛, 则称无穷乘积 $\prod\limits_{n=1}^{\infty}p_n$ 绝对收敛.

因为绝对收敛的无穷级数一定收敛, 因此由定理 17.5.1 知, 绝对收敛的无穷乘积必定收敛. 又由于绝对收敛的级数满足交换律 (即更序后收敛性与和均不变), 所以绝对收敛的无穷乘积也满足交换律 (即更序后收敛性与积均不变), 但收敛而不绝对收敛的无穷乘积不一定满足交换律.

定理 17.5.2 设 $a_n > -1(n = 1, 2, \cdots)$, 则下列三命题等价

(1) 无穷乘积 $\prod\limits_{n=1}^{\infty} (1 + a_n)$ 绝对收敛;

(2) 无穷乘积 $\prod\limits_{n=1}^{\infty} (1 + |a_n|)$ 收敛;

(3) 无穷级数 $\sum\limits_{n=1}^{\infty} a_n$ 绝对收敛.

证明 首先, 命题 (1)(2)(3) 的必要条件都是 $\lim\limits_{n \to \infty} a_n = 0$, 这时必有
$$|\ln(1 + a_n)| \sim |a_n| \sim \ln(1 + |a_n|)$$
由正项级数的比较判别法知结论成立. □

例 17.5.9 无穷乘积 $\prod\limits_{n=1}^{\infty} \left(1 + \dfrac{(-1)^{n+1}}{n^\alpha}\right)$ 当 $\alpha > 1$ 时绝对收敛, 因为 $\sum\limits_{n=1}^{\infty} \dfrac{(-1)^{n+1}}{n^\alpha}$ 当 $\alpha > 1$ 时绝对收敛.

例 17.5.10 证明 Stirling(斯特林, 1692~1770) 公式:
$$n! \sim \sqrt{2\pi}n^{n+\frac{1}{2}}/\mathrm{e}^n = \sqrt{2n\pi}\left(\frac{n}{\mathrm{e}}\right)^n \quad (n \to \infty).$$

证明 设
$$b_n = \frac{n!\mathrm{e}^n}{n^{n+\frac{1}{2}}}, n = 1, 2, \cdots.$$

下面我们通过将 b_n 表示成某一收敛无穷乘积的部分积来证明其收敛性.

注意到
$$\frac{b_n}{b_{n-1}} = \mathrm{e}\left(1 - \frac{1}{n}\right)^{n-\frac{1}{2}} = \mathrm{e}^{1+(n-\frac{1}{2})\ln(1-\frac{1}{n})} = 1 - \frac{1}{12n^2} + o\left(\frac{1}{n^2}\right).$$

令 $1 + a_n = \dfrac{b_n}{b_{n-1}}$, 于是 $\sum\limits_{n=2}^{\infty} a_n$ 是收敛的定号级数, 由推论 17.5.1知, 无穷乘积 $\prod\limits_{n=2}^{\infty} (1 + a_n) = \prod\limits_{n=2}^{\infty} \dfrac{b_n}{b_{n-1}}$ 收敛于非零的实数. 记
$$\lim_{n \to \infty} b_n = b_1 \prod_{n=2}^{\infty} \frac{b_n}{b_{n-1}} = A \neq 0,$$

利用例 17.5.4中的 Wallice 公式, 得到
$$A = \lim_{n \to \infty} b_n = \lim_{n \to \infty} \frac{b_n^2}{b_{2n}} = \lim_{n \to \infty} \frac{(2n)!!}{(2n-1)!!} \cdot \sqrt{\frac{2}{n}} = \sqrt{2\pi},$$

此式即为
$$n! \sim \sqrt{2\pi}n^{n+\frac{1}{2}}\mathrm{e}^{-n} \quad (n \to \infty).$$ □

例 17.5.11   求极限 $\lim\limits_{n\to\infty}\left(1+\dfrac{1}{n}\right)^{n^2}\dfrac{n!}{n^n\sqrt{n}}$.

解   由 Stirling 公式可得

$$\lim_{n\to\infty}\left(1+\frac{1}{n}\right)^{n^2}\frac{n!}{n^n\sqrt{n}}=\lim_{n\to\infty}\left(1+\frac{1}{n}\right)^{n^2}\frac{\sqrt{2\pi}n^{n+\frac{1}{2}}\mathrm{e}^{-n}}{n^n\sqrt{n}}$$

$$=\lim_{n\to\infty}\frac{\sqrt{2\pi}\left(1+\frac{1}{n}\right)^{n^2}}{\mathrm{e}^n}=\lim_{n\to\infty}\sqrt{2\pi}\mathrm{e}^{n^2\ln\left(1+\frac{1}{n}\right)-n}$$

$$=\lim_{n\to\infty}\sqrt{2\pi}\mathrm{e}^{n^2\left(\frac{1}{n}-\frac{1}{2}\cdot\frac{1}{n^2}+o\left(\frac{1}{n^2}\right)\right)-n}=\sqrt{\frac{2\pi}{\mathrm{e}}}.$$

在本节的最后, 我们给出一个 $\sin(\pi s)$ 的无穷乘积表示式, 例 17.5.4 中的 Wallice 公式是其特殊情形, 且该无穷乘积表示在第 22 章 Gama 函数的余元公式的证明中起到重要作用.

例 17.5.12   若 $s\in(-1,1)$, 证明:

$$\sin(\pi s)=\pi s\prod_{n=1}^{\infty}\left(1-\frac{s^2}{n^2}\right).$$

证明   显然我们只要证明结论对 $s\in(0,1)$ 成立即可.

由 $\cos(sx)$ 的 Fourier 级数的收敛性知

$$\cos(sx)=\frac{2s\sin(\pi s)}{\pi}\left[\frac{1}{2s^2}+\sum_{n=1}^{\infty}\frac{(-1)^n}{s^2-n^2}\cos(nx)\right],$$

对 $x\in[-\pi,\pi]$ 成立, 取 $x=\pi$, 得

$$\cot(s\pi)-\frac{1}{\pi s}=\frac{2s}{\pi}\cdot\sum_{n=1}^{\infty}\frac{1}{s^2-n^2}.$$

上式右边的函数项级数在 $(0,1)$ 上内闭一致收敛, 将上式在 $[\delta,s]$ 上积分, 其中 $0<\delta<s$, 则有

$$\ln\frac{\sin(\pi s)}{\pi s}-\ln\frac{\sin(\pi\delta)}{\pi\delta}=\sum_{n=1}^{\infty}\ln\frac{n^2-s^2}{n^2-\delta^2}, \tag{17.5.10}$$

因为对于 $n>1$ 有

$$\left|\ln\frac{n^2-s^2}{n^2-\delta^2}\right|=\ln\left(1+\frac{s^2-\delta^2}{n^2-s^2}\right)<\frac{1}{n^2-1},\delta\in[0,s],$$

则式 (17.5.10) 右端的级数关于 $\delta\in[0,s]$ 一致收敛, 从而右端的和函数关于 $\delta\in[0,s]$ 连续, 即极限和级数求和可交换, 在式 (17.5.10) 两边令 $\delta\to0+$, 得

$$\ln\frac{\sin(\pi s)}{\pi s}=\sum_{n=1}^{\infty}\ln\left(1-\frac{s^2}{n^2}\right).$$

因此结论成立. $\square$

显然取 $s=\dfrac{1}{2}$, 就得到了 Wallice 公式.

习题 17.5

A1. 讨论下述无穷乘积的敛散性:

(1) $\prod\limits_{n=1}^{\infty} \dfrac{n^2+1}{n^2+2}$;

(2) $\prod\limits_{n=1}^{\infty} \sqrt{\dfrac{n+1}{n}}$;

(3) $\prod\limits_{n=2}^{\infty} \cos \dfrac{\pi}{2n}$;

(4) $\prod\limits_{n=1}^{\infty} \left(1 - \dfrac{x^n}{n^2 a^2}\right) \quad (a > 0)$;

(5) $\prod\limits_{n=1}^{\infty} \sqrt[n]{1 + \dfrac{1}{n}}$;

(6) $\prod\limits_{n=2}^{\infty} \dfrac{n^3-1}{n^3+1}$;

(7) $\prod\limits_{n=1}^{\infty} \left[\left(1 + \dfrac{1}{n^p}\right) \cos \dfrac{\pi}{n^q}\right] \quad (p, q > 0)$;

(8) $\prod\limits_{n=1}^{\infty} n \sin \dfrac{1}{n}$.

A2. 设数列 $\{a_n\}$ 满足 $|a_n| < \dfrac{\pi}{4}$, $\forall n \in \mathbb{N}^+$, $\sum\limits_{n=1}^{\infty} |a_n|$ 收敛, 证明: 无穷乘积 $\prod\limits_{n=1}^{\infty} \tan\left(\dfrac{\pi}{4} + a_n\right)$ 绝对收敛.

A3. 讨论无穷乘积 $\prod\limits_{n=1}^{\infty} \left(1 + \dfrac{x}{n}\right) \mathrm{e}^{-\frac{x}{n}}$ 的敛散性.

A4. 讨论无穷乘积 $\prod\limits_{n=2}^{\infty} \left(1 + \dfrac{(-1)^n}{\ln n}\right)$ 的敛散性.

A5. 讨论无穷乘积 $\prod\limits_{n=1}^{\infty} \sqrt[n]{n^{(-1)^n}}$ 的条件收敛性和绝对收敛性.

A6. 设 $\prod\limits_{n=1}^{\infty} p_n$, $\prod\limits_{n=1}^{\infty} q_n$ 收敛, 问无穷乘积 $\prod\limits_{n=1}^{\infty} (p_n + q_n)$, $\prod\limits_{n=1}^{\infty} p_n^2$, $\prod\limits_{n=1}^{\infty} \dfrac{p_n}{q_n}$ 是否收敛?

B7. 设 $p_n, q_n \geqslant 1$ 且无穷乘积 $\prod\limits_{n=1}^{\infty} p_n$, $\prod\limits_{n=1}^{\infty} q_n$ 收敛. 证明: 无穷乘积 $\prod\limits_{n=1}^{\infty} \dfrac{p_n + q_n}{2}$ 收敛.

B8. 设数列 $\{a_n\}$ 满足 $a_n \in \left(0, \dfrac{\pi}{2}\right)$, $\forall n \in \mathbb{N}^+$. 证明: 无穷乘积 $\prod\limits_{n=1}^{\infty} \cos a_n$ 收敛的充要条件是级数 $\sum\limits_{n=1}^{\infty} a_n^2$ 收敛.

B9. 证明: (1) (Stirling 公式) $n! = \left(\dfrac{n}{\mathrm{e}}\right)^n \sqrt{2n\pi} \mathrm{e}^{\frac{\theta_n}{12n}} \quad (0 < \theta_n < 1)$;

(2) $\dfrac{n+1}{\mathrm{e}} < \sqrt[n]{n!} < \dfrac{(n+1)^{1+\frac{1}{n}}}{\mathrm{e}}$.

C10. (1) 讨论无穷乘积 $\prod\limits_{n=2}^{\infty} p_n$, $\prod\limits_{n=2}^{\infty} r_n$, $\prod\limits_{n=2}^{\infty} q_n$, $\prod\limits_{n=2}^{\infty} s_n$, $\prod\limits_{n=2}^{\infty} u_n$, $\prod\limits_{n=2}^{\infty} t_n$ 的敛散性. 其中,

$$p_n = \begin{cases} 1 - \dfrac{1}{\sqrt{k}}, & n = 2k-1, \\ 1 + \dfrac{1}{\sqrt{k}}, & n = 2k; \end{cases} \qquad q_n = \begin{cases} 1 - \dfrac{1}{k}, & n = 2k-1, \\ 1 + \dfrac{1}{k}, & n = 2k; \end{cases}$$

$$u_n = \begin{cases} 2, & n = 2k-1, \\ \dfrac{1}{2}, & n = 2k; \end{cases} \qquad r_n = p_{2n-1} p_{2n}, s_n = q_{2n-1} q_{2n}, t_n = u_{2n-1} u_{2n}.$$

(2) 从 (1) 中, 能总结出一般的性质吗? 若可以, 请给出结论并证明.

(3) 设 $\{k_n\}$ 是严格递增的自然数列, $\{x_n\}$ 是正数列, $y_n = x_{k_{n-1}+1} \cdots x_{k_n}$, 我们知道若 n 充分大时有 $x_n \geqslant 1$, 则 $\prod\limits_{n=1}^{\infty} x_n$, $\prod\limits_{n=1}^{\infty} y_n$ 敛散性相同. 能否给出 $\prod\limits_{n=1}^{\infty} x_n$, $\prod\limits_{n=1}^{\infty} y_n$ 敛散性相同的其他充分条件?

(4) 设 $\{k_n\}$ 是 $\{n\}$ 的一个排列, 则称 $\prod\limits_{n=1}^{\infty} x_{k_n}$ 为 $\prod\limits_{n=1}^{\infty} x_n$ 的更序无穷乘积, 问: 无穷乘积和其更序无穷乘积敛散性相同吗? 其积相等吗?

第 18 章　度量空间与赋范空间

本章中, 我们将研究具有三种特殊结构 (度量、范数和内积) 的集合—空间, 以及空间中的点集和空间上的映射的性质. 它们都是 Euclid 空间及其上映射性质的推广, 是现代分析学的基础.

§18.1　度 量 空 间

在前面的学习中我们了解了实数集 $\mathbb{R}$ 和 n 维实 Euclid 空间 $\mathbb{R}^n$ 中的点列收敛问题, 我们定义点列 $\{x_k\}$ 收敛于点 x_0 为 x_k 到 x_0 的 (Euclid) 距离收敛于 0, 即用 "距离" 来定义 "收敛" 性, 那么能否将 "距离" 这个几何上的概念引入一般的抽象集合上, 进而讨论一般集合上的极限理论和映射的连续性呢?

§18.1.1　度量空间的定义

定义 18.1.1　如果集合 X 非空, 二元函数 $d: X \times X \longrightarrow \mathbb{R}$ 满足以下性质:

(1) (严格正性) $d(x,y) \geqslant 0$ 对任意 $x, y \in X$ 成立, 且 $d(x,y) = 0 \Longleftrightarrow x = y$;

(2) (对称性) $d(x,y) = d(y,x)$ 对任意 $x, y \in X$ 成立;

(3) (三角不等式) $d(x,y) \leqslant d(x,z) + d(z,y)$ 对任意 $x, y, z \in X$ 成立,

则称 d 是 X 上的**度量**, 称 (X, d) 是**度量空间** (metric space). 度量和度量空间又可以称为距离和距离空间.

如果 (X, d) 是度量空间, $Y \subset X$, 则 (Y, d) 仍然是度量空间, 我们称其为 (X, d) 的**度量子空间**, 简称为**子空间**.

设 $Y \subset X$, 定义点 x 到集合 Y 的度量为 $d(x, Y) = \inf\{d(x, y), y \in Y\}$. 再令

$$\mathrm{diam} Y = \sup\{d(x, y), x, y \in Y\},$$

称其为集合 Y 的**直径** (diameter). 如果 $\mathrm{diam} Y < +\infty$, 则称集合 Y **有界** (bounded).

例 18.1.1　(1) 在 $\mathbb{R}^n$ 中定义:

$$d(x, y) = \sqrt{\sum_{i=1}^{n}(x_i - y_i)^2}, \ x = (x_1, x_2, \cdots, x_n), y = (y_1, y_2, \cdots, y_n) \in \mathbb{R}^n,$$

则 d 是 $\mathbb{R}^n$ 上的度量 (Euclid 度量 (Euclidean metric));

(2) 设 $p \geqslant 1$, $l^p = \{(x_1, \cdots, x_n, \cdots): \sum_{i=1}^{\infty}|x_i|^p < +\infty, x_i \in \mathbb{R}\}$, 定义

$$d(x, y) = \left(\sum_{i=1}^{\infty}|x_i - y_i|^p\right)^{\frac{1}{p}}, \ x = (x_1, \cdots, x_n, \cdots), y = (y_1, \cdots, y_n, \cdots) \in l^p,$$

则 (l^p, d) 是度量空间;

(3) 设 $l^\infty = \{(x_1, \cdots, x_n, \cdots): \sup\limits_{n\geqslant 1} |x_n| < +\infty, x_n \in \mathbb{R}\}$, 定义

$$d(x,y) = \sup_{n\geqslant 1} |x_n - y_n|, \ x = (x_1, \cdots, x_n, \cdots), y = (y_1, \cdots, y_n, \cdots) \in l^\infty,$$

则 (l^∞, d) 是度量空间;

(4) 设 $C[a,b]$ 为区间 $[a,b]$ 上所有连续函数的全体组成的集合, 对任意的 $x,y \in C[a,b]$, 定义 $d(x,y) = \max\limits_{a\leqslant t\leqslant b} |x(t) - y(t)|$, 则 d 是 $C[a,b]$ 上的度量.

(1) 的证明见定理 10.1.2, 其余证明留作习题 (在本书中, 若无重新定义, 我们认为以上几个度量是各自空间及其子空间的默认的度量).

例 18.1.2   设 $C^{(k)}[a,b]$ 为区间 $[a,b]$ 上所有 k 阶连续可微函数的全体组成的集合, 对任意的 $x,y \in C^{(k)}[a,b]$, 定义 $d(x,y) = \sum\limits_{i=0}^{k} \max\limits_{a\leqslant t\leqslant b} |x^{(i)}(t) - y^{(i)}(t)|$, 则 d 是 $C^{(k)}[a,b]$ 上的度量.

证明留作习题.

例 18.1.3   设 $R[a,b]$ 为区间 $[a,b]$ 上所有 Riemann 可积函数的全体组成的集合, 对任意的 $x,y \in R[a,b]$, 定义 $d(x,y) = \sup\limits_{a\leqslant t\leqslant b} |x(t) - y(t)|$, 则 d 是 $R[a,b]$ 上的度量.

证明   因为 Riemann 可积函数有界, 则在 $R[a,b]$ 上 $d(x,y)$ 有定义.

(1) 显然 $d(x,y) \geqslant 0$. 又 $d(x,y) = 0 \Longleftrightarrow x(t) = y(t), t \in [a,b] \Longleftrightarrow x = y$;

(2) 对任意的 $x,y \in R[a,b]$, $d(x,y) = \sup\limits_{a\leqslant t\leqslant b} |x(t) - y(t)| = \sup\limits_{a\leqslant t\leqslant b} |y(t) - x(t)| = d(y,x)$;

(3) 对任意的 $x,y,z \in R[a,b]$,

$$d(x,y) = \sup_{a\leqslant t\leqslant b} |x(t) - y(t)| \leqslant \sup_{a\leqslant t\leqslant b} |x(t) - z(t)| + \sup_{a\leqslant t\leqslant b} |y(t) - z(t)| = d(x,z) + d(z,y),$$

因此 d 是 $R[a,b]$ 上的度量. $\qquad\qquad\square$

例 18.1.4   在 $R[0,1]$ 上定义 $\rho(x,y) = \int_0^1 |x(t) - y(t)|\mathrm{d}t$, $x,y \in R[0,1]$, 则 ρ 不是 $R[0,1]$ 上的度量, 因为 Riemann 函数 R 在区间 $[0,1]$ 上 Riemann 可积, 且 $\rho(R,0) = \int_0^1 R(t)\mathrm{d}t = 0$, 但 $R(t)$ 在 $[0,1]$ 上不是恒等于 0 的函数.

例 18.1.5   在非空集合 X 上定义

$$d(x,y) = \begin{cases} 1, & x \neq y, \\ 0, & x = y, \end{cases}$$

则容易验证, d 是度量, 从而 (X,d) 是度量空间, 称如上定义的 d 为 X 上的**离散度量** (discrete metric), (X,d) 为**离散度量空间** (discrete metric space).

§18.1.2   度量空间中的收敛性与完备性

对于非空集合, 若我们在其上定义了度量, 使其成为度量空间, 则可利用度量来讨论度量空间中的收敛概念.

定义 18.1.2   设 (X,d) 是度量空间, 点列 $\{x_n\} \subset X, x_0 \in X$, 若 $d(x_n, x_0) \to 0$, 则称点列 $\{x_n\}$ 收敛于 x_0, 也称 x_0 为点列 $\{x_n\}$ 的极限 (limit), 记为 $\lim\limits_{n\to\infty} x_n = x_0$ 或 $x_n \to x_0 \ (n \to \infty)$.

定理 18.1.1 设 (X, d) 是度量空间,

(1) 若 $\{x_n\} \subset X$ 收敛, 则 $\{x_n\}$ 有界;

(2) 若 $\{x_n\} \subset X$ 收敛, 则极限唯一;

(3) $\{x_n\} \subset X$ 收敛于 x_0 的充要条件是它的任意子列均收敛于 x_0.

定理证明方法和数列类似, 故省略其证明, 留作习题.

下面给出度量空间中 Cauchy 列的定义.

定义 18.1.3 设 (X, d) 是度量空间, 点列 $\{x_n\} \subset X$, 若对于任意给定的 $\varepsilon > 0$, 存在正整数 N, 使得

$$d(x_n, x_m) < \varepsilon, \forall m, n > N, \tag{18.1.1}$$

则称 $\{x_n\}$ 为度量空间 (X, d) 中的 Cauchy 列.

与实数列的性质证明类似, 我们可以证明以下结论.

定理 18.1.2 设 (X, d) 是度量空间,

(1) 若 $\{x_n\} \subset X$ 是 Cauchy 列, 则 $\{x_n\}$ 有界;

(2) 若 $\{x_n\} \subset X$ 收敛, 则 $\{x_n\}$ 必为 Cauchy 列, 但反之不一定成立;

(3) 若 $\{x_n\} \subset X$ 是 Cauchy 列, 则它的任意子列均为 Cauchy 列;

(4) 若 $\{x_n\} \subset X$ 是 Cauchy 列, 且存在收敛子列, 则 $\{x_n\}$ 收敛.

与 $\mathbb{R}^n$ 不同, 在一般的度量空间中, Cauchy 列不一定收. 例如 $\left\{\dfrac{1}{n}\right\}$ 是度量空间 $X = (0, 2)$ 中的 Cauchy 列, $\left\{\dfrac{1}{n}\right\}$ 在 $\mathbb{R}$ 中收敛, 但在 X 中并不收敛, 因为 $0 \notin X$.

定义 18.1.4 设 (X, d) 是度量空间, 若 X 中任意 Cauchy 列都收敛于 X 中元, 则称 X 是**完备度量空间** (complete metric space).

若 (Y, d) 是 (X, d) 的子空间, $\{x_n\} \subset Y$, 若 $\{x_n\}$ 在 Y 中收敛, 则 $\{x_n\}$ 在 X 中收敛, 反之不成立.

例 18.1.6 证明: 度量空间 l^p 完备.

证明 设 $\{u_n\} \subset l^p$ 是任意 Cauchy 列, 其中 $u_n = (x_1^n, x_2^n, \cdots, x_n^n, \cdots)$, 则对于任意给定的 $\varepsilon > 0$, 存在正整数 N, 使得

$$d(u_n, u_m) = \left(\sum_{i=1}^{\infty} |x_i^n - x_i^m|^p\right)^{\frac{1}{p}} < \varepsilon, \forall m, n \geqslant N, \tag{18.1.2}$$

则对任意 $i = 1, 2, \cdots$, $\{x_i^n\} \subset \mathbb{R}$ 是 Cauchy 数列, 从而收敛, 令

$$x_i = \lim_{n \to \infty} x_i^n, \quad u = (x_1, \cdots, x_n, \cdots).$$

由式 (18.1.2) 知, 对任意的正整数 k, 有

$$\left(\sum_{i=1}^{k} |x_i^n - x_i^m|^p\right)^{\frac{1}{p}} < \varepsilon, \forall m, n \geqslant N. \tag{18.1.3}$$

在上式中, 令 $m \to \infty$, 得

$$\left(\sum_{i=1}^{k} |x_i^n - x_i|^p\right)^{\frac{1}{p}} \leqslant \varepsilon, \forall n \geqslant N. \tag{18.1.4}$$

再令 $k \to \infty$, 得

$$\left(\sum_{i=1}^{\infty} |x_i^n - x_i|^p\right)^{\frac{1}{p}} \leqslant \varepsilon, \forall n \geqslant N, \tag{18.1.5}$$

由 Minkowski 不等式知:

$$\left(\sum_{i=1}^{\infty} |x_i|^p\right)^{\frac{1}{p}} \leqslant \left(\sum_{i=1}^{+\infty} |x_i^N - x_i|^p\right)^{\frac{1}{p}} + \left(\sum_{i=1}^{\infty} |x_i^N|^p\right)^{\frac{1}{p}} < +\infty, \tag{18.1.6}$$

则 $u = (x_1, \cdots, x_n, \cdots) \in l^p$, 且由式 (18.1.5) 知 $u_n \to u$, 因此度量空间 l^p 完备.　□

例 18.1.7　证明: 度量空间 $C[a,b]$ 完备.

证明　设 $\{x_n\} \subset C[a,b]$ 是任意 Cauchy 列, 则对于任意给定的 $\varepsilon > 0$, 存在正整数 N, 使得

$$|x_n(t) - x_m(t)| < \varepsilon, \forall m, n > N, t \in [a,b]. \tag{18.1.7}$$

则对任意 $t \in [a,b]$, $\{x_n(t)\}$ 是 $\mathbb{R}$ 中的 Cauchy 数列, 从而收敛, 令 $x(t) = \lim_{n\to\infty} x_n(t)$.

在式 (18.1.7) 中, 令 $m \to \infty$, 得

$$|x_n(t) - x(t)| \leqslant \varepsilon, \ \forall n > N, t \in [a,b],$$

则 $\{x_n(t)\}$ 在 $[a,b]$ 上一致收敛于 $x(t)$, 因此 $x(t)$ 在 $[a,b]$ 上连续, 且 $d(x_n, x) \longrightarrow 0$, 即度量空间 $C[a,b]$ 完备.　□

例 18.1.8　在 $C[0,2]$ 上定义 $\rho(x,y) = \int_0^2 |x(t) - y(t)|\mathrm{d}t$, 容易验证 $(C[0,2], \rho)$ 是度量空间, 但不是完备的. 因为, 若设

$$x_n(t) = \begin{cases} -1, & t \in \left[0, 1-\dfrac{1}{n}\right], \\ n(t-1), & t \in \left(1-\dfrac{1}{n}, 1+\dfrac{1}{n}\right), \\ 1, & t \in \left[1+\dfrac{1}{n}, 2\right], \end{cases}$$

则 $\rho(x_n, x_m) = \left|\dfrac{1}{n} - \dfrac{1}{m}\right|$, 即 $\{x_n\} \subset C[0,2]$ 是 Cauchy 列, 但不收敛.

§18.1.3　度量空间中的开集和闭集

在第 10 章中, 我们学习了 $\mathbb{R}^n$ 中若干拓扑概念, 如内点、聚点、开集和闭集等. 下面我们将上述概念引入一般的度量空间中.

定义 18.1.5　设 (X, d) 是度量空间, $x_0 \in X, r > 0$, 点集 $\{x \in X : d(x, x_0) < r\}$ 称为以 x_0 为球心、r 为半径的**开球** (open ball)(或称为以 x_0 为中心的 r **邻域** (neighborhood), 或简称为 x_0 的邻域), 记为 $B(x_0, r)$ 或 $B(x_0)$.

在离散度量空间 X 中, $0 < r \leqslant 1$ 时, $B(x_0, r) = \{x_0\}$; $r > 1$ 时, $B(x_0, r) = X$.

设 (X, d) 是度量空间, $A \subset X, x_0 \in X$, 则 x_0 与 A 的关系只能有下列三种情况:

(1) x_0 "附近" 的点都在 A 中;

(2) 在 x_0 的 "附近" 没有 A 中的点;

(3) 在 x_0 的 "附近" 既有 A 中的点, 又有不属于 A 的点.

根据以上情况, 我们定义:

定义 18.1.6 设 (X,d) 是度量空间, $A \subset X, x_0 \in X$.

(1) 存在 x_0 的一个邻域 $B(x_0)$, 使得 $B(x_0) \subset A$, 这时称 x_0 是 A 的**内点** (interior point). A 的内点全体称为 A 的**内部** (interior), 记为 A°.

(2) 存在 x_0 的一个邻域 $B(x_0)$, 使得 $B(x_0)$ 中没有 A 的点, 即 $B(x_0) \cap A = \varnothing$, 这时称 x_0 是 A 的**外点** (exterior point).

(3) 若对任意的 $r > 0, B(x_0, r) \cap A$ 与 $B(x_0, r) \cap A^C$ 均非空, 那么就称 x_0 是 A 的**边界点** (boundary point), A 的边界点的全体称为 A 的**边界** (boundary), 记为 ∂A.

从定义可知, 边界点是对内点和外点的否定. 因此, 点 x_0 与集合 A 的关系必为以上三种关系之一, 也只能为以上三种关系之一.

定义 18.1.7 设 (X,d) 是度量空间, $A \subset X$, $x_0 \in X$.

(1) 若 $x_0 \in A$, 且存在 x_0 的一个邻域 $B(x_0)$, 使其不包含 A 中任何异于 x_0 的点, 即 $B(x_0) \cap A = \{x_0\}$, 则称 x_0 是 A 的**孤立点** (isolated point);

(2) 若 x_0 的任一邻域都含有 A 中的无限个点, 则称 x_0 是 A 的**聚点** (cluster point). A 的聚点的全体记为 A', 称为 A 的**导集** (derived set); A 与它导集 A' 的并集称为 A 的**闭包** (closure), 记为 $\overline{A}$, 即 $\overline{A} = A \cup A'$.

命题 18.1.1 设 (X,d) 是度量空间, $A \subset X$, $x_0 \in X$, 则 x_0 是 A 的聚点当且仅当 x_0 的任一邻域 $B(x_0)$ 都含有 A 中的异于 x_0 的点, 即 $B(x_0) \cap (A \setminus \{x_0\}) \neq \varnothing$.

证明 必要性显然, 下面证明充分性.

若 $x_0 \notin A'$, 则存在 $r > 0$, 使得 $B(x_0, r) \cap (A \setminus \{x_0\})$ 为有限点集, 设

$$s = \min\{d(x_0, x) : x \in B(x_0, r) \cap (A \setminus \{x_0\})\},$$

则 $s > 0$, 且 $B(x_0, s) \cap (A \setminus \{x_0\}) = \varnothing$. 矛盾, 因此结论成立. □

由命题 18.1.1容易得:

定理 18.1.3 设 (X,d) 是度量空间, $A \subset X, x_0 \in X$, 则 x_0 是 A 的聚点的充分必要条件是存在 $\{x_n\} \subset A \setminus \{x_0\}$, 使得 $\lim\limits_{n \to \infty} x_n = x_0$.

若 $x_0 \notin A'$, 则存在 $r > 0$, 使得 $B(x_0, r) \cap (A \setminus \{x_0\}) = \varnothing$. 如果 $x_0 \in A$, 则 x_0 是 A 的孤立点; 如果 $x_0 \notin A$, 则 $B(x_0, r) \cap A = \varnothing$, 则 x_0 是 A 的外点. 因此, 点 x_0 与集合 A 的关系必为: x_0 是 A 的孤立点、外点和聚点之一, 也只能为这三种之一.

和 $\mathbb{R}^n$ 不同, 在一般度量空间中, 集合的内点不一定是聚点. 如在离散度量空间中, 集合的每一个点均是包含该点的任意集合的内点, 但也均是其孤立点. 即离散度量空间中任何子集的导集均为空集.

作为 $\mathbb{R}^n$ 中开集和闭集概念的推广, 下面定义度量空间中开集与闭集.

定义 18.1.8 设 (X,d) 是度量空间, $A \subset X$, 若 A 中的每一个点都是 A 的内点, 即 $A = A^\circ$, 则称 A 为**开集** (open set); 若 A 包含了 A 的所有聚点, 即 $A' \subset A$, 则称 A 为**闭集** (closed set).

例 18.1.9 证明度量空间中的任意邻域均是开集.

证明   设 (X, d) 是度量空间, $r > 0, x_0 \in X$, 对任意点 $x \in B(x_0, r)$, 则 $d(x, x_0) < r$. 设 $\delta = r - d(x, x_0) > 0$, 则对任意的 $y \in B(x, \delta)$,

$$d(y, x_0) \leqslant d(y, x) + d(x, x_0) < r,$$

即 $y \in B(x_0, r)$. 因此 $B(x, \delta) \subset B(x_0, r)$, 亦即 x 是 $B(x_0, r)$ 的内点, 则由定义知, $B(x_0, r)$ 是开集.   □

显然, A 为闭集的充要条件为 $A = \overline{A}$. 我们称集合 A 中收敛点列的极限为 A 的**极限点** (limit point). 显然 $A' \cup A$ 中的点均是 A 的极限点; 另一方面, 设 x_0 是 A 的极限点, 若 $x_0 \notin A$, 即存在 $\{x_n\} \subset A \backslash \{x_0\}$, 使得 $x_n \to x_0$, 则 $x_0 \in A'$. 因此 A 的极限点集等于 $A' \cup A$, 从而有如下结论.

定理 18.1.4   度量空间中的点集 A 为闭集的充分必要条件是 A 的极限点都在 A 中.

上面结论说明, 闭集对极限运算是封闭的. 下面给出集合的交 (并) 运算与取闭包的关系.

定理 18.1.5   设 A, B 为度量空间中的点集, 则

$$\overline{A \cap B} \subset \overline{A} \cap \overline{B}, \quad \overline{A \cup B} = \overline{A} \cup \overline{B}.$$

证明   (1) 对任意的 $x \in \overline{A \cap B}$, 存在 $\{x_n\} \subset A \cap B$, 使得 $x_n \to x$, 则 $\{x_n\} \subset A$ 且 $\{x_n\} \subset B$. 因此 $x \in \overline{A}$ 且 $x \in \overline{B}$. 故 $x \in \overline{A} \cap \overline{B}$, 则 $\overline{A \cap B} \subset \overline{A} \cap \overline{B}$ 成立.

(2) 对任意的 $x \in \overline{A \cup B}$, 存在 $\{x_n\} \subset A \cup B$, 使得 $x_n \to x$, 则 $\{x_n\}$ 一定有子列在 A 或 B 中. 因此 $x \in \overline{A}$ 或 $x \in \overline{B}$. 故 $x \in \overline{A} \cup \overline{B}$, 则 $\overline{A \cup B} \subset \overline{A} \cup \overline{B}$.

反之, 因为 $A \subset A \cup B$, 则 $\overline{A} \subset \overline{A \cup B}$, 同理, $\overline{B} \subset \overline{A \cup B}$. 故 $\overline{A} \cup \overline{B} \subset \overline{A \cup B}$.

综上知结论成立.   □

注意 (1) 中等式不一定成立. 如在 $\mathbb{R}$ 中, 若 A, B 分别为有理数集和无理数集, 则 $\overline{A \cap B}$ 是空集, 但 $\overline{A} \cap \overline{B} = \mathbb{R}$.

下面我们来讨论开集和闭集之间的关系.

定理 18.1.6   度量空间中的点集 A 为闭集的充分必要条件是它的余集 A^C 是开集.

证明   **必要性** 若 A 为闭集, 由于 A 的一切聚点都属于 A, 因此, 对于任意 $x \in A^C$, x 不是 A 的聚点. 也就是说, 存在 x 的邻域 $B(x, \delta)$, 使得 $B(x, \delta) \cap A = \varnothing$, 即 $B(x, \delta) \subset A^C$, 因此 A^C 为开集.

充分性 对任意 $x \in A^C$, 由于 A^C 是开集, 因此存在 x 的邻域 $B(x, \delta)$, 使得 $B(x, \delta) \subset A^C$, 则 x 不是 A 的聚点. 所以如果 A 有聚点, 它就一定属于 A. 因此 A 为闭集.   □

下面考虑开集与闭集关于交和并的运算性质.

定理 18.1.7   设 (X, d) 是度量空间, 则

(1) $\varnothing, X$ 是开集;

(2) (X, d) 中的任意一族开集 $\{A_\alpha\}$ 的并集 $\bigcup\limits_{\alpha} A_\alpha$ 是开集;

(3) (X, d) 中的任意有限个开集 $A_1, A_2, \cdots, A_n$ 的交集 $\bigcap\limits_{i=1}^{n} A_i$ 是开集.

证明   (1) 显然.

(2) 设 $x \in \bigcup_\alpha A_\alpha$, 那么存在某个 α, 使得 $x \in A_\alpha$. 而 A_α 是开集, 因此 x 就是 A_α 的内点, 所以也是 $\bigcup_\alpha A_\alpha$ 的内点, 则 $\bigcup_\alpha A_\alpha$ 是开集.

(3) 设 $x \in \bigcap_{i=1}^n A_i$, 则对每个 $i = 1, 2, \cdots, n$ 都有 $x \in A_i$. 由于 A_i 是开集, 因此存在 $r_i > 0$ 使得 x 的邻域 $B(x, r_i) \subset A_i$. 取 $r = \min_{1 \leqslant i \leqslant n} r_i$, 那么 $B(x, r) \subset \bigcap_{i=1}^n A_i$, 即 x 是 $\bigcap_{i=1}^n A_i$ 的内点, 因此 $\bigcap_{i=1}^n A_i$ 是开集. □

利用 De Morgan 公式和上面结论可得.

定理 18.1.8 设 (X, d) 是度量空间, 则

(1) $\varnothing$, X 是闭集;

(2) (X, d) 中的任意一族闭集 $\{A_\alpha\}$ 的交集 $\bigcap_\alpha A_\alpha$ 是闭集;

(3) (X, d) 中的任意有限个闭集 $A_1, A_2, \cdots, A_n$ 的并集 $\bigcup_{i=1}^n A_i$ 是闭集.

下面讨论子空间中开集和闭集与原空间中的开集和闭集的关系.

定理 18.1.9 设 Y 是度量空间 X 的子空间, 则:

(1) $A \subset Y$ 是 Y 中开集的充要条件是: 存在 X 中开集 U, 使得 $A = U \cap Y$;

(2) $A \subset Y$ 是 Y 中闭集的充要条件是: 存在 X 中闭集 U, 使得 $A = U \cap Y$.

证明 由 De Morgan 公式以及开集和闭集的关系 (定理 18.1.6) 知, 我们仅需证明结论 (1) 即可.

由开集的定义知, 若 $U \subset X$ 开, 则 $U \cap Y$ 是 Y 中的开集; 另一方面, 若 $A \subset Y$ 是 Y 中开集, 即对任意 $x \in A$, 存在 $\delta_x > 0$, 使得 Y 中的开球 $B_Y(x, \delta_x) = \{y \in Y; d(x, y) < \delta_x\} \subset A$. 这时 X 中的开球 $B_X(x, \delta_x) = \{y \in X; d(x, y) < \delta_x\}$, 满足 $B_Y(x, \delta_x) = B_X(x, \delta_x) \cap Y$. 令 $U = \bigcup_{x \in A} B_X(x, \delta_x)$, 则 U 是 X 中开集, 且 $A = U \cap Y$. □

习题 18.1

A1. 证明定理 18.1.1和定理 18.1.2.

A2. 对于 $x, y \in \mathbb{R}$, 定义 $d_1(x, y) = (x - y)^2$, $d_2(x, y) = \sqrt{|x - y|}$, $d_3(x, y) = |x^2 - y^2|$, $d_4(x, y) = |x - 2y|$, $d_5(x, y) = \dfrac{|x - y|}{1 + |x - y|}$. 问哪些是 $\mathbb{R}$ 上的度量? 哪些不是 $\mathbb{R}$ 上的度量?

A3. 设 $f : \mathbb{R} \to \mathbb{R}$ 连续, 对于 $x, y \in \mathbb{R}$, 定义 $d(x, y) = |f(x) - f(y)|$. 证明: d 是 $\mathbb{R}$ 上的度量的充要条件是 f 严格单调.

A4. 设 $p \geqslant 1$, 对于 $x = (x_1, x_2, \cdots, x_n), y = (y_1, y_2, \cdots, y_n) \in \mathbb{R}^n$, 定义 $d(x, y) = (\sum_{i=1}^n |x_i - y_i|^p)^{\frac{1}{p}}$. 证明: d 是 $\mathbb{R}^n$ 上的度量.

A5. 证明: l^p 是度量空间.

A6. 设 $(X, d), (Y, \rho)$ 是度量空间, 在 $X \times Y$ 上定义 $\sigma((x_1, y_1), (x_2, y_2)) = d(x_1, x_2) + \rho(y_1, y_2), x_i \in X, y_i \in Y, i = 1, 2$. 证明: σ 是 $X \times Y$ 上的度量.

A7. 设 (X, d) 是度量空间, $\{x_n\}, \{y_n\} \subset X$ 是 Cauchy 列, 证明: 数列 $\{d(x_n, y_n)\}$ 收敛.

A8. 证明: 离散度量空间是完备的度量空间.

A9. 设 X 是离散度量空间, $A \subset X$. 证明: A 是开集且没有聚点, 即 $A^\circ = A, A' = \varnothing$.

B10. 对任意 $x, y \in C[a,b]$, 定义 $\rho(x,y) = \int_a^b |x(t) - y(t)| \mathrm{d}t$. (1) 证明: ρ 是 $C[a,b]$ 上的度量; (2) 问: $(C[a,b], \rho)$ 是否是完备的度量空间?

B11. 证明: 度量空间中的闭集可以表示为可列个开集的交, 开集可以表示为可列个闭集的并.

C12. ($\mathbb{R}$ 中开集的结构) 设 G 是 $\mathbb{R}$ 中的开集, 若开区间 $(a,b) \subset G$, 且 $a, b \notin G$, 则称 (a,b) 为 G 的一个**构成区间** (component interval).

(1) 求出开集 $(0,1) \cup (2,3) \cup (4, +\infty)$ 所有的构成区间;

(2) 若 $(a_1, b_1), (a_2, b_2)$ 都是开集 G 的构成区间, 那么这两个区间有何关系?

(3) 讨论开集的构成区间的全体组成的集合的基数;

(4) 证明: $\mathbb{R}$ 中的开集一定可以表示为至多可数个互不相交的开区间的并.

§18.2　赋范空间与内积空间

§18.2.1　实线性空间

定义 18.2.1　设 X 是非空集合, $\mathbb{R}$ 是实数域, 如果在 X 上定义了两个元素 x, y 的加法运算: $x + y$ 以及实数 λ 与 X 中元素 x 的数乘运算: λx, 满足以下性质:

(1) (加法交换律) $x + y = y + x$, 对任意 $x, y \in X$ 成立;

(2) (加法结合律) $(x + y) + z = x + (y + z)$, 对任意 $x, y, z \in X$ 成立;

(3) (零元) 存在零元 θ, 使得 $x + \theta = x$, 对任意 $x \in X$ 成立;

(4) (负元) 对任意 $x \in X$, 存在负元 $-x$, 使得 $x + (-x) = \theta$;

(5) (1 的数乘) $1x = x$, 对任意 $x \in X$ 成立;

(6) (数乘结合律) $\lambda(\mu x) = (\lambda \mu) x$, 对任意 $\lambda, \mu \in \mathbb{R}, x \in X$ 成立;

(7) (分配律) $\lambda(x + y) = \lambda x + \lambda y, (\lambda + \mu)x = \lambda x + \mu x$, 对任意 $\lambda, \mu \in \mathbb{R}, x, y \in X$ 成立, 则称 X 是 $\mathbb{R}$ 上的**线性空间** (linear space)(或实线性空间 (real linear space)). (以下, 如无特别说明, 简称为线性空间)

显然, 只有零元 θ 的集合是线性空间, 称之为**零空间**. 可以证明, $\mathbb{R}^n$ 在通常的向量的加法和数乘运算下是线性空间; $C[a,b], R[a,b]$ 在通常的函数的加法和数乘运算下均是线性空间.

下面给出线性空间 X 中的常用概念和记号.

(1) 设非空集 $Y \subset X$, 若对任意的 $x, y \in Y, \lambda \in \mathbb{R}$, 均有 $x + y, \lambda x \in Y$, 则 Y 也是线性空间, 称之为 X 的**线性子空间** (简称为子空间). 若子空间 $Y \subsetneqq X$, 称 Y 为 X 的真子空间.

(2) 设 $x_1, x_2, \cdots, x_n \in X$, 称 $\sum_{i=1}^n \lambda_i x_i$ 为 $x_1, x_2, \cdots, x_n$ 的**线性组合**. 设 $M \subset X$, 若 $x \in X$ 可以表示为 M 中有限多个元的线性组合, 则称 x 可以由 M **线性表示** (linear representation). 可由 M 线性表示的元的全体一定是 X 的子空间, 称之为 M 的**张成空间** (spanning space), 记为 $\mathrm{Span}M$, 即

$$\mathrm{Span}M = \left\{ \sum_{i=1}^n \lambda_i x_i : \ x_i \in M, \lambda_i \in \mathbb{R}, n \in \mathbb{N}^+ \right\}.$$

(3) 设 $x_1, x_2, \cdots, x_n \in X$, 若存在不全为零的数 $\lambda_1, \lambda_2, \cdots, \lambda_n \in \mathbb{R}$, 使得 $\sum_{i=1}^n \lambda_i x_i = \theta$,

则称 $x_1, x_2, \cdots, x_n$ **线性相关** (linearly dependent), 否则称为**线性无关** (linearly independent). 若 $M \subset X$ 中任意有限子集均是线性无关的, 则称 M 是线性无关的.

(4) 若存在线性无关集 $M \subset X$, 使得 $X = \mathrm{Span} M$, 则称 M 是线性空间 X 的**基** (base); 若 M 是有限集, 则称线性空间 X 是有限维的, 这时称 M 的基数 n 为 X 的**维数** (dimension), 记为 $\dim X = n$. 若 X 中存在线性无关的无穷子集, 则称 X 是无穷维线性空间. 定义零空间 $\{\theta\}$ 的维数为 0.

(5) 若线性空间 X 的子集 M 满足: 对任意的 $x, y \in M, t \in (0,1)$ 有 $tx + (1-t)y \in M$, 则称 M 是 X 中的**凸集** (convex set). 显然, 线性子空间一定是凸集.

显然 Euclid 空间 $\mathbb{R}^n$ 是 n 维空间, 其中任意 n 个线性无关的 n 维向量组成的向量组都是 $\mathbb{R}^n$ 的基.

例 18.2.1 $l^p (p \geqslant 1)$ 是线性空间.

设 $x = (x_1, \cdots, x_n, \cdots), y = (y_1, \cdots, y_n, \cdots) \in l^p$, 则

$$\sum_{i=1}^{\infty} |x_i|^p < +\infty, \quad \sum_{i=1}^{\infty} |y_i|^p < +\infty,$$

则由 Minkowski 不等式知,

$$\left[\sum_{i=1}^{\infty} |x_i + y_i|^p\right]^{\frac{1}{p}} \leqslant \left[\sum_{i=1}^{\infty} |x_i|^p\right]^{\frac{1}{p}} + \left[\sum_{i=1}^{\infty} |y_i|^p\right]^{\frac{1}{p}} < +\infty.$$

对于任意的 $x, y \in l^p, \lambda \in \mathbb{R}$, 定义加法和数乘运算:

$$x + y = (x_1 + y_1, \cdots, x_n + y_n, \cdots), \lambda x = (\lambda x_1, \cdots, \lambda x_n, \cdots),$$

则由上式知

$$x + y, \lambda x \in l^p.$$

又由数的加法和乘法运算满足交换律、结合律、分配律等, 容易验证加法和数乘运算满足线性空间的条件, 因此 l^p 是线性空间.

在 l^p 中, 设 e_n 是 l^p 空间中第 n 个分量为 1, 其余分量为 0 的元, 记 $E = \{e_1, \cdots, e_n, \cdots\}$. 因为 E 是线性无关的向量组, 所以 l^p 是无穷维的. 值得注意的是, E 是一个线性无关组, 但它并不是 l^p 的基, 因为 $\mathrm{Span} E$ 中的元只有有限多个非 0 的分量.

例 18.2.2 (1) 设 P_n 是所有次数不超过 n 的实系数多项式的全体组成的线性空间, 容易验证 $\{1, x, x^2, \cdots, x^n\}$ 是 P_n 的一组基, 故 $\dim P_n = n + 1$.

(2) 设 P 是所有实系数多项式的全体组成的线性空间, $\{1, x, x^2, \cdots, x^n, \cdots\}$ 是一组基, 故 $\dim P = +\infty$.

(3) 三角函数系 $M = \{1, \cos x, \sin x, \cos 2x, \sin 2x, \cdots, \cos nx, \sin nx, \cdots\}$ 是 $C[0, 2\pi]$ 中的线性无关组. 因为 M 中有限个元的线性组合一定是周期为 2π 的周期函数, 则 $C[0, 2\pi]$ 中非周期函数就不能表示为 M 中有限个元的线性组合, 即 $\mathrm{Span} M$ 是 $C[0, 2\pi]$ 的真子空间, 因此 M 并不是 $C[0, 2\pi]$ 的基.

(4) 函数组 $\{1, x, x^2, \cdots, x^n, \cdots\}$ 是 $C[a, b]$ 中的线性无关组, 但不是 $C[a, b]$ 的基, 因为它的张成空间是多项式空间.

§18.2.2 赋范空间与 Banach 空间

定义 18.2.2 设 X 是线性空间, 函数 $\|\cdot\|: X \to \mathbb{R}$ 满足以下性质:

(1) (严格正性) $\|x\| \geqslant 0$ 对任意 $x \in X$ 成立, 且 $\|x\| = 0 \Longleftrightarrow x = \theta$;

(2) (正齐次性) $\|\lambda x\| = |\lambda| \cdot \|x\|$ 对任意 $x \in X, \lambda \in \mathbb{R}$ 成立;

(3) (三角不等式) $\|x + y\| \leqslant \|x\| + \|y\|$ 对任意 $x, y \in X$ 成立,

则称 $\|\cdot\|$ 是 X 上的**范数** (norm), 称 $(X, \|\cdot\|)$ 是**赋范空间** (normed space).

在赋范空间 $(X, \|\cdot\|)$ 上定义 $d(x, y) = \|x - y\|$, 则 d 是 X 上的度量, 称之为由范数 $\|\cdot\|$ 诱导的度量, 从而赋范空间 $(X, \|\cdot\|)$ 也可以看成是由范数所诱导的度量空间 (X, d). 又若 (X, d) 完备, 则称 $(X, \|\cdot\|)$ 是**完备赋范空间** (complete normed space), 也称之为 **Banach 空间**.

在赋范空间 $(X, \|\cdot\|)$ 中, 点列 $\{x_n\}$ 收敛到 $x_0 \in X$ 等价于 $\|x_n - x_0\| \to 0$.

例 18.2.3 (1) 设 $p \geqslant 1$, 在 $\mathbb{R}^n$ 中定义

$$\| x \|_p = \left(\sum_{i=1}^{n} |x_i|^p \right)^{\frac{1}{p}}, \quad x = (x_1, x_2, \cdots, x_n) \in \mathbb{R}^n,$$

则 $(\mathbb{R}^n, \|\cdot\|_p)$ 是完备的线性赋范空间, $p = 2$ 时的范数也称为 Euclid 范数.

(2) 设 $p \geqslant 1$, 在 l^p 上定义

$$\| x \|_p = \left(\sum_{i=1}^{\infty} |x_i|^p \right)^{\frac{1}{p}}, \quad x = (x_1, \cdots, x_n, \cdots) \in l^p,$$

则 $(l^p, \|\cdot\|_p)$ 是 Banach 空间.

(3) 在 l^∞ 上定义

$$\| x \|_\infty = \sup_{n \geqslant 1} |x_n|, \quad x = (x_1, \cdots, x_n, \cdots) \in l^p,$$

则 $(l^\infty, \|\cdot\|_\infty)$ 是 Banach 空间.

(4) 在 $C[a, b]$ 上定义 $\| x \| = \max_{a \leqslant t \leqslant b} |x(t)|, x \in C[a, b]$, 则 $C[a, b]$ 是 Banach 空间.

在本书中, 若无重新定义, $\mathbb{R}^n$ 的范数默认为 Euclid 范数, 以上其余几个范数均是各自空间的默认的范数. 证明留作习题.

在度量空间中, 依据度量, 我们可以定义和讨论收敛列和 Cauchy 列. 在赋范空间中, 因为有了元之间的线性运算, 我们还可以定义和讨论无穷级数的收敛性.

定义 18.2.3 设 $(X, \|\cdot\|)$ 是赋范空间, $x_n \in X, n = 1, 2, \cdots$, 记 $S_n = \sum\limits_{i=1}^{n} x_i$ 为无穷级数 $\sum\limits_{i=1}^{\infty} x_i$ 的 (前 n 项) 部分和 (partial sum). 若存在 $a \in X$, 使得 $\lim\limits_{n \to \infty} \|S_n - a\| = 0$, 则称无穷级数 $\sum\limits_{i=1}^{\infty} x_i$ 收敛于 a, 记为 $\sum\limits_{i=1}^{\infty} x_i = a$. 若数项级数 $\sum\limits_{i=1}^{\infty} \|x_i\|$ 收敛, 则称无穷级数 $\sum\limits_{i=1}^{\infty} x_i$ 绝对收敛.

若 $(X, \|\cdot\|)$ 是完备的赋范空间, 即 Banach 空间, 则有以下 Cauchy 收敛准则.

定理 18.2.1 设 $(X, \|\cdot\|)$ 是 Banach 空间, 则 X 中的无穷级数 $\sum\limits_{i=1}^{\infty} x_i$ 收敛的充要条件是: 对任意的 $\varepsilon > 0$, 存在正整数 N, 使得当 $m > n > N$ 时, 有 $\left\| \sum\limits_{i=n+1}^{m} x_i \right\| < \varepsilon$.

例 18.2.4 设 $(X, \|\cdot\|)$ 是赋范空间, 证明: X 完备的充要条件是 X 中任意绝对收敛的无穷级数都收敛.

证明 **必要性** 若 X 完备, $\sum\limits_{i=1}^{\infty} x_i$ 绝对收敛. 由于

$$\|S_m - S_n\| = \left\|\sum_{i=n+1}^{m} x_i\right\| \leqslant \sum_{i=n+1}^{m} \|x_i\|,$$

则 $\{S_n\}$ 是 X 中的 Cauchy 列, 因为 X 完备, 则 $\{S_n\}$ 收敛, 即级数 $\sum\limits_{i=1}^{\infty} x_i$ 收敛.

充分性 设 $\{y_n\}$ 是 X 中任一 Cauchy 列, 下面我们证明 $\{y_n\}$ 收敛, 事实上我们只需证明 $\{y_n\}$ 有收敛子列即可.

因为 $\{y_n\}$ 是 Cauchy 列, 即对任意的 $\varepsilon > 0$, 存在正整数 N, 使得当 $m > n > N$ 时, 有 $\|y_n - y_m\| < \varepsilon$.

对于 $\varepsilon = 1$, 存在 N_1, 使得当 $m > n \geqslant N_1$ 时, 有 $\|y_n - y_m\| < 1$;

对于 $\varepsilon = 2^{-1}$, 存在 $N_2 > N_1$, 使得当 $m > n \geqslant N_2$ 时, 有 $\|y_n - y_m\| < 2^{-1}$, 则 $\|y_{N_1} - y_{N_2}\| < 1$;

对于 $\varepsilon = 2^{-2}$, 存在 $N_3 > N_2$, 使得当 $m > n \geqslant N_3$ 时, 有 $\|y_n - y_m\| < 2^{-2}$, 则 $\|y_{N_2} - y_{N_3}\| < 2^{-1}$;

$$\vdots$$

对于 $\varepsilon = 2^{-n}$, 存在 $N_{n+1} > N_n$, 使得当 $m > n \geqslant N_{n+1}$ 时, 有 $\|y_n - y_m\| < 2^{-n}$, 则 $\|y_{N_{n+1}} - y_{N_n}\| < 2^{-n+1}$;

$$\vdots$$

则我们得到 $\{y_n\}$ 的子列 $\{y_{N_k}\}$, 使得 $\|y_{N_{k+1}} - y_{N_k}\| < 2^{-k}$.

令 $x_k = y_{N_{k+1}} - y_{N_k}$, 则 $\sum\limits_{k=1}^{\infty} x_k$ 绝对收敛, 从而由条件知收敛. 又 $\sum\limits_{i=1}^{k} x_i = y_{N_{k+1}} - y_{N_1}$, 则 $\{y_{N_k}\}$ 收敛, 因此 $\{y_n\}$ 收敛, 从而 X 完备. $\qquad\square$

在空间 l^p 中, $\{e_n\}$ 是线性无关的向量组, 但并不是 l^p 的基. 对于任意 $x \in l^p$, 设 $x = (\xi_1, \xi_2, \cdots, \xi_n, \cdots)$, 定义 $x_n = \sum\limits_{i=1}^{n} \xi_i e_i$, 则 $\{x_n\} \subset l^p$ 是 Cauchy 列, 由 l^p 的完备性知, $\{x_n\}$ 收敛于 $x = \sum\limits_{i=1}^{\infty} \xi_i e_i$. 因此, 虽然 $\{e_n\}$ 不是 l^p 的基, 但 $\overline{\mathrm{Span}\{e_n\}} = l^p$.

§18.2.3 内积空间

定义 18.2.4 设 X 是 (实) 线性空间, 二元函数 $\langle\cdot,\cdot\rangle: X \times X \longrightarrow \mathbb{R}$ 满足以下性质:

(1) (严格正性) $\langle x, x\rangle \geqslant 0$ 对任意 $x \in X$ 成立, 且 $\langle x, x\rangle = 0 \Longleftrightarrow x = \theta$;

(2) (对称性) $\langle x, y\rangle = \langle y, x\rangle$ 对任意 $x, y \in X$ 成立;

(3) (对首元的线性性) $\langle \lambda x + \mu y, z\rangle = \lambda\langle x, z\rangle + \mu\langle y, z\rangle$, 对任意 $x, y, z \in X, \lambda, \mu \in \mathbb{R}$ 成立, 则称 $\langle\cdot,\cdot\rangle$ 是 X 上的**内积** (inner product), 称 $(X, \langle\cdot,\cdot\rangle)$ 是 (实) **内积空间** (inner product space).

可以证明, 在内积空间中, 内积对第二个变元也是线性的, 即

$$\langle z, \lambda x + \mu y \rangle = \lambda \langle z, x \rangle + \mu \langle z, y \rangle, \forall x, y, z \in X, \lambda, \mu \in \mathbb{R}.$$

例 18.2.5　(1) 在 $\mathbb{R}^n$ 上定义 $\langle x, y \rangle = \sum\limits_{i=1}^{n} x_i y_i$, $x = (x_1, \cdots, x_n), y = (y_1, \cdots, y_n) \in \mathbb{R}^n$, 则 $\mathbb{R}^n$ 是内积空间. 这里的内积就是我们熟知的 Euclid 空间中向量的内积.

(2) 在 l^2 上定义 $\langle x, y \rangle = \sum\limits_{i=1}^{\infty} x_i y_i$, $x = (x_1, \cdots, x_n, \cdots), y = (y_1, \cdots, y_n, \cdots) \in l^2$, 则 l^2 是内积空间.

(3) 在 $C[a,b]$ 上定义 $\langle x, y \rangle = \int_a^b x(t) y(t) \mathrm{d}t$, $x, y \in C[a,b]$, 则 $(C[a,b], \langle \cdot, \cdot \rangle)$ 是内积空间.

如无特别定义, 以上 $\mathbb{R}^n, l^2$ 的内积皆为默认内积. 证明留作习题.

定义 18.2.5　设 $(X, \langle \cdot, \cdot \rangle)$ 是内积空间, 若 $x, y \in X$ 满足 $\langle x, y \rangle = 0$, 则称 x 与 y **正交** (orthogonality), 记为 $x \perp y$. 若 $M \subset X$, 且对任意的 $x, y \in M, x \neq y$, 都有 $x \perp y$, 则称 M 是正交向量组.

例 18.2.6　在内积空间 l^2 中, $\langle e_n, e_m \rangle = 0, (n \neq m)$, 因此 $\{e_1, e_2, \cdots, e_n, \cdots\}$ 是正交向量组.

例 18.2.5(3) 中的内积空间 $C[a,b]$ 中, $\{1, x, x^2, \cdots, x^n, \cdots\}$ 是线性无关组, 但不是正交向量组. 在内积空间 $C[0, 2\pi]$ 中, 根据第 16 章 Fourier 级数的讨论知, 三角函数系

$$\{1, \cos x, \sin x, \cos 2x, \sin 2x, \cdots, \cos nx, \sin nx, \cdots\}$$

是正交向量组.

由内积的定义, 容易证明.

定理 18.2.2　向量 x 是零向量 $\theta \Longleftrightarrow x$ 与 x 正交 $\Longleftrightarrow x$ 与任意向量正交.

定理 18.2.3 (Cauchy-Schwartz 不等式)　设 $(X, \langle \cdot, \cdot \rangle)$ 是内积空间, 在 X 上定义 $\|x\| = \sqrt{\langle x, x \rangle}$, 则对任意的 $x, y \in X$

$$|\langle x, y \rangle| \leqslant \|x\| \cdot \|y\|.$$

证明　若 $y = \theta$, 即 y 是零元, 不等式显然成立. 设 $y \neq \theta$, 则对任意的 $\alpha \in \mathbb{R}$, 有

$$\langle x - \alpha y, x - \alpha y \rangle \geqslant 0,$$

根据内积对第一个变元和第二个变元的线性性, 将其展开得

$$\|x\|^2 + \alpha^2 \|y\|^2 - 2\alpha \langle x, y \rangle \geqslant 0,$$

取

$$\alpha = \frac{\langle x, y \rangle}{\|y\|^2},$$

代入得

$$\|x\|^2 - \frac{|\langle x, y \rangle|^2}{\|y\|^2} \geqslant 0,$$

化简即为所需证明的不等式.　　　　　　　　　　　　　　　　　　　　　□

定理 18.2.4　在内积空间 $(X, \langle \cdot, \cdot \rangle)$ 上定义 $\|x\| = \sqrt{\langle x, x \rangle}$, 则 $\| \cdot \|$ 是 X 上的范数.

证明 (1) (严格正性) 对任意 $x \in X$, $\|x\| = \sqrt{\langle x, x \rangle} \geqslant 0$ 显然成立, 又

$$\|x\| = 0 \Longleftrightarrow \langle x, x \rangle = 0 \Longleftrightarrow x = \theta.$$

(2) (正齐性) 对任意 $x \in X, \lambda \in \mathbb{R}$, 有

$$\|\lambda x\|^2 = \langle \lambda x, \lambda x \rangle = \lambda^2 \|x\|^2.$$

(3) (三角不等式) 对任意 $x, y \in X$,

$$\|x + y\|^2 = \langle x + y, x + y \rangle = \langle x, x \rangle + \langle y, y \rangle + \langle x, y \rangle + \langle y, x \rangle$$

$$= \|x\|^2 + \|y\|^2 + 2\langle x, y \rangle \leqslant \|x\|^2 + \|y\|^2 + 2|\langle x, y \rangle|$$

$$\leqslant \|x\|^2 + \|y\|^2 + 2\|x\| \cdot \|y\| = (\|x\| + \|y\|)^2.$$

因此 $\|\cdot\|$ 是 X 上的范数. □

若 $\|x\| = \sqrt{\langle x, x \rangle}$, 则称 $\|\cdot\|$ 为由内积所诱导的范数. 因此内积空间 $(X, \langle \cdot, \cdot \rangle)$ 也是赋范空间和度量空间, 若其完备, 称之为完备的内积空间, 也称为 **Hilbert 空间**.

可以证明, $\mathbb{R}^n$ 和 l^2 均是 Hilbert 空间, 但 $C[a, b]$ 内积定义如例 18.2.5(3) 时不是完备的. 证明留作习题.

习题 18.2

A1. 设 $p \geqslant 1$, 在 $\mathbb{R}^n$ 中定义:

$$\| x \|_p = \left(\sum_{i=1}^{n} |x_i|^p \right)^{\frac{1}{p}}, x = (x_1, x_2, \cdots, x_n) \in \mathbb{R}^n,$$

证明: $(\mathbb{R}^n, \|\cdot\|_p)$ 是完备的赋范空间.

A2. 证明: $(l^\infty, \|\cdot\|_\infty)$ 是 Banach 空间.

B3. 证明: $(l^p, \|\cdot\|_p)$ 是 Banach 空间 $(p \geqslant 1)$.

A4. 证明: $C[a, b]$ 是 Banach 空间.

A5. 设 $f_0 \in C[0, a](a > 0), f_n(x) = \int_0^x f_{n-1}(s)\mathrm{d}s, x \in [0, a]$, 证明: $\sum_{n=0}^{\infty} f_n(x)$ 在 $C[0, a]$ 中收敛.

A6. 设 X 是内积空间, $x, y \in X, y \neq \theta$. 证明: 存在非负实数 λ 使得 $x = \lambda y \Longleftrightarrow \|x + y\| = \|x\| + \|y\|$.

A7. (勾股定理 (pythagoras theorem)) 设 X 是内积空间, 证明: $x \perp y \Longleftrightarrow \|x + y\|^2 = \|x\|^2 + \|y\|^2$.

A8. 设 X 是内积空间, 证明: $x \perp y \Longleftrightarrow \|x + \lambda y\| = \|x - \lambda y\|$ 对任意 $\lambda \in \mathbb{R}$ 成立.

A9. 设 X 是内积空间, 证明: $x \perp y \Longleftrightarrow \|x + \lambda y\| \geqslant \|x\|$ 对任意 $\lambda \in \mathbb{R}$ 成立.

A10. 设 $x_1, \cdots, x_n$ 是内积空间 X 中的两两正交的全不为零的向量组, 证明: $x_1, \cdots, x_n$ 线性无关.

A11. 证明: l^2 是 Hilbert 空间.

B12. 证明: $C[a, b]$ 上的内积定义如例 18.2.5(3), 则 $C[a, b]$ 是内积空间, 但不完备.

C13. (复内积空间 (complex inner product space)) 将实线性空间定义中的实数域换成复数域, 就可以定义复线性空间 (complex linear space), 进而定义复的赋范空间和复的内积空间. 下面给出复内积空间的定义.

设 X 是复数域 $\mathbb{C}$ 上的线性空间, 二元函数 $\langle \cdot, \cdot \rangle : X \times X \longrightarrow \mathbb{C}$ 满足以下性质:

(a) (严格正性) $\langle x, x \rangle \geqslant 0$ 对任意 $x \in X$ 成立, 且 $\langle x, x \rangle = 0 \Longleftrightarrow x = \theta$,

(b) (共轭对称性) $\langle x, y \rangle = \overline{\langle y, x \rangle}$ 对任意 $x, y \in X$ 成立,

(c) (对首元的线性性)　$\langle \lambda x + \mu y, z \rangle = \lambda \langle x, z \rangle + \mu \langle y, z \rangle$ 对任意 $x, y, z \in X, \lambda, \mu \in \mathbb{C}$ 成立, 则称 $\langle \cdot, \cdot \rangle$ 是 X 上的内积, 称 $(X, \langle \cdot, \cdot \rangle)$ 是复内积空间.

(1) 在 $\mathbb{C}^n$ 上定义 $\langle x, y \rangle = \sum\limits_{i=1}^{n} x_i \overline{y_i}, x = (x_1, \cdots, x_n), y = (y_1, \cdots, y_n) \in \mathbb{C}^n$, 证明: $\mathbb{C}^n$ 是复内积空间;

(2) 在复线性空间 $l^2 = \{(x_1, \cdots, x_n, \cdots) : \sum\limits_{i=1}^{\infty} |x_i|^2 < +\infty, x_i \in \mathbb{C}\}$ 上定义 $\langle x, y \rangle = \sum\limits_{i=1}^{+\infty} x_i \overline{y_i}, x = (x_1, \cdots, x_n, \cdots), y = (y_1, \cdots, y_n, \cdots) \in l^2$, 证明: l^2 是复内积空间;

(3) 证明: 复内积空间中内积对第二个变元满足共轭线性性, 即对任意 $x, y, z \in X, \lambda, \mu \in K$, 有 $\langle x, \lambda y + \mu z \rangle = \overline{\lambda} \langle x, y \rangle + \overline{\mu} \langle x, z \rangle$;

(4) 问: 复内积空间中勾股定理是否成立? 即 $x \perp y \Leftrightarrow \|x + y\|^2 = \|x\|^2 + \|y\|^2$?

(5) 设 X 是复内积空间, 证明: $x \perp y \Leftrightarrow \|x + \lambda y\| = \|x - \lambda y\|$ 对任意 $\lambda \in \mathbb{C}$ 成立;

(6) 设 X 是复内积空间, 证明: $x \perp y \Leftrightarrow \|x + \lambda y\| \geqslant \|x\|$ 对任意 $\lambda \in \mathbb{C}$ 成立.

§18.3　赋范空间上的有界线性算子

§18.3.1　线性空间上的线性算子

定义 18.3.1　设 X, Y 是线性空间, $A : X \to Y$, 满足: 对任意的 $x_1, x_2 \in X, \lambda_1, \lambda_2 \in \mathbb{R}$, 有 $A(\lambda_1 x_1 + \lambda_2 x_2) = \lambda_1 A x_1 + \lambda_2 A x_2$, 则称映射 A 为由 X 到 Y 的**线性算子** (linear operator). 由 X 到 Y 的所有线性算子的全体记为 $L(X, Y)$, $L(X, X)$ 简记为 $L(X)$.

例 18.3.1　(1) 设 A 是 $m \times n$ 实矩阵, 则 $A : \mathbb{R}^n \to \mathbb{R}^m$, 由矩阵的线性性知, $A \in L(\mathbb{R}^n, \mathbb{R}^m)$;

(2) 设 $A : C[a, b] \to C[a, b]$ 定义为 $(Af)(x) = \int_a^x f(t)\mathrm{d}t, x \in [a, b]$, 则由积分的线性性知, $A \in L(C[a, b])$, 称为 $C[a, b]$ 上的积分算子;

(3) 设 $C^1[a, b]$ 是 $[a, b]$ 上连续可微实函数全体组成的线性空间, 定义 $(Df)(x) = f'(x), x \in [a, b]$, 则由导数的线性性知, $D \in L(C^1[a, b], C[a, b])$, 称为微分算子.

例 18.3.2　设 X, Y 分别是 n, m 维的线性空间, $A \in L(X, Y)$. 再设 X, Y 的基分别为 $e_1, \cdots, e_n; \delta_1, \cdots \delta_m$. 对于 $i = 1, \cdots, n, Ae_i \in Y$, 则 Ae_i 可以表示为 $\delta_1, \cdots, \delta_m$ 的线性组合, 记为

$$Ae_i = \sum_{j=1}^{m} a_{ij} \delta_j.$$

对任意 $x \in X, x = \sum\limits_{i=1}^{n} x_i e_i$, 记 $\hat{x} \doteq (x_1, \cdots, x_n)^{\mathrm{T}}$, 从而 $\hat{x} \in \mathbb{R}^n$ 是 x 关于基 $e_1, \cdots, e_n$ 的坐标. 因为 $A \in L(X, Y)$, 则

$$Ax = A \sum_{i=1}^{n} x_i e_i = \sum_{i=1}^{n} x_i A e_i = \sum_{i=1}^{n} x_i \left(\sum_{j=1}^{m} a_{ij} \delta_j \right)$$

$$= \sum_{j=1}^{m} \left(\sum_{i=1}^{n} a_{ij} x_i \right) \delta_j \doteq \sum_{j=1}^{m} y_j \delta_j,$$

从而 $\hat{y} \doteq (y_1, \cdots, y_m)^{\mathrm{T}} \in \mathbb{R}^m$ 是 Ax 关于基 $\delta_1, \cdots, \delta_m$ 的坐标. 因此 $\hat{y} = \hat{A} \hat{x}$, 其中 $\hat{A} = (a_{ij})_{m \times n}$ 是 $m \times n$ 实矩阵, 即从 n 维空间 X 到 m 维空间 Y 的线性算子 A, 其原像与像关于各自基的坐标 $\hat{x}$ 和 $\hat{y}$ 的关系可以用 $m \times n$ 阶实矩阵 $\hat{A}$ 来表示.

若 $A_1, A_2 \in L(X,Y), c_1, c_2 \in \mathbb{R}$, 在 $L(X,Y)$ 上定义线性运算:

$$(c_1 A_1 + c_2 A_2)x = c_1 A_1 x + c_2 A_2 x, \ x \in X,$$

则容易验证 $c_1 A_1 + c_2 A_2 \in L(X,Y)$, 即 $L(X,Y)$ 也是线性空间.

设 $A \in L(X,Y)$, 如果 A 既是单射又是满射, 则 A 是可逆映射, 这时 $A^{-1} : Y \to X$ 也是线性的, 即 $A^{-1} \in L(Y,X)$, 且 $A^{-1}Ax = x, AA^{-1}y = y$, 对任意的 $x \in X, y \in Y$ 成立, 即

$$A^{-1}A = I_X, \quad AA^{-1} = I_Y,$$

其中 I_X, I_Y 分别是 X,Y 上的恒等算子 (identity operator)(或称单位算子). 后面我们将 I_X, I_Y 简记为 I.

§18.3.2 赋范空间上的有界线性算子

定义 18.3.2 设 $(X, \|\cdot\|_X), (Y, \|\cdot\|_Y)$ 是赋范空间, 线性算子 $A : X \to Y$ 满足: 存在 $M \geqslant 0$, 使得对任意的 $x \in X$, 有 $\|Ax\|_Y \leqslant M\|x\|_X$ 成立, 则称 A 为由 X 到 Y 的**有界线性算子** (bounded linear operator). 由 X 到 Y 的所有有界线性算子的全体记为 $B(X,Y)$, $B(X,X)$ 简记为 $B(X)$.

为了简明起见, 下面把 $\|\cdot\|_X, \|\cdot\|_Y$ 均记为 $\|\cdot\|$.

例 18.3.3 (1) 设 $A = (a_{ij})_{m \times n}$ 是 $m \times n$ 阶实矩阵, 则

$$\|Ax\|^2 = \sum_{i=1}^{n} \left(\sum_{j=1}^{m} a_{ij} x_j \right)^2 \leqslant \sum_{i=1}^{n} \left(\sum_{j=1}^{m} a_{ij}^2 \right) \left(\sum_{j=1}^{m} x_j^2 \right) = \left(\sum_{i=1}^{n} \sum_{j=1}^{m} a_{ij}^2 \right) \|x\|^2,$$

对任意 $x = (x_1, \cdots, x_m)^{\mathrm{T}} \in \mathbb{R}^m$ 成立, 因此 A 有界, 则 $B(\mathbb{R}^n, \mathbb{R}^m) = L(\mathbb{R}^n, \mathbb{R}^m)$.

(2) 例 18.3.1(2) 中的积分算子 A 有界, 因为

$$|(Af)(x)| \leqslant \int_a^x |f(t)|\mathrm{d}t \leqslant (x-a)\|f\|, \quad x \in [a,b], f \in C[a,b],$$

所以 $\|Af\| \leqslant (b-a)\|f\|, f \in C[a,b]$, 即 $A \in B(C[a,b])$.

(3) 若将 $C^1[0,1]$ 上范数定义为 $C[0,1]$ 上的范数, 则例 18.3.1(3) 中的微分算子 D 无界, 因为对 $f_n(x) = \sin(n\pi x)$, 有 $\|f_n\| = 1$, 但 $\|Df_n\| = n\pi$.

但是, 若取 $C^1[0,1]$ 上范数为

$$\|f\|_1 = \max\{|f(x)| : x \in [0,1]\} + \max\{|f'(x)| : x \in [0,1]\},$$

则 $\|Df\| = \max\{|f'(x)| : x \in [0,1]\} \leqslant \|f\|_1$, 这时 $D \in B(C^1[0,1], C[0,1])$. 因此线性算子是否有界和像空间及原像空间的范数有关.

利用有界线性算子, 可以得到极限和积分顺序交换定理的一个新的证明.

例 18.3.4 定义 $C[a,b]$ 上的积分算子 $Tf = \int_a^b f(t)\mathrm{d}t$, 则

$$|Tf| \leqslant \int_a^b |f(t)|\mathrm{d}t \leqslant (b-a)\|f\|,$$

即 $T \in B(C[a,b], \mathbb{R})$.

对任意的 f_n 一致收敛于 f, 则有 $\|f_n - f\| \to 0$, 从而 $|Tf_n - Tf| \to 0$, 即

$$\lim_{n \to \infty} \int_a^b f_n(t)\mathrm{d}t = \int_a^b f(t)\mathrm{d}t.$$

定义 18.3.3　设 X, Y 是赋范空间, 若 $A \in B(X, Y)$, 定义

$$\|A\| = \sup\{\|Ax\| : \|x\| \leqslant 1\},$$

称之为算子 $A \in B(X, Y)$ 的算子范数 (norm of operator), 简称范数.

定理 18.3.1　(1) 若 $A \in B(X, Y)$, $c \in \mathbb{R}$, 则 $\|Ax\| \leqslant \|A\| \cdot \|x\|$, $\|cA\| = |c| \cdot \|A\|$;

(2) 若 $A_1, A_2 \in B(X, Y)$, 则 $A_1 + A_2 \in B(X, Y)$, 且 $\|A_1 + A_2\| \leqslant \|A_1\| + \|A_2\|$;

(3) 若 $A_1 \in B(X, Y), A_2 \in B(Y, Z)$, 则 $A_2 A_1 \in B(X, Z)$, 且 $\|A_2 A_1\| \leqslant \|A_1\| \cdot \|A_2\|$.

证明　(1) 若 $x = \theta$, 则 $\|Ax\| \leqslant \|A\|\|x\|$ 显然成立. 若 $x \neq \theta$, 则

$$\|Ax\| = \left\|A\frac{x}{\|x\|}\right\| \cdot \|x\| \leqslant \|A\| \cdot \|x\|.$$

$$\|cA\| = \sup\{\|cAx\| : \|x\| \leqslant 1\} = |c| \sup\{\|Ax\| : \|x\| \leqslant 1\} = |c| \cdot \|A\|.$$

(2) 容易验证: $A_1 + A_2 \in L(X, Y)$. 又对任意 $x \in X$,

$$\|(A_1 + A_2)x\| = \|A_1 x + A_2 x\| \leqslant \|A_1 x\| + \|A_2 x\| \leqslant (\|A_1\| + \|A_2\|)\|x\|,$$

因此 $A_1 + A_2 \in B(X, Y)$, 且 $\|A_1 + A_2\| \leqslant \|A_1\| + \|A_2\|$.

(3) 容易验证: $A_2 A_1 \in L(X, Z)$. 又对任意 $x \in X$,

$$\|A_2 A_1 x\| \leqslant \|A_2\| \cdot \|A_1 x\| \leqslant \|A_2\| \cdot \|A_1\| \cdot \|x\|,$$

因此 $A_2 A_1 \in B(X, Z)$, 且 $\|A_2 A_1\| \leqslant \|A_1\| \cdot \|A_2\|$.　□

注意到: $A = \theta \Leftrightarrow Ax = \theta$ 对任意 $x \in X$ 成立 $\Leftrightarrow Ax = \theta$ 对任意 $\|x\| \leqslant 1$ 成立 $\Leftrightarrow \|A\| = 0$, 则由上面定理知, $(B(X, Y), \|\cdot\|)$ 是赋范空间.

定理 18.3.2　若 Y 完备, 则 $B(X, Y)$ 是 Banach 空间.

证明　设 $\{A_n\} \subset B(X, Y)$ 是 Cauchy 列, 那么对任意 $\varepsilon > 0$, 存在正整数 N, 使得当 $n, m > N$ 时, 有 $\|A_n - A_m\| < \varepsilon$ 成立. 因此, 对任意 $x \in X$, 当 $n, m > N$ 时, 有

$$\|A_n x - A_m x\| \leqslant \varepsilon \|x\|, \tag{18.3.1}$$

则 $\{A_n x\} \subset Y$ 是 Cauchy 列, 由 Y 的完备性知, $\{A_n x\} \subset Y$ 收敛. 设

$$Ax = \lim_{n \to \infty} A_n x, \ x \in X.$$

因为, 对任意的 $x, y \in X, \alpha, \beta \in \mathbb{R}$, 有

$$A(\alpha x + \beta y) = \lim_{n \to \infty} A_n(\alpha x + \beta y) = \alpha \lim_{n \to \infty} A_n x + \beta \lim_{n \to \infty} A_n y = \alpha Ax + \beta Ay.$$

即 $A : X \to Y$ 是线性算子.

在式 (18.3.1) 中令 $m \to \infty$, 则

$$\|A_n x - Ax\| \leqslant \varepsilon \|x\|, \ x \in X,$$

故

$$\|Ax\| \leqslant \|A_n x\| + \varepsilon \|x\| \leqslant (\|A_n\| + \varepsilon)\|x\|, \ x \in X,$$

从而 $A \in B(X, Y)$, 且 $\|A_n - A\| \leqslant \varepsilon$, 则 $A_n \to A$. 因此 $B(X, Y)$ 是 Banach 空间.　□

定理 18.3.3 设 X 是 Banach 空间, 记 Ω 为 $B(X)$ 中可逆线性算子的全体.

(1) 若 $A \in \Omega$, 且 $B \in B(X)$ 满足 $\|B - A\| \cdot \|A^{-1}\| < 1$, 则 $B \in \Omega$;

(2) Ω 是 $B(X)$ 中的开集;

(3) 令 $T(A) = A^{-1}$, 则映射 $T : \Omega \mapsto \Omega$ 连续.

证明 (1) 记 $D = A^{-1}(A - B)$, 则 $\|D\| \leqslant \|A^{-1}\| \cdot \|A - B\| < 1$, 又

$$B = A(I - A^{-1}(A - B)) = A(I - D),$$

因为 A 可逆, 要证明 B 可逆, 只需证明 $I - D$ 可逆即可.

$$(I + D + \cdots + D^n)(I - D) = (I - D)(I + D + \cdots + D^n) = I - D^{n+1}. \tag{18.3.2}$$

因为 $\|D\| < 1$, 则 $\sum_{n=0}^{\infty} D^n$ 绝对收敛. 又因为 X 是 Banach 空间, 则 $B(X)$ 完备, 从而 $\sum_{n=0}^{\infty} D^n$ 收敛, 且

$$\left\| \sum_{n=0}^{\infty} D^n \right\| \leqslant \frac{1}{1 - \|D\|}.$$

在式 (18.3.2) 两边令 $n \to \infty$, 由 $I - D$ 有界得

$$\sum_{n=0}^{\infty} D^n(I - D) = (I - D) \sum_{n=0}^{\infty} D^n = I. \tag{18.3.3}$$

因此 $I - D$ 可逆, 且

$$(I - D)^{-1} = \sum_{n=0}^{\infty} D^n, \quad B^{-1} = A^{-1} \sum_{n=0}^{\infty} D^n.$$

因此

$$\|B^{-1}\| \leqslant \frac{\|A^{-1}\|}{1 - \|D\|} \leqslant \frac{\|A^{-1}\|}{1 - \|A^{-1}\| \cdot \|B - A\|}.$$

(2) 由 (1) 的结论直接可得.

(3) 对任意 $A \in \Omega$, 若 $A_n \in \Omega$, 且 $A_n - A \to 0$. 不妨假设 $\|A_n - A\| < \frac{1}{\|A\|}$, 则由 (1) 知,

$$\|A_n^{-1}\| \leqslant \frac{\|A^{-1}\|}{1 - \|A^{-1}\| \cdot \|A_n - A\|}.$$

因为

$$A_n^{-1} - A^{-1} = A_n^{-1}(A - A_n)A^{-1},$$

则

$$\|A_n^{-1} - A^{-1}\| \leqslant \frac{\|A^{-1}\|^2 \|A_n - A\|}{1 - \|A^{-1}\| \cdot \|A_n - A\|}.$$

在上式中, 当 $\|A_n - A\| \to 0$ 时, 有 $\|A_n^{-1} - A^{-1}\| \to 0$, 即

$$\|T(A_n) - T(A)\| \to 0.$$

因此映射 $T : \Omega \mapsto \Omega$ 连续. 结论成立. $\square$

§18.3.3　有限维空间上的线性算子

我们知道映射可逆的定义是映射为双射, 即既是单射又是满射, 但对于线性算子, 特别是有限维空间上的线性算子, 我们有更好的结论.

定理 18.3.4　设 X, Y 是线性空间, $A \in L(X, Y)$, 则 A 是单射的充要条件是 $A^{-1}(\{\theta\}) = \{\theta\}$.

定理 18.3.5　设 X, Y 是维数相同的有限维线性空间, $A \in L(X, Y)$, 则 A 是单射的充要条件是 A 是满射.

证明　设 $\dim X = \dim Y = n$, $e_1, e_2, \cdots, e_n$ 是 X 的一组基, 因为 A 是线性算子, 则 A 是满射当且仅当 $Ae_1, Ae_2, \cdots, Ae_n$ 张成空间 Y. 又因为 Y 也是 n 维线性空间, 则 A 是满射当且仅当 $Ae_1, Ae_2, \cdots, Ae_n$ 线性无关.

若 A 是单射, 且 $\sum_{i=1}^{n} c_i Ae_i = \theta$, 则

$$A \sum_{i=1}^{n} c_i e_i = \theta = A\theta,$$

因此 $\sum_{i=1}^{n} c_i e_i = \theta$, 又 $e_1, e_2, \cdots, e_n$ 线性无关, 则

$$c_1 = c_2 = \cdots = c_n = 0,$$

即 $Ae_1, Ae_2, \cdots, Ae_n$ 线性无关.

反之, 若 $Ae_1, Ae_2, \cdots, Ae_n$ 线性无关, $Ax = \theta$, 则存在常数 $c_1, c_2, \cdots, c_n \in \mathbb{R}$, 使得 $x = \sum_{i=1}^{n} c_i e_i$, 则

$$\sum_{i=1}^{n} c_i Ae_i = Ax = \theta,$$

由 $Ae_1, Ae_2, \cdots, Ae_n$ 线性无关性知, $c_1 = c_2 = \cdots = c_n = 0$, 即 $x = \theta$, 因此 A 是单射. □

§18.3.4　$\mathbb{R}^n$ 上的线性算子

设 $A \in L(\mathbb{R}^n, \mathbb{R}^m)$, 则由例 18.3.2知, 在 $\mathbb{R}^n, \mathbb{R}^m$ 的基确定的情况下, 算子 A 可以用 $m \times n$ 矩阵唯一表示. 特别地, 如果 $\mathbb{R}^n, \mathbb{R}^m$ 基取其自然基 (即基分别为 $e_1, \cdots, e_n$ 和 $u_1, \cdots, u_m$, 其中 e_i, u_i 分别为第 i 个分量为 1, 其余分量为零的 n, m 维向量), 算子 A 就是 $m \times n$ 矩阵. 在以下章节中, 如无其他说明, 都默认为 Euclid 空间取其自然基, 范数为 Euclid 范数.

例 18.3.5　设 $A = (a_{ij})_{n \times n}$ 是实对称阵, 则 $A \in B(\mathbb{R}^n)$, 且

$$\|A\| = \max_{1 \leqslant i \leqslant n} |\lambda_i|,$$

其中 $\lambda_1, \lambda_2, \cdots, \lambda_n$ 是矩阵 A 的 n 个 (实) 特征值.

证明　因为 A 是实对称阵, 则存在正交矩阵 Q, 使得

$$Q^{\mathrm{T}} A Q = \mathrm{diag}(\lambda_1, \lambda_2, \cdots, \lambda_n).$$

因此

$$Q^{\mathrm{T}} A^2 Q = \mathrm{diag}(\lambda_1^2, \lambda_2^2, \cdots, \lambda_n^2).$$

因为 Q 是正交矩阵, 则对任意的 $x = (x_1, \cdots, x_n)^{\mathrm{T}} \in \mathbb{R}^n$,

$$\|Qx\|^2 = \|x\|^2 = \sum_{i=1}^{n} x_i^2.$$

令 $x = Qy, y = (y_1, \cdots, y_n)^{\mathrm{T}} \in \mathbb{R}^n$, 则

$$\|AQy\|^2 = \langle AQy, AQy \rangle = y^{\mathrm{T}} Q^{\mathrm{T}} A^2 Q y = \sum_{i=1}^{n} \lambda_i^2 y_i^2,$$

且 $\|x\| = \|y\|$, 则

$$\|Ax\|^2 = \sum_{i=1}^{n} \lambda_i^2 y_i^2 \leqslant \max_{1 \leqslant i \leqslant n} \lambda_i^2 \|y\|^2 = \max_{1 \leqslant i \leqslant n} \lambda_i^2 \|x\|^2.$$

从而 A 有界, 且

$$\|A\|^2 = \sup_{\|x\| \leqslant 1} \|Ax\|^2 = \sup_{\|y\| \leqslant 1} \sum_{i=1}^{n} \lambda_i^2 y_i^2 = \max_{1 \leqslant i \leqslant n} \lambda_i^2.$$

因此 $\|A\| = \max_{1 \leqslant i \leqslant n} |\lambda_i|$. $\qquad\square$

由例 18.3.3(1) 知, 若 $A = (a_{ij})_{m \times n} \in L(\mathbb{R}^n, \mathbb{R}^m)$, 则 A 一定有界, 且

$$\|A\| \leqslant \sqrt{\sum_{i,j=1}^{m,n} a_{ij}^2}.$$

因此 $L(\mathbb{R}^n, \mathbb{R}^m) = B(\mathbb{R}^n, \mathbb{R}^m)$ 是 $m \times n$ 维的 Banach 空间.

从例 18.3.5可以看到, 一般情况下, $\|A\| \neq \sqrt{\sum_{i,j=1}^{m,n} a_{ij}^2}$. 事实上可以证明:

$$\|A\| = \max_{1 \leqslant i \leqslant n} \sqrt{|\mu_i|},$$

其中 $\mu_1, \mu_2, \cdots, \mu_n$ 是矩阵 $A^{\mathrm{T}} A$ 的 n 个 (实) 特征值.

下面对二次型给出其值的最优估计.

例 18.3.6 设 $A = (a_{ij})_{n \times n}$ 是实对称阵, 则

$$m\|x\|^2 \leqslant x^{\mathrm{T}} A x \leqslant M\|x\|^2, \quad x \in \mathbb{R}^n.$$

其中 m, M 是分别是矩阵 A 的 n 个特征值 $\lambda_1, \lambda_2, \cdots, \lambda_n$ 的最小值和最大值.

证明 当 $x = \theta$ 时, 结论显然成立. 对 $x \neq \theta$, 只要证明对 $\|x\| = 1$ 成立即可.

因为 A 是实对称阵, 则存在正交矩阵 Q, 使得

$$Q^{\mathrm{T}} A Q = \mathrm{diag}(\lambda_1, \lambda_2, \cdots, \lambda_n).$$

因为 Q 是正交矩阵, 则对任意的 $x = (x_1, \cdots, x_n)^{\mathrm{T}} \in \mathbb{R}^n$,

$$\|Q^{\mathrm{T}} x\|^2 = \|x\|^2 = \sum_{i=1}^{n} x_i^2.$$

令 $x = Qy, y = (y_1, \cdots, y_n)^{\mathrm{T}} \in \mathbb{R}^n$, 则

$$x^{\mathrm{T}}Ax = y^{\mathrm{T}}Q^{\mathrm{T}}AQy = \sum_{i=1}^{n} \lambda_i y_i^2.$$

因此

$$\max\{x^{\mathrm{T}}Ax : \|x\| = 1\} = \max\left\{\sum_{i=1}^{n} \lambda_i y_i^2 : \|y\|^2 = \sum_{i=1}^{n} y_i^2 = 1\right\} = M,$$

$$\min\{x^{\mathrm{T}}Ax : \|x\| = 1\} = \min\left\{\sum_{i=1}^{n} \lambda_i y_i^2 : \|y\|^2 = \sum_{i=1}^{n} y_i^2 = 1\right\} = m.$$

故不等式成立.   □

由证明知, 上面的二次型的值的估计为最佳估计式, 即存在非零向量 x_1, x_2 使得

$$x_1^{\mathrm{T}}Ax_1 = m\|x_1\|^2, \quad x_2^{\mathrm{T}}Ax_2 = M\|x_2\|^2.$$

对于 $A \in L(\mathbb{R}^n)$, 由定理 18.3.5知, A 可逆的充要条件是 A 是单射或满射. 若 $A \in L(\mathbb{R}^n)$ 是可逆映射, 则其逆 $A^{-1} \in L(\mathbb{R}^n)$ 也是线性的, 且

$$A^{-1}A = AA^{-1} = I,$$

其中 I 是 $\mathbb{R}^n$ 上的恒等算子 (即 n 阶单位矩阵). 因此线性算子 $A \in L(\mathbb{R}^n)$ 是可逆映射充要条件是 n 阶矩阵 A 可逆, 且逆算子就是逆矩阵. 因此有下面结论成立.

定理 18.3.6 线性算子 $A \in L(\mathbb{R}^n)$ 是可逆映射 $\Longleftrightarrow$ n 阶矩阵 A 可逆 $\Longleftrightarrow$ $\det A \neq 0$.

习题 18.3

A1. 设核空间 $\mathrm{Ker}(A) = \{x \in X : Ax = \theta\}$, 其中 A 是线性空间 X 到 Y 的线性算子, 证明:

(1) $\mathrm{Ker}(A)$ 是 X 的线性子空间;

(2) A 是单射的充要条件是 $\mathrm{Ker}(A)$ 是零空间.

A2. 设 $A = \begin{pmatrix} 1 & 2 \\ 3 & 4 \end{pmatrix}$, 定义实平面上的范数: $\|(x,y)\|_1 = |x| + |y|, \|(x,y)\|_\infty = \max\{|x|, |y|\}$, 求 A: $(\mathbb{R}^2, \|\cdot\|_p) \to (\mathbb{R}^2, \|\cdot\|_q)$ 的算子范数:

(1) $p = q = 1$; (2) $p = 1, q = \infty$; (3) $p = \infty, q = 1$; (4) $p = q = \infty$.

A3. 设左移位算子 $A_n(x_1, x_2, x_3, \cdots) = (x_{n+1}, x_{n+2}, x_{n+3}, \cdots)$, $(x_1, x_2, \cdots, x_n, \cdots) \in l^2$, 证明: $A_n \in B(l^2)$, 且求其范数.

A4. 设右移位算子 $A(x_1, x_2, x_3, \cdots) = (0, x_1, x_2, x_3, \cdots)$, $(x_1, x_2, \cdots, x_n, \cdots) \in l^1$, 证明: $A \in B(l^1)$, 并求其范数.

A5. 设 X, Y 是赋范空间, $A \in L(X, Y)$, 证明以下等价:

(1) A 有界;

(2) A 把 X 中的任意有界集映为 Y 中的有界集;

(3) A 把 X 中闭单位球 $\overline{B(\theta, 1)}$ 映为 Y 中的有界集;

(4) A 把 X 中 (开) 单位球 $B(\theta, 1)$ 映为 Y 中的有界集;

(5) A 把 X 中闭单位球面 $S(\theta, 1)$ 映为 Y 中的有界集.

A6. 设 X, Y 是赋范空间, $A \in B(X, Y)$, 证明: $\mathrm{Ker}(A)$ 是 X 的闭子空间.

A7. 设 X 是赋范空间, $A \in B(X)$, A^n 是 A 的 n 次复合的映射, 则 $A^n \in B(X)$, 且 $\|A^n\| \leqslant \|A\|^n$.

B8. 设 X 是 Banach 空间, $A \in B(X), \|A\| < 1$, 证明: $I - A$ 可逆, 且

$$(I - A)^{-1} \in B(X), \|(I-A)^{-1}\| \leqslant \frac{1}{1 - \|A\|}.$$

B9. 设 $A \in L(\mathbb{R}^n, \mathbb{R}^m)$, 证明:
$$\|A\| = \max_{1 \leqslant i \leqslant n} \sqrt{|\lambda_i|},$$
其中 $\lambda_1, \lambda_2, \cdots, \lambda_n$ 是矩阵 $A^{\mathrm{T}}A$ 的 n 个特征值.

C10. (线性泛函 (linear functional) 与共轭空间 (dual space)) 设 X 是赋范空间, 称线性函数 $f : X \to \mathbb{R}$ 为 X 上的线性泛函, 若 f(作为特殊的线性算子) 是有界的, 则称之为有界线性泛函, X 上有界线性泛函的全体即为 $B(X, \mathbb{R})$, 称之为 X 的共轭空间, 记为 X^*.

(1) 讨论 X^* 的完备性.

(2) 若 $f \in (\mathbb{R}^n)^*$, 证明: 存在唯一 $b \in \mathbb{R}^n$, 使得 $f(x) = \langle x, b \rangle$, 且 $\|f\| = \|b\|$.

(3) 若 $f \in (l^2)^*$, 证明: 存在唯一 $b \in l^2$, 使得 $f(x) = \langle x, b \rangle$, 且 $\|f\| = \|b\|$.

第 19 章　度量空间上的连续映射

§19.1　度量空间上的连续映射与 Banach 压缩映像原理

§19.1.1　度量空间上的连续映射

在第 3 章和第 10 章, 我们学习了一元函数和多元函数的极限和连续性, 讨论了其若干性质, 本节中我们将研究度量空间中的映射的极限 (limit of mapping) 和连续性, 以及连续映射的性质等.

定义 19.1.1　设 $(X,d),(Y,\rho)$ 是度量空间, $a \in X$, $A \subset X$, 映射 $f : A\backslash\{a\} \to Y$. 若存在 $b \in Y$, 满足: 对任何 $\varepsilon > 0$, 存在 $\delta > 0$, 使得当 $0 < d(x,a) < \delta$ 且 $x \in A$ 时, $\rho(f(x),b) < \varepsilon$, 则称映射 f 在点 a 处有极限 (或称 f 在点 a 处**收敛** (convergence)), 称 b 为 f 在 a 点的**极限** (limit), 记为 $\lim\limits_{x \to a} f(x) = b$, 或 $f(x) \to b \ (x \to a)$.

与函数的极限一样, 我们可以研究映射极限的性质, 如极限的唯一性、局部有界性等, 其结论和证明留作习题.

与 $\mathbb{R}$ 上的一元函数极限的归结原则 (Heine 定理) 类似, 我们可以得到以下结论.

定理 19.1.1　设 $(X,d),(Y,\rho)$ 是度量空间, $a \in X$, $A \subset X$, 映射 $f : A\backslash\{a\} \to Y$, 则

(1) f 在点 a 处以 b 为极限的充要条件是: 对于 A 中任意收敛于 a 的点列 $\{x_n\} \subset A\backslash \{a\}$ 有 $f(x_n) \to b$.

(2) f 在点 a 处有极限的充要条件是: 对于 A 中任意收敛于 a 的点列 $\{x_n\} \subset A\backslash \{a\}$ 有 $\{f(x_n)\}$ 收敛.

证明　(1) **必要性**　对任意的 $\{x_n\} \subset A\backslash \{a\}$ 收敛于 a, 因为 f 在点 a 处收敛于 b, 则对于任给的 $\varepsilon > 0$, 存在 $\delta > 0$, 使得当 $0 < d(x,a) < \delta$ 且 $x \in A$ 时, $\rho(f(x),b) < \varepsilon$.

对上述 $\delta > 0$, 存在正整数 N, 使得当 $n > N$ 时, 有 $0 < d(x_n,a) < \delta$, 从而 $\rho(f(a_n),b) < \varepsilon$, 因此 $\lim\limits_{n \to \infty} f(a_n) = b$.

充分性　用反证法. 假设 $x \to a$ 时, $f(x)$ 不以 b 为极限. 于是, 存在 $\varepsilon_0 > 0$, 对任意 $\delta > 0$, 存在相应的 $x \in B(a,\delta) \cap (A\backslash \{a\})$, 使得 $\rho(f(x),b) \geqslant \varepsilon_0$.

则对于 $\delta = \dfrac{1}{n}$, 存在

$$x_n \in B\left(a, \frac{1}{n}\right) \cap (A\backslash \{a\}), \quad n = 1, 2, \cdots$$

使得 $\rho(f(x_n),b) \geqslant \varepsilon_0$. 显然, 点列 $\{x_n\}$ 收敛于 a, 且 $\{x_n\} \subset A\backslash \{a\}$ 但点列 $\{f(x_n)\}$ 不收敛于 b, 矛盾.

(2) 我们只需证明: 如果对于 A 中任意收敛于 a 的点列 $\{x_n\} \subset A\backslash \{a\}$, 点列 $\{f(x_n)\}$ 收敛, 则所有这些极限一定相同.

否则, 假设有 A 中收敛于 a 的点列 $\{x_n'\}, \{x_n''\} \subset A \setminus \{a\}$ 使得 $f(x_n') \to b', f(x_n'') \to b''$, 且 $b' \neq b''$, 则点列

$$\{x_n\} \doteq \{x_1', x_1'', x_2', x_2'', x_3', x_3'', \cdots\}$$

收敛于 a, 但 $\{f(x_n)\}$ 不收敛, 矛盾. □

定义 19.1.2 设 $(X,d),(Y,\rho)$ 是度量空间, $a \in A \subset X$, 映射 $f : A \to Y$ 满足 $\lim\limits_{x \to a} f(x) = f(a)$, 即对任何 $\varepsilon > 0$, 存在 $\delta > 0$, 使得当 $d(x,a) < \delta$ 且 $x \in A$ 时, $\rho(f(x), f(a)) < \varepsilon$, 则称映射 f 在点 a 处是**连续**的; 若 f 在 A 中每一点都连续, 则称 f 在 A 上连续.

显然, 如果 a 是 A 的孤立点, 则定义在 A 上的任一映射 f 在点 a 处总是连续的. 故定义域为离散度量空间的映射总连续.

由前面的归结原则, 我们立即可以得到以下结论.

定理 19.1.2 设 $(X,d),(Y,\rho)$ 是度量空间, $a \in A \subset X$, 映射 $f : A \to Y$, 则 f 在点 a 处是连续的充要条件是: 对于 A 中任意收敛于 a 的点列 $\{x_n\}$ 有 $\{f(x_n)\}$ 收敛于 $f(a)$.

在第 10 章中, 我们证明了 $\mathbb{R}^n$ 上的多元向量值函数连续当且仅当其开 (闭) 集的原像是开 (闭) 集. 下面证明此结论在一般的度量空间中也成立, 事实上, 这正是一般拓扑空间中连续映射 (continuous mapping) 的定义.

定理 19.1.3 设 $(X,d),(Y,\rho)$ 是度量空间, $a \in A \subset X$, 映射 $f : A \to Y$, 则

(1) 映射 f 在点 a 处连续的充要条件是: $f(a)$ 的任意邻域 $B(f(a), r)$ 的原像 $f^{-1}(B(f(a), r))$ 包含点 a 的某邻域与 A 的交;

(2) 映射 f 在 A 上连续的充要条件是: Y 中的任意开集 U 的原像 $f^{-1}(U)$ 是 A 中的开集 (即 X 中的开集与 A 的交);

(3) 映射 f 在 A 上连续的充要条件是: Y 中的任意闭集 U 的原像 $f^{-1}(U)$ 是 A 中的闭集 (即 X 中的闭集与 A 的交).

证明 (1) **必要性** 若 f 在点 a 处连续, 则对于任意 $r > 0$, 存在 $\delta > 0$, 使得当 $d(x,a) < \delta$ 且 $x \in A$ 时, $\rho(f(x), f(a)) < r$, 即 $B(a,\delta) \cap A \subset f^{-1}(B(f(a), r))$.

充分性 若对任何 $\varepsilon > 0$, $f^{-1}(B(f(a), \varepsilon))$ 包含点 a 的邻域与 A 的交, 即存在 $\delta > 0$, 使得 $B(a,\delta) \cap A \subset f^{-1}(B(f(a), \varepsilon))$, 则当 $d(x,a) < \delta$ 且 $x \in A$ 时, $\rho(f(x), f(a)) < \varepsilon$. 即 f 在点 a 处连续.

(2) **必要性** 设 U 是 Y 中的任意开集, 则对于任意的 $a \in f^{-1}(U)$, 存在 $r > 0$, 使得

$$B(f(a), r) \subset U.$$

由 f 在点 a 处连续, 由 (1) 知, 存在 $\delta > 0$, 使得

$$B(a,\delta) \cap A \subset f^{-1}(B(f(a), \varepsilon)) \subset f^{-1}(U),$$

因此

$$f^{-1}(U) = \Big(\bigcup_{a \in f^{-1}(U)} B(a,\delta) \Big) \cap A,$$

即 $f^{-1}(U)$ 是 A 中的开集.

充分性 对于任意的 $a \in A$, 对任何 $\varepsilon > 0$, $B(f(a), \varepsilon)$ 是 Y 中的开集, 则 $f^{-1}(B(f(a), \varepsilon))$ 是 A 中的开集, 而 $a \in f^{-1}(B(f(a), r))$, 从而存在 $\delta > 0$, 使得 $B(a,\delta) \cap A \subset f^{-1}(B(f(a), \varepsilon))$, 由 (1) 知 f 在点 a 处连续.

(3) 对任意的 $B \subset Y$, 有

$$f^{-1}(B^C) \cup f^{-1}(B) = f^{-1}(Y) = A, \quad f^{-1}(B^C) \cap f^{-1}(B) = f^{-1}(B^C \cap B) = \varnothing.$$

因此

$$f^{-1}(B^C) = A \backslash f^{-1}(B) = A \cap (f^{-1}(B))^C,$$

则由 (2) 直接可得结论成立. □

由上面结论, 可以证明连续映射的复合是连续的.

定理 19.1.4　设 X, Y, Z 是度量空间, $a \in A \subset X, B \subset Y$, 映射 $f : A \to Y$ $g : B \to Z$, 且 $f(A) \subset B$, 则

(1) 若映射 f 在点 a 处连续, g 在点 $f(a)$ 处连续, 则复合映射 $h = g \circ f$ 在点 a 处连续;

(2) 若映射 f 在 A 上连续, 且 g 在 B 上连续, 则复合映射 h 在 A 上连续.

证明　我们只需证明 (1) 即可.

映射 $h : A \to Z$, 对 $h(a)$ 任意邻域 $B(h(a), r)$, 因为 g 在点 $f(a)$ 处连续, 则存在 $f(a)$ 的邻域 $B(f(a), t)$, 使得 $B(f(a), t) \cap f(A) \subset g^{-1}(B(h(a), r))$. 又因为 f 在点 a 处连续, 则存在 a 的邻域 $B(a, s)$, 使得 $B(a, s) \cap A \subset f^{-1}(B(f(a), t))$.

因此 $B(a, s) \cap A \subset f^{-1}(g^{-1}(B(h(a), r))) = h^{-1}(B(h(a), r))$, 即 $h = g \circ f$ 在点 a 处连续. □

注: 上面定理也可以直接由定义证明, 留作习题.

下面给出度量空间上一致连续和 Lipschitz 连续映射的定义.

定义 19.1.3　设 $(X, d), (Y, \rho)$ 是度量空间, 若映射 $f : A \subset X \to Y$ 满足: 对任何 $\varepsilon > 0$, 存在 $\delta > 0$, 使得当 $d(x, y) < \delta$ 且 $x, y \in A$ 时, $\rho(f(x), f(y)) < \varepsilon$, 则称映射 f 在 A 上**一致连续** (uniformly continuous).

定义 19.1.4　设 $(X, d), (Y, \rho)$ 是度量空间, 映射 $f : A \subset X \to Y$, 若存在 $L > 0$, 使得对任意的 $x, y \in A$, 有 $\rho(f(x), f(y)) \leqslant L d(x, y)$, 则称映射 f 在 A 上 **Lipschitz 连续**, 或称 f 在 A 上满足 **Lipschitz 条件**, 并称 L 是 Lipschitz 常数.

显然, Lipschitz 连续映射一定一致连续, 一致连续映射一定连续, 反之均不成立.

设 $f : (X, d) \to (Y, \rho)$ 连续, 定义

$$\omega(f, t) \doteq \sup\{\rho(f(x), f(y)) : d(x, y) < t, x, y \in X\},$$

称为映射 f 的连续模数. 显然 $\omega(f, t)$ 关于 t 是不减的非负函数 (可能为 $+\infty$).

定理 19.1.5　设 $f : (X, d) \to (Y, \rho)$ 连续, 则 f 在 X 上一致连续 $\Longleftrightarrow \lim\limits_{t \to 0^+} \omega(f, t) = 0$

$\Longleftrightarrow$ 存在 $t_n \to 0^+$, 使得 $\omega(f, t_n) \to 0 \Longleftrightarrow \omega\left(f, \dfrac{1}{n}\right) \to 0.$

证明　因为 $\omega(f, t)$ 关于 t 是不减且非负的, 则显然

$$\lim_{t \to 0^+} \omega(f, t) = 0 \Longleftrightarrow 存在 t_n \to 0^+ 使得 \omega(f, t_n) \to 0 \Longleftrightarrow \omega\left(f, \frac{1}{n}\right) \to 0.$$

因此只需证明第一个充要条件成立即可.

若 f 在 X 上一致连续, 则对任意 $\varepsilon > 0$, 存在 $\delta > 0$, 使得当 $d(x, y) < \delta$ 且 $x, y \in X$ 时,

$$\rho(f(x), f(y)) < \varepsilon,$$

于是 $\omega(f, \delta) \leqslant \varepsilon$. 因此, 当 $0 < t < \delta$ 时, 有 $\omega(f, t) \leqslant \omega(f, \delta) \leqslant \varepsilon$ 成立, 即 $\lim\limits_{t \to 0^+} \omega(f, t) = 0$.

另一方面, 若 $\lim\limits_{t \to 0^+} \omega(f, t) = 0$, 则对任意 $\varepsilon > 0$, 存在 $\delta > 0$, 使得当 $0 < t < \delta$ 时, 有 $\omega(f, t) < \varepsilon$. 因此, 当 $d(x, y) < \delta$ 且 $x, y \in X$ 时

$$\rho(f(x), f(y)) \leqslant \omega(f, \delta) < \varepsilon,$$

则 f 在 X 上一致连续. $\qquad\qquad\qquad\qquad\qquad\qquad\qquad\qquad\qquad\qquad\square$

§19.1.2 赋范空间上线性算子的连续性与有界性

设 X, Y 是赋范空间, 显然, 若 $A \in B(X, Y)$, 则 $A : X \to Y$ 是 Lipschitz 连续的; 反之, 我们可以证明, 只要线性算子 $A : X \to Y$ 在一个点连续, 则必是有界的.

定理 19.1.6 设 $(X, \|\cdot\|), (Y, \|\cdot\|)$ 是赋范空间, $A \in L(X, Y)$. 若存在 $x_0 \in X$, 使得 A 在 x_0 点连续, 则 $A \in B(X, Y)$.

证明 先证明 A 在 θ 点连续.

若 $x \to \theta$, 则 $x + x_0 \to x_0$, 由 A 在 x_0 点连续得, $A(x + x_0) \to Ax_0$. 因此 $\|Ax\| = \|A(x + x_0) - Ax_0\| \to 0$, 即 A 在 θ 点连续.

如果 A 不是有界的, 则对任意 $n \in \mathbb{N}$, 存在 $x_n \in X$, 使得 $\|Ax_n\| > n\|x_n\|$, 则 $x_n \neq \theta$. 令

$$y_n = \frac{x_n}{n\|x_n\|},$$

则 $\|y_n\| = \dfrac{1}{n}$, 故 $y_n \to \theta$, 而 $\|Ay_n\| = \left\|A\dfrac{x_n}{n\|x_n\|}\right\| = \dfrac{\|Ax_n\|}{n\|x_n\|} > 1$, 与 A 在 θ 点连续矛盾. 故结论成立. $\qquad\qquad\qquad\qquad\qquad\qquad\qquad\qquad\qquad\square$

§19.1.3 Banach 压缩映像原理

作为度量空间及其上映射的应用, 我们将介绍著名的不动点定理: Banach 压缩映像原理. 不动点定理是求解代数方程、微分方程、积分方程以及讨论数值计算收敛性等问题的非常重要的理论工具.

设映射 $T : X \to X$, 如果存在 $x^* \in X$, 使得 $Tx^* = x^*$, 则称 x^* 是映射 T 的**不动点** (fixed point).

在数学中, 方程解的存在唯一性以及解的近似计算是非常重要的, 而诸多方程的解都可以转化为某一个映射的不动点. 如一阶常微分方程的初值问题:

$$\begin{cases} \dfrac{\mathrm{d}y}{\mathrm{d}x} = f(x, y), \\ y(x_0) = y_0, \end{cases}$$

可以转化为求解积分方程:

$$y(x) = y_0 + \int_{x_0}^{x} f(t, y(t)) \mathrm{d}t.$$

进而转化为映射:

$$Ty(x) = y_0 + \int_{x_0}^{x} f(t, y(t)) \mathrm{d}t$$

的不动点.

定义 19.1.5　设 (X,d) 是度量空间, 若映射 $T:X\to X$ 是 Lipschitz 连续的, 且 Lipschitz 常数 $L<1$, 则称映射 T 是 X 上的**压缩映射** (contraction mapping).

定理 19.1.7 (Banach 压缩映像原理)　设 (X,d) 是完备度量空间, $T:X\to X$ 是压缩映射, 则 T 的不动点存在且唯一.

证明　任取 $x_0\in X$, 令 $x_{n+1}=Tx_n, n=0,1,2,\cdots$, 则

$$d(x_{n+1},x_n)=d(Tx_n,Tx_{n-1})\leqslant Ld(x_n,x_{n-1})\leqslant\cdots\leqslant L^n d(x_1,x_0).$$

则对任意正整数 $n>m$, 有

$$\begin{aligned} d(x_n,x_m)&\leqslant d(x_n,x_{n-1})+\cdots+d(x_{m+1},x_m)\\ &\leqslant(L^{n-1}+\cdots+L^m)d(x_1,x_0)\\ &\leqslant\frac{L^m}{1-L}d(x_1,x_0). \end{aligned}$$

因此 $\{x_n\}\subset X$ 是 Cauchy 列, 由度量空间 (X,d) 完备知, 存在 $x^*\in X$, 使得 $x_n\to x^*$. 而 $x_{n+1}=Tx_n$, 令 $n\to\infty$, 由 T 连续得 $Tx^*=x^*$, 即 T 的不动点存在.

最后来证明不动点的唯一性. 设 y^* 也是 T 的不动点, 则

$$d(x^*,y^*)=d(Tx^*,Ty^*)\leqslant Ld(x^*,y^*),$$

由 $L<1$ 得到 $d(x^*,y^*)=0$, 即不动点唯一. $\qquad\square$

Banach 压缩映像原理不仅从理论上得到了迭代列的收敛性和不动点的存在唯一性, 而且还提供了迭代列与不动点的误差估计公式, 即

$$d(x_n,x^*)\leqslant\frac{L^n}{1-L}d(x_1,x_0).$$

下面来看 Banach 压缩映像原理的一些应用.

例 19.1.1　设函数 $f:[a,b]\to[a,b]$ 连续可微, 且在区间 $[a,b]$ 上 $|f'(x)|<1$. 任取 $x_0\in[a,b]$, 定义 $x_{n+1}=f(x_n),n=0,1,2,\cdots$. 证明: 迭代列 $\{x_n\}$ 收敛.

证明　因为 $f:[a,b]\to[a,b]$ 连续可微, 则 $|f'(x)|$ 在 $[a,b]$ 上最值存在. 设 $L=\max\limits_{a\leqslant x\leqslant b}|f'(x)|$, 由于在区间 $[a,b]$ 上 $|f'(x)|<1$, 则 $L<1$.

设 $X=[a,b]$, 则对任意的 $x,y\in[a,b]$, 存在 $\xi\in(a,b)$, 使得 $f(x)-f(y)=f'(\xi)(x-y)$, 则 $|f(x)-f(y)|=|f'(\xi)|\cdot|x-y|\leqslant L|x-y|$, 即 $f:X\to X$ 是压缩映射, 由 Banach 压缩映像原理知, f 的不动点 x^* 存在唯一, 且 $x_n\to x^*$. $\qquad\square$

下面的例子 (习题 17.3. B10) 是例 19.1.1的直接应用.

例 19.1.2　任意给定 $x\in\mathbb{R}$, 令 $x_1=\cos x$, $x_{n+1}=\cos x_n$, $n\in\mathbb{N}^+$. 证明: 数列 $\{x_n\}$ 收敛.

证明　设 $f(x)=\cos x$, 则 $x_n\in[\cos 1,1],n\geqslant 2$, 而 $f:[\cos 1,1]\to[\cos 1,1]$ 连续可微且 $|f'(x)|<1$, 则由前例的结论知 $\{x_n\}$ 收敛. $\qquad\square$

在第 9 章中, 我们讨论了几类常微分方程的解法. 下面利用 Banach 压缩映像原理给出一阶常微分方程的初值问题解的存在唯一性定理. 这个定理在常微分方程中具有重大的理论意义, 称之为微分方程基本定理. 这个定理有多种证明方法, 但用 Banach 压缩映像原理是非常简洁的.

例 19.1.3 设 $f(x,y)$ 在 $\mathbb{R}^2$ 上连续, 且关于 y 满足一致 Lipsctitz 条件, 即存在 $L > 0$, 使得对任意的 $x, y_1, y_2 \in \mathbb{R}$, 有 $|f(x,y_1) - f(x,y_2)| \leqslant L|y_1 - y_2|$, 则常微分方程初值问题:

$$\begin{cases} \dfrac{\mathrm{d}y}{\mathrm{d}x} = f(x,y), \\ y(x_0) = y_0, \end{cases}$$

在 $[x_0 - \delta, x_0 + \delta]$ 上连续解 $y(x)$ 存在唯一, 其中 $\delta < \dfrac{1}{L}$.

证明 因为 $f(x,y)$ 在 $\mathbb{R}^2$ 上连续, 则原微分方程的连续解等价于积分方程

$$y(x) = y_0 + \int_{x_0}^{x} f(t, y(t)) \mathrm{d}t$$

的连续解. 设 $X = C[x_0 - \delta, x_0 + \delta]$, 度量为其通常度量, 即 $d(u,v) = \max\{|u(x) - v(x)| : x \in [x_0 - \delta, x_0 + \delta]\}$, 则 X 是完备的度量空间. 定义映射 $T : X \to X$:

$$(Ty)(x) = y_0 + \int_{x_0}^{x} f(t, y(t)) \mathrm{d}t, \ y \in X.$$

从而积分方程的连续解等价于映射 T 的不动点.

对任意的 $u, v \in X, x \in [x_0 - \delta, x_0 + \delta]$,

$$|Tu(x) - Tv(x)| = \left| \int_{x_0}^{x} (f(t, u(t)) - f(t, v(t))) \mathrm{d}t \right| \leqslant L\delta d(u,v).$$

故 $d(Tu, Tv) \leqslant L\delta d(u,v)$. 因为 $L\delta < 1$, 则 T 是压缩映射, 从而其不动点存在唯一, 即原微分方程解存在唯一. □

例 19.1.4 设 $k(t,s)$ 在 $[a,b] \times [a,b]$ 上连续, $f(t)$ 在 $[a,b]$ 上连续, 则 Fredholm 积分方程:

$$x(t) = f(t) + \lambda \int_{a}^{b} k(t,\tau) x(\tau) \mathrm{d}\tau, \ \ t \in [a,b]$$

在 $|\lambda| < \dfrac{1}{M(b-a)}$ 时连续解存在唯一, 其中 $M = \max\limits_{t,s \in [a,b]} |k(t,s)|$.

证明 设 $X = C[a,b]$, 则 X 是完备度量空间. 令

$$(Tx)(t) = f(t) + \lambda \int_{a}^{b} k(t,\tau) x(\tau) \mathrm{d}\tau, \ \ t \in [a,b], x \in X,$$

则 $T : X \to X$. 又对任意 $x, y \in X, t \in [a,b]$,

$$|(Tx)(t) - (Ty)(t)| = \left| \lambda \int_{a}^{b} k(t,\tau)(x(\tau) - x(\tau)) \mathrm{d}\tau \right| \leqslant |\lambda| M(b-a) d(x,y).$$

因此 $d(Tx, Ty) \leqslant |\lambda| M(b-a) d(x,y)$.

因为 $|\lambda| < \dfrac{1}{M(b-a)}$, 则 $T : X \to X$ 是压缩映射, 由 Banach 压缩映像原理知, T 的不动点存在唯一, 即积分方程的连续解存在唯一. □

习题 19.1

A1. 设 (X,d) 是度量空间, 在 $X \times X$ 上定义度量 $\rho((x_1,y_1),(x_2,y_2)) = d(x_1,x_2) + d(y_1,y_2)$, x_i, $y_i \in X$, $(i = 1,2)$. 证明: $d : X \times X \to \mathbb{R}$ 连续.

A2. 设 $(X, \|\cdot\|)$ 是赋范空间, 证明: $\|\cdot\| : X \to \mathbb{R}$ 一致连续.

A3. 设 $(X, \langle\cdot,\cdot\rangle)$ 是内积空间, 证明: $\langle\cdot,\cdot\rangle : X \times X \to \mathbb{R}$ 连续.

A4. 对于 $x \in C[a,b]$, 定义 $(Tx)(t) = \displaystyle\int_a^t x^2(s)\mathrm{d}s, t \in [a,b]$, 证明: $T : C[a,b] \to C[a,b]$ 连续. 又问: $T : C[a,b] \to C[a,b]$ 一致连续吗?

A5. 设 X,Y 是度量空间, $f : X \to Y$ 一致连续, $\{x_n\} \subset X$ 是 Cauchy 列, 证明: $\{f(x_n)\} \subset Y$ 是 Cauchy 列.

B6. 设 X,Y,Z 是度量空间, $A \subset X, B \subset Y$, 映射 $f : A \to Y$ 和 $g : B \to Z$ 均是一致连续的, 且 $f(A) \subset B$, 证明: 复合映射 $g \circ f : A \to Z$ 一致连续.

B7. 用 Banach 压缩映像原理给出收敛于 $\sqrt{5}$ 的有理迭代列.

B8. 设 $A = (a_{ij})$ 是 n 阶实矩阵, 若 $\displaystyle\sum_{i,j=1}^n (a_{ij} - \delta_{ij})^2 < 1$, 证明: 非齐次线性方程组 $Ax = b$ 解存在唯一, 其中 $\delta_{ij} = \begin{cases} 0, & i \neq j, \\ 1, & i = j \end{cases}$.

B9. 分别用连续的定义 (即 ε-δ 方法) 和归结原则 (定理 19.1.2) 证明: 连续映射的复合映射是连续的 (定理 19.1.4).

B10. 设 $(X,d),(Y,\rho)$ 是度量空间, 证明: 映射 $f : X \to Y$ 连续的充要条件是对任意的 $E \subset X$, 有 $f(\overline{E}) \subset \overline{f(E)}$.

B11. 设 $(X,d),(Y,\rho)$ 是度量空间, 映射 $f,g : X \to Y$ 连续, 若存在 X 的稠密子集 E 使得

$$f(x) = g(x), \quad x \in E,$$

证明: $f(x) = g(x), x \in X$.

B12. 设 $f : [0,+\infty) \to \mathbb{R}$ 连续, 若 $\displaystyle\lim_{x \to +\infty} f(x)$ 存在且有限, 证明: f 在 $[0,+\infty)$ 上一致连续.

B13. 设 $f : [a,+\infty) \to \mathbb{R}$ 连续, 若 $f(x)$ 在 $x \to +\infty$ 时有斜渐近线 $y = bx + c$, 证明: f 在 $[a,+\infty)$ 上一致连续.

B14. 设 $f : [0,+\infty) \to \mathbb{R}$ 连续, 且在 $(0,+\infty)$ 上可微, 若 $\displaystyle\lim_{x \to +\infty} |f'(x)| = A$ (A 是有限数或 $+\infty$), 证明: f 在 $[0,+\infty)$ 上一致连续的充要条件是 A 是有限数.

C15. 设 (X,d) 是度量空间, $T : X \to X$, 记映射 T 的 n 次复合为 T^n.

(1) 若 x_0 是 T 的不动点, 证明: x_0 必是 T^n 的不动点; 反之, T^n 的不动点是否一定是 T 的不动点呢?

(2) 若 x_0 是 T^n 的不动点, 问: Tx_0 是否是 T^n 的不动点呢?

(3) 设 (X,d) 完备, 若存在正整数 n 使得 T^n 是压缩映射, 请讨论 T 的不动点的存在唯一性.

(4) 请讨论 Volterra 型积分方程

$$x(t) = f(t) + \lambda \int_a^t k(t,\tau)x(\tau)\mathrm{d}\tau, \quad t \in [a,b]$$

的连续解的存在唯一性, 其中 $k(t,s)$ 在 $a \leqslant s \leqslant t \leqslant b$ 上连续, $f(t)$ 在 $[a,b]$ 上连续, λ 为任意实常数.

§19.2　紧集与连通集上连续映射的性质

在第 3 章中, 我们讨论了有界闭区间上连续函数的性质, 在第 10 章中, 我们讨论了 $\mathbb{R}^n$ 中的紧性和道路连通性, 以及紧集和道路连通集上连续函数的性质. 本节我们将讨论度量空间中紧性和连通性以及紧集和连通集上的连续映射的性质.

§19.2.1 度量空间中的紧性与列紧性

在前面的学习中我们知道, 有界闭区间和 $\mathbb{R}^n$ 中有界闭区域上的连续函数具有良好的性质, 这是因为有界闭区间和有界闭区域均是紧的道路连通集. 在一般度量空间中, 我们也可以引入紧性和连通性等概念, 并研究其上的连续映射的性质.

定义 19.2.1 设 (X, d) 是度量空间, $A \subset X$. 若 A 中的任意无穷点列都有收敛子列, 则称 A 为 (X, d) 中的**列紧集** (sequential compact set); 若 X 是列紧集, 则称 (X, d) 为**列紧度量空间**.

显然, 列紧度量空间一定是完备的, 因为空间中的任意 Cauchy 列一定有收敛子列, 从而必收敛.

例 19.2.1 在 l^1 中, 设 $e_1 = (1, 0, 0, 0, \cdots), e_2 = (0, 1, 0, 0, \cdots), e_3 = (0, 0, 1, 0, \cdots), \cdots$, 则对任意的 $n \neq m$, 有 $d(e_n, e_m) = 2$, 从而集合 $\{e_n\}_{n=1}^{\infty}$ 是有界集, 但不是列紧集.

例 19.2.1说明, 一般度量空间中, Bolzano-Weierstrass 定理不成立, 即有界集不一定是列紧集.

定理 19.2.1 度量空间中列紧集一定有界, 但反之不成立.

证明 设 (X, d) 是度量空间, 假设结论不成立, 即存在 $A \subset X$ 是列紧集, 但无界.

任取 $x_1 \in A$, 因为 A 无界, 故 $A \backslash B(x_1, 1)$ 非空, 则存在 $x_2 \in A$, 使得 $d(x_1, x_2) \geqslant 1$. 因为 A 无界, 故 $A \backslash (B(x_1, 1) \cup B(x_2, 1))$ 非空, 则存在 $x_3 \in A$, 使得 $d(x_3, x_1), d(x_3, x_2) \geqslant 1$, $\cdots$.

这样下去, 就得到无穷点列 $\{x_n\} \subset A$, 满足对任意的 $n \neq m$, 有 $d(x_n, m_m) \geqslant 1$, 则 $\{x_n\}$ 没有收敛子列, 与 A 列紧矛盾. 故结论成立. □

推论 19.2.1 列紧集的子集是列紧的, 列紧集的闭包是列紧的.

证明 列紧集的子集是列紧的由列紧的定义可知.

设 A 为 (X, d) 中的列紧集, $\{x_n\}$ 是 $\overline{A}$ 中的任意点列. 因此存在 $y_n \in A$, 使得 $d(x_n, y_n) < \dfrac{1}{n}$. 由 A 列紧知, $\{y_n\}$ 存在收敛子列, 设 $y_{n_k} \to \xi$. 因此 $x_{n_k} \to \xi$, 从而 $\overline{A}$ 列紧. □

例 19.2.2 证明: $A \subset \mathbb{R}^n$ 列紧的充要条件是 A 有界.

证明 必要性由定理 19.2.1可知, 充分性由致密性定理, 即定理 10.1.8 直接可得. □

定义 19.2.2 设 X 是度量空间, $A \subset X$, 若存在 X 中的开集类 $\{U_\alpha : \alpha \in I\}$, 使得 $A \subset \bigcup\limits_{\alpha \in I} U_\alpha$, 则称 $\{U_\alpha : \alpha \in I\}$ 是 A 的一个**开覆盖** (open cover); 若 A 的任意开覆盖 $\{U_\alpha : \alpha \in I\}$ 都有**有限子覆盖** (finite subcover), 即存在 $\alpha_1, \alpha_2, \cdots, \alpha_n \in I$, 使得 $A \subset \bigcup\limits_{i=1}^{n} U_{\alpha_i}$, 则称 A 为**紧集** (compact set); 若 X 是紧集, 则称 (X, d) 为**紧度量空间**.

定理 19.2.2 度量空间中紧集是有界闭集.

证明 设 (X, d) 是度量空间, 集合 $A \subset X$ 是紧集.

(1)(有界性) 因为 $A \subset \bigcup\limits_{x \in A} B(x, 1)$, 则由 A 的紧性知, 存在 $x_1, x_2, \cdots, x_n \in A$, 使得 $A \subset \bigcup\limits_{i=1}^{n} B(x_i, 1)$, 则 A 有界.

(2)(闭性)　对任意的 $x \notin A$ 及任意自然数 n, 令 $U_n = \left\{ y \in X : d(x,y) > \dfrac{1}{n} \right\} =$ $X \backslash \overline{B\left(x, \dfrac{1}{n} \right)}$, 则 U_n 是开集, 且

$$\bigcup_{n=1}^{\infty} U_n = X \backslash \{x\},$$

故 $\{U_n\}_{n=1}^{\infty}$ 是 A 的开覆盖. 由 A 的紧性知, 存在有限个 U_n, 其并集覆盖 A, 设其中 n 的最大值为 k, 则 $A \subset U_k = X \backslash \overline{B\left(x, \dfrac{1}{k} \right)}$, 即 $B\left(x, \dfrac{1}{k} \right) \subset A^C$, 因此 A^C 是开集, 从而 A 是闭集. $\qquad\square$

定理 19.2.2的逆命题不成立, 即度量空间中的有界闭集不一定是紧集, 即使空间完备也不一定成立 (参见下面两个例子). 在后续的泛函分析课程中我们知道, 赋范空间中 "有界闭集等价于紧集" 是该赋范空间是有限维的充要条件 (参见 *A Course in Functional Analysis* (Conway, 1985)).

例 19.2.3　(1) 设 I 是 $\mathbb{R}$ 中的有界集, 则由 Bolzano-Weierstrass 定理知, I 是 $\mathbb{R}$ 中的列紧集.

(2) 设 $X = (0,1)$ 是 $\mathbb{R}$ 的度量子空间, $A = \left(0, \dfrac{1}{2} \right]$ 是 X 中的有界闭集, 但不是 X 中的紧集, 也不是 X 中的列紧集, 因为 $\left\{ \left(\dfrac{1}{n}, \dfrac{1}{2} + \dfrac{1}{n} \right) \right\}$ 是 A 的开覆盖, 但没有有限子覆盖, 且 $\left\{ \dfrac{1}{n} \right\}$ 在 X 中没有收敛子列. 注意到, 度量空间 $X = (0,1)$ 不完备.

(3) 若 $Y = [0,1)$, 则 $A = \left(0, \dfrac{1}{2} \right]$ 是 Y 中的列紧集, 但不是 Y 中的紧集, 也不是 Y 中的闭集.

例 19.2.4　设 $p \geqslant 1$, 证明: 赋范空间 l^p 中闭单位球面 $S(\theta, 1)$ 是有界闭集, 但不是列紧集, 也不是紧集.

证明　显然 $S(\theta, 1)$ 是有界闭集. 下面来讨论 $S(\theta, 1)$ 的紧性与列紧性.

因为 $A \doteq \{e_n\} \subset S(\theta, 1)$, 且 $n \neq m$ 时, $d(e_n, e_m) = 2^{\frac{1}{p}}$. 因此 A 不是列紧集, 从而 $S(\theta, 1)$ 也不是列紧的.

设 $0 < 2r \leqslant 2^{\frac{1}{p}}$, 则开球 $B(x, r)$ 中至多包含 A 中的一个点. 取 $S(\theta, 1)$ 的开覆盖 $\{B(x, r) : x \in S(\theta, 1)\}$, 它一定没有有限子覆盖, 因为任意有限个半径为 r 的开球最多包含 A 中有限个点, 因此任意有限个半径为 r 的开球无法覆盖 A, 也无法覆盖 $S(\theta, 1)$. 从而 $S(\theta, 1)$ 不是紧集. $\qquad\square$

推论 19.2.2　紧集的闭子集是紧的, 有限个紧集的并是紧集.

证明　有限个紧集的并是紧集由紧集定义可知.

设 $A \subset (X, d)$ 是紧集, 闭集 $B \subset A$. 设 $\{U_\alpha : \alpha \in I\}$ 是 B 的任意开覆盖, 则 $\{U_\alpha : \alpha \in I\} \cup \{B^C\}$ 是 A 的开覆盖. 由 A 是紧集知, 存在 $\alpha_1, \alpha_2, \cdots, \alpha_n \in I$, 使得 $A \subset \left(\bigcup_{i=1}^{n} U_{\alpha_i} \right) \cup B^C$, 因此 $B \subset \bigcup_{i=1}^{n} U_{\alpha_i}$, 从而 B 是紧的. $\qquad\square$

Euclid 空间中, 我们学习过闭集套定理, 在度量空间中有以下更一般的结论.

定理 19.2.3 若度量空间 X 中的紧集类 $\{A_\alpha : \ \alpha \in I\}$ 中任意有限个交非空, 则 $\bigcap\limits_{\alpha \in I} A_\alpha$ 也非空.

证明 假设结论不成立, 即 $\bigcap\limits_{\alpha \in I} A_\alpha = \varnothing$ 是空集, 则由 De Morgan 公式知, $\bigcup\limits_{\alpha \in I} A_\alpha^C = X$. 取定 $\{A_\alpha : \alpha \in I\}$ 中的一个紧集 A_1, 则 $\{A_\alpha^C : \alpha \in I\}$ 是 A_1 的开覆盖, 由 A_1 的紧性知, 存在有限子覆盖, 即存在 $\alpha_1, \alpha_2, \cdots, \alpha_n \in I$, 使得 $A_1 \subset \bigcup\limits_{i=1}^{n} A_{\alpha_i}^C$. 从而 $A_1 \cap A_{\alpha_1} \cap \cdots \cap A_{\alpha_n} = \varnothing$, 与条件矛盾, 因此结论成立. $\qquad\square$

由上面定理立即可得度量空间中紧集套定理 (theorem of nested compact sets).

推论 19.2.3 若度量空间 X 中的非空的紧集列 $\{K_n\}$ 是渐缩的, 即 $K_{n+1} \subset K_n, n = 1, 2, \cdots$, 则 $\bigcap\limits_{n=1}^{\infty} K_n$ 非空; 又若 K_n 的直径收敛于 0, 即 $\lim\limits_{n\to\infty} \mathrm{diam} K_n = 0$, 则 $\bigcap\limits_{n=1}^{\infty} K_n$ 是单点集.

若紧性条件不成立, 则上面推论不成立. 例如, 在 $\mathbb{R}$ 中, $\bigcap\limits_{n=1}^{\infty} \left(0, \dfrac{1}{n}\right)$, $\bigcap\limits_{n=1}^{\infty} [n, +\infty)$ 均为空集.

闭区间套定理, $\mathbb{R}^n$ 中的闭矩形套定理和闭集套定理均为上面结论的特殊情形. 最后我们给出紧与列紧的关系, 因其证明须引入新的概念, 为简明起见, 故省略其证明 (参见 *A Course in Functional Analysis* (Conway, 1985)).

定理 19.2.4 度量空间中任一集合是紧集等价于它是列紧的闭集.

由定理 19.2.4可知, 紧度量空间与列紧度量空间等价.

§19.2.2 度量空间中的连通性

有界闭区间上的连续函数具有优良的性质, 除了有界闭区间是紧集的原因外, 还与它是连续不断 (连通) 的集合有关. 在第 10 章中, 我们学习了 $\mathbb{R}^n$ 中的道路连通概念, 本节中我们将学习一般度量空间中的连通性, 包括连通和道路连通.

定义 19.2.3 设 (X, d) 是度量空间, $A, B \subset X$, 若 $A \cap \overline{B} = \overline{A} \cap B = \varnothing$, 则称 A 和 B 是分离的; 如果集合 $E \subset X$ 不能表示成两个非空的分离集合的并, 则称 E 是**连通集** (connected set); 又若 X 是连通集, 则称 (X, d) 是连通的度量空间.

在实数集 $\mathbb{R}$ 中, 区间 $[0, 1)$ 与 $[1, 2)$ 不是分离的, 因为 $1 \in \overline{[0, 1)} \cap [1, 2)$; 但是区间 $[0, 1)$ 与 $(1, 2)$ 是分离的, 故 $[0, 1) \cup (1, 2)$ 不是连通的. 事实上, 实数集 $\mathbb{R}$ 中集合 I 为连通的充要条件是 I 为区间 (见下面定理 19.2.6).

定理 19.2.5 设 (X, d) 是度量空间, 则 X 是连通空间的充要条件是 X 中除了空集 $\varnothing$ 和 X 外没有其他既开又闭的集合.

证明 **必要性** 假设存在集合 $A \subset X$ 既开又闭, 且 $A \neq \varnothing, A \neq X$, 则 A^C 也是既开又闭的非空集, 而 $X = A \cup A^C$, 且 $\overline{A} \cap \overline{A^C} = A \cap A^C = \varnothing$, 与 X 是连通的矛盾.

充分性 若 X 不是连通的, 则存在非空子集 $A, B \subset X$, 使得 $X = A \cup B$, 且 $A \cap \overline{B} = \overline{A} \cap B = \varnothing$, 则 $X = A \cup B = A \cup \overline{B} = \overline{A} \cup B$, 从而 $A = \overline{A}, B = \overline{B}$. 因此 A, B 均为既开又闭集, 且非空也不是 X, 矛盾. 故结论成立. $\qquad\square$

离散度量空间中任意两个不相交的集合都是分离的, 多于一个点的集合一定不是连通的, 因为离散度量空间中任意子集均是既开又闭的.

设 (X,d) 是度量空间, $A \subset E \subset X$, 记 $\overline{A}^E$ 是 A 在度量子空间 E 中的闭包, 则 $\overline{A}^E = E \cap \overline{A}$, 故对 $A,B \subset E$, A 和 B 在 (X,d) 中是分离的当且仅当 A 和 B 在 (E,d) 中是分离的, 因为 $A \cap \overline{B}^E = A \cap \overline{B}$, $\overline{A}^E \cap B = \overline{A} \cap B$. 由此及定理 19.2.5 得以下推论.

推论 19.2.4　设 (X,d) 是度量空间, $E \subset X$, 则 E 是连通集的充要条件是 (E,d) 是连通空间, 即度量子空间 (E,d) 中除了 $\varnothing, E$ 外没有其他既开又闭的集合.

推论 19.2.4说明, 度量空间中的子集连通和它作为度量子空间连通等价.

定理 19.2.6　实数集 $\mathbb{R}$ 中的子集 E 是连通集的充要条件是 E 为区间, 即如果 $x,y \in E$, 且 $x < z < y$, 那么 $z \in E$.

证明　**必要性**　如果存在 $x,y \in E$ 及 $z \in (x,y)$, 但 $z \notin E$, 令 $A_z = E \cap (-\infty, z)$, $B_z = E \cap (z, +\infty)$, 则

$$\overline{A_z} \subset (-\infty, z], \quad \overline{B_z} \subset [z, +\infty),$$

那么 A_z, B_z 非空且是分离的, 又 $E = A_z \cup B_z$, 因此 E 不是连通的.

充分性　假设 E 不是连通的, 那么 $E = A \cup B$, 且 A 和 B 是非空和分离的. 取 $x \in A, y \in B$, 不妨假设 $x < y$, 设 $z_1 = \sup(A \cap [x,y])$, 从而 $z_1 \in \overline{A}$, 又 A 和 B 是分离的, 则 $z_1 \notin B$, 若 $z_1 \notin A$, 则 $z_1 \notin A \cup B = E$ 且 $x < z_1 < y$, 矛盾; 若 $z_1 \in A$, 设 $z_2 = \inf(B \cap [z_1, y])$, 从而 $z_2 \in \overline{B}$, 又 A 和 B 是分离的, 则 $z_2 \notin A$. 因此 $z_1 \neq z_2$, 则 $z_1 < z_2$. 取 $z \in (z_1, z_2)$, 则 $x < z < y$, 但 $z \notin E$. 与条件矛盾. 因此 E 是连通的. □

由定理 19.2.4和定理 19.2.6知:

推论 19.2.5　实数集 $\mathbb{R}$ 中集合 A 是连通紧集的充要条件是 A 是有界闭区间.

定义 19.2.4　(1) 设 (X,d) 是度量空间, $E \subset X$, 映射 $\gamma : [0,1] \to X$ 连续, 且 γ 的值域含于 E, 则称 γ 为 E 中的**道路** (arc/curve/path), $\gamma(0)$ 与 $\gamma(1)$ 分别称为道路的**起点**与**终点**.

(2) 若 E 中的任意两点 x,y 之间都存在 E 中以 x 为起点、y 为终点的道路, 则称 E 是**道路连通** (arcwise connected/pathwise connected) 的.

直观地说, E 为道路连通集当且仅当 E 中任意两点可以用位于 E 中的连续曲线 (即道路) 相联结.

注意到, 容易证明, 定义 19.2.4中的区间 $[0,1]$ 换成任意有界闭区间 $[a,b]$ 均可.

例 19.2.5　设 X 是赋范空间, E 是 X 中凸集, 则对于任意 $x,y \in E, t \in [0,1]$, 有 $tx + (1-t)y \in E$. 令 $\gamma(t) = tx + (1-t)y, t \in [0,1]$, 则 $\gamma : [0,1] \to E$ 连续, 因此 E 是道路连通的. 特别地, $\mathbb{R}$ 中的区间一定是道路连通的.

例 19.2.6　在 $\mathbb{R}^2$ 上定义 A 是函数 $y = \sin \dfrac{1}{x}$, $x \in (0,1]$ 的图像, 即 $A = \left\{ \left(x, \sin \dfrac{1}{x} \right) : x \in (0,1] \right\}$, $B = \{(0,y) : y \in [-1,1]\}$ 是 y 轴上的线段, 则可以证明 $E = A \cup B$ 是连通集, 但不是道路连通的 (参见《拓扑学引论》(江泽涵, 1978)).

§19.2.3　紧集和连通集上连续映射的性质

定理 19.2.7　设 $(X,d), (Y,\rho)$ 是度量空间, 映射 $f : X \to Y$ 连续, $A \subset X$ 是紧集, 则 $f(A)$ 是 Y 中的紧集, 即连续映射将紧集映为紧集.

证明　设 $\{V_\alpha : \alpha \in I\}$ 是 $f(A)$ 的任一开覆盖, 因为映射 $f : X \to Y$ 连续, 则 $f^{-1}(V_\alpha)$ 是 X 中的开集, 从而 $\{f^{-1}(V_\alpha) : \alpha \in I\}$ 是 A 的开覆盖. 由 A 的紧性知, 存在 $\alpha_1, \alpha_2, \cdots, \alpha_n \in I$ 使得 $A \subset \bigcup\limits_{i=1}^{n} f^{-1}(V_{\alpha_i})$, 则

$$f(A) \subset f\left(\bigcup_{i=1}^{n} f^{-1}(V_{\alpha_i})\right) = \bigcup_{i=1}^{n} f\left(f^{-1}(V_{\alpha_i})\right) \subset \bigcup_{i=1}^{n} V_{\alpha_i}.$$

因此 $f(A)$ 是 Y 中的紧集.　　　　　　　　　　　　　　　　　　　　　　　□

由定理 19.2.7知, 度量空间中的任意道路均是紧的.

下面给出度量空间中紧集上的连续映射的 Cantor-Heine 定理.

定理 19.2.8　设 (X, d) 是紧度量空间, (Y, ρ) 是度量空间, 映射 $f : X \to Y$ 连续, 则 f 在 X 上一致连续.

证明　对任何 $\varepsilon > 0, x \in X$, $B(f(x), \varepsilon)$ 是 Y 中的开集, 则 $f^{-1}(B(f(x), \varepsilon))$ 是 X 中的开集, 从而存在 $\delta_x > 0$, 使得 $B(x, \delta_x) \subset f^{-1}(B(f(x), \varepsilon))$. 而 $\left\{B\left(x, \dfrac{\delta_x}{2}\right) : x \in X\right\}$ 是 X 的开覆盖, 由 X 的紧性知, 存在 $x_1, x_2, \cdots, x_n \in X$, 使得 $X \subset \bigcup\limits_{i=1}^{n} B\left(x_i, \dfrac{\delta_{x_i}}{2}\right)$.

设 $\delta = \min\left\{\dfrac{\delta_{x_i}}{2} : 1 \leqslant i \leqslant n\right\}$, 则当 $x, y \in X$, 且 $d(x, y) < \delta$ 时, 存在 x_i, 使得 $x \in B\left(x_i, \dfrac{\delta_{x_i}}{2}\right)$. 因此

$$d(y, x_i) \leqslant d(x, y) + d(x, x_i) < \delta_{x_i},$$

即 $y \in B(x_i, \delta_{x_i})$, 则 $f(x), f(y) \in B(f(x_i), \varepsilon)$, 从而 $\rho(f(x), f(y)) < 2\varepsilon$, 因此 f 在 X 上一致连续.　　　　　　　　　　　　　　　　　　　　　　　□

定理 19.2.9　设 (X, d) 是紧度量空间, (Y, ρ) 是度量空间, 映射 $f : X \to Y$ 连续且可逆, 则 $f^{-1} : Y \to X$ 连续.

证明　设 $g = f^{-1} : Y \to X$, 我们只要证明: 对任何闭集 $U \subset X$, $g^{-1}(U)$ 是闭集即可.

因为 X 是紧集, 从而 U 是紧集. 由定理 19.2.7知, $f(U) \subset Y$ 是紧集, 从而 $f(U)$ 是闭的. 而由 f 可逆知, $g^{-1}(U) = f(U)$, 从而有 $g^{-1}(U) \subset Y$ 是闭集.　　　　　□

下面我们给出一个例子, 说明定理 19.2.9中的度量空间 (X, d) 非紧时, 结论不成立.

例 19.2.7　设 $f(t) = (\cos t, \sin t), t \in [0, 2\pi)$, S 是实平面 $\mathbb{R}^2$ 上圆心在原点的单位圆周, 则 $f : [0, 2\pi) \to S$ 是连续的可逆映射, 但 $f^{-1} : S \to [0, 2\pi)$ 在点 $(1, 0)$ 不连续.

定理 19.2.10　设 $(X, d), (Y, \rho)$ 是度量空间, 映射 $f : X \to Y$ 连续, $E \subset X$ 是连通的, 则 $f(E)$ 是 Y 中的连通集, 即连续映射将连通集映为连通集.

证明　假设结论不成立, 即 $f(E)$ 不连通, 则由推论 19.2.4知, 存在 $D \subset f(E)$ 是既开又闭的, 且 $D \neq f(E), D \neq \varnothing$. 又 f 连续, 由定理 19.1.3知, $f^{-1}(D) \subset E$ 既开又闭, 且 $f^{-1}(D) \neq E, f^{-1}(D) \neq \varnothing$, 这与 E 是连通的矛盾, 因此结论成立.　　　　　□

由定理 19.2.7和定理 19.2.10知:

推论 19.2.6　设 (X, d) 是紧度量空间, 函数 $f : X \to \mathbb{R}$ 连续, 则 f 在 X 上有界, 且最大值和最小值均存在.

推论 19.2.7　设 (X,d) 是连通的紧度量空间, 函数 $f: X \to \mathbb{R}$ 连续, 则:

(1) $f(X) \subset \mathbb{R}$ 是有界闭区间.

(2) 对任意的 $c \in [m, M]$, 存在 $x \in X$, 使得 $f(x) = c$, 其中 M, m 分别是 f 在 X 上的最大值和最小值.

推论 19.2.6 是度量空间中紧集上的连续函数的最值定理和有界性定理, 推论 19.2.7 是度量空间中连通紧集上的介值定理. 有界闭区间上连续函数的对应性质均是它们的特例.

下面讨论道路连通集上连续映射的性质.

定理 19.2.11　设 X, Y 是度量空间, $E \subset X$ 是道路连通的, 映射 $f: X \to Y$ 连续, 则 $f(E)$ 是 Y 中的道路连通集.

证明　对任意 $y_1, y_2 \in f(E)$, 存在 $x_1, x_2 \in E$, 使得 $y_1 = f(x_1), y_2 = f(x_2)$. 因为 E 是道路连通的, 则存在 $\varphi: I = [0,1] \to E$ 连续, 使得 $\varphi(0) = x_1, \varphi(1) = x_2$. 故 $f \circ \varphi: [0,1] \to f(E)$ 连续, 且 $f(\varphi(0)) = y_1, f(\varphi(1)) = y_2$, 则 $f(E)$ 是道路连通集. □

由例 19.2.6 知, 连通集不一定是道路连通的, 但道路连通集一定是连通的, 即有下面结论.

定理 19.2.12　道路连通集一定是连通的, 反之不成立.

证明　设 E 为道路连通集, 若 E 不是连通集, 则存在非空集 $A \subset E$ 既开又闭, 且 $A \neq E$. 取 $a \in A, b \in E \backslash A$, 因为 E 为道路连通集, 则存在连续映射 $f: I = [0,1] \to E$, 使得 $f(0) = a, f(1) = b$. 因为区间 I 是连通的, 映射 f 连续, 则由定理 19.2.10 知, $f(I)$ 是连通的.

因为 $A \subset E$ 既开又闭, 则 $A \cap f(I)$ 在 $f(I)$ 中既开又闭. 又 $a \in A \cap f(I), b \notin A \cap f(I)$, 则 $A \cap f(I) \neq \varnothing$, $A \cap f(I) \neq f(I)$, 与 $f(I)$ 连通矛盾, 故结论成立. □

在 $\mathbb{R}^n$ 中, $n = 1$ 时, 连通与道路连通等价 (均等价于区间); $n > 1$ 时, 可以证明对于开集来说, 连通与道路连通等价.

习题 19.2

A1. 证明: 离散度量空间中的紧集等价于有限点集.

A2. 设 (X, d) 是紧度量空间, (Y, ρ) 是度量空间, $F: X \to Y$ 连续且可逆, 证明: $F^{-1}: Y \to X$ 一致连续.

A3. 设 A, B 是度量空间 (X, d) 中紧集, 证明: 存在 $a \in A, b \in B$, 使得 $d(a, b) = \sup\{d(x, y): x \in A, y \in B\}$.

B4. 设 (X, d) 是紧度量空间, $F: X \to X$ 满足: $d(Fx, Fy) < d(x, y), x, y \in X, x \neq y$. 证明: F 的不动点存在唯一.

A5. 设 $f: [0,1] \to [0,1]$ 连续, 证明: f 在 $[0,1]$ 上存在不动点.

A6. 证明推论 19.2.3.

B7. 设区间 $I \subset \mathbb{R}$, $f: I \to \mathbb{R}$ 连续, 证明: 其图像 $G(f) = \{(x, f(x)): x \in I\}$ 在 $\mathbb{R}^2$ 中道路连通.

B8. 证明: 不存在由 $[0,1]$ 到圆周上的连续的双射.

B9. 设 A, B 是度量空间 X 中道路连通集, 且 $A \cap B$ 非空, 证明: $A \cup B$ 道路连通.

B10. 设 A, B 是度量空间 X 中连通集, 且 $A \cap B$ 非空. (1) 证明: $A \cup B$ 连通; (2) 举例说明 $A \cap B$ 不一定连通; (3) 若 $X = \mathbb{R}$, 则 $A \cap B$ 连通.

C11. (非紧集上连续函数性质) 设 $f: D \to \mathbb{R}$ 连续, 其中 $D \subset \mathbb{R}^n$ 是区域.

(1) 若 f 在 D 中可微, 且 f' 在 D 中有界, 能否得到 f 在 D 中一致连续? 反之, 若 f 在 D 中一致连续, 能否得到 f' 在 D 中有界?

(2) 若 f 在 D 中一致连续, $a \in \partial D$, 能否得到 $\lim\limits_{x \to a} f(x)$ 存在有限?

(3) 若 D 有界, 且对任意的 $a \in \partial D$, $\lim\limits_{x \to a} f(x)$ 存在有限, 问: f 在 D 中一致连续吗?

(4) 若 $D = \mathbb{R}^n$, 且 $\lim\limits_{\|x\| \to +\infty} f(x)$ 存在有限, 问: f 在 $\mathbb{R}^n$ 中一致连续吗?

(5) 若 f 在 $\mathbb{R}^n$ 中一致连续, 问: $\lim\limits_{\|x\| \to +\infty} f(x)$ 存在有限吗?

(6) 若 f 在 $\mathbb{R}^n$ 中有界且一致连续, 问: $\lim\limits_{\|x\| \to +\infty} f(x)$ 存在有限吗?

§19.3 度量空间中映射列的一致收敛性

在第 15 章, 我们学习了一元函数列和一元函数项级数的一致收敛性及其性质, 本节我们将学习一般集合和度量空间上的映射列的一致收敛性和函数项级数的一致收敛性, 以及其性质.

§19.3.1 映射列的收敛与一致收敛性

定义 19.3.1 设 E 是非空集合, (Y, ρ) 是度量空间, $f, f_n : E \to Y, n = 1, 2, \cdots$. 若对任意 $x \in E$,

$$\lim_{n \to \infty} f_n(x) = f(x),$$

则称映射列 $\{f_n(x)\}$ 在 E 上 (依度量 ρ)**(逐点) 收敛** (pointwise convergence) 于 $f(x)$.

定义 19.3.2 设 E 是非空集合, (Y, ρ) 是度量空间, $f, f_n : E \to Y, n = 1, 2, \cdots$. 若对任意 $\varepsilon > 0$, 存在正整数 N, 使得当 $n > N$ 时有

$$\rho(f_n(x), f(x)) < \varepsilon, \quad \forall x \in E$$

成立, 则称映射列 $\{f_n(x)\}$ 在 E 上 (依度量 ρ) **一致收敛** (uniform convergence) 于 $f(x)$.

显然, 一致收敛强于逐点收敛. 集合上映射列的收敛和一致收敛的很多性质及其证明方法类似于一元函数列的收敛和一致收敛性质, 这里只给出部分性质, 其余请读者补充.

定理 19.3.1 (Cauchy 收敛准则) 设 E 是非空集合, (Y, ρ) 是完备的度量空间, $f_n : E \to Y, n = 1, 2, \cdots$, 则 $\{f_n(x)\}$ 在 E 上一致收敛的充要条件是: 对任意 $\varepsilon > 0$, 存在正整数 N, 使得当 $n, m > N$ 时, 有

$$\rho(f_n(x), f_m(x)) < \varepsilon, \quad \forall x \in E.$$

下面给出一致收敛的判别方法.

定理 19.3.2 设 E 是非空集合, (Y, ρ) 是度量空间, $f, f_n : E \to Y, n = 1, 2, \cdots$, 令

$$M_n = \sup_{x \in E} \rho(f_n(x), f(x)),$$

则 $\{f_n(x)\}$ 在 E 上一致收敛于 $f(x)$ 的充要条件是: $\lim\limits_{n \to \infty} M_n = 0$.

定理 19.3.1与定理 19.3.2的证明留作习题.

定理 19.3.3 设 E 是非空集合, (Y, ρ) 是度量空间, $\{f_n(x)\}$ 在 E 上一致收敛于 $f(x)$, 且对任意的 $n = 1, 2, \cdots, f_n(E) \subset Y$ 有界, 则 $f(E) \subset Y$ 有界.

证明　因为 $\{f_n(x)\}$ 在 E 上一致收敛于 $f(x)$, 则对 $\varepsilon = 1$, 存在正整数 N, 使得当 $n \geqslant N$ 时, 有

$$\rho(f_n(x), f(x)) < \varepsilon, \quad x \in E.$$

又 $f_N(E) \subset Y$ 有界, 即存在 $y_0 \in Y, M > 0$, 使得 $\rho(f_N(x), y_0) \leqslant M, x \in E$. 从而

$$\rho(f(x), y_0) \leqslant \rho(f_N(x), y_0) + \rho(f_N(x), f(x)) < M + 1, \quad x \in E,$$

因此 $f(E) \subset Y$ 有界.　　　　　　　　　　　　　　　　　　　　　　□

定理 19.3.4　设 $(X, d), (Y, \rho)$ 是度量空间, $f_n : X \to Y$ 在 $x_0 \in X$ 点连续 $(n = 1, 2, \cdots)$, 且 $\{f_n(x)\}$ 在 X 上一致收敛于 $f(x)$, 则 f 在 x_0 点连续, 即

$$\lim_{x \to x_0} \lim_{n \to \infty} f_n(x) = \lim_{n \to \infty} \lim_{x \to x_0} f_n(x).$$

证明　因为 $\{f_n(x)\}$ 一致收敛于 $f(x)$, 则对任意 $\varepsilon > 0$, 存在正整数 N, 使得当 $n \geqslant N$ 时, 有

$$\rho(f_n(x), f(x)) < \varepsilon, \quad x \in X.$$

又 $f_N : X \to Y$ 在 x_0 点连续, 则存在 $\delta > 0$, 使得在 $d(x, x_0) < \delta$ 时, 有

$$\rho(f_N(x), f_N(x_0)) < \varepsilon,$$

则当 $d(x, x_0) < \delta$ 时,

$$\rho(f(x), f(x_0)) \leqslant \rho(f_N(x), f(x)) + \rho(f_N(x), f_N(x_0)) + \rho(f_N(x_0), f(x_0)) < 3\varepsilon,$$

故 f 在 x_0 连续, 则 $\lim\limits_{x \to x_0} f(x) = f(x_0) = \lim\limits_{n \to \infty} f_n(x_0)$, 即

$$\lim_{x \to x_0} \lim_{n \to \infty} f_n(x) = \lim_{n \to \infty} \lim_{x \to x_0} f_n(x).$$ 　　□

在上面定理中, 若将 $\{f_n(x)\}$ 在 X 上一致收敛条件减弱为在 x_0 点的某一邻域中一致收敛, 结论依旧成立; 但若将一致收敛条件减弱为逐点收敛, 则结论不一定成立.

例 19.3.1　设函数 $f_n : \mathbb{R}^2 \to \mathbb{R}$ 定义为

$$f_n(x, y) = \begin{cases} 1, & x > \dfrac{1}{n}, & y \in \mathbb{R}, \\[2mm] nx, & -\dfrac{1}{n} \leqslant x \leqslant \dfrac{1}{n}, & y \in \mathbb{R}, \\[2mm] -1, & x < -\dfrac{1}{n}, & y \in \mathbb{R}, \end{cases}$$

则 $\{f_n(x, y)\}$ 在 $\mathbb{R}^2$ 上逐点收敛于函数 $f(x, y) = \mathrm{sgn}(x)$, 但不是一致收敛的, 注意到 f_n 在 $\mathbb{R}^2$ 上连续, 但 y 轴上的点是 $f(x, y)$ 的间断点.

例 19.3.2　设函数 $f_n : \mathbb{R}^2 \to \mathbb{R}$ 定义为

$$f_n(x, y) = \begin{cases} 0, & 0 \leqslant x^2 + y^2 < \dfrac{1}{n+1}, \\[2mm] \sin^2 \dfrac{\pi}{x^2 + y^2}, & \dfrac{1}{n+1} \leqslant x^2 + y^2 \leqslant \dfrac{1}{n}, \\[2mm] 0, & x^2 + y^2 > \dfrac{1}{n}, \end{cases}$$

则 $f_n(x,y)$ 在 $\mathbb{R}^2$ 上连续, 且 $f_n(0,0) = 0$, 在 $x^2 + y^2 > 0$ 时, n 充分大时 $f_n(x,y) = 0$, 因此 $\{f_n(x,y)\}$ 在 $\mathbb{R}^2$ 上逐点收敛于零函数, 但 $\sup\limits_{(x,y)\in\mathbb{R}^2} |f_n(x,y)| = 1$, 因此 $\{f_n(x,y)\}$ 在 $\mathbb{R}^2$ 上不一致收敛于零函数.

例 19.3.2说明, 定理 19.3.4的逆命题不成立, 即点态收敛但非一致收敛的连续函数列的极限可能连续.

设 $(X,d),(Y,\rho)$ 是度量空间, 且 X 是紧的, 若 $f: X \to Y$ 连续, 则 $f(X) \subset Y$ 是紧集, 从而一定有界. 定义 $C(X,Y) = \{f:\ f: X \to Y\ 连续\ \}$, 若 $f,g \in C(X,Y)$, 则 $\rho(f(x),g(x))$ 在紧集 X 上连续, 从而其最值存在. 在 $C(X,Y)$ 上定义

$$\sigma(f,g) = \max_{x\in X} \rho(f(x),g(x)), \quad f,g \in C(X,Y),$$

则有下面结论成立.

定理 19.3.5　设 (X,d) 是紧度量空间, (Y,ρ) 是度量空间, 则 $(C(X,Y),\sigma)$ 是度量空间.

定理 19.3.5证明留作习题.

由定理 19.3.2可知, 在 $(C(X,Y),\sigma)$ 中, $f_n \to f \Leftrightarrow \sigma(f_n,f) \to 0 \Leftrightarrow \{f_n(x)\}$ 在 X 上一致收敛于 $f(x)$. 因此由定理 19.3.1和定理 19.3.4知下面结论成立.

定理 19.3.6　设 (X,d) 是紧度量空间, (Y,ρ) 是完备度量空间, 则 $(C(X,Y),\sigma)$ 完备.

类似地, 设 (X,d) 是紧度量空间, $(Y,\|\cdot\|)$ 是赋范空间, 在 $C(X,Y)$ 上定义连续映射的通常的加法与数乘运算, 则 $C(X,Y)$ 是线性空间. 在 $C(X,Y)$ 上定义范数:

$$\|f\| = \max_{x\in X} \|f(x)\|, \quad f \in C(X,Y),$$

则 $C(X,Y)$ 是赋范空间; 且若 Y 完备, 则 $C(X,Y)$ 是 Banach 空间.

§19.3.2　度量空间上的函数项级数的一致收敛性

下面我们来研究非空集合 X 上的函数项级数 $\sum\limits_{n=1}^{\infty} u_n(x)$, 其中 $u_n: X \to \mathbb{R}$. 定义部分和函数:

$$S_n(x) = \sum_{i=1}^{n} u_i(x), \quad x \in X.$$

定义 19.3.3　(1) 若对于任意 $x \in X$, 部分和函数列 $\{S_n(x)\}$ 收敛于 $S(x)$, 则称 $\sum\limits_{n=1}^{\infty} u_n(x)$ 在 X 上 **(逐点) 收敛** (pointwise convergence) 于 $S(x)$, 并称 $S(x)$ 是 $\sum\limits_{n=1}^{\infty} u_n(x)$ 的**和函数**, 记为

$$S(x) = \sum_{n=1}^{\infty} u_n(x), \quad x \in X.$$

(2) 若部分和函数列 $\{S_n(x)\}$ 在 X 上一致收敛于 $S(x)$, 则称 $\sum\limits_{n=1}^{\infty} u_n(x)$ 在 X 上**一致收敛** (uniform convergence) 于 $S(x)$.

与一元实函数项级数性质类似, 我们可以研究集合上的函数项级数的收敛性与一致收敛性. 下面仅给出其中部分性质, 其余请读者思考研究.

定理 19.3.7 (Cauchy 收敛准则)　$\sum\limits_{n=1}^{\infty} u_n(x)$ 在 X 上一致收敛的充要条件是: 对任意 $\varepsilon > 0$, 存在正整数 N, 使得当 $m > n > N$ 时, 有

$$\left| \sum_{i=n}^{m} u_i(x) \right| < \varepsilon, \quad x \in X.$$

定理 19.3.8 (一致收敛的必要条件)　若 $\sum\limits_{n=1}^{\infty} u_n(x)$ 在 X 上一致收敛, 则 $\{u_n(x)\}$ 在 X 上一致收敛于 0.

定理 19.3.9 (优级数判别法 (majorant series test))　若 $|u_n(x)| \leqslant c_n, x \in X, n = 1, 2, \cdots$, 且 $\sum\limits_{n=1}^{\infty} c_n$ 收敛, 则 $\sum\limits_{n=1}^{\infty} u_n(x)$ 在 X 上一致收敛.

优级数判别法也称为 Weierstrass 判别法. 定理 19.3.7~ 定理 19.3.9 的证明与一元函数项级数类似, 请自证.

定理 19.3.10 (Abel-Dirichlet 判别法)　如果以下两个条件至少有一个成立, 则函数项级数 $\sum\limits_{n=1}^{\infty} u_n(x)v_n(x)$ 在 X 上一致收敛.

(1) (Abel 判别法)　函数列 $\{u_n(x)\}$ 对每一固定的 $x \in X$ 关于 n 是单调的, 且 $\{u_n(x)\}$ 在 X 上一致有界, 即存在正常数 M, 使得

$$|u_n(x)| \leqslant M, \quad \forall x \in X, \quad \forall n \in \mathbb{N}^+;$$

同时, $\sum\limits_{n=1}^{\infty} v_n(x)$ 在 X 上一致收敛.

(2) (Dirichlet 判别法)　$\{u_n(x)\}$ 对每一固定的 $x \in X$ 关于 n 是单调的, 且 $\{u_n(x)\}$ 在 X 上一致收敛于 0; 同时, 函数项级数 $\sum\limits_{n=1}^{\infty} v_n(x)$ 的部分和序列在 X 上一致有界, 即存在正常数 M, 使得

$$\left| \sum_{k=1}^{n} v_k(x) \right| \leqslant M, \quad \forall x \in X, \quad \forall n \in \mathbb{N}^+.$$

证明　(1) 由 $\sum\limits_{n=1}^{\infty} v_n(x)$ 在 X 上的一致收敛性, 对任意给定的 $\varepsilon > 0$, 存在正整数 N, 使得对任意的 $m > n > N$ 与 $\forall x \in X$, 成立

$$\left| \sum_{k=n+1}^{m} v_k(x) \right| < \varepsilon.$$

应用 Abel 引理, 得到

$$\left| \sum_{k=n+1}^{m} u_k(x)v_k(x) \right| \leqslant \varepsilon(|u_{n+1}(x)| + 2|u_m(x)|) \leqslant 3M\varepsilon$$

对任意 $m > n > N$ 与任何 $x \in X$ 成立. 由 Cauchy 收敛准则知, $\sum\limits_{n=1}^{\infty} u_n(x)v_n(x)$ 在 X 上一致收敛.

(2) 由 $\{u_n(x)\}$ 在 X 上一致收敛于 0, 对任意给定的 $\varepsilon > 0$, 存在正整数 N, 当 $n > N$ 时, 成立

$$|u_n(x)| < \varepsilon, \quad \forall x \in X.$$

由于对一切 $m > n > N$,

$$\left| \sum_{k=n+1}^{m} v_k(x) \right| = \left| \sum_{k=1}^{m} v_k(x) - \sum_{k=1}^{n} v_k(x) \right| \leqslant 2M, \quad \forall x \in X.$$

应用 Abel 引理, 得到

$$\left| \sum_{k=n+1}^{m} u_k(x) v_k(x) \right| \leqslant 2M(|u_{n+1}(x)| + 2|u_m(x)|) < 6M\varepsilon, \quad \forall x \in X$$

根据 Cauchy 收敛原理, $\sum\limits_{n=1}^{\infty} u_n(x) v_n(x)$ 在 X 上一致收敛. $\qquad\square$

例 19.3.3 设 $\{a_n\}$ 是数列, 称 $\sum\limits_{n=1}^{\infty} \dfrac{a_n}{n^x}$ 为 Dirichlet 级数. 若存在 $x_0 \in \mathbb{R}$, 使得 $\sum\limits_{n=1}^{\infty} \dfrac{a_n}{n^{x_0}}$ 收敛. 证明: (1) $\sum\limits_{n=1}^{\infty} \dfrac{a_n}{n^x}$ 在 $[x_0, +\infty)$ 上一致收敛; (2) $\sum\limits_{n=1}^{\infty} \dfrac{a_n}{n^x}$ 在 $(x_0 + 1, +\infty)$ 上绝对收敛.

证明 (1) 显然 $\left\{ \dfrac{1}{n^{x-x_0}} \right\}$ 关于 n 单调递减, 且对任意 n 成立

$$\left| \frac{1}{n^{x-x_0}} \right| \leqslant 1, \quad x \in [x_0, +\infty).$$

数项级数 $\sum\limits_{n=1}^{\infty} \dfrac{a_n}{n^{x_0}}$ 收敛意味着它关于 x 一致收敛, 由 Abel 判别法, 得到 $\sum\limits_{n=1}^{\infty} \dfrac{a_n}{n^x}$ 在 $[x_0, +\infty)$ 上一致收敛.

(2) 因为 $\sum\limits_{n=1}^{\infty} \dfrac{a_n}{n^{x_0}}$ 收敛, 则 $\dfrac{a_n}{n^{x_0}} \to 0$. 因此存在 $M > 0$, 使得 $\left| \dfrac{a_n}{n^{x_0}} \right| \leqslant M, n = 1, 2, \cdots$. 当 $x \in (x_0 + 1, +\infty)$, $\left| \dfrac{a_n}{n^x} \right| \leqslant \dfrac{M}{n^{x-x_0}}$, 则由比较判别法知, $\sum\limits_{n=1}^{\infty} \dfrac{a_n}{n^x}$ 绝对收敛. $\qquad\square$

注意到, 例 19.3.3 中的 Dirichlet 级数在区间 $(x_0 + 1, +\infty)$ 上绝对收敛且一致收敛, 但不一定绝对一致收敛. 例如, 级数

$$\sum_{n=2}^{\infty} \frac{(-1)^n}{n^x \ln n}$$

在 $x_0 = 0$ 收敛, 在 $(1, +\infty)$ 上绝对收敛且一致收敛, 但不是绝对一致收敛的, 因为在 $x = 1$ 时, 级数 $\sum\limits_{n=2}^{\infty} \dfrac{1}{n \ln n}$ 发散.

(复)Dirichlet 级数在解析数论研究中非常重要, 著名的 Riemann ζ 函数就是 Dirichlet 级数取 $a_n \equiv 1$ 的特殊情形.

下面讨论紧度量空间上的函数列的一致收敛性. 本节中将 $C(X, \mathbb{R})$ 简记为 $C(X)$, 因为 $\mathbb{R}$ 是线性空间, 因此 $C(X)$ 也是线性空间. 在 $C(X)$ 中定义

$$\|f\| = \max_{x \in X} |f(x)|, \ f \in C(X),$$

则 $(C(X), \|\cdot\|)$ 是赋范空间, 范数诱导的度量为 $\sigma(f,g) = \|f-g\|$. 又由实数集的完备性知, $C(X)$ 完备.

定理 19.3.11 (Dini 定理)　设 (X,d) 是紧度量空间, 若

(1) $f, f_n \in C(X) (n = 1, 2, \cdots)$;

(2) $\{f_n(x)\}$ 在 X 上逐点收敛于 $f(x)$;

(3) 对任意的 $x \in X, \{f_n(x)\}$ 关于 n 单减,

则 $\{f_n(x)\}$ 在 X 上一致收敛于 f.

证明　设 $g_n(x) = f_n(x) - f(x)$, 因为对任意的 $x \in X, \{f_n(x)\}$ 关于 n 单减, 则 $g_n(x) = f_n(x) - f(x) \geqslant 0$, 连续且对任意的 $x \in X, \{g_n(x)\}$ 是单调递减收敛于 0, 下面证明 $\{g_n(x)\}$ 在 X 上一致收敛于 0.

对任意 $\varepsilon > 0$, 令 $K_n = \{x \in X : g_n(x) \geqslant \varepsilon\} = g_n^{-1}([\varepsilon, +\infty))$.

由 $g_n(x)$ 连续性知, $K_n \subset X$ 是闭集, 又因为 X 是紧的, 从而 K_n 是紧集. 由 $g_n(x)$ 单减知, $K_{n+1} \subset K_n, n = 1, 2, \cdots$.

假设对任意的 n, K_n 都非空, 则渐缩列 $\{K_n\}$ 中任意有限个交非空, 由定理 19.2.3 知, $\bigcap\limits_{n=1}^{\infty} K_n \neq \varnothing$, 因此存在 $x_0 \in K_n$ 对所有 n 成立, 即 $g_n(x_0) \geqslant \varepsilon$. 这与 $g_n(x_0) \to 0$ 矛盾, 因此存在 n 使得 K_n 是空集. 由 $K_{n+1} \subset K_n$ 知, 存在正整数 N, 使得当 $n > N$ 时, K_n 是空集, 即对任意 $x \in X, 0 \leqslant g_n(x) < \varepsilon, \forall n > N$, 因此 $\{g_n(x)\}$ 在 X 上一致收敛于 0.　□

显然, 若对任意的 $x \in X, \{f_n(x)\}$ 关于 n 单增, 结论同样成立. Dini 定理说明, $C(X)$ 中逐点收敛于连续函数的单调函数列, 一定是依 $C(X)$ 中的范数收敛的.

由例 19.3.1 知, 若定理中的单调性条件不满足时, 结论不一定成立; 同样, 紧性条件也是必不可少的, 例如:

例 19.3.4　设 $D = \{(x,y) : 0 < x^2 + y^2 \leqslant 1\}$, 函数 $f_n : D \to \mathbb{R}$ 定义为

$$f_n(x,y) = \frac{1}{n(x^2 + y^2) + 1}, \quad (x,y) \in D,$$

则对任意 $(x,y) \in D, f_n(x,y)$ 单调递减, $f_n(x,y)$ 在 D 上连续且逐点收敛于 0, 但

$$\sup_{(x,y) \in D} |f_n(x,y)| = 1.$$

因此 $\{f_n(x,y)\}$ 在 D 上不一致收敛于零函数.

例 19.3.5　设 $f_n(x) = \left(1 + \dfrac{x}{n}\right)^n, n = 1, 2, \cdots$. 证明: $\{f_n(x)\}$ 在任意有界区间 I 上一致收敛.

证明　对任意 $x \in \mathbb{R}, f_n(x)$ 逐点收敛于连续函数 $f(x) = e^x$, 且 $\{f_n(x)\}$ 严格单增, 由 Dini 定理知, $\{f_n(x)\}$ 在任意有界闭区间 $[a, b]$ 上一致收敛, 从而在任意有界区间 I 上一致收敛.　□

由定理 19.3.4 和函数列的 Dini 定理 (定理 19.3.11) 容易得到函数项级数的 Dini 定理.

定理 19.3.12 (Dini 定理)　设 (X,d) 是紧度量空间, $u_n \in C(X), u_n(x) \geqslant 0 (n = 1, 2, \cdots)$, $\sum\limits_{n=1}^{\infty} u_n(x)$ 在 X 上逐点收敛于 $S(x)$, 则 $\sum\limits_{n=1}^{\infty} u_n(x)$ 在 X 上一致收敛的充要条件是 $S \in C(X)$.

例 19.3.6 设 $u_n(x), v_n(x)$ 在区间 (a, b) 上连续, 且

$$|u_n(x)| \leqslant v_n(x), \quad \forall n \in \mathbb{N}^+. \tag{19.3.1}$$

证明: 若 $\sum\limits_{n=1}^{\infty} v_n(x)$ 在 (a, b) 内点态收敛于一个连续函数, 则 $\sum\limits_{n=1}^{\infty} u_n(x)$ 也必然在 (a, b) 内收敛于一个连续函数.

证明 由 Dini 定理知, $\sum\limits_{n=1}^{\infty} v_n(x)$ 在 (a, b) 中内闭一致收敛, 再由 Cauchy 收敛准则及不等式 (19.3.1) 知, $\sum\limits_{n=1}^{\infty} u_n(x)$ 在 (a, b) 中内闭一致收敛, 则由定理 19.3.4 知, 其和函数在 (a, b) 中连续. □

例 19.3.7 讨论函数项级数 $\sum\limits_{n=1}^{\infty} \dfrac{x}{(1+|x|)^n}$ 在有界区间上的一致收敛性.

解 $x \neq 0$ 时, 无穷级数是定号的等比级数, 所以

$$S(x) = \sum_{n=1}^{\infty} \frac{x}{(1+|x|)^n} = \begin{cases} 1, & x > 0, \\ 0, & x = 0, \\ -1, & x < 0, \end{cases}$$

$S(x)$ 在零点不连续, 因此在包含 $x = 0$ 的任意区间上都是不一致收敛的. 对任意有界闭区间 $[a, b], ab > 0$, 由 Dini 定理知一致收敛, 因此在不包含 $x = 0$ 的任意有界区间上都是一致收敛的.

在第 15 章中, 我们讨论了有界闭区间上一致收敛的函数列的极限和积分顺序交换问题, 这里我们讨论 $\mathbb{R}^n$ 中的有界闭区域上函数列的极限和积分运算顺序交换问题.

定理 19.3.13 设 $\Omega \subset \mathbb{R}^n$ 是可求体积的有界闭区域, $f_n : \Omega \to \mathbb{R}$ 连续, 函数列 $\{f_n(x)\}$ 在 Ω 上一致收敛于 $f(x)$, 则 $f(x)$ 在 Ω 上可积, 且

$$\int_{\Omega} f(x) \mathrm{d}x = \lim_{n \to \infty} \int_{\Omega} f_n(x) \mathrm{d}x. \tag{19.3.2}$$

证明 由定理 19.3.4, $f(x)$ 在 Ω 上连续, 因而在 Ω 上可积. 由于 $\{f_n(x)\}$ 在 Ω 上一致收敛于 $f(x)$, 所以对任意给定的 $\varepsilon > 0$, 存在正整数 N, 当 $n > N$ 时,

$$|f_n(x) - f(x)| < \varepsilon, \quad \forall x \in \Omega,$$

于是

$$\left| \int_{\Omega} f_n(x) \mathrm{d}x - \int_{\Omega} f(x) \mathrm{d}x \right| \leqslant \int_{\Omega} |f_n(x) - f(x)| \, \mathrm{d}x < |\Omega| \varepsilon,$$

其中 $|\Omega|$ 是有界闭区域 Ω 的体积. 因此式 (19.3.2) 成立. □

§19.3.3　度量空间上函数集的等度连续性与函数列的一致收敛性 *

本小节我们将学习度量空间上的函数集的一种新的一致性——等度连续. 它与函数列的一致收敛性关系密切.

定义 19.3.4 设 (X, d) 是度量空间, 函数集 $\mathfrak{M} \subset C(X)$, 若对任意的 $\varepsilon > 0$, 存在 $\delta > 0$, 对任意的 $x, y \in X$, 只要 $d(x, y) < \delta$, 就有

$$|f(x) - f(y)| < \varepsilon, \quad f \in \mathfrak{M}$$

成立, 则称函数集 $\mathfrak{M}$ 是**等度连续** (equicontinuous) 集.

显然, 等度连续函数集中的每一个函数都是一致连续的, 且若 $\mathfrak{M}$ 是有限个一致连续函数的集合, 则一定是等度连续的.

例 19.3.8   设 $\mathfrak{M}$ 是区间 I 上的可微函数集, 且存在 $M > 0$, 使得对任意的 $x \in I, f \in \mathfrak{M}$ 都有 $|f'(x)| \leqslant M$, 则

$$|f(x) - f(y)| \leqslant M|x - y|, x, y \in I, f \in \mathfrak{M}.$$

因此 $\mathfrak{M}$ 是等度连续集.

我们知道逐点收敛的连续函数列的极限函数不一定连续, 但逐点收敛的等度连续函数列的极限函数一致连续.

定理 19.3.14   设函数列 $\{f_n\} \subset C(X)$ 等度连续, 且 $\{f_n(x)\}$ 在 X 上逐点收敛于 $f(x)$, 则 $f(x)$ 在 X 上是一致连续的.

证明   因为 $\{f_n(x)\} \subset C(X)$ 等度连续, 则对任意的 $\varepsilon > 0$, 存在 $\delta > 0$, 对任意的 $x, y \in X$, 只要 $d(x, y) < \delta$, 就有

$$|f_n(x) - f_n(y)| < \varepsilon, \quad n = 1, 2, \cdots,$$

令 $n \to \infty$, 因为 $\{f_n(x)\}$ 在 X 上逐点收敛于 $f(x)$, 则 $|f(x) - f(y)| \leqslant \varepsilon$, 即 $f(x)$ 在 X 上一致连续.   □

例 19.3.9   设 $f_n(x) = x^n, x \in [0, 1], n = 1, 2, \cdots$, 则 $\{f_n(x)\}$ 在 $[0, 1]$ 上逐点收敛于

$$f(x) = \begin{cases} 0, & x \in [0, 1), \\ 1, & x = 1. \end{cases}$$

因为 f 在 $x = 1$ 不连续, 因此 $\{f_n(x)\}$ 在 $[0, 1]$ 上既非等度连续也非一致收敛.

例 19.3.10   设 $f_n(x) = x^2 + \dfrac{1}{n}, x \in \mathbb{R}, n = 1, 2, \cdots$, 则 $\{f_n(x)\}$ 在 $\mathbb{R}$ 上一致收敛于 $f(x) = x^2$, 但因为 $f(x) = x^2$ 在 $\mathbb{R}$ 上不一致连续, 因此 $\{f_n(x)\}$ 不是等度连续集.

注意到, 两个等度连续的集的并, 依旧是等度连续的, 但两个一致收敛的函数列依次间隔排列得到的新函数列不一定收敛, 因此等度连续的函数列不一定收敛, 当然也就不一定一致收敛.

定理 19.3.15   设 (X, d) 是紧度量空间, $\{f_n(x)\}$ 在 X 上逐点收敛于 $f(x)$, 则函数列 $\{f_n\} \subset C(X)$ 等度连续的充要条件是: $\{f_n(x)\}$ 在 X 上一致收敛于 $f(x)$.

证明   **充分性**   若 $\{f_n(x)\}$ 在 X 上一致收敛, 则由 Cauchy 收敛准则知, 对任意 $\varepsilon > 0$, 存在正整数 N, 使得当 $n, m \geqslant N$ 时, 有

$$|f_n(x) - f_m(x)| < \varepsilon, \quad x \in E$$

因此

$$|f_n(x) - f_N(x)| < \varepsilon, \quad x \in E, n > N, \tag{19.3.3}$$

因为 X 紧, 则对任意的 $n = 1, 2, \cdots, f_n(x)$ 在 X 一致连续, 从而 $\{f_n(x)\}_{n=1}^N$ 是等度连续的, 即存在 $\delta > 0$, 使得对任意的 $x, y \in X$, 只要 $d(x, y) < \delta$, 就有

$$|f_n(x) - f_n(y)| < \varepsilon, \quad n = 1, 2, \cdots, N.$$

当 $n > N$ 时, 由式 (19.3.3) 知, 对任意的 $x, y \in X$, 且 $d(x, y) < \delta$, 有

$$|f_n(x) - f_n(y)| \leqslant |f_n(x) - f_N(x)| + |f_N(x) - f_N(y)| + |f_n(y) - f_N(y)| < 3\varepsilon.$$

因此 $\{f_n(x)\}$ 等度连续.

必要性 若函数列 $\{f_n(x)\} \subset C(X)$ 等度连续, 则对任意 $\varepsilon > 0$, 存在 $\delta' > 0$, 使得对任意的 $x, y \in X$, 只要 $d(x, y) < \delta'$, 就有

$$|f_n(x) - f_n(y)| < \varepsilon, \quad n = 1, 2, \cdots.$$

由定理 19.3.14知, $f(x)$ 在 X 上一致连续, 因此存在 $\delta > 0, \delta \leqslant \delta'$, 使得对任意的 $x, y \in X$, 只要 $d(x, y) < \delta$, 就有

$$|f(x) - f(y)| < \varepsilon.$$

注意到,

$$X = \bigcup_{x \in X} B(x, \delta),$$

则由 X 的紧性知, 存在 $x_1, \cdots, x_k \in X$, 使得

$$X = \bigcup_{i=1}^{k} B(x_i, \delta).$$

因为 $\{f_n(x)\}$ 在 X 上逐点收敛于 $f(x)$, 则存在正整数 N, 使得当 $n > N$ 时, 有

$$|f_n(x_i) - f(x_i)| < \varepsilon, \quad i = 1, 2, \cdots, k.$$

因此对任意 $x \in X$, 存在 $i \in \{1, 2, \cdots, k\}$, 使得 $d(x, x_i) < \delta$, 故对任意的 $n > N$, 有

$$|f_n(x) - f(x)| \leqslant |f_n(x) - f_n(x_i)| + |f_n(x_i) - f(x_i)| < 2\varepsilon,$$

即 $\{f_n(x)\}$ 在 X 上一致收敛于 $f(x)$. $\qquad\square$

事实上, 等度连续性不仅与一致收敛性密切相关, 而且与 $C(X)$ 中的列紧性密切相关, 我们不加证明地给出分析学中非常重要的 Arzela-Ascoli 定理 (参见 *A Course in Functional Analysis*(Conway, 1985)).

定理 19.3.16 设 (X, d) 是紧度量空间, 则函数集 $\mathfrak{M} \subset C(X)$ 列紧的充要条件是 $\mathfrak{M}$ 是 $C(X)$ 中有界的等度连续集.

Arzela-Ascoli 定理说明, $C(X)$ 中有界的等度连续函数列一定有一致收敛的子列存在.

§19.3.4 Stone-Weierstrass 定理 *

在前面我们学习了函数的 Taylor 级数, 即用多项式函数 (Taylor 多项式) 去逼近连续函数, 但是我们知道函数可以展成 Taylor 级数的条件非常强. 下面我们在非常弱的条件下证明连续函数可以用多项式函数 (非 Taylor 多项式) 来一致逼近.

定理 19.3.17 (Stone-Weierstrass 定理) 设 $f : [a, b] \to \mathbb{R}$ 连续, 则存在实系数多项式函数列 $\{P_n(x)\}$, 使得 $\{P_n(x)\}$ 在 $[a, b]$ 上一致收敛于 $f(x)$.

证明 不妨设 $[a, b] = [0, 1], f(1) = f(0) = 0$, 否则令

$$t = \frac{x - a}{b - a}, \quad g(t) = f(x) - f(a) - t(f(b) - f(a))$$

即可.

设 $f(x) = 0, x \in (-\infty, 0) \cup (1, +\infty)$, 则 f 的定义域扩展到 $\mathbb{R}$ 上, 且在 $\mathbb{R}$ 上一致连续.

设

$$Q_n(x) = c_n(1-x^2)^n, \quad n = 1, 2, \cdots,$$

其中 c_n 满足:

$$\int_{-1}^{1} Q_n(x)\mathrm{d}x = 1, \quad n = 1, 2, \cdots.$$

因为 $Q_n(x)$ 是非负的偶函数, 则

$$\int_{-1}^{1} (1-x^2)^n\mathrm{d}x \geqslant 2\int_{0}^{\frac{1}{\sqrt{n}}} (1-x^2)^n\mathrm{d}x.$$

而 $(1-t)^n \geqslant 1 - nt, t \in (0,1)$, 故

$$\int_{-1}^{1} (1-x^2)^n\mathrm{d}x \geqslant 2\int_{0}^{\frac{1}{\sqrt{n}}} (1-nx^2)\mathrm{d}x = \frac{4}{3\sqrt{n}} > \frac{1}{\sqrt{n}}.$$

因此 $c_n < \sqrt{n}$.

对任意的 $\delta > 0$, 当 $\delta \leqslant |x| \leqslant 1$ 时, 有 $Q_n(x) < \sqrt{n}(1-\delta^2)^n$, 则在 $[-1, -\delta] \cup [\delta, 1]$ 上 $Q_n(x)$ 一致收敛于 0.

令

$$P_n(x) = \int_{-1}^{1} f(x+t)Q_n(t)\mathrm{d}t, \ x \in [0,1].$$

因为 $f(x+t) = 0, t \in (-\infty, -x) \cup (1-x, +\infty)$, 因此

$$P_n(x) = \int_{-x}^{1-x} f(x+t)Q_n(t)\mathrm{d}t = \int_{0}^{1} f(t)Q_n(t-x)\mathrm{d}t,$$

由于 $Q_n(t-x)$ 是自变量为 x 的多项式, 则 $P_n(x)$ 是实系数多项式.

由 f 的一致连续性知, 对任意 $\varepsilon > 0$, 存在 $\delta \in (0,1)$, 使得当 $|x-y| < \delta$ 时

$$|f(x) - f(y)| < \varepsilon.$$

设 $M = \sup_{x \in \mathbb{R}} |f(x)|$, 则

$$|P_n(x) - f(x)| = \left| \int_{-1}^{1} (f(x+t) - f(x))Q_n(t)\mathrm{d}t \right| \leqslant \int_{-1}^{1} |f(x+t) - f(x)|Q_n(t)\mathrm{d}t.$$

而

$$\int_{-\delta}^{\delta} |f(x+t) - f(x)|Q_n(t)\mathrm{d}t \leqslant \varepsilon \int_{-\delta}^{\delta} Q_n(t)\mathrm{d}t < \varepsilon.$$

因为当 $\delta \leqslant |t| \leqslant 1$ 有 $Q_n(t) < \sqrt{n}(1-\delta^2)^n$, 则

$$\int_{-1}^{-\delta} |f(x+t) - f(x)|Q_n(t)\mathrm{d}t + \int_{\delta}^{1} |f(x+t) - f(x)|Q_n(t)\mathrm{d}t \leqslant 4M\sqrt{n}(1-\delta^2)^n.$$

因此

$$|P_n(x) - f(x)| \leqslant 4M\sqrt{n}(1-\delta^2)^n + \varepsilon.$$

取正整数 N, 使得当 $n > N$, 有 $4M\sqrt{n}(1-\delta^2)^n < \varepsilon$, 则当 $n > N$ 时, 对任意 $x \in [0,1]$ 有

$$|P_n(x) - f(x)| \leqslant 2\varepsilon.$$

因此结论成立. $\hfill\square$

设 P 为实系数多项式的全体, 则 P 是 Banach 空间 $C[a,b]$ 的线性子空间, 而 Stone-Weierstrass 定理说明, P 在 $C[a,b]$ 中是稠密的, 即 $\overline{P} = C[a,b]$.

例 19.3.11 设函数 f 在区间 $[a,b]$ 上连续, 证明:

$$\lim_{n \to \infty} \int_a^b f(x) \sin nx \mathrm{d}x = \lim_{n \to \infty} \int_a^b f(x) \cos nx \mathrm{d}x = 0.$$

证明 (1) 设 $P(x)$ 是任一给定的多项式, 则 $P(x), P'(x)$ 在 $[a,b]$ 上有界, 即存在正数 M, 使得

$$|P(x)| \leqslant M, \quad |P'(x)| \leqslant M, \quad x \in [a,b].$$

由分部积分可得

$$\int_a^b P(x) \sin nx \mathrm{d}x = \frac{P(a)}{n} \cos na - \frac{P(b)}{n} \cos nb + \frac{1}{n} \int_a^b P'(x) \cos nx \mathrm{d}x,$$

则

$$\left| \int_a^b P(x) \sin nx \mathrm{d}x \right| \leqslant \frac{M(2 + b - a)}{n}.$$

因此

$$\lim_{n \to \infty} \left| \int_a^b P(x) \sin nx \mathrm{d}x \right| = 0.$$

(2) 由 Stone-Weierstrass 定理知, 对任意 $\varepsilon > 0$, 存在多项式 $P(x)$, 使得

$$|P(x) - f(x)| \leqslant \varepsilon, \quad x \in [a,b],$$

则

$$\left| \int_a^b f(x) \sin nx \mathrm{d}x - \int_a^b P(x) \sin nx \mathrm{d}x \right| \leqslant \int_a^b |f(x) - P(x)| \mathrm{d}x \leqslant (b-a)\varepsilon,$$

因此

$$\left| \int_a^b f(x) \sin nx \mathrm{d}x \right| \leqslant \left| \int_a^b P(x) \sin nx \mathrm{d}x \right| + (b-a)\varepsilon,$$

令 $n \to \infty$ 得

$$\overline{\lim_{n \to \infty}} \left| \int_a^b f(x) \sin nx \mathrm{d}x \right| \leqslant (b-a)\varepsilon,$$

由 ε 的任意性知,

$$\lim_{n \to \infty} \int_a^b f(x) \sin nx \mathrm{d}x = 0.$$

同样方法可以证明: $\lim\limits_{n \to \infty} \int_a^b f(x) \cos nx \mathrm{d}x = 0.$ $\qquad\square$

习题 19.3

A1. 设 E 是非空集合, (Y,ρ) 是赋范空间, $f_n, g_n : E \to Y, n = 1, 2, \cdots$, 若 $\{f_n(x)\}, \{g_n(x)\}$ 在 E 上一致收敛, 证明: $\{f_n(x) + g_n(x)\}$ 在 E 上一致收敛.

A2. 证明定理 19.3.1.

A3. 证明定理 19.3.2.

A4. 设 (X,d) 是度量空间, $f_n : X \to \mathbb{R}, n = 1, 2, \cdots$ 连续, 若 $\{f_n(x)\}$ 在 E 上一致收敛于 $f(x)$, 则对任意 $x \in X$ 以及收敛于 x 的任意点列 $\{x_n\}$, 有

$$\lim_{n\to\infty} f_n(x_n) = f(x).$$

又问, 逆命题是否成立?

A5. 证明定理 19.3.5.

A6. 证明定理 19.3.6.

A7. 设 (X,d) 是紧度量空间, $(Y, \|\cdot\|)$ 是赋范空间, 在 $C(X,Y)$ 中定义

$$\|f\| = \sup_{x \in X} \|f(x)\|, \ f \in C(X,Y),$$

证明: $(C(X,Y), \|\cdot\|)$ 是赋范空间, 且若 Y 完备, 则 $C(X,Y)$ 完备.

A8. 讨论函数 $f_n(x) = \dfrac{nx}{nx+1}$ 在下列区间上的一致收敛性及极限函数的连续性、可微性和可积性:
(1) $x \in [0, +\infty)$;   (2) $x \in [a, +\infty)$ $(a > 0)$.

A9. 设数项级数 $\sum\limits_{n=1}^{\infty} a_n$ 收敛, 证明: 级数 $\sum\limits_{n=1}^{\infty} a_n e^{-nx}$ 在 $[0, +\infty)$ 上连续.

A10. 证明: $\sum\limits_{n=1}^{\infty} (-1)^n \dfrac{x^2+n}{n^2}$ 在任意有界区间上一致收敛, 但任意一点都不绝对收敛.

B11. 证明: $\sum\limits_{n=1}^{\infty} (1-x) \dfrac{x^n}{1-x^{2n}} \sin nx$ 在 $\left(\dfrac{1}{2}, 1\right)$ 上一致收敛.

B12. 讨论函数项级数 $\sum\limits_{n=1}^{\infty} x^n (\ln x)^2$ 和 $\sum\limits_{n=1}^{\infty} x^n \ln x$ 在 $(0,1]$ 上的一致收敛性.

B13. 设 u_n 是区间 $[a,b]$ 上的连续函数 $(n = 1, 2, \cdots)$, 函数项级数 $\sum\limits_{n=1}^{\infty} u_n(x)$ 在 (a,b) 上一致收敛, 证明: $\sum\limits_{n=1}^{\infty} u_n(x)$ 在 $[a,b]$ 上一致收敛.

B14. 设函数 $f(x), x \in \mathbb{R}$ 连续可微, $f_n(x) = n\left[f\left(x + \dfrac{1}{n}\right) - f(x)\right]$. 证明: $\{f_n(x)\}$ 在 $\mathbb{R}$ 中内闭一致收敛于 $f'(x)$.

B15. 设 $\{a_n\}$ 是各项互不相同的有界实数列, 设 $u_n(x) = \dfrac{|x - a_n|}{2^n}, n = 1, 2, \cdots, x \in \mathbb{R}$.

(1) 证明: $f(x) = \sum\limits_{n=1}^{\infty} u_n(x)$ 在 $\mathbb{R}$ 上连续;

(2) 若 $a_n \to 0$, 讨论 $f(x)$ 在 $x \neq 0$ 点的可微性.

B16. 设 (X,d) 是紧度量空间, 函数列 $\{f_n(x)\} \subset C(X)$ 等度连续, 若存在 (X,d) 的稠密子集 Y, 使得 $\{f_n(x)\}$ 在 Y 上逐点收敛于 $f(x)$, 证明: $\{f_n(x)\}$ 在 X 上一致收敛.

B17. 设函数 $f : [0,1] \to \mathbb{R}$ 连续, 且

$$\int_0^1 f(x) x^n \mathrm{d}x = 0, \quad n = 0, 1, 2, \cdots,$$

证明: $f(x) = 0, x \in [0,1]$.

C18. 设 $\{f_n(x)\}$ 是定义在区间 I 上的点态收敛于 $f(x)$ 的连续函数列, 请讨论以下问题.

(1) 若 $\{f_n(x)\}$ 在 I 上一致收敛于 $f(x)$, 问: $f(x)$ 在 I 上连续吗?

(2) 若 $\{f_n(x)\}$ 在 I 上内闭一致收敛于 $f(x)$, 问: $f(x)$ 在 I 上连续吗?

(3) 若 I 是有界闭, 能否得到: $\{f_n(x)\}$ 在 I 上一致收敛于 $f(x)$ 的充要条件是 $f(x)$ 在 I 上连续?

(4) 若对任意 $x \in I$, $\{f_n(x)\}$ 关于 n 单减, 能否得到: $\{f_n(x)\}$ 在 I 上一致收敛于 $f(x)$ 的充要条件是 $f(x)$ 在 I 上连续?

(5) 若对任意 $x \in I$, $\{f_n(x)\}$ 关于 n 单减, 能否得到: $\{f_n(x)\}$ 在 I 上内闭一致收敛于 $f(x)$ 的充要条件是 $f(x)$ 在 I 上连续?

第 20 章　微　分　学

本章中, 我们将研究赋范空间 (主要是 Euclid 空间) 上映射的可微性, 以及逆映射定理和隐函数定理, 并给出了微分学的一些应用.

§20.1　可　微　性

在前面我们学习了一元函数和多元函数微分学, 以及向量值函数的导数和微分的概念. 本节中我们将系统研究一般赋范空间上的映射, 特别是 Euclid 空间上的多元函数和向量值函数的可微性.

§20.1.1　赋范空间上映射的可微性

在第 4 章和第 11 章, 我们分别学习了一元函数和多元 (向量值) 函数的可微性. 设 n 元函数 $y = f(\boldsymbol{x})$ 在点 a 的某邻域内有定义, 若存在 n 维行向量 $\boldsymbol{b}$, 使

$$f(a + \Delta \boldsymbol{x}) - f(a) = \langle \boldsymbol{b}, \Delta \boldsymbol{x} \rangle + o(|\Delta \boldsymbol{x}|),$$

则称 f 在点 a 处可微 (见第 11.1 节), 称行向量 $\boldsymbol{b}$ 为 f 在点 a 处的导数. 请注意, 行向量 $\boldsymbol{b}$ 可以看成 $\mathbb{R}^n$ 到 $\mathbb{R}$ 的线性算子, 即 $\boldsymbol{b}\boldsymbol{x} = \langle \boldsymbol{b}, \boldsymbol{x} \rangle$.

设 $\boldsymbol{f} : D \subset \mathbb{R}^n \to \mathbb{R}^m$ 是集合 D 上的映射 (即 n 元 m 维向量值函数), 将其写成坐标分量形式为 $\boldsymbol{f}(\boldsymbol{x}) = (f_1(x_1, \cdots, x_n), \cdots, f_m(x_1, \cdots, x_n))^{\mathrm{T}}$. 若存在 $m \times n$ 矩阵 A(即 $A \in B(\mathbb{R}^n, \mathbb{R}^m)$), 使得在 $\boldsymbol{x_0}$ 的邻域中有

$$\boldsymbol{f}(\boldsymbol{x}) - \boldsymbol{f}(\boldsymbol{x_0}) = A\boldsymbol{h} + o(\boldsymbol{h}),$$

则称向量值函数 $\boldsymbol{f}$ 在 $\boldsymbol{x_0}$ 处**可微** (或**可导** (derivable)), 其中 n 维列向量 $\boldsymbol{h} = \boldsymbol{x} - \boldsymbol{x_0}, o(\boldsymbol{h}) \in \mathbb{R}^m$ 是 $\|\boldsymbol{h}\| \to 0$ 的高阶无穷小量. 这时, 记 $\boldsymbol{f}'(\boldsymbol{x_0}) = A$, 称为 $\boldsymbol{f}$ 在 $\boldsymbol{x_0}$ 点的**导数** (derivative)(见 §11.6).

下面我们给出一般赋范空间上映射的可微和导数的定义, 它是前面的一元函数和多元 (向量值) 函数的微分和导数概念的一般化.

定义 20.1.1　设 X, Y 是赋范空间, $D \subset X$ 是开集, 映射 $f : D \to Y, x_0 \in D$, 若存在 $A \in B(X, Y)$, 使得在 x_0 的邻域中有

$$f(x) - f(x_0) = Ah + o(h),$$

则称映射 f 在 x_0 处**可微** (或**可导**), 其中 $h = x - x_0, o(h) \in Y$ 是 $\|h\| \to 0$ 的高阶无穷小量, 即 $\lim\limits_{\|h\| \to 0} \dfrac{\|o(h)\|}{\|h\|} = 0$. 这时, 记 $f'(x_0) = A$, 称之为 f 在 x_0 点的**导数**. 若 f 在 D 中每一点都可微, 则称 f 在 D 中可微, 或称 f 是 D 上的可微映射 (differentiable mapping). 又若映射 $f' : D \to B(X, Y)$ 连续, 则称映射 f 在 D 上**连续可微** (continuously differentiable).

与一元函数和多元函数类似, 容易证明:

定理 20.1.1 设 X, Y 是赋范空间, $D \subset X$ 是开集, $f : D \to Y$ 在 $x_0 \in D$ 点可微, 则 f 在 x_0 点连续, 但反之不一定成立.

例 20.1.1 讨论映射 $\boldsymbol{f}(x, y) = \begin{pmatrix} \sqrt{x^2 + y^2} \\ x \end{pmatrix}$ 在原点 $(0,0)$ 的可微性.

解 假设映射 $\boldsymbol{f}$ 在原点 $(0,0)$ 可微, 则存在 $A = \begin{pmatrix} a_{11} & a_{12} \\ a_{21} & a_{22} \end{pmatrix}$, 使得

$$\boldsymbol{f}(0 + \Delta x, 0 + \Delta y) - \boldsymbol{f}(0,0) = A \begin{pmatrix} \Delta x \\ \Delta y \end{pmatrix} + o(\sqrt{\Delta x^2 + \Delta y^2}),$$

即

$$\begin{pmatrix} \sqrt{\Delta x^2 + \Delta y^2} \\ \Delta x \end{pmatrix} = \begin{pmatrix} a_{11}\Delta x + a_{12}\Delta y \\ a_{21}\Delta x + a_{22}\Delta y \end{pmatrix} + o(\sqrt{\Delta x^2 + \Delta y^2}).$$

由第一个分量知:

$$\lim_{\rho \to 0} \frac{\sqrt{\Delta x^2 + \Delta y^2} - a_{11}\Delta x - a_{12}\Delta y}{\sqrt{\Delta x^2 + \Delta y^2}} = 0,$$

所以有

$$\lim_{\rho \to 0} \frac{a_{11}\Delta x + a_{12}\Delta y}{\sqrt{\Delta x^2 + \Delta y^2}} = 1,$$

其中 $\rho = \sqrt{\Delta x^2 + \Delta y^2}$. 但是上式中极限不存在, 矛盾. 因此 $\boldsymbol{f}(x, y)$ 在原点不可微, 但注意到 $\boldsymbol{f}(x, y)$ 在原点连续.

例 20.1.2 设 X, Y 是赋范空间, $f(x) = Ax + b$, 其中 $A \in B(X, Y)$ 为有界线性算子, $x \in X, b \in Y$, 则 $f : X \to Y$. 这时

$$f(x + h) - f(x) = Ah,$$

因此 f 在 X 上可微, 且 $f'(x) = A, x \in X$.

特别地, 常映射 (即 $A = \theta$) 的导数为零算子.

例 20.1.3 设 $\boldsymbol{f}(\boldsymbol{x}) = \boldsymbol{x}^{\mathrm{T}}A + \boldsymbol{b}$, 其中 A 为 $m \times n$ 阶矩阵, $\boldsymbol{x}$ 为 m 维列向量, $\boldsymbol{b}$ 为 n 维行向量. 注意到, $\boldsymbol{f}(\boldsymbol{x})$ 是 n 维行向量, 因此要将其转置成列向量, 即讨论映射 $(\boldsymbol{f}(\boldsymbol{x}))^{\mathrm{T}} = (\boldsymbol{x}^{\mathrm{T}}A + \boldsymbol{b})^{\mathrm{T}} = A^{\mathrm{T}}\boldsymbol{x} + \boldsymbol{b}^{\mathrm{T}}$ 的可微性与导数. 这时

$$(\boldsymbol{f}(\boldsymbol{x} + \boldsymbol{h}))^{\mathrm{T}} - (\boldsymbol{f}(\boldsymbol{x}))^{\mathrm{T}} = A^{\mathrm{T}}\boldsymbol{h},$$

因此 $\boldsymbol{f}$ 在 $\mathbb{R}^n$ 上可微, 且 $\boldsymbol{f}'(\boldsymbol{x}) = A^{\mathrm{T}}$.

例 20.1.4 设 $\boldsymbol{f}(\boldsymbol{x}) = g(\boldsymbol{x})\boldsymbol{b}$, 其中 g 为 n 元可微函数, $\boldsymbol{b}$ 为 m 维列向量, 则 $\boldsymbol{f}$ 为 n 元 m 维向量值函数. 因为 g 可微, 则 $g'(\boldsymbol{x})$ 为 n 维的行向量, 且

$$g(\boldsymbol{x} + \boldsymbol{h}) - g(\boldsymbol{x}) = g'(\boldsymbol{x})\boldsymbol{h} + o(\boldsymbol{h}),$$

其中 $\boldsymbol{h}$ 为 n 维的列向量, 则

$$\boldsymbol{f}(\boldsymbol{x} + \boldsymbol{h}) - \boldsymbol{f}(\boldsymbol{x}) = [g(\boldsymbol{x} + \boldsymbol{h}) - g(\boldsymbol{x})]\boldsymbol{b} = \boldsymbol{b}[g(\boldsymbol{x} + \boldsymbol{h}) - g(\boldsymbol{x})] = \boldsymbol{b}g'(\boldsymbol{x})\boldsymbol{h} + o(\boldsymbol{h})\boldsymbol{b},$$

因此 $\boldsymbol{f}$ 可微, 且 $\boldsymbol{f}'(\boldsymbol{x}) = \boldsymbol{b}g'(\boldsymbol{x})$.

若 $f: D \subset X \to Y$ 是可微映射, 则对任意的 $x \in D$, $g(x) \doteq f'(x)$ 是从 X 到 Y 是有界线性算子, 因此 g 可以看出是从 X 到赋范空间 $B(X, Y)$ 的映射. 如果映射 $g: D \to B(X, Y)$ 可微, 我们称函数 f 是在 $D \subset X$ 上**二次可微** (twice differentiable), 称 $g(x)$ 的导数为 f 的**二阶导数** (second derivative), 记为 $f''(x)$. 同样, 我们可以定义任意阶可微和任意阶导数.

若多元函数 $f: D \subset \mathbb{R}^n \to \mathbb{R}$ 在 D 上可微, 则 $f'(\boldsymbol{x})$ 为 n 维的行向量. 若 f 二阶可微, 则 $f''(\boldsymbol{x})$ 是关于 $\boldsymbol{x}$ 的矩阵值函数, 映射 f'' 值域的为 $L(\mathbb{R}^n)$, 即 $\boldsymbol{f''}: D \to L(\mathbb{R}^n)$. 注意到, $L(\mathbb{R}^n)$ 是 n^2 维的赋范空间, 但其范数不是 Euclid 范数, 故它不是 Euclid 空间 (参见 18.3 节的讨论). 这时若 $\boldsymbol{f''}(\boldsymbol{x})$ 可微, 即 f 三阶可微, 则 $\boldsymbol{f'''}(\boldsymbol{x}) \in L(\mathbb{R}^n, L(\mathbb{R}^n))$. 依次类推, 可以定义任意阶导数.

例 20.1.5 设 $f(\boldsymbol{x}) = \boldsymbol{x}^{\mathrm{T}} \boldsymbol{A} \boldsymbol{x}$, 其中 $\boldsymbol{A}$ 为 n 阶实对称矩阵, $\boldsymbol{x}$ 为 n 维列向量, 则 $f: \mathbb{R}^n \to \mathbb{R}$ 是二次型, 这时

$$f(\boldsymbol{x} + \boldsymbol{h}) - f(\boldsymbol{x}) = 2\boldsymbol{x}^{\mathrm{T}} \boldsymbol{A} \boldsymbol{h} + \boldsymbol{h}^{\mathrm{T}} \boldsymbol{A} \boldsymbol{h} = 2\boldsymbol{x}^{\mathrm{T}} \boldsymbol{A} \boldsymbol{h} + o(\boldsymbol{h}),$$

因此 f 在 $\mathbb{R}^n$ 上可微, 且 $f'(\boldsymbol{x}) = 2\boldsymbol{x}^{\mathrm{T}} \boldsymbol{A}$, 这是行向量.

由例 20.1.3知, $f'(\boldsymbol{x}) = 2\boldsymbol{x}^{\mathrm{T}} \boldsymbol{A}$ 可微, 即 f 在 $\mathbb{R}^n$ 上二阶可微, 且 $f''(\boldsymbol{x}) = 2A^{\mathrm{T}} = 2A$.

特别地, 若 $A = I$ 是单位算子, 则 $f(\boldsymbol{x}) = \|\boldsymbol{x}\|^2$ 二次可微, 且

$$f'(\boldsymbol{x}) = 2\boldsymbol{x}^{\mathrm{T}}, \quad f''(\boldsymbol{x}) = 2I.$$

前面我们利用定义讨论了若干映射的可微性, 那么, 如何判别一般映射的可微性呢? 在可微时, 如何求其导数 $f'(x)$? 为了解决这些问题, 下面我们先探讨可微映射及其导数的性质.

定理 20.1.2 设 X, Y 是赋范空间, $D \subset X$ 是开集, 映射 $f: D \to Y$ 在 $x_0 \in D$ 点可微, 则 f 在 x_0 点的导数是唯一的.

证明 因为 f 在 x_0 点可微, 设存在 $A_1, A_2 \in B(X, Y)$ 使得在 x_0 的邻域中有

$$f(x) - f(x_0) = A_1 h + o_1(h), \quad f(x) - f(x_0) = A_2 h + o_2(h),$$

其中 $h = x - x_0, o_1(h), o_2(h)$ 均是 $\|h\| \to 0$ 的高阶无穷小量, 则

$$A_1 h - A_2 h = o_1(h) + o_2(h) \doteq o(h),$$

则 $o(h)$ 是 $\|h\| \to 0$ 的高阶无穷小量.

因此对任意的 $x \in X$, 当 t 充分小时有

$$A_1(tx) - A_2(tx) = o(t),$$

即 $A_1 x - A_2 x = o(1)$, 因此 $A_1 = A_2$. $\qquad\qquad\qquad\qquad\qquad\qquad\qquad\qquad$ $\square$

定理 20.1.3 (线性性) 设 X, Y 是赋范空间, $D \subset X$ 是开集, $f, g: D \to Y$ 在 $x_0 \in D$ 点可微, 则 $\alpha f + \beta g$ 在 x_0 点可微, 且

$$(\alpha f(x) + \beta g(x))'|_{x=x_0} = \alpha f'(x_0) + \beta g'(x_0),$$

其中 α, β 是任意实常数.

证明与一元函数的导数的线性性类似, 留作习题.

定理 20.1.4 (链式法则 (chain rule)) 设 X, Y, Z 是赋范空间, $D \subset X, E \subset Y$ 是开集, 映射 $f: D \to Y$ 在 $x_0 \in D$ 点可微, 映射 $g: E \to Z$ 在 $f(x_0)$ 点可微, 且 $f(D) \subset E$, 则复合映射 $g \circ f: D \to Z$ 在 x_0 点可微, 且

$$(g(f(x)))'|_{x=x_0} = g'(f(x_0)) f'(x_0).$$

证明 令 $y_0 = f(x_0), A = f'(x_0) \in B(X, Y), B = g'(f(x_0)) \in B(Y, Z)$, 则

$$f(x_0 + h) - f(x_0) = Ah + o(h),$$

对任意范数无穷小的 $h \in X$ 成立, 其中 $o(h)$ 是 $\|h\| \to 0$ 的高阶无穷小量. 同样,

$$g(y_0 + k) - g(y_0) = Bk + \alpha(k)\|k\|,$$

对任意范数无穷小的 $k \in Y$ 成立, 其中 $\alpha(k)$ 是 $\|k\| \to 0$ 的无穷小量, 且不妨规定 $\|\alpha(\theta)\| = 0$, 即上式对 $k = \theta$ 也成立.

令 $k = f(x_0 + h) - f(x_0), h \neq \theta$, 则

$$\frac{\|k\|}{\|h\|} \leqslant \|A\| + \frac{\|o(h)\|}{\|h\|},$$

因此, $\alpha(k)\|k\|$ 是 $\|h\| \to 0$ 的高阶无穷小量. 这时,

$$g(f(x_0 + h)) - g(f(x_0)) = B(f(x_0 + h) - f(x_0)) + \alpha(k)\|k\| = BAh + Bo(h) + \alpha(k)\|k\|,$$

而 $Bo(h) + \alpha(k)\|k\|$ 是 $\|h\| \to 0$ 的高阶无穷小量, 且 $BA \in B(X, Z)$, 因此 $g \circ f: D \to Z$ 在 x_0 点可微, 且

$$(g(f(x)))'|_{x=x_0} = BA = g'(f(x_0)) f'(x_0). \qquad \square$$

由链式法则立即可得逆映射的微分公式.

推论 20.1.1 设 X, Y 是赋范空间, $D \subset X$ 是开集, 映射 $f: D \to Y$ 可逆且在 $x_0 \in D$ 点可微, 映射 $f^{-1}: f(D) \to X$ 在 $y_0 \doteq f(x_0)$ 点可微, 则

$$(f^{-1})'(y_0) = (f'(x_0))^{-1}.$$

§20.1.2 可微映射的有限增量定理

在多元函数微分学中, 我们有凸区域上的多元函数的 Lagrange 中值定理 ($\mathbb{R}^2$ 中的结论见定理 11.3.1), 那么, 这一结果对一般的映射 (例如 Euclid 空间上的向量值函数) 是否成立呢? 我们来看一个例子.

例 20.1.6 设 $f(x) = (x^2, x^3)$, 则 $f: \mathbb{R} \to \mathbb{R}^2$, 因此 $f'(x) = (2x, 3x^2)$. 若 Lagrange 中值定理成立, 则对于 $x = 0, 1$, 必存在 $\xi \in (0, 1)$, 使得

$$f(1) - f(0) = f'(\xi),$$

即

$$(1, 1) = (2\xi, 3\xi^2),$$

显然上式无解, 矛盾.

例 20.1.6 说明, 对于向量值函数, Lagrange 中值定理是不一定成立的, 但是我们可以得到弱一点的结论.

定理 20.1.5 (有限增量定理 (finite-increment theorem))   设 X, Y 是 Banach 空间, $D \subset X$ 是凸开集, 映射 $f : D \to Y$ 可微, 且存在 $M \geqslant 0$, 使得对任意 $x \in D$, 有 $\|f'(x)\| \leqslant M$, 则对任意 $a, b \in D$,

$$\|f(a) - f(b)\| \leqslant M\|a - b\|.$$

证明   假设结论不成立, 则存在 $\varepsilon_0 > 0, a, b \in D, a \neq b$ 使得

$$\|f(a) - f(b)\| > (M + \varepsilon_0)\|a - b\|.$$

记 $[a, b]$ 为从 a 到 b 的线段, 即 $[a, b] = \{ta + (1-t)b : t \in [0, 1]\}$, 则 $[a, b] \subset D$ 是 X 中的紧集, 且 $[a, b]$ 的直径 $\mathrm{diam}[a, b] = \|b - a\|$.

记 $c = \dfrac{1}{2}(a + b)$. 若 $\|f(a) - f(c)\| > (M + \varepsilon_0)\|a - c\|$, 则记 $a_1 = a, b_1 = c$; 否则必有 $\|f(b) - f(c)\| > (M + \varepsilon_0)\|b - c\|$, 这时记 $a_1 = c, b_1 = b$. 因此

$$\|f(a_1) - f(b_1)\| > (M + \varepsilon_0)\|a_1 - b_1\|, \quad \|a_1 - b_1\| = \frac{1}{2}\|a - b\|, a_1 \neq b_1.$$

重复以上步骤, 得到渐缩的紧集列 $[a_n, b_n]$, 满足:

$$\|f(a_n) - f(b_n)\| > (M + \varepsilon_0)\|a_n - b_n\|, \tag{20.1.1}$$

且 $\|a_n - b_n\| = \dfrac{1}{2}\|a_{n-1} - b_{n-1}\|, a_n \neq b_n$.

由紧集套定理知:

$$\bigcap_{n=1}^{\infty} [a_n, b_n] = \{\xi\},$$

且 $a_n, b_n \to \xi$.

由 f 在点 ξ 可微知:

$$f(x) - f(\xi) = f'(\xi)(x - \xi) + o(x - \xi),$$

对 x 在 ξ 的邻域中成立, 则存在 $\delta > 0$, 使得当 $\|x - \xi\| < \delta$ 时, 有

$$\|f(x) - f(\xi)\| \leqslant \left(\|f'(\xi)\| + \frac{\varepsilon_0}{2} \right) \|x - \xi\| \leqslant \left(M + \frac{\varepsilon_0}{2} \right) \|x - \xi\|.$$

由 $a_n, b_n \to \xi$ 知, 存在 N, 使得 $n \geqslant N$ 时, $\|a_n - \xi\| < \delta, \|b_n - \xi\| < \delta$. 这时

$$\|f(a_n) - f(\xi)\| \leqslant \left(M + \frac{\varepsilon_0}{2} \right) \|a_n - \xi\|, \quad \|f(b_n) - f(\xi)\| \leqslant \left(M + \frac{\varepsilon_0}{2} \right) \|b_n - \xi\|.$$

因此

$$\|f(a_n) - f(b_n)\| \leqslant \|f(a_n) - f(\xi)\| + \|f(b_n) - f(\xi)\| \leqslant \left(M + \frac{\varepsilon_0}{2} \right) (\|a_n - \xi\| + \|b_n - \xi\|),$$

又因为 ξ 是 a_n, b_n 的凸组合, 则 $\|a_n - \xi\| + \|b_n - \xi\| = \|a_n - b_n\|$. 因此

$$\|f(a_n) - f(b_n)\| \leqslant \left(M + \frac{\varepsilon_0}{2} \right) \|a_n - b_n\|, \quad n > N.$$

这与式 (20.1.1) 矛盾. 因此结论成立. $\square$

由定理 20.1.5, 立即可以得到映射为常映射的充要条件.

推论 20.1.2　设 X, Y 是 Banach 空间, $D \subset X$ 是凸开集, 映射 $f: D \to Y$ 可微, 则映射 f 在 D 上是常映射的充要条件是: 对任意 $x \in D$, $f'(x)$ 是零算子.

进一步, 推论 20.1.2 中凸开集的条件可以减弱为连通开集, 即有下面结论.

定理 20.1.6　设 X, Y 是 Banach 空间, $D \subset X$ 是连通开集, 映射 $f: D \to Y$ 可微, 则映射 f 在 D 上是常映射的充要条件是: 对任意 $x \in D$, $f'(\boldsymbol{x})$ 是零算子.

证明　必要性是显然的, 下面我们来证明充分性.

设映射 $f: D \to Y$ 可微, 且对任意 $x \in D, f'(x)$ 都是零算子.

任取 $a \in D$, 令
$$E = f^{-1}(\{f(a)\}),$$
则 $E \subset D$ 非空. 因为 $\{f(a)\}$ 是单点集, 当然是闭集, 再由映射 $f: D \to Y$ 连续知, $E \subset D$ 是闭集.

对任意 $x_0 \in E \subset D$, 因为 D 是开集, 则存在 $r > 0$, 使得 $B(x_0, r) \subset D$. 因为 $B(x_0, r)$ 是凸集, 由推论 20.1.2 知, f 在 $B(x_0, r)$ 上是常映射, 即对任意 $x \in B(x_0, r)$, 有 $f(x) = f(x_0) = f(a)$, 即 $B(x_0, r) \subset E$, 则 $E \subset D$ 是开集.

因此, $E \subset D$ 既开又闭, 而 D 连通, 但连通集 D 中除了空集和 D 外不存在其他的既开又闭的子集, 则由 $E \subset D$ 非空知, $E = D$, 即 $f(D) = f(E) = \{f(a)\}$. 结论成立.　　□

因为道路连通集一定是连通的, 故定理 20.1.6 中 D 是道路连通开集时结论也成立. 特别在 $\mathbb{R}^n$ 中, 区域是道路连通的开集, 因此立即得到下面推论.

推论 20.1.3　设 $D \subset \mathbb{R}^n$ 是区域, 映射 $\boldsymbol{f}: D \to \mathbb{R}^m$ 可微, 则映射 $\boldsymbol{f}$ 在 D 上是常映射的充要条件是: 对任意 $\boldsymbol{x} \in D, \boldsymbol{f}'(\boldsymbol{x})$ 是零算子.

§20.1.3　$\mathbb{R}^n$ 上向量值函数的可偏导与 Jacobi 矩阵 $\boldsymbol{f}'(a)$

在第 11 章中, 我们利用多元函数的偏导数定义了向量值函数的偏导数, 即若 $\boldsymbol{f}$ 的每一个分量函数 $f_i(x_1, x_2, \cdots, x_n)(i = 1, 2, \cdots, m)$ 都在 $\boldsymbol{a}$ 点可偏导, 就称映射 $\boldsymbol{f}$ 在 $\boldsymbol{a}$ 点可偏导. 将 $f_i(x_1, x_2, \cdots, x_n)$ 关于 x_j 的偏导数 $\dfrac{\partial f_i}{\partial x_j}$ 简记为 $D_j f_i$. 这时称矩阵

$$((D_j f_i)(\boldsymbol{a}))_{m \times n} = \begin{pmatrix} (D_1 f_1)(\boldsymbol{a}) & (D_2 f_1)(\boldsymbol{a}) & \cdots & (D_n f_1)(\boldsymbol{a}) \\ (D_1 f_2)(\boldsymbol{a}) & (D_2 f_2)(\boldsymbol{a}) & \cdots & (D_n f_2)(\boldsymbol{a}) \\ \vdots & \vdots & & \vdots \\ (D_1 f_m)(\boldsymbol{a}) & (D_2 f_m)(\boldsymbol{a}) & \cdots & (D_n f_m)(\boldsymbol{a}) \end{pmatrix}$$

为映射 $\boldsymbol{f}$ 在 $\boldsymbol{a}$ 点的 **Jacobi 矩阵**. 记 $D_j \boldsymbol{f}(\boldsymbol{a}) = (D_j f_1(\boldsymbol{a}), D_j f_2(\boldsymbol{a}), \cdots, D_j f_m(\boldsymbol{a}))^{\mathrm{T}}$, 称之为 $\boldsymbol{f}$ 关于 x_j 的偏导数.

设 $\mathbb{R}^n, \mathbb{R}^m$ 的自然基分别为 $\{\boldsymbol{e_1}, \boldsymbol{e_2}, \cdots, \boldsymbol{e_n}\}$ 和 $\{\boldsymbol{u_1}, \boldsymbol{u_2}, \cdots, \boldsymbol{u_m}\}$, 即 $\boldsymbol{e_i}, \boldsymbol{u_i}$ 分别为第 i 个分量为 1, 其余分量为零的 n, m 维列向量. 若 $D \subset \mathbb{R}^n$ 是开集, 映射 $\boldsymbol{f}: D \to \mathbb{R}^m$, $\boldsymbol{f}$ 在 $\boldsymbol{a} \in D$ 点可偏导, 则有

$$f(x) = \sum_{i=1}^{m} f_i(x)u_i, \ D_j f(a) = \sum_{i=1}^{m} (D_j f_i)(a)u_i.$$

因此

$$D_j f(a) = \sum_{i=1}^{m} \lim_{t \to 0} \frac{f_i(a + te_j) - f_i(a)}{t} u_i = \lim_{t \to 0} \frac{f(a + te_j) - f(a)}{t}.$$

又 $f_i(x) = \langle f(x), u_i \rangle$, 因此 f 在 a 点可偏导等价于: 对任意的 $j = 1, \cdots, n$, 极限

$$\lim_{t \to 0} \frac{f(a + te_j) - f(a)}{t}$$

存在.

若映射 $f : D \to \mathbb{R}^m$ 在 $a \in D$ 点可微, 则存在 $A \in L(\mathbb{R}^n, \mathbb{R}^m)$ 使得

$$f(a + h) - f(a) = Ah + o(h),$$

取 $h = te_j$, 则 $o(h) = o(t)$, 从而

$$\lim_{t \to 0} \frac{f(a + te_j) - f(a)}{t} = Ae_j, \quad j = 1, 2, \cdots, n,$$

则映射 $f : D \to \mathbb{R}^m$ 在 $a \in D$ 点可偏导. 因此有下面结论成立.

定理 20.1.7 若 $D \subset \mathbb{R}^n$ 是开集, 映射 $f : D \to \mathbb{R}^m$ 在 $a \in D$ 点可微, 则 $f : D \to \mathbb{R}^m$ 在 a 点可偏导, 且 $D_j f(a) = f'(a)e_j, j = 1, 2, \cdots, n$.

映射在某一点可微一定可偏导, 那么可偏导能否得到可微性呢? 事实上, 即使对多元函数, 可偏导甚至不能得到连续性 (见例 11.1.5); 并且, 多元函数在一点连续且可偏导也得不到在该点的可微性.

例 20.1.7 设映射 $f : \mathbb{R}^2 \to \mathbb{R}$ 定义为

$$f(0,0) = 0, f(x,y) = \frac{x^2 y}{x^2 + y^2}, \quad (x,y) \neq (0,0),$$

在 $(x,y) \neq (0,0)$ 时, $f(x,y)$ 关于 x, y 均是初等函数, 因此可偏导; 又显然 f 在 $(0,0)$ 点连续且偏导数均为 0. 若 f 在 $(0,0)$ 点可微, 则

$$f(x,y) - f(0,0) = \frac{x^2 y}{x^2 + y^2} = o(\sqrt{x^2 + y^2}),$$

即

$$\lim_{(x,y) \to (0,0)} \frac{x^2 y}{\sqrt{x^2 + y^2}^3} = 0,$$

上式显然不成立, 因此 f 在 $(0,0)$ 点不可微.

从例 20.1.7可以看出, 多元函数在每一点都连续, 且可偏导, 也不能得到其在某一固定点的可微性. 回顾多元函数的性质 (定理 11.1.2), 我们知道若多元函数不仅可偏导且偏导数都连续, 则多元函数可微, 对于向量值函数我们可以得到相同的结论.

定理 20.1.8 若 $D \subset \mathbb{R}^n$ 是开集, $f : D \to \mathbb{R}^m$ 在 $a \in D$ 点某一邻域中可偏导, 且偏导数 $D_j f(x)(j = 1, 2, \cdots, n)$ 在 a 点连续, 则 f 在 a 点可微, 且

$$f'(a) = (D_1 f(a), D_2 f(a), \cdots, D_n f(a)) = ((D_j f_i)(a))_{m \times n}.$$

证明　因为 $\boldsymbol{f}: D \to \mathbb{R}^m$ 在 $\boldsymbol{a} \in D$ 点某一邻域中可偏导, 且偏导数 $D_j \boldsymbol{f}(\boldsymbol{x})(j = 1, 2, \cdots, n)$ 在 $\boldsymbol{a}$ 点连续, 所以, 对任意的 $i = 1, 2, \cdots, m$, $f_i(\boldsymbol{x})$ 在 $\boldsymbol{a} \in D$ 点邻域中可偏导, 且其偏导数 $(D_j f_i)(\boldsymbol{x})$ 在 $\boldsymbol{a} \in D$ 点连续, 则 $f_i(\boldsymbol{x})$ 在 $\boldsymbol{a} \in D$ 点可微. 又因为

$$\boldsymbol{f}(\boldsymbol{x}) = \sum_{i=1}^{m} f_i(\boldsymbol{x}) \boldsymbol{u_i},$$

则 $\boldsymbol{f}$ 在 $\boldsymbol{a} \in D$ 点可微.

由定理 20.1.7可知, $\boldsymbol{f}'(\boldsymbol{a}) = (D_1 \boldsymbol{f}(\boldsymbol{a}), D_2 \boldsymbol{f}(\boldsymbol{a}), \cdots, D_n \boldsymbol{f}(\boldsymbol{a})) = ((D_j f_i)(\boldsymbol{a}))_{m \times n}$.　□

定理 20.1.9　若 $D \subset \mathbb{R}^n$ 是开集, 映射 $\boldsymbol{f}: D \to \mathbb{R}^m$, 则 $\boldsymbol{f}$ 在 D 上连续可微的充要条件是 $\boldsymbol{f}$ 在 D 上的偏导数 $D_j \boldsymbol{f}(\boldsymbol{x})(j = 1, 2, \cdots, n)$ 连续.

证明　**充分性**　若 $\boldsymbol{f}$ 在 D 上的偏导数 $(D_j f_i)(\boldsymbol{x})$ 在 D 上均连续 $(i = 1, 2, \cdots, m, j = 1, 2, \cdots, n)$, 则由定理 20.1.8 知, $\boldsymbol{f}: D \to \mathbb{R}^m$ 在 D 上可微, 且

$$\boldsymbol{f}'(\boldsymbol{x}) = ((D_j f_i)(\boldsymbol{x}))_{m \times n},$$

则由例 18.3.3(1) 知, 对任意 $\boldsymbol{a}, \boldsymbol{b} \in D$ 有

$$\|\boldsymbol{f}'(\boldsymbol{a}) - \boldsymbol{f}'(\boldsymbol{b})\| = \|((D_j f_i)(\boldsymbol{a}) - (D_j f_i)(\boldsymbol{b}))_{m \times n}\| \leqslant \sqrt{\sum_{i,j=1}^{m,n} [(D_j f_i)(\boldsymbol{a}) - (D_j f_i)(\boldsymbol{b})]^2}.$$

因此由 $(D_j f_i)(\boldsymbol{x})$ 在 D 上的连续性知, 映射 $\boldsymbol{f}'(\boldsymbol{x})$ 在 D 上连续, 即 $\boldsymbol{f}(\boldsymbol{x})$ 在 D 上连续可微.

必要性　设 $\boldsymbol{f}(\boldsymbol{x})$ 在 D 上连续可微, 则 $\boldsymbol{f}(\boldsymbol{x})$ 在 D 上可偏导, 且对任意的 $1 \leqslant i \leqslant m, 1 \leqslant j \leqslant n$,

$$(D_j f_i)(\boldsymbol{x}) = \langle \boldsymbol{f}'(\boldsymbol{x})\boldsymbol{e_j}, \boldsymbol{u_i} \rangle, \quad \boldsymbol{x} \in D,$$

则由 Cauchy-Schwartz 不等式知, 对任意 $\boldsymbol{a}, \boldsymbol{b} \in D$ 有

$$|(D_j f_i)(\boldsymbol{a}) - (D_j f_i)(\boldsymbol{b})| = |\langle [\boldsymbol{f}'(\boldsymbol{a}) - \boldsymbol{f}'(\boldsymbol{b})]\boldsymbol{e_j}, \boldsymbol{u_i} \rangle| \leqslant \|\boldsymbol{f}'(\boldsymbol{a}) - \boldsymbol{f}'(\boldsymbol{b})\|,$$

因此函数 $(D_j f_i)(\boldsymbol{x})$ 在 D 上连续.　□

前面我们讨论了 $\mathbb{R}^n$ 上的映射的可微与可偏导以及导数与偏导数的关系. 最后我们简单介绍一般赋范空间中映射的偏导数的概念, 仅以二元情形为例.

设 X, Y, Z 是赋范空间, U 是赋范空间 $X \times Y$ 中的开集, $f: U \to Z$, $(x_0, y_0) \in U$, 则 $x_0 \in X$, $y_0 \in Y$. 令

$$U_X = \{x: (x, y_0) \in U\}, \ U_Y = \{y: (x_0, y) \in U\},$$

则 U_X, U_Y 分别是 X, Y 中的开集. 令

$$\varphi(x) = f(x, y_0), x \in U_X; \ \phi(y) = f(x_0, y), y \in U_Y,$$

则

$$\varphi: U_X \to Z, \ \phi: U_Y \to Z.$$

若映射 $\varphi: U_X \to Z$ 在 x_0 可微, 则称 f 在点 (x_0, y_0) 关于变量 x **可偏导** (partially differentiable), 记 $f'_x(x_0, y_0) = \varphi'(x_0)$, 称之为 f 在点 (x_0, y_0) 关于变量 x 的**偏导数** (partial derivative); 同样, 若映射 $\phi : U_Y \to Z$ 在 y_0 可微, 则称 f 在点 (x_0, y_0) 关于变量 y 可偏导, 记 $f'_y(x_0, y_0) = \phi'(y_0)$, 称之为 f 在点 (x_0, y_0) 关于变量 y 的偏导数. 若 f 在点 (x_0, y_0) 关于变量 x, y 均可偏导, 则称 f 在点 (x_0, y_0) **可偏导**.

显然, 赋范空间上的偏导数是 $\mathbb{R}^n$ 中偏导数的推广, 与 $\mathbb{R}^n$ 中多元函数的性质类似, 可以证明: 若 f 在点 (x_0, y_0) 可微, 则 f 在点 (x_0, y_0) 可偏导, 且

$$f'(x_0, y_0) = \left(f'_x(x_0, y_0), f'_y(x_0, y_0) \right).$$

反之, 若 f 在点 (x_0, y_0) 可偏导, 且偏导数在点 (x_0, y_0) 都连续, 则 f 在点 (x_0, y_0) 可微 (参见《数学分析 (第二卷)》(卓里奇, 2019)).

§20.1.4 $\mathbb{R}^n$ 上多元函数的 Taylor 公式

在第 11 章中, 我们讨论了二元函数的 Taylor 公式, 本小节中, 我们将讨论一般的 n 元函数的一阶和二阶 Taylor 公式.

设 n 元函数 $f : D \subset \mathbb{R}^n \to \mathbb{R}$, 若 $f'' : D \to L(\mathbb{R}^n)$ 连续, 则称 f 在 D 中**二阶连续可微**. 由定理 20.1.8 知: f 在 D 中二阶连续可微当且仅当对任意的 $i, j = 1, \cdots, n$, f 的二阶偏导数 $D_{ij}f(\boldsymbol{x}) \doteq D_i(D_j f(\boldsymbol{x}))$ 都连续.

若 f 在 D 中二阶连续可微, 则 $f'(\boldsymbol{x})$ 是 n 维的行向量, 且映射 $f' : D \subset \mathbb{R}^n \to \mathbb{R}^n$ 连续可微, 这时 $f''(\boldsymbol{x})$ 是关于 $\boldsymbol{x}$ 连续的 n 阶方阵, 因此二阶混合偏导数与求偏导顺序无关, 即

$$D_{ij}f(\boldsymbol{x}) = D_{ji}f(\boldsymbol{x}), \quad i, j = 1, \cdots, n.$$

因为

$$f'(\boldsymbol{x}) = (D_1 f(\boldsymbol{x}), D_2 f(\boldsymbol{x}), \cdots, D_n f(\boldsymbol{x})),$$

则由定理 20.1.8知,

$$f''(\boldsymbol{x}) = \begin{pmatrix} D_{11}f(\boldsymbol{x}) & D_{12}f(\boldsymbol{x}) & \cdots & D_{1n}f(\boldsymbol{x}) \\ D_{21}f(\boldsymbol{x}) & D_{22}f(\boldsymbol{x}) & \cdots & D_{2n}f(\boldsymbol{x}) \\ \vdots & \vdots & & \vdots \\ D_{n1}f(\boldsymbol{x}) & D_{n2}f(\boldsymbol{x}) & \cdots & D_{nn}f(\boldsymbol{x}) \end{pmatrix}$$

是 n 阶对称矩阵.

下面我们给出凸集上的多元函数的一阶带 Lagrange 余项和二阶带 Peano 余项的 Taylor 公式.

定理 20.1.10 设 $D \subset \mathbb{R}^n$ 是凸开集, $f : D \subset \mathbb{R}^n \to \mathbb{R}$ 二阶连续可微, $\boldsymbol{a} \in D$, 则

(1) 对任意 $\boldsymbol{a} + \boldsymbol{h} \in D$, 存在 $\xi \in (0, 1)$, 使得

$$f(\boldsymbol{a} + \boldsymbol{h}) = f(\boldsymbol{a}) + f'(\boldsymbol{a})\boldsymbol{h} + \frac{1}{2}\boldsymbol{h}^{\mathrm{T}} f''(\boldsymbol{a} + \xi\boldsymbol{h})\boldsymbol{h}. \tag{20.1.2}$$

(2) 对于范数充分小的 n 维的列向量 $\boldsymbol{k} \in \mathbb{R}^n$, 且 $\boldsymbol{a} + \boldsymbol{k} \in D$, 有

$$f(\boldsymbol{a} + \boldsymbol{k}) = f(\boldsymbol{a}) + f'(\boldsymbol{a})\boldsymbol{k} + \frac{1}{2}\boldsymbol{k}^{\mathrm{T}} f''(\boldsymbol{a})\boldsymbol{k} + o(\|\boldsymbol{k}\|^2). \tag{20.1.3}$$

证明 若 $\|\boldsymbol{k}\|, \|\boldsymbol{h}\| = 0$ 结论显然成立, 下面假设 $\|\boldsymbol{h}\|, \|\boldsymbol{k}\| \neq 0$.

设 $\boldsymbol{h}$ 任意取定, 使得 $\boldsymbol{a} + \boldsymbol{h} \in D$, 因为 D 是凸集, 则可以定义一元实函数:

$$\varphi(t) = f(\boldsymbol{a} + t\boldsymbol{h}), \quad t \in [0, 1].$$

因为 f 二阶连续可微, 则 $\varphi(t)$ 二阶连续可微. 由复合函数的链式法则知:

$$\varphi'(t) = f'(\boldsymbol{a} + t\boldsymbol{h})\boldsymbol{h} = \langle \boldsymbol{h}, f'(\boldsymbol{a} + t\boldsymbol{h}) \rangle,$$

两边继续对 t 求导, 有

$$\varphi''(t) = \langle \boldsymbol{h}, f''(\boldsymbol{a} + t\boldsymbol{h})\boldsymbol{h} \rangle = \boldsymbol{h}^{\mathrm{T}} f''(\boldsymbol{a} + t\boldsymbol{h})\boldsymbol{h},$$

因此

$$\varphi'(0) = f'(\boldsymbol{a})h, \varphi''(0) = \boldsymbol{h}^{\mathrm{T}} f''(\boldsymbol{a})\boldsymbol{h}, \varphi''(t) = \boldsymbol{h}^{\mathrm{T}} f''(\boldsymbol{a} + t\boldsymbol{h})\boldsymbol{h}.$$

(1) 由一元函数 $\varphi(t)$ 的一阶带 Lagrange 余项的 Taylor 公式知, 存在 $\xi \in (0, 1)$, 使得

$$\varphi(1) = \varphi(0) + \varphi'(0) + \frac{1}{2}\varphi''(\xi).$$

因为

$$f(\boldsymbol{a} + \boldsymbol{h}) - f(\boldsymbol{a}) = \varphi(1) - \varphi(0),$$

则

$$f(\boldsymbol{a} + \boldsymbol{h}) - f(\boldsymbol{a}) = \varphi'(0) + \frac{1}{2}\varphi''(\xi) = f'(\boldsymbol{a})h + \frac{1}{2}\boldsymbol{h}^{\mathrm{T}} f''(\boldsymbol{a} + \xi\boldsymbol{h})\boldsymbol{h},$$

即式 (20.1.2) 成立.

(2) 由一元函数 $\varphi(t)$ 的二阶带 Peano 余项的 Taylor 公式知, 当 $t \to 0$ 时, 有

$$\varphi(t) = \varphi(0) + \varphi'(0)t + \frac{1}{2}\varphi''(0)t^2 + o(t^2).$$

对非零的 n 维的列向量 $\boldsymbol{k}, \|\boldsymbol{k}\| \to 0$, 令 $t = \|\boldsymbol{k}\|, \boldsymbol{h} = \dfrac{\boldsymbol{k}}{\|\boldsymbol{k}\|}$, 则 $t\boldsymbol{h} = \boldsymbol{k}, t \to 0$ 且

$$f(\boldsymbol{a} + \boldsymbol{k}) - f(\boldsymbol{a}) = f(\boldsymbol{a} + t\boldsymbol{h}) - f(\boldsymbol{a}) = \varphi(t) - \varphi(0).$$

因此

$$f(\boldsymbol{a} + \boldsymbol{k}) - f(\boldsymbol{a}) = \varphi'(0)t + \frac{1}{2}\varphi''(0)t^2 + o(t^2) = f'(\boldsymbol{a})\boldsymbol{k} + \frac{1}{2}\boldsymbol{k}^{\mathrm{T}} f''(\boldsymbol{a})\boldsymbol{k} + o(\|\boldsymbol{k}\|^2).$$

即式 (20.1.3) 成立. □

作为多元函数 Taylor 公式的一个应用, 我们来研究非常重要而且具有广泛的应用价值的函数——多元凸函数 (convex function of several variables).

定义 20.1.2 设 $D \subset \mathbb{R}^n$ 是凸集, $f : D \subset \mathbb{R}^n \to \mathbb{R}$, 若对任意两点 $\boldsymbol{x}, \boldsymbol{y} \in D$ 和任意 $\lambda \in (0, 1)$, 都有

$$f(\lambda\boldsymbol{x} + (1 - \lambda)\boldsymbol{y}) \leqslant \lambda f(\boldsymbol{x}) + (1 - \lambda)f(\boldsymbol{y}), \tag{20.1.4}$$

则称 f 在 D 上是**凸** (convex) 的. 若 $\boldsymbol{x} \neq \boldsymbol{y}$ 时, 严格不等式成立, 则称 f 在 D 上是**严格凸** (strictly convex) **的**.

如同一元凸函数一样, 二元凸函数具有很强的几何直观. 下面我们来研究其性质.

定理 20.1.11   设 f 是定义在凸区域 $D \subset \mathbb{R}^n$ 上的连续可微函数, 则 f 在 D 上是凸的充要条件是: 对任意 $\boldsymbol{x}, \boldsymbol{y} \in D$, 有

$$f(\boldsymbol{x}) \geqslant f(\boldsymbol{y}) + f'(\boldsymbol{y})(\boldsymbol{x} - \boldsymbol{y}). \tag{20.1.5}$$

证明   **必要性**   若 f 是 D 上的凸函数, 则对任意取定的两点 $\boldsymbol{x}, \boldsymbol{y} \in D$ 和任意 $\lambda \in (0,1)$, 都有

$$f(\lambda \boldsymbol{x} + (1-\lambda)\boldsymbol{y}) \leqslant \lambda f(\boldsymbol{x}) + (1-\lambda)f(\boldsymbol{y}),$$

即

$$f(\boldsymbol{y} + \lambda(\boldsymbol{x} - \boldsymbol{y})) - f(\boldsymbol{y}) \leqslant \lambda(f(\boldsymbol{x}) - f(\boldsymbol{y})),$$

由 f 的连续可微性知:

$$f(\boldsymbol{y} + \lambda(\boldsymbol{x} - \boldsymbol{y})) - f(\boldsymbol{y}) = \lambda f'(\boldsymbol{y})(\boldsymbol{x} - \boldsymbol{y}) + o(\lambda),$$

则

$$\lambda f'(\boldsymbol{y})(\boldsymbol{x} - \boldsymbol{y}) + o(\lambda) \leqslant \lambda(f(\boldsymbol{x}) - f(\boldsymbol{y})),$$

在上式两边除以 λ, 并令 $\lambda \to 0$, 得式 (20.1.5).

充分性   对于任意两点 $\boldsymbol{x}, \boldsymbol{y} \in D$ 和任意 $\lambda \in (0,1)$, 记 $\boldsymbol{z} = \lambda \boldsymbol{x} + (1-\lambda)\boldsymbol{y}$, 则

$$f(\boldsymbol{x}) \geqslant f(\boldsymbol{z}) + f'(\boldsymbol{z})(\boldsymbol{x} - \boldsymbol{z}) = f(\boldsymbol{z}) + (1-\lambda)f'(\boldsymbol{z})(\boldsymbol{x} - \boldsymbol{y}), \tag{20.1.6}$$

$$f(\boldsymbol{y}) \geqslant f(\boldsymbol{z}) + f'(\boldsymbol{z})(\boldsymbol{y} - \boldsymbol{z}) = f(\boldsymbol{z}) - \lambda f'(\boldsymbol{z})(\boldsymbol{x} - \boldsymbol{y}), \tag{20.1.7}$$

则将式 (20.1.6) $\times \lambda +$ 式 (20.1.7)$\times(1-\lambda)$, 得

$$\lambda f(\boldsymbol{x}) + (1-\lambda)f(\boldsymbol{y}) \geqslant f(\boldsymbol{z}).$$

因此 f 是 D 上的凸函数.   □

注意到, 在 $n = 2$ 时, $z = f(\boldsymbol{y}) + f'(\boldsymbol{y})(\boldsymbol{x} - \boldsymbol{y})$ 表示的是, 曲面 $z = f(\boldsymbol{x})$ 的过点 $(\boldsymbol{y}, f(\boldsymbol{y}))$ 的切平面, 因此定理的结论和凸曲面的几何直观是一致的, 即凸函数表示的曲面在切平面的上方.

定理 20.1.12   设 f 是定义在凸区域 $D \subset \mathbb{R}^n$ 上的二阶连续可微函数, 则 f 在 D 上是凸的充要条件是: 对任意的 $x \in D$, $f''(x)$ 是半正定 (positive semidefinite) 的.

证明   **必要性**   设 f 在 D 上是凸的. 若存在 $\boldsymbol{a} \in D$, 使得 $f''(\boldsymbol{a})$ 不是半正定的, 则存在 $\boldsymbol{h} \neq \theta$, 使得

$$\boldsymbol{h}^{\mathrm{T}} f''(\boldsymbol{a}) \boldsymbol{h} < 0.$$

因此对充分小的 $\lambda \neq 0$, 有 $\boldsymbol{a} + \lambda \boldsymbol{h} \in D$, 则由定理 20.1.10(2) 知,

$$f(\boldsymbol{a} + \lambda \boldsymbol{h}) = f(\boldsymbol{a}) + \lambda f'(\boldsymbol{a})\boldsymbol{h} + \frac{\lambda^2}{2}\boldsymbol{h}^{\mathrm{T}} f''(\boldsymbol{a})\boldsymbol{h} + o(\lambda^2),$$

即

$$f(\boldsymbol{a} + \lambda \boldsymbol{h}) - f(\boldsymbol{a}) - \lambda f'(\boldsymbol{a})\boldsymbol{h} = \frac{\lambda^2}{2}[\boldsymbol{h}^{\mathrm{T}} f''(\boldsymbol{a})\boldsymbol{h} + o(1)].$$

因为 $\lambda \to 0$ 时, $o(1) \to 0$, 且 $\boldsymbol{h}^{\mathrm{T}} f''(\boldsymbol{a})\boldsymbol{h} < 0$, 则存在 $\delta > 0$, 使得当 $0 < \lambda \leqslant \delta$ 时有

$$\boldsymbol{h}^{\mathrm{T}} f''(\boldsymbol{a})\boldsymbol{h} + o(1) < 0,$$

则

$$f(\boldsymbol{a} + \delta \boldsymbol{h}) - f(\boldsymbol{a}) - \delta f'(\boldsymbol{a})\boldsymbol{h} < 0,$$

与定理 20.1.11结论矛盾, 因此 $f''(\boldsymbol{x})$ 在 D 上是半正定的.

充分性 设 $f''(\boldsymbol{x})$ 在 D 上是半正定的.

由 Taylor 公式 (定理 20.1.10(1)) 知: 对任意 $\boldsymbol{x}, \boldsymbol{x} + \boldsymbol{h} \in D$, 存在 $\xi \in (0, 1)$, 使得

$$f(\boldsymbol{x} + \boldsymbol{h}) - f(\boldsymbol{x}) - f'(\boldsymbol{x})\boldsymbol{h} = \frac{1}{2}\boldsymbol{h}^{\mathrm{T}}f''(\boldsymbol{x} + \xi\boldsymbol{h})\boldsymbol{h} \geqslant 0,$$

则

$$f(\boldsymbol{x} + \boldsymbol{h}) \geqslant f(\boldsymbol{x}) + f'(\boldsymbol{x})\boldsymbol{h}.$$

因此 f 在 D 上是凸函数. □

定理 20.1.13 设 $D \subset \mathbb{R}^n$ 是凸区域, $f: D \to \mathbb{R}$ 是连续可微的凸函数, 若 $\boldsymbol{x_0}$ 是 f 的驻点 (critical point), 即 $f'(\boldsymbol{x_0}) = \theta$, 则 $\boldsymbol{x_0}$ 是 f 在 D 上的最小值点.

证明 由定理 20.1.11知

$$f(\boldsymbol{x}) \geqslant f(\boldsymbol{x_0}) + f'(\boldsymbol{x_0})(\boldsymbol{x} - \boldsymbol{x_0}) = f(\boldsymbol{x_0}), \quad \boldsymbol{x} \in D,$$

因此 $\boldsymbol{x_0}$ 是 f 在 D 上的最小值点. □

例 20.1.8 设 $f(\boldsymbol{x}) = \boldsymbol{x}^{\mathrm{T}}\boldsymbol{A}\boldsymbol{x}$, 其中 $\boldsymbol{A}$ 为 n 阶实对称矩阵, $\boldsymbol{x}$ 为 n 维列向量, 由例 20.1.5可得 $f'(\boldsymbol{x}) = 2\boldsymbol{x}^{\mathrm{T}}\boldsymbol{A}$, $f''(\boldsymbol{x}) = 2\boldsymbol{A}$, 则利用定理 20.1.12知: f 在 $\mathbb{R}$ 上凸的充要条件是 $\boldsymbol{A}$ 为半正定矩阵. 又若 $\boldsymbol{A}$ 正定 (positive definite), 则 f 在 $\mathbb{R}$ 上严格凸, 且这时 $\boldsymbol{A}$ 可逆, 故 θ 是 $f(\boldsymbol{x})$ 的唯一驻点, 从而 θ 是 $f(\boldsymbol{x})$ 的唯一的最小值点.

例 20.1.9 设 $f(x)$ 在 $[0,1]$ 上具有二阶导数, 且满足条件 $|f(x)| \leqslant a, |f''(x)| \leqslant b$, 其中 a, b 都是非负常数, c 是 $(0,1)$ 内任意一点, 证明 $|f'(c)| \leqslant 2a + \dfrac{b}{2}$.

证明 在 $x_0 = c$ 处应用一阶 Taylor 公式, 并分别取 $x = 1$ 和 $x = 0$ 可得

$$f(1) - f(c) = f'(c)(1 - c) + \frac{f''(\xi_1)}{2}(1 - c)^2,$$

$$f(0) - f(c) = f'(c)(-c) + \frac{f''(\xi_2)}{2}c^2,$$

两式相减得到

$$f(1) - f(0) = f'(c) + \frac{f''(\xi_1)}{2}(1 - c)^2 - \frac{f''(\xi_2)}{2}c^2,$$

因此

$$\begin{aligned}
|f'(c)| &\leqslant |f(1) - f(0)| + \left|\frac{f''(\xi_1)}{2}(1 - c)^2 - \frac{f''(\xi_2)}{2}c^2\right| \\
&\leqslant 2a + \frac{b}{2}[c^2 + (1 - c)^2] \\
&\leqslant 2a + \frac{b}{2}[c + (1 - c)] \\
&= 2a + \frac{b}{2}.
\end{aligned}$$

□

习题 20.1

A1. 讨论函数 $f(\boldsymbol{x}) = \|\boldsymbol{x}\|, g(x) = \|\boldsymbol{x}\|^3, \boldsymbol{x} \in \mathbb{R}^n$ 在原点的可微性.

A2. 证明定理 20.1.1.

A3. 证明定理 20.1.3.

B4. 设 $f : \mathbb{R}^2 \to \mathbb{R}$ 定义为

$$f(0,0) = 0, f(x,y) = \frac{x^3}{x^2+y^2}, \quad (x,y) \neq (0,0).$$

(1) 证明: $f(x,y)$ 在 $\mathbb{R}^2$ 上连续, 但在原点不可微.

(2) 证明: f 的偏导数 $D_1 f(x,y), D_2 f(x,y)$ 在 $\mathbb{R}^2$ 上有界.

(3) 设 $\gamma : \mathbb{R} \to \mathbb{R}^2$ 可微, 且 $\gamma(0) = (0,0), \|\gamma'(0)\| \neq 0$, 且 $t \neq 0$ 时 $\gamma(t) \neq (0,0)$, 令 $g(t) = f(\gamma(t)), t \in \mathbb{R}$. 证明: g 是一元可微函数, 且若 γ 连续可微, 则 g 连续可微.

A5. 设 $\boldsymbol{f} : \mathbb{R} \to \mathbb{R}^m$ 在 $\mathbb{R}$ 上可微, 且 $\|\boldsymbol{f}(x)\| = 1, x \in \mathbb{R}$. 证明: $\boldsymbol{f}'(x)\boldsymbol{f}(x) = 0$. 并请从几何上解释这个结论.

A6. 设 $D \subset \mathbb{R}^n$ 是开集, $\boldsymbol{f} : D \to \mathbb{R}^m$ 可偏导, 且所有偏导数 $(D_j)f_i(\boldsymbol{x})$ 在 D 上有界, 证明: $\boldsymbol{f}$ 在 D 上连续.

A7. 设 $D \subset \mathbb{R}^n$ 是凸开集, $\boldsymbol{f} : D \to \mathbb{R}^m$ 在 D 上可偏导, 且对 $i = 1, 2, \cdots, m$, 偏导数 $(D_1)f_i(x) = 0, x \in D$, 证明: $\boldsymbol{f}$ 在 D 上关于 x_1 是常映射 (即只与 $x_2, \cdots, x_n$ 有关). 又问若 $D \subset \mathbb{R}^n$ 是连通开集时, 结论是否成立?

A8. 求三元函数 $f(x,y,z) = \mathrm{e}^x + xy - z$ 在原点 $(0,0,0)$ 处的二阶带 Peano 余项的 Taylor 公式.

A9. 证明: (1) 若 f 为凸区域 $D \subset \mathbb{R}^n$ 上的凸函数, λ 为非负实数, 则 λf 为凸函数;

(2) 若 f, g 均为凸区域 $D \subset \mathbb{R}^n$ 上的凸函数, 则 $f + g$ 为凸函数;

(3) 若 f 为凸区域 $D \subset \mathbb{R}^n$ 上的凸函数, g 为凸区域 $J \supset f(D)$ 上的递增的凸函数, 则 $g \circ f$ 为 D 上的凸函数.

A10. 证明: 若 f, g 均为凸区域 $D \subset \mathbb{R}^n$ 的凸函数, 则 $F(x) = \max\{f(x), g(x)\}$ 也是 D 上的凸函数.

B11. 设 $x_1 < x_2 < x_3$ 是区间 I 上任意三点, 记

$$\Delta = \begin{vmatrix} 1 & x_1 & f(x_1) \\ 1 & x_2 & f(x_2) \\ 1 & x_3 & f(x_3) \end{vmatrix},$$

证明: (1)f 为区间 I 上凸函数的充要条件是 $\Delta \geqslant 0$ 恒成立;

(2) f 为严格凸函数的充要条件是 $\Delta > 0$ 恒成立.

B12. 设 f 为凸区域 $D \subset \mathbb{R}^n$ 上连续可微的严格凸函数. 证明: 若 $x_0 \in D$ 为 f 的极小值点, 则 x_0 为 f 在 D 上唯一的极小值点.

A13. 证明: $f(x,y) = -\sqrt{1 - x^2 - y^2}$ 在 $x^2 + y^2 < 1$ 上是凸函数.

B14. 利用 Taylor 公式 (定理 20.1.10) 证明多元函数极值的充分条件 (定理 11.6.3).

B15. 证明下列不等式:

(1) $\dfrac{b-a}{b} < \ln \dfrac{b}{a} < \dfrac{b-a}{a}$, 其中 $0 < a < b$;

(2) $x \ln(x + \sqrt{1 + x^2}) > \sqrt{1 + x^2} - 1, \forall x > 0$.

B16. 以 $S(x)$ 记由 $(a, f(a)), (b, f(b)), (x, f(x))$ 三点构成的三角形面积, 试对 $S(x)$ 应用 Rolle 定理证明 Lagrange 中值定理.

B17. 设函数 f 在 $[0,a]$ 上具有二阶导数, 且 $|f''(x)| \leqslant M$, f 在 $(0,a)$ 内取得最大值. 试证:

$$|f'(0)| + |f'(a)| \leqslant Ma.$$

B18. 设 f 在 $[0,2]$ 上二阶可导, 且 $|f(x)| \leqslant 1, |f''(x)| \leqslant 1$. 证明: 在 $[0,2]$ 上, $|f'(x)| \leqslant 2$.

C19. (中值定理) 设 X 是赋范空间, $D \subset X$ 是道路连通的开集, 函数 $f : \overline{D} \to \mathbb{R}$ 连续, 且在 D 中可微, $a, b \in D$ 是任意两点.

(1) 若 D 是凸集, 证明: 存在 $\xi \in D$, 使得 $f(a) - f(b) = f'(\xi)(a - b)$;

(2) 若 $\overline{D}$ 紧, 且 f 在 D 的边界 ∂D 上恒等于 0, 是否存在点 $\xi \in D$, 使得 $f'(\xi) = 0$?

(3) 若 $f(a) = f(b)$, 是否存在 $\xi \in D$, 使得 $f'(\xi) = 0$?

§20.2　逆映射定理和隐函数定理

在第 11 章中, 我们学习了一元函数和二元二维向量值函数的隐函数定理, 以及平面 $\mathbb{R}^2$ 到 $\mathbb{R}^2$ 的映射的逆映射定理. 本节我们将研究一般 $\mathbb{R}^n$ 到 $\mathbb{R}^n$ 的映射的逆映射定理以及一般向量值函数的隐函数定理. 我们不仅将 $\mathbb{R}^2$ 的结论推广到一般的 $\mathbb{R}^n$ 空间上, 更重要的是, 我们使用了现代数学的语言和方法, 使得结果的叙述与证明都更简洁和自然, 展示了现代数学的魅力, 运用这些语言和方法还可以将本节的结果推广到一般的赋范空间上 (参见本节习题 C11 和 C12).

§20.2.1　逆映射定理

定理 20.2.1　若 $D \subset \mathbb{R}^n$ 是开集, 映射 $\boldsymbol{f} : D \to \mathbb{R}^n$ 连续可微, $\boldsymbol{a} \in D, \boldsymbol{b} = \boldsymbol{f}(\boldsymbol{a})$, 且 $\boldsymbol{f}'(\boldsymbol{a})$ 可逆, 则

(1) 存在开集 $U \subset D, V \subset \boldsymbol{f}(D)$, 使得 $\boldsymbol{f} : U \to V$ 是可逆映射.

(2) $\boldsymbol{f}$ 的逆映射 $\boldsymbol{f}^{-1} : V \to U$ 连续可微, 且

$$(\boldsymbol{f}^{-1}(\boldsymbol{y}))' = (\boldsymbol{f}'(\boldsymbol{x}))^{-1}, \quad \forall \boldsymbol{y} \in V, \boldsymbol{x} = \boldsymbol{f}^{-1}(\boldsymbol{y}).$$

证明　(1) 设 $\boldsymbol{f}'(\boldsymbol{a}) = \boldsymbol{A}$, 取 $\lambda = \dfrac{1}{2\|\boldsymbol{A}^{-1}\|}$. 因为 $\boldsymbol{f}'(\boldsymbol{x})$ 在 $\boldsymbol{a}$ 点连续, 则存在开球 $U \subset D$, 使得

$$\|\boldsymbol{f}'(\boldsymbol{x}) - \boldsymbol{A}\| < \lambda, \quad \boldsymbol{x} \in U.$$

因为 $\|\boldsymbol{f}'(\boldsymbol{x}) - A\| \|A^{-1}\| < \dfrac{1}{2}$, 则由定理 18.3.3 知 $\boldsymbol{f}'(\boldsymbol{x})$ 可逆.

下面证明 $\boldsymbol{f} : U \to \mathbb{R}^n$ 是单射.

对任意 $\boldsymbol{y} \in \mathbb{R}^n$, 定义映射 $\boldsymbol{\varphi} : U \to \mathbb{R}^n$ 为

$$\boldsymbol{\varphi}(\boldsymbol{x}) = \boldsymbol{x} + \boldsymbol{A}^{-1}(\boldsymbol{y} - \boldsymbol{f}(\boldsymbol{x})), \boldsymbol{x} \in D, \tag{20.2.1}$$

则 $\boldsymbol{x}$ 是映射 $\boldsymbol{\varphi}$ 的不动点当且仅当 $\boldsymbol{y} = \boldsymbol{f}(\boldsymbol{x})$. 又

$$\boldsymbol{\varphi}'(\boldsymbol{x}) = \boldsymbol{I} - \boldsymbol{A}^{-1}\boldsymbol{f}'(\boldsymbol{x}) = \boldsymbol{A}^{-1}(\boldsymbol{A} - \boldsymbol{f}'(\boldsymbol{x})),$$

则

$$\|\boldsymbol{\varphi}'(\boldsymbol{x})\| \leqslant \|\boldsymbol{A}^{-1}\| \cdot \|\boldsymbol{A} - \boldsymbol{f}'(\boldsymbol{x})\| < \frac{1}{2},$$

因此由有限增量定理 (定理 20.1.5) 知: 对任意 $\boldsymbol{x}, \overline{\boldsymbol{x}} \in U$,

$$\|\boldsymbol{\varphi}(\boldsymbol{x}) - \boldsymbol{\varphi}(\overline{\boldsymbol{x}})\| \leqslant \frac{\|\boldsymbol{x} - \overline{\boldsymbol{x}}\|}{2}, \tag{20.2.2}$$

即映射 $\boldsymbol{\varphi}$ 是压缩映射. 从而其不动点至多一个, 即对任意 $\boldsymbol{y} \in \mathbb{R}^n$, 至多存在一个 $\boldsymbol{x}$ 满足 $\boldsymbol{y} = \boldsymbol{f}(\boldsymbol{x})$. 故 $\boldsymbol{f} : U \to \mathbb{R}^n$ 是单射.

令 $V = f(U)$, 则 $f : U \to V$ 是可逆的. 下面只要证明 V 是开集即可.

任取 $y_0 \in V$, 存在 $x_0 \in U$, 使得 $y_0 = f(x_0)$. 因为 U 是开集, 则存在 $r > 0$, 使得 $B \doteq \overline{B(x_0, r)} \subset U$, 对于任意 $y \in B(y_0, \lambda r)$, 则由式 (20.2.1) 知:

$$\|\varphi(x_0) - x_0\| = \|A^{-1}(y - y_0)\| \leqslant \|A^{-1}\|\lambda r \leqslant \frac{r}{2}.$$

对于 $x \in B$, 由式 (20.2.2) 知:

$$\|\varphi(x) - x_0\| \leqslant \|\varphi(x) - \varphi(x_0)\| + \|\varphi(x_0) - x_0\| \leqslant \frac{\|x - x_0\|}{2} + \frac{r}{2} \leqslant r.$$

因此 $\varphi(x) \in B$, 即 $\varphi : B \to B$ 是压缩映射, 又 B 是 $\mathbb{R}^n$ 中的闭球, 是完备的, 则由 Banach 压缩映像原理知: φ 在 B 上存在唯一的不动点. 设不动点为 $x \in B$, 则

$$y = f(x) \in f(B) \subset f(U) = V,$$

即 $B(y_0, \lambda r) \subset V$, 因此 V 是开集.

(2) 由 (1) 知 f 可逆, 设其逆映射为 $g : V \to U$, 则

$$g(f(x)) = x, \quad x \in U.$$

对任意的 $y, y + k \in V$, 存在 $x, x + h \in U$, 使得

$$y = f(x), \quad y + k = f(x + h),$$

则 $g(y + k) - g(y) = h$.

另外, 由式 (20.2.1) 知

$$\varphi(x + h) - \varphi(x) = h - A^{-1}k,$$

则

$$\|h - A^{-1}k\| = \|\varphi(x + h) - \varphi(x)\| \leqslant \frac{\|h\|}{2}.$$

因此

$$\|A^{-1}k\| \geqslant \|h\| - \|h - A^{-1}k\| \geqslant \frac{\|h\|}{2},$$

即

$$\|h\| \leqslant 2\|A^{-1}k\| \leqslant 2\|A^{-1}\|\|k\| = \frac{\|k\|}{\lambda}.$$

因此映射 $g : V \to U$ Lipschitz 连续.

因为 $f'(x)$ 可逆, 记其逆为 T, 则

$$g(y + k) - g(y) - Tk = h - T(f(x + h) - f(x)) = -T[f(x + h) - f(x) - f'(x)h].$$

因此

$$\frac{\|g(y + k) - g(y) - Tk\|}{\|k\|} \leqslant \frac{\|T\|\|f(x + h) - f(x) - f'(x)h\|}{\lambda\|h\|}. \tag{20.2.3}$$

由 g 的连续性知, $\|k\| \to 0$ 时有 $\|h\| \to 0$. 因此在式 (20.2.3) 两边令 $\|k\| \to 0$, 由 f 的可微性知, 式 (20.2.3) 右边极限为 0, 从而其左边极限也为 0, 即映射 g 可微. 且

$$g'(y) = T = (f'(x))^{-1} = (f'(g(y)))^{-1}.$$

因为 $g : V \to U$ 连续, $f' : D \to L(\mathbb{R}^n)$ 连续, 以及映射 $S \mapsto S^{-1} : \Omega \to \Omega$ 连续 (定理 18.3.3)(这里的 Ω 是 $L(\mathbb{R}^n)$ 中可逆线性算子全体), 而映射 g' 是以上三个连续映射的复合, 因此是连续的, 从而 g 连续可微. □

在 $n = 2$ 时, 就是二元二维向量值函数的逆映射定理 (定理 11.4.4).

例 20.2.1 设 $f(x) = \begin{cases} x + 2x^2 \sin \dfrac{1}{x}, & x \neq 0, \\ 0, & x = 0, \end{cases}$ 则 $f(x)$ 在实数集 $\mathbb{R}$ 上可微, 且

$f'(0) = 1$, $f'(x) = 1 + 4x \sin \dfrac{1}{x} - 2 \cos \dfrac{1}{x}, x \neq 0$ 在 $(-1, 1)$ 中有界, 但在 0 的任意邻域中, $f'(x)$ 均不定号, 故在 0 的任意邻域中 f 都不是单射, 因为连续的单射一定严格单调. 注意到 $f'(x)$ 在 0 点不连续.

上面例子说明, 即使对一元实函数的反函数定理, 导数的连续性也是必不可少的条件.

例 20.2.2 极坐标变换
$$\begin{cases} x = r \cos \theta, \\ y = r \sin \theta, \end{cases}$$

求 r, θ 关于 x, y 的偏导数.

解 映射 $(x, y) \mapsto (r, \theta)$ 的导数为

$$\begin{pmatrix} \dfrac{\partial x}{\partial r} & \dfrac{\partial x}{\partial \theta} \\ \dfrac{\partial y}{\partial r} & \dfrac{\partial y}{\partial \theta} \end{pmatrix} = \begin{pmatrix} \cos \theta & -r \sin \theta \\ \sin \theta & r \cos \theta \end{pmatrix},$$

其行列式等于 r, 因此在 $r \neq 0$ 时, 矩阵可逆, 则由逆映射定理知, 逆映射局部存在, 且逆映射的导数为

$$\begin{pmatrix} \dfrac{\partial r}{\partial x} & \dfrac{\partial r}{\partial y} \\ \dfrac{\partial \theta}{\partial x} & \dfrac{\partial \theta}{\partial y} \end{pmatrix} = \begin{pmatrix} \cos \theta & -r \sin \theta \\ \sin \theta & r \cos \theta \end{pmatrix}^{-1} = \begin{pmatrix} \cos \theta & \sin \theta \\ -\dfrac{\sin \theta}{r} & \dfrac{\cos \theta}{r} \end{pmatrix}.$$

§20.2.2 隐函数定理

设映射 $\boldsymbol{f} : \mathbb{R}^{n+m} \to \mathbb{R}^m$, 那么由 $\boldsymbol{f}(\boldsymbol{x}, \boldsymbol{y}) = \theta$, 用分量表示即为

$$\begin{cases} f_1(x_1, x_2, \cdots, x_n, y_1, y_2, \cdots, y_m) = 0, \\ f_2(x_1, x_2, \cdots, x_n, y_1, y_2, \cdots, y_m) = 0, \\ \qquad\qquad\qquad \vdots \\ f_m(x_1, x_2, \cdots, x_n, y_1, y_2, \cdots, y_m) = 0. \end{cases}$$

上式能否对 (某个开集中) 任意的 $\boldsymbol{x}$, 解出 $\boldsymbol{y}$ 呢? 更准确地说, 对任意的 $\boldsymbol{x}$, 能否存在唯一的 $\boldsymbol{y}$ 满足 $\boldsymbol{f}(\boldsymbol{x}, \boldsymbol{y}) = \theta$, 即能否确定隐函数 $\boldsymbol{y} = \boldsymbol{g}(\boldsymbol{x})$, 使得 $f(\boldsymbol{x}, \boldsymbol{g}(\boldsymbol{x})) = \theta$?

我们先来看一个简单的线性映射的例子. 若 $\boldsymbol{A} \in L(\mathbb{R}^{n+m}, \mathbb{R}^m)$, 即 $\boldsymbol{A}$ 是 $m \times (n + m)$ 矩阵, 记 A_1, A_2 分别是矩阵 $\boldsymbol{A}$ 的前 n 列和后 m 列组成的矩阵, 即 $\boldsymbol{A} = (A_1, A_2)$, 则它们满足:

$$\boldsymbol{A} \begin{pmatrix} \boldsymbol{x} \\ \boldsymbol{y} \end{pmatrix} = (A_1, A_2) \begin{pmatrix} \boldsymbol{x} \\ \boldsymbol{y} \end{pmatrix} = A_1 \boldsymbol{x} + A_2 \boldsymbol{y},$$

其中 $\boldsymbol{x}, \boldsymbol{y}$ 分别为 n, m 维列向量, 则显然有下面结论.

定理 20.2.2　若 $\boldsymbol{A} \in L(\mathbb{R}^{n+m}, \mathbb{R}^m)$, $\boldsymbol{A} = (A_1, A_2)$, 且 A_2 可逆, 则对任意 $\boldsymbol{x} \in \mathbb{R}^n$, 存在唯一的 $\boldsymbol{y} \in \mathbb{R}^m$, 使得 $\boldsymbol{A} \begin{pmatrix} \boldsymbol{x} \\ \boldsymbol{y} \end{pmatrix} = \theta$, 且 $\boldsymbol{y} = -A_2^{-1} A_1 \boldsymbol{x}$.

定理 20.2.2说明, 对线性映射 $f(\boldsymbol{x}, \boldsymbol{y}) = \boldsymbol{A} \begin{pmatrix} \boldsymbol{x} \\ \boldsymbol{y} \end{pmatrix}$, 在 A_2 可逆的条件下, 隐函数存在. 注意到, A_2 恰好是线性函数 $f(\boldsymbol{x}, \boldsymbol{y})$ 关于 $\boldsymbol{y}$ 的偏导数. 上面的结果推广到一般的非线性的情形, 即是下面我们讨论的隐函数定理.

定理 20.2.3 (隐函数定理 (implicit function theorem))　若 $D \subset \mathbb{R}^{n+m}$ 是开集, 映射 $\boldsymbol{f}: D \to \mathbb{R}^m$ 连续可微, 且点 $\boldsymbol{e} \doteq \begin{pmatrix} \boldsymbol{a} \\ \boldsymbol{b} \end{pmatrix} \in D$, 满足 $\boldsymbol{f}(\boldsymbol{a}, \boldsymbol{b}) = \theta$, 其中 $\boldsymbol{a}, \boldsymbol{b}$ 分别是为 n, m 维的列向量, 记 A_1, A_2 分别为 $\boldsymbol{f}(\boldsymbol{x}, \boldsymbol{y})$ 在点 $(\boldsymbol{a}, \boldsymbol{b})$ 关于 $\boldsymbol{x}, \boldsymbol{y}$ 的偏导数, 即 $\boldsymbol{f}'(\boldsymbol{a}, \boldsymbol{b}) = (A_1, A_2)$. 若 A_2 可逆, 则

(1) 存在开集 $U \subset D, W \subset \mathbb{R}^n$, 使得 $\boldsymbol{a} \in W, \boldsymbol{e} \in U$ 且满足: 对任意 $\boldsymbol{x} \in W$, 存在唯一的 $\boldsymbol{y}$, 使得 $\begin{pmatrix} \boldsymbol{x} \\ \boldsymbol{y} \end{pmatrix} \in U$, 且 $\boldsymbol{f}(\boldsymbol{x}, \boldsymbol{y}) = \theta$, 即存在映射 $\boldsymbol{g}: W \to \mathbb{R}^m$, 使得

$$\boldsymbol{g}(\boldsymbol{a}) = \boldsymbol{b}, \boldsymbol{f}(\boldsymbol{x}, \boldsymbol{g}(\boldsymbol{x})) = \theta, \boldsymbol{x} \in W.$$

(2) 映射 $\boldsymbol{g}: W \to \mathbb{R}^m$ 连续可微, 且 $\boldsymbol{g}'(\boldsymbol{a}) = -A_2^{-1} A_1$.

证明　(1) 设 $\boldsymbol{F}(\boldsymbol{x}, \boldsymbol{y}) = \begin{pmatrix} \boldsymbol{x} \\ \boldsymbol{f}(\boldsymbol{x}, \boldsymbol{y}) \end{pmatrix}, \begin{pmatrix} \boldsymbol{x} \\ \boldsymbol{y} \end{pmatrix} \in D$. 因为 $\boldsymbol{f}: D \to \mathbb{R}^m$ 连续可微, 则 $\boldsymbol{F}: D \to \mathbb{R}^{n+m}$ 连续可微, 且

$$\boldsymbol{F}'(\boldsymbol{a}, \boldsymbol{b}) = \begin{pmatrix} I_n & \theta_{n \times m} \\ A_1 & A_2 \end{pmatrix},$$

其中 I_n 是 n 阶单位矩阵, $\theta_{n \times m}$ 是 $n \times m$ 零矩阵.

因为矩阵 A_2 可逆, 则其行列式 $\det A_2 \neq 0$, 故 $\det \boldsymbol{F}'(\boldsymbol{a}, \boldsymbol{b}) = \det A_2 \neq 0$. 因此矩阵 $\boldsymbol{F}'(\boldsymbol{a}, \boldsymbol{b})$ 可逆, 即 $\boldsymbol{F}'(\boldsymbol{a}, \boldsymbol{b}) \in L(\mathbb{R}^{n+m})$ 可逆.

由定理 20.2.1知, 映射 $\boldsymbol{F}: D \to \mathbb{R}^{n+m}$ 局部可逆, 即存在开集 U, V, 使得 $U \subset D, V \subset \mathbb{R}^{n+m}$, $\boldsymbol{e} \in U$, $\boldsymbol{F}: U \to V$ 是可逆映射. 设映射 $\boldsymbol{G}: V \to U$ 是 $\boldsymbol{F}: U \to V$ 的逆映射, 则 $\boldsymbol{G}: V \to U$ 连续可微.

因为 $\boldsymbol{F}(\boldsymbol{a}, \boldsymbol{b}) = \begin{pmatrix} \boldsymbol{a} \\ \boldsymbol{f}(\boldsymbol{a}, \boldsymbol{b}) \end{pmatrix} = \begin{pmatrix} \boldsymbol{a} \\ \theta \end{pmatrix}$, 则 $\begin{pmatrix} \boldsymbol{a} \\ \theta \end{pmatrix} \in V$.

令 $W = \{\boldsymbol{x} \in \mathbb{R}^n : \begin{pmatrix} \boldsymbol{x} \\ \theta \end{pmatrix} \in V\}$, 则由 $V \subset \mathbb{R}^{n+m}$ 是开集知, $W \subset \mathbb{R}^n$ 是开集.

对任意 $\boldsymbol{x} \in W$, 则 $\begin{pmatrix} \boldsymbol{x} \\ \theta \end{pmatrix} \in V$, 从而存在 $\begin{pmatrix} \boldsymbol{x} \\ \boldsymbol{y} \end{pmatrix} \in U$, 使得 $\boldsymbol{F}(\boldsymbol{x}, \boldsymbol{y}) = \begin{pmatrix} \boldsymbol{x} \\ \boldsymbol{f}(\boldsymbol{x}, \boldsymbol{y}) \end{pmatrix} = \begin{pmatrix} \boldsymbol{x} \\ \theta \end{pmatrix}$, 则 $\boldsymbol{f}(\boldsymbol{x}, \boldsymbol{y}) = \theta$. 故对任意 $\boldsymbol{x} \in W$, 存在 $\boldsymbol{y}$, 使得 $\boldsymbol{f}(\boldsymbol{x}, \boldsymbol{y}) = \theta$.

若对于 $\boldsymbol{x} \in W$, 存在 $\boldsymbol{y}'$, 使得 $\boldsymbol{f}(\boldsymbol{x}, \boldsymbol{y}') = \theta$, 则 $\boldsymbol{F}(\boldsymbol{x}, \boldsymbol{y}) = \boldsymbol{F}(\boldsymbol{x}, \boldsymbol{y}')$, 又 $\boldsymbol{F}: U \to V$ 是单射, 则 $\boldsymbol{y} = \boldsymbol{y}'$, 即 $\boldsymbol{y}$ 存在唯一. 设 $\boldsymbol{g}: W \to \mathbb{R}^m$ 定义为 $\boldsymbol{g}(\boldsymbol{x}) = \boldsymbol{y}$, 则 $\boldsymbol{f}(\boldsymbol{x}, \boldsymbol{g}(\boldsymbol{x})) = \theta$.

因为 $\boldsymbol{f}(\boldsymbol{a}, \boldsymbol{b}) = \theta$, 则 $\boldsymbol{g}(\boldsymbol{a}) = \boldsymbol{b}$.

(2) 由前面知: $\boldsymbol{F}(\boldsymbol{x}, \boldsymbol{g}(\boldsymbol{x})) = \begin{pmatrix} \boldsymbol{x} \\ \boldsymbol{f}(\boldsymbol{x}, \boldsymbol{g}(\boldsymbol{x})) \end{pmatrix} = \begin{pmatrix} \boldsymbol{x} \\ \theta \end{pmatrix}$, 则 $\boldsymbol{G}(\boldsymbol{x}, \theta) = \begin{pmatrix} \boldsymbol{x} \\ \boldsymbol{g}(\boldsymbol{x}) \end{pmatrix}$.

令 $\boldsymbol{\Phi}(\boldsymbol{x}) = \boldsymbol{G}(\boldsymbol{x}, \theta)$, 则 $\boldsymbol{\Phi}: W \to U$, 且 $\boldsymbol{\Phi}(\boldsymbol{a}) = \boldsymbol{G}(\boldsymbol{a}, \theta) = \begin{pmatrix} \boldsymbol{a} \\ \boldsymbol{b} \end{pmatrix}$, 由 $\boldsymbol{G}: V \to U$

连续可微知, $\boldsymbol{\Phi}: W \to U$ 连续可微, 且 $\boldsymbol{\Phi}'(\boldsymbol{x}) = \begin{pmatrix} I \\ \boldsymbol{g}'(\boldsymbol{x}) \end{pmatrix}$. 因为 $\boldsymbol{f}(\boldsymbol{x}, \boldsymbol{g}(\boldsymbol{x})) = \theta$, 即

$\boldsymbol{f}(\boldsymbol{\Phi}(\boldsymbol{x})) = \theta$, 则由链式法则知

$$\boldsymbol{f}'(\boldsymbol{\Phi}(\boldsymbol{x}))\boldsymbol{\Phi}'(\boldsymbol{x}) = \theta,$$

取 $\boldsymbol{x} = \boldsymbol{a}$, 有 $\boldsymbol{f}'(\boldsymbol{\Phi}(\boldsymbol{a}))\boldsymbol{\Phi}'(\boldsymbol{a}) = \theta$, 而

$$\boldsymbol{f}'(\boldsymbol{\Phi}(\boldsymbol{a})) = \boldsymbol{f}'(\boldsymbol{a}, \boldsymbol{b}) = (A_1, A_2), \boldsymbol{\Phi}'(\boldsymbol{a}) = \begin{pmatrix} I \\ \boldsymbol{g}'(\boldsymbol{a}) \end{pmatrix}.$$

因此

$$(A_1, A_2) \begin{pmatrix} I \\ \boldsymbol{g}'(\boldsymbol{a}) \end{pmatrix} = \theta,$$

即 $A_1 + A_2 \boldsymbol{g}'(\boldsymbol{a}) = \theta$, 则 $\boldsymbol{g}'(\boldsymbol{a}) = -A_2^{-1} A_1$. □

在 $n = m = 1$ 时, 就是一元实函数的隐函数定理 (定理 11.4.1):

设 $\Omega \subset \mathbb{R}^2$ 是区域, $(x_0, y_0) \in \Omega$, $F(x, y)$ 是定义在 Ω 上的二元函数, 且

(1) (x_0, y_0) 满足 $F(x_0, y_0) = 0$;

(2) 在 (x_0, y_0) 的邻域中, $F(x, y)$ 有一阶连续偏导数;

(3) $F_y(x_0, y_0) \neq 0$,

那么, 在点 (x_0, y_0) 附近函数方程 $F(x, y) = 0$ 能唯一地确定可导的隐函数, 即存在 $\rho > 0$ 和

$$y = f(x), \quad x \in U(x_0, \rho),$$

它满足 $F(x, f(x)) = 0$, $y_0 = f(x_0)$, 并且隐函数 $y = f(x)$ 在 $U(x_0, \rho)$ 上具有连续的导数, 其导数可由下列公式求得

$$\frac{\mathrm{d}y}{\mathrm{d}x} = -\frac{F_x(x, y)}{F_y(x, y)}.$$

例 20.2.3 设 $\boldsymbol{f}: \mathbb{R}^5 \to \mathbb{R}^2$ 的分量函数为

$$f_1(x_1, x_2, x_3, y_1, y_2) = 2e^{y_1} + y_2 x_1 - 4x_2 + 3,$$

$$f_2(x_1, x_2, x_3, y_1, y_2) = y_2 \cos y_1 - 6y_1 + 2x_1 - x_3,$$

若 $\boldsymbol{a} = (3, 2, 7)^{\mathrm{T}}$, $\boldsymbol{b} = (0, 1)^{\mathrm{T}}$, 则 $\boldsymbol{f}(\boldsymbol{a}, \boldsymbol{b}) = \theta$. 又易计算得

$$\boldsymbol{A} = \boldsymbol{f}'(\boldsymbol{a}, \boldsymbol{b}) = \begin{pmatrix} 1 & -4 & 0 & 2 & 3 \\ 2 & 0 & -1 & -6 & 1 \end{pmatrix}.$$

则

$$A_1 = \begin{pmatrix} 1 & -4 & 0 \\ 2 & 0 & -1 \end{pmatrix}, \quad A_2 = \begin{pmatrix} 2 & 3 \\ -6 & 1 \end{pmatrix}.$$

因为 $\det A_2 = 20$, 则 A_2 可逆, 由隐函数定理知, 在 $\boldsymbol{a}$ 的邻域中存在映射 $\boldsymbol{y} = \boldsymbol{g}(\boldsymbol{x})$, 使得 $\boldsymbol{f}(\boldsymbol{x}, \boldsymbol{g}(\boldsymbol{x})) = \theta$, 且

$$\boldsymbol{g}'(\boldsymbol{a}) = -A_2^{-1}A_1 = \begin{pmatrix} \dfrac{1}{4} & \dfrac{1}{5} & -\dfrac{3}{20} \\ -\dfrac{1}{2} & \dfrac{6}{5} & \dfrac{1}{10} \end{pmatrix}.$$

例 20.2.4 设 $z = f(x, y), g(x, y) = 0$, 若 f, g 连续可微, 且 $D_2g(x, y) \neq 0$, 求 $\dfrac{\mathrm{d}z}{\mathrm{d}x}$.

证明 设

$$F(x, y, z) = \begin{pmatrix} f(x, y) - z \\ g(x, y) \end{pmatrix},$$

则 $F : \mathbb{R}^3 \to \mathbb{R}^2$. 下面讨论由 F 确定的隐函数 $(y, z)^{\mathrm{T}} = \boldsymbol{G}(x)$.

$$F'(x, y, z) = \begin{pmatrix} D_1f(x, y) & D_2f(x, y) & -1 \\ D_1g(x, y) & D_2g(x, y) & 0 \end{pmatrix},$$

因为 $\det \begin{pmatrix} D_2f(x, y) & -1 \\ D_2g(x, y) & 0 \end{pmatrix} = D_2g(x, y) \neq 0$, 则由隐函数定理知, 隐函数 $(y, z)^{\mathrm{T}} = \boldsymbol{G}(x)$ 存在, 且

$$\begin{pmatrix} \dfrac{\mathrm{d}y}{\mathrm{d}x} \\ \dfrac{\mathrm{d}z}{\mathrm{d}x} \end{pmatrix} = -\begin{pmatrix} D_2f & -1 \\ D_2g & 0 \end{pmatrix}^{-1} \begin{pmatrix} D_1f \\ D_1g \end{pmatrix} = \frac{1}{D_2g} \begin{pmatrix} -D_1g \\ D_1fD_2g - D_2fD_2g \end{pmatrix}. \qquad \square$$

例 20.2.4也可以利用链式法则和一元隐函数定理来计算.

习题 20.2

A1. 设映射 $\boldsymbol{f} : \mathbb{R}^2 \to \mathbb{R}^2$ 定义为 $\boldsymbol{f}(x, y) = \begin{pmatrix} \mathrm{e}^x \cos y \\ \mathrm{e}^x \sin y \end{pmatrix}$.

(1) 证明: 映射 $\boldsymbol{f}$ 在任意点都是局部可逆的, 但不是可逆映射.

(2) 令 $\boldsymbol{a} = \left(0, \dfrac{\pi}{3}\right)^{\mathrm{T}}, \boldsymbol{b} = \boldsymbol{f}(\boldsymbol{a})$, 设 $\boldsymbol{g}$ 是映射 $\boldsymbol{f}$ 在 $\boldsymbol{a}$ 的邻域中的逆映射, 且满足 $\boldsymbol{g}(\boldsymbol{b}) = \boldsymbol{a}$. 求 $\boldsymbol{g}$ 的表达式, 并计算 $\boldsymbol{f}'(\boldsymbol{a}), \boldsymbol{g}'(\boldsymbol{b})$.

A2. 设映射 $\boldsymbol{f} : \mathbb{R}^2 \to \mathbb{R}^2$ 定义为 $\boldsymbol{f}(x, y) = \begin{pmatrix} x^2 - y^2 \\ 2xy \end{pmatrix}$.

(1) 讨论映射 $\boldsymbol{f}$ 的局部可逆性.

(2) 令 $\boldsymbol{a} = (0, 1)^{\mathrm{T}}, \boldsymbol{b} = \boldsymbol{f}(\boldsymbol{a})$, 设 $\boldsymbol{g}$ 是映射 $\boldsymbol{f}$ 在 $\boldsymbol{b}$ 的邻域中的逆映射, 且满足 $\boldsymbol{g}(\boldsymbol{b}) = \boldsymbol{a}$. 求 $\boldsymbol{g}$ 的表达式, 并计算 $\boldsymbol{f}'(\boldsymbol{a}), \boldsymbol{g}'(\boldsymbol{b})$.

A3. 通过代换 $x = t, y = \dfrac{t}{1 + tu}, z = \dfrac{t}{1 + tv}$, 试把方程 $x^2z_x + y^2z_y = z^2$ 变为以 v 为函数, t, u 为自变量的形式.

A4. 方程 $\cos x + \sin y = \mathrm{e}^{xy}$ 能否在原点的某邻域内确定隐函数 $y = f(x)$ 或 $x = g(y)$?

A5. 方程 $xy + z \ln y + \mathrm{e}^{xz} = 1$ 在点 $(0,1,1)$ 的某邻域内能否确定出某一个变量为另外两个变量的函数?

B6. 试讨论方程组

$$\begin{cases} x^2 + y^2 = \dfrac{z^2}{2}, \\ x + y + z = 2 \end{cases}$$

在点 $(1, -1, 2)$ 的附近能否确定形如 $x = f(z), y = g(z)$ 的隐函数组?

B7. 求方程 $x^3 + y^3 - 3xy = 0$ 确定的函数 $y = y(x)$ 的极值.

B8. 设 f 是一元函数, 试问应对 f 提出什么条件可保证方程

$$2f(xy) = f(x) + f(y)$$

在点 $(1,1)$ 的邻域内就能确定出唯一的 y 为 x 的函数?

B9. 设 $u = f(x,y,z,t), g(y,z,t) = 0, h(z,t) = 0$, 若 f, g, h 连续可微, 求 $\dfrac{\partial u}{\partial x}, \dfrac{\partial u}{\partial y}$.

B10. 设 $f(x,y)$ 在点 $(0,1)$ 邻域中连续可微, 且 $f(0,1) = 0, f_y(0,1) \neq 0$, 证明: 方程

$$f\left(x, \int_0^t \sin s\, ds\right) = 0$$

在点 $(x,t) = \left(0, \dfrac{\pi}{2}\right)$ 附近能确定隐函数 $t = t(x)$, 且求 $t'(0)$.

C11. (赋范空间中的逆映射定理) 若 X, Y 是 Banach 空间, $D \subset X$ 是开集, 映射 $f : D \to Y$ 连续可微, $x_0 \in D, y_0 = f(x_0)$, 且 $f'(x_0)$ 可逆. 证明: 存在开集 $U \subset D, V \subset f(D)$, 使得 $f : U \to V$ 是可逆映射; 且 f 的逆映射 $f^{-1} : V \to U$ 连续可微, $(f^{-1}(y))' = (f'(f^{-1}(y)))^{-1}$.

C12. (赋范空间中的隐函数定理) 若 X, Y, Z 是 Banach 空间, $D \subset X \times Y$ 是开集, 映射 $F : D \to Z$ 连续可微, $(x_0, y_0) \in D, F(x_0, y_0) = \theta, F_y'(x_0, y_0)$ 可逆. 证明: 存在 x_0 的邻域 U、y_0 的邻域 W 和唯一的连续可微映射 $f : U \to W$, 使得 $U \times W \subset D, F(x, f(x)) = \theta, x \in U$, 且 $f'(x_0) = -(F_y'(x_0, y_0))^{-1} F_x'(x_0, y_0)$.

§20.3 条件极值与条件最值 (续)

在第 11 章, 我们讨论了条件极值和条件最值问题, 给出了条件极值的必要条件, 本节我们在更一般的框架下利用隐函数定理和 Taylor 公式来讨论条件极值问题, 并研究条件极值的充分条件.

§20.3.1 条件极值与 Lagrange 乘数法

所谓条件极值, 就是目标函数

$$f(\boldsymbol{x}, \boldsymbol{y}) \doteq f(x_1, x_2, \cdots, x_n, y_1, y_2, \cdots, y_m)$$

满足约束条件

$$g_i(\boldsymbol{x}, \boldsymbol{y}) \doteq g_i(x_1, x_2, \cdots, x_n, y_1, y_2, \cdots, y_m) = 0, \quad i = 1, 2, \cdots, m$$

的极值问题.

记 $\boldsymbol{g} = (g_1, g_2, \cdots, g_m)^{\mathrm{T}}, E = \boldsymbol{g}^{-1}(\theta)$, 则条件极值问题可以叙述为: "目标函数 $f(\boldsymbol{x}, \boldsymbol{y})$ 在条件 $\boldsymbol{g}(\boldsymbol{x}, \boldsymbol{y}) = \theta$ 下的极值问题", 或 "目标函数 $f(\boldsymbol{x}, \boldsymbol{y})$ 在 E 上的极值问题". (因为 $E = \boldsymbol{g}^{-1}(\theta)$ 常被称为 $\mathbb{R}^{n+m}$ 中的曲面, 故条件极值 (local extrema with constraint) 也被称为曲面上的极值 (local extrema on surface).)

再具体一点, 设 $D \subset \mathbb{R}^{n+m}$, 函数 $f : D \to \mathbb{R}$, 映射 $\boldsymbol{g} : D \to \mathbb{R}^m$. 若存在 D 的内点 $(\boldsymbol{x}_0, \boldsymbol{y}_0) \in E$, 及其邻域 $U \subset D$, 使得 $f(\boldsymbol{x}, \boldsymbol{y}) \leqslant f(\boldsymbol{x}_0, \boldsymbol{y}_0)$ ($f(\boldsymbol{x}, \boldsymbol{y}) \geqslant f(\boldsymbol{x}_0, \boldsymbol{y}_0)$) 对任意的

$(\boldsymbol{x}, \boldsymbol{y}) \in U \cap E$ 成立, 则称 $(\boldsymbol{x}_0, \boldsymbol{y}_0)$ 是目标函数 f 在约束条件 $\boldsymbol{g}(\boldsymbol{x}, \boldsymbol{y}) = \theta$ 下的**条件极大 (小) 值点**, $f(\boldsymbol{x}_0, \boldsymbol{y}_0)$ 是**条件极大 (小) 值** (local maximum (minimum) with constraint).

若映射 $\boldsymbol{h}(\boldsymbol{x}, \boldsymbol{y})$ 可微, 记 $\boldsymbol{h}'_{\boldsymbol{x}}(\boldsymbol{x}, \boldsymbol{y}), \boldsymbol{h}'_{\boldsymbol{y}}(\boldsymbol{x}, \boldsymbol{y})$ 分别为 $\boldsymbol{h}$ 关于 $\boldsymbol{x}, \boldsymbol{y}$ 的偏导数 (即分别为 $\boldsymbol{h}$ 关于 $x_1, x_2, \cdots, x_n$ 和 $y_1, y_2, \cdots, y_m$ 的 Jacobi 矩阵), 则

$$\boldsymbol{h}'(\boldsymbol{x}, \boldsymbol{y}) = (\boldsymbol{h}'_{\boldsymbol{x}}(\boldsymbol{x}, \boldsymbol{y}), \boldsymbol{h}'_{\boldsymbol{y}}(\boldsymbol{x}, \boldsymbol{y})).$$

定理 20.3.1　设 $D \subset \mathbb{R}^{n+m}$ 是开集, 函数 $f: D \to \mathbb{R}$ 连续可微, 映射 $\boldsymbol{g}: D \to \mathbb{R}^m$ 连续可微, $(\boldsymbol{x}_0, \boldsymbol{y}_0) \in D$, 记 $A_{\boldsymbol{y}} = \boldsymbol{g}'_{\boldsymbol{y}}(\boldsymbol{x}_0, \boldsymbol{y}_0)$. 若 f, g 满足:

(1) $\boldsymbol{g}(\boldsymbol{x}_0, \boldsymbol{y}_0) = \theta$,

(2) 算子 $A_{\boldsymbol{y}}$ 可逆,

(3) 点 $(\boldsymbol{x}_0, \boldsymbol{y}_0) \in D$ 是函数 $f(\boldsymbol{x}, \boldsymbol{y})$ 在条件 $\boldsymbol{g}(\boldsymbol{x}, \boldsymbol{y}) = \theta$ 下的极值点,

则存在 m 维的行向量 $\boldsymbol{\lambda}$, 使得

$$f'(\boldsymbol{x}_0, \boldsymbol{y}_0) + \boldsymbol{\lambda} \boldsymbol{g}'(\boldsymbol{x}_0, \boldsymbol{y}_0) = \theta.$$

证明　由隐函数定理知, 存在 $U \subset D, W \subset \mathbb{R}^n, \boldsymbol{x}_0 \in W, (\boldsymbol{x}_0, \boldsymbol{y}_0) \in U$ 满足: 对任意 $\boldsymbol{x} \in W$, 存在唯一的 $\boldsymbol{y} = \boldsymbol{\varphi}(\boldsymbol{x})$, 使得 $(\boldsymbol{x}, \boldsymbol{y}) \in U$, 映射 $\boldsymbol{\varphi}: W \to \mathbb{R}^m$ 连续可微, $\boldsymbol{\varphi}'(\boldsymbol{x}_0) = -A_{\boldsymbol{y}}^{-1} A_{\boldsymbol{x}}$, 且在 W 中满足 $\boldsymbol{g}(\boldsymbol{x}, \boldsymbol{\varphi}(\boldsymbol{x})) = 0$, 其中 $A_{\boldsymbol{x}} = \boldsymbol{g}'_{\boldsymbol{x}}(\boldsymbol{x}_0, \boldsymbol{y}_0)$.

又因为点 $(\boldsymbol{x}_0, \boldsymbol{y}_0) \in D$ 是函数 $f(\boldsymbol{x}, \boldsymbol{y})$ 在条件 $\boldsymbol{g}(\boldsymbol{x}, \boldsymbol{y}) = \theta$ 下的极值点, 则点 $\boldsymbol{x}_0 \in W$ 是函数 $h(\boldsymbol{x}) = f(\boldsymbol{x}, \boldsymbol{\varphi}(\boldsymbol{x}))$ 的极值点, 从而 $h'(\boldsymbol{x}_0) = \theta$, 则由复合映射的链式法则知,

$$h'(\boldsymbol{x}_0) = f'_{\boldsymbol{x}}(\boldsymbol{x}_0, \boldsymbol{y}_0) + f'_{\boldsymbol{y}}(\boldsymbol{x}_0, \boldsymbol{y}_0) \boldsymbol{\varphi}'(\boldsymbol{x}_0) = \theta,$$

则由 $\boldsymbol{\varphi}'(\boldsymbol{x}_0) = -A_{\boldsymbol{y}}^{-1} A_{\boldsymbol{x}}$ 可得

$$f'_{\boldsymbol{x}}(\boldsymbol{x}_0, \boldsymbol{y}_0) - f'_{\boldsymbol{y}}(\boldsymbol{x}_0, \boldsymbol{y}_0) A_{\boldsymbol{y}}^{-1} A_{\boldsymbol{x}} = \theta,$$

其中 $f'_{\boldsymbol{x}}(\boldsymbol{x}_0, \boldsymbol{y}_0), f'_{\boldsymbol{y}}(\boldsymbol{x}_0, \boldsymbol{y}_0)$ 分别是 n, m 维的行向量, $A_{\boldsymbol{y}}, A_{\boldsymbol{x}}$ 分别是 $m \times m, m \times n$ 矩阵. 令 $\boldsymbol{\lambda} = -f'_{\boldsymbol{y}}(\boldsymbol{x}_0, \boldsymbol{y}_0) A_{\boldsymbol{y}}^{-1}$, 因此 $\boldsymbol{\lambda}$ 是 m 维的行向量, 且

$$f'_{\boldsymbol{x}}(\boldsymbol{x}_0, \boldsymbol{y}_0) + \boldsymbol{\lambda} A_{\boldsymbol{x}} = \theta, f'_{\boldsymbol{y}}(\boldsymbol{x}_0, \boldsymbol{y}_0) + \boldsymbol{\lambda} A_{\boldsymbol{y}} = \theta,$$

即

$$f'(\boldsymbol{x}_0, \boldsymbol{y}_0) + \boldsymbol{\lambda} \boldsymbol{g}'(\boldsymbol{x}_0, \boldsymbol{y}_0) = \theta. \qquad \square$$

为了进一步简化起见, 再记 $\boldsymbol{z} \doteq (\boldsymbol{x}, \boldsymbol{y}), \boldsymbol{z}_0 \doteq (\boldsymbol{x}_0, \boldsymbol{y}_0)$, 则条件极值问题: "目标函数 $f(\boldsymbol{x}, \boldsymbol{y})$ 在条件 $\boldsymbol{g}(\boldsymbol{x}, \boldsymbol{y}) = \theta$ 下的极值", 可以重新叙述为: "目标函数 $f(\boldsymbol{z})$ 在条件 $\boldsymbol{g}(\boldsymbol{z}) = \theta$ 下的极值".

令 $L(\boldsymbol{z}, \boldsymbol{\lambda}) = f(\boldsymbol{z}) + \boldsymbol{\lambda} \boldsymbol{g}(\boldsymbol{z})$, 称之为 **Lagrange 函数**. 通过构造 Lagrange 函数讨论条件极值的方法被称为 **Lagrange 乘数法**.

Lagrange 函数 L 的导数为

$$L'(\boldsymbol{z}, \boldsymbol{\lambda}) = (f'(\boldsymbol{z}) + \boldsymbol{\lambda} \boldsymbol{g}'(\boldsymbol{z}), \boldsymbol{g}^{\mathrm{T}}(\boldsymbol{z})),$$

则 $(\boldsymbol{z}_0, \boldsymbol{\lambda}_0)$ 是 L 的驻点当且仅当:

$$f'(\boldsymbol{z}_0) + \boldsymbol{\lambda}_0 \boldsymbol{g}'(\boldsymbol{z}_0) = \theta, \quad \boldsymbol{g}(\boldsymbol{z}_0) = \theta.$$

因此我们得到了条件极值点的必要条件.

定理 20.3.2 设 $D \subset \mathbb{R}^{n+m}$ 是开集, 函数 $f : D \to \mathbb{R}$ 连续可微, 映射 $g : D \to \mathbb{R}^m$ 连续可微, 且算子 A_y 可逆. 若 z_0 是目标函数 $f(z)$ 在约束条件 $g(z) = \theta$ 下的极值点, 则存在 m 维的行向量 λ_0, 使得 (z_0, λ_0) 是 Lagrange 函数 $L(z, \lambda)$ 的驻点.

§20.3.2 条件极值的充分条件

设 (z_0, λ_0) 是 Lagrange 函数 $L(z, \lambda)$ 的驻点. 记 $F(z) = L(z, \lambda_0) = f(z) + \lambda_0 g(z)$, 则 $F : D \to \mathbb{R}$, 且 $F'(z) = f'(z) + \lambda_0 g'(z)$ 为 $n + 2m$ 维行向量 $L'(z, \lambda_0)$ 的前 $n + m$ 列构成的 $n + m$ 维行向量, $F''(z) = f''(z) + \lambda_0 g''(z)$ 为 $n + 2m$ 阶矩阵 $L''(z, \lambda_0)$ 的前 $n + m$ 行和列构成的 $n + m$ 阶方阵, 这时称 $F''(z_0)$ 为 Lagrange 函数 L 在 (z_0, λ_0) 点的 **Hesse 矩阵**.

定理 20.3.3 设 $D \subset \mathbb{R}^{n+m}$ 是开集, 函数 $f : D \to \mathbb{R}$ 二阶连续可微, 映射 $g : D \to \mathbb{R}^m$ 二阶连续可微, 算子 A_y 可逆, 且 (z_0, λ_0) 是 $L(z, \lambda)$ 的驻点.

(1) 若 $F''(z_0)$ 正定 (positive definite), 则 z_0 是函数 $f(z)$ 在约束条件 $g(z) = \theta$ 下的极小值点;

(2) 若 $F''(z_0)$ 负定 (negative definite), 则 z_0 是函数 $f(z)$ 在约束条件 $g(z) = \theta$ 下的极大值点.

证明 我们仅需证明 (1) 即可, (2) 可由 (1) 的结论直接可得.

因为矩阵 $F''(z_0)$ 正定, 则其特征值均为正实数, 设 a 为最小特征值, 则 $a > 0$.

对任意的 $z \in E = \{ z \in D : g(z) = \theta \}$, 有

$$F(z) - F(z_0) = f(z) - f(z_0).$$

因此, z_0 是 f 在约束条件 $g(z) = \theta$ 下的条件极小值点当且仅当 z_0 是 F 在约束条件 $g(z) = \theta$ 下的条件极小值点. 故我们证明 z_0 是 F 在 D 中的无条件极小值点即可.

取 z_0 的邻域 $U(z_0)$ 中任意一点 z, 则由 $F(z)$ 在点 z_0 的二阶 Taylor 公式知:

$$F(z) - F(z_0) = F'(z_0)h + \frac{1}{2} h^{\mathrm{T}} F''(z_0) h + o(\|h\|^2),$$

其中 $h = z - z_0$. 因为 z_0 是 $F(z)$ 的驻点, 则 $F'(z_0) = \theta$. 再利用例 18.3.6 的结论可得

$$F(z) - F(z_0) \geqslant \frac{a}{2} \|h\|^2 + o(\|h\|^2) = \frac{1}{2} \|h\|^2 (a + o(1)),$$

则由 $\|h\|$ 充分小时, $a + o(1) \geqslant 0$ 可知, z_0 是 F 在 D 中的极小值点, 因此 z_0 是函数 $f(z)$ 在约束条件 $g(z) = \theta$ 下的极小值点. □

在无条件极值问题中, 驻点处的 Hesse 矩阵如果是不定矩阵, 则驻点一定不是极值点, 而是鞍点 (saddle point). 那么, 条件极值问题是否有同样的结论呢? 我们来看下面例子.

例 20.3.1 讨论 $\mathbb{R}^3$ 上函数 $f(x, y, z) = x^2 + y^2 - z^2$ 在约束条件 $z = 0$ 的极值. 显然问题等价于: 函数 $g(x, y) = x^2 + y^2$ 在 $\mathbb{R}^2$ 上的无条件极值, 则 $(0, 0)$ 是极小值点, 但对于 Lagrange 函数 $L(x, y, z, \lambda) = x^2 + y^2 - z^2 - \lambda z$,

$$L'(x, y, z, \lambda) = (2x, 2y, -2z - \lambda, -z),$$

驻点为 $x = y = z = \lambda = 0$, $(0,0,0)$ 是极小值点 (也是最小值点), 但是 Lagrange 函数 L 在驻点处关于 x, y, z 的二阶导数 (即 Hesse 矩阵) 为

$$
\begin{pmatrix}
2 & 0 & 0 \\
0 & 2 & 0 \\
0 & 0 & -2
\end{pmatrix},
$$

是不定矩阵 (indefinite matrix).

前例说明, 即使驻点 $(\boldsymbol{z_0}, \boldsymbol{\lambda_0})$ 处的 Hesse 矩阵是不定矩阵, $\boldsymbol{z_0}$ 也有可能是条件极值点.

例 20.3.2 讨论函数 $f(x_1, x_2, \cdots, x_n) = x_1^2 + x_2^2 + \cdots + x_n^2$ 在约束条件 $x_1 x_2 \cdots x_n = 1$, $(x_1, x_2, \cdots, x_n > 0)$ 下的极值.

解 设

$$
D = \{\boldsymbol{x} = (x_1, x_2, \cdots, x_n)^{\mathrm{T}} \in \mathbb{R}^n : x_1, x_2, \cdots, x_n > 0\},
$$

$$
g(\boldsymbol{x}) = \ln x_1 + \ln x_2 + \cdots + \ln x_n.
$$

Lagrange 函数为

$$
L(\boldsymbol{x}, \lambda) = f(\boldsymbol{x}) + \lambda g(\boldsymbol{x}), \quad \boldsymbol{x} \in D,
$$

则

$$
L'(\boldsymbol{x}, \lambda) = \left(2x_1 - \frac{\lambda}{x_1}, 2x_2 - \frac{\lambda}{x_2}, \cdots, 2x_n - \frac{\lambda}{x_n}, g(\boldsymbol{x}) \right).
$$

令 $L'(\boldsymbol{x}, \lambda) = \theta$, 得 $x_1 = x_2 = \cdots = x_n = 1, \lambda = 2$.

又 Hesse 矩阵是对角阵:

$$
F''(\boldsymbol{x}) = \operatorname{diag}\left(2 + \frac{2}{x_1^2}, 2 + \frac{2}{x_2^2}, \cdots, 2 + \frac{2}{x_n^2} \right),
$$

显然, 驻点处的 Hesse 矩阵是正定矩阵, 因此驻点 $(1, 1, \cdots, 1)^{\mathrm{T}}$ 是极小值点, 极小值为 n.

注意到, 此问题可以利用基本不等式得到最小值, 进而说明最小值一定是极小值, 但无法说明为什么没有其他极值点了.

§20.3.3 条件最值

设 $D \subset \mathbb{R}^{n+m}$, 函数 $f: D \to \mathbb{R}$, 映射 $\boldsymbol{g}: D \to \mathbb{R}^m$, 记 $E = \boldsymbol{g}^{-1}(\theta)$. 若存在点 $\boldsymbol{z_0} \in E$, 使得 $f(\boldsymbol{z}) \leqslant f(\boldsymbol{z_0})$ ($f(\boldsymbol{z}) \geqslant f(\boldsymbol{z_0})$) 对任意的 $\boldsymbol{z} \in E$ 成立, 则称 $\boldsymbol{z_0}$ 是目标函数 f 在约束条件 $\boldsymbol{g}(\boldsymbol{z}) = \theta$ 下的**条件最大 (小) 值点**, $f(\boldsymbol{z_0})$ 是目标函数 f 在约束条件 $\boldsymbol{g}(\boldsymbol{z}) = \theta$ 下的**条件最大 (小) 值** (maximum (minimum) with constraint). **条件最值** (extrema with constraint) 也被称为曲面上的最值 (extrema on surface).

例 20.3.3 讨论函数 $f(x_1, x_2, \cdots, x_n) = x_1 x_2 \cdots x_n$ 在约束条件 $x_1^2 + x_2^2 + \cdots + x_n^2 \leqslant 1$ 下的最值.

用基本不等式

$$
(x_1 x_2 \cdots x_n)^2 \leqslant \left(\frac{x_1^2 + x_2^2 + \cdots + x_n^2}{n} \right)^n,
$$

容易得到最大值和最小值分别为 $\pm\dfrac{1}{\sqrt{n^n}}$. 下面我们用条件极值方法求解.

解 设 $D = \{\boldsymbol{x} \doteq (x_1, x_2, \cdots, x_n)^{\mathrm{T}} : x_1^2 + x_2^2 + \cdots + x_n^2 < 1\}$, 则 $\overline{D} \subset \mathbb{R}^n$ 是有界闭区域, 从而是紧集, 则连续函数 f 在 $\overline{D}$ 的最大值和最小值均存在.

(1) 若 f 在 $\overline{D}$ 上的最值点在其内部 D 中, 则一定是极值点. 因为

$$f'(\boldsymbol{x}) = (x_2 x_3 \cdots x_n, x_1 x_3 \cdots x_n, \cdots, x_1 x_2 \cdots x_{n-1}),$$

则 f 在驻点处的函数值为 0.

(2) 若 f 在 $\overline{D}$ 上的最大值点 $\boldsymbol{a}$ 在边界 ∂D 上, 则 $\boldsymbol{a}$ 一定是函数 f 关于约束条件 $x_1^2 + x_2^2 + \cdots + x_n^2 = 1$ 下的条件最大值点, 即对于任意的 $r > 0$, 及任意的 $\boldsymbol{x} \in B(\boldsymbol{a}, r) \cap \partial D$, 有

$$f(\boldsymbol{x}) \leqslant f(\boldsymbol{a}).$$

因此, $\boldsymbol{a}$ 一定是函数 f 关于约束条件 $x_1^2 + x_2^2 + \cdots + x_n^2 = 1$ 下的条件极大值点. 同样可得, 若 f 在 $\overline{D}$ 上的最小值点 $\boldsymbol{a}$ 在边界 ∂D 上, 则 $\boldsymbol{a}$ 一定是函数 f 关于约束条件 $x_1^2 + x_2^2 + \cdots + x_n^2 = 1$ 下的条件极小值点.

设 Lagrange 函数为

$$L(\boldsymbol{x}, \lambda) = x_1 x_2 \cdots x_n + \lambda(x_1^2 + x_2^2 + \cdots + x_n^2 - 1),$$

则

$$L' = (x_2 \cdots x_n - 2\lambda x_1, x_1 x_3 \cdots x_n - 2\lambda x_2, \cdots, x_1 \cdots x_{n-1} - 2\lambda x_n, x_1^2 + \cdots + x_n^2 - 1),$$

令 $L' = \theta$, 得 $x_1^2 = x_2^2 = \cdots = x_n^2 = \dfrac{1}{n}$, 这时 $f = \pm\dfrac{1}{\sqrt{n^n}}$.

综合 (1)(2) 得, 最大值为 $f = \dfrac{1}{\sqrt{n^n}}$, 且在 $x_1, x_2, \cdots, x_n$ 有偶数个负值时取到, 最小值为 $f = -\dfrac{1}{\sqrt{n^n}}$, 且在 $x_1, x_2, \cdots, x_n$ 有奇数个负值时取到.

例 20.3.4 求周长为定值的三角形面积的最大值.

解 因为相似三角形的面积和周长的平方成正比, 因此我们不妨设周长为 2. 设三角形边长分别为 x, y, z, 则面积为 $\sqrt{(1-x)(1-y)(1-z)}$.

设 $f(x, y, x) = (1-x)(1-y)(1-z)$, $g(x, y, z) = x + y + z - 2$, 则问题转化为区域 $D = \{(x, y, z) : 0 < x, y, z < 1\}$ 上的函数 f 在约束条件 $g(x, y, z) = 0$ 的条件最大值问题.

设 $E = \{(x, y, z) : x + y + z - 2 = 0\}$, 则在有界闭集 $\overline{D} \cap E$ 上, 连续函数 f 的最大值和最小值均一定存在. 又在 $\partial D \cap E$ 上, f 的值均为 0, 且函数 f 非负, 因此 f 在有界闭集 $\overline{D} \cap E$ 上最大值一定在 $D \cap E$ 中达到, 从而该最大值点一定是区域 D 内函数 f 在约束条件 $g(x, y, z) = 0$ 下的条件极值点.

令

$$L(x, y, z, \lambda) = (1-x)(1-y)(1-z) + \lambda(x + y + z - 2),$$

则

$$L'(x, y, z, \lambda) = (\lambda - (1-y)(1-z), \lambda - (1-y)(1-x), \lambda - (1-x)(1-y), x + y + z - 2),$$

令 $L'(x, y, z, \lambda) = \theta$ 得

$$\begin{cases} (1-y)(1-z) = \lambda, & (1) \\ (1-y)(1-x) = \lambda, & (2) \\ (1-x)(1-y) = \lambda, & (3) \\ x + y + z = 2, & (4) \end{cases}$$

将 (1)(2)(3) 式两边分别乘以 $1-x, 1-y, 1-z$, 则得 $\lambda = 0$ 或 $x = y = z$. 而因为 $0 < x, y, z < 1$, 则 $\lambda \neq 0$. 因此 $x = y = z = \dfrac{2}{3}, \lambda = \dfrac{1}{9}$.

由前面的分析知, $x = y = z = \dfrac{2}{3}$ 是条件最大值点, 则 $f_{\max} = \dfrac{1}{27}$. 因此周长为 l 的三角形面积最大值为 $\dfrac{\sqrt{3}l^2}{36}$.

注 20.3.1 (1) 如果借助于基本不等式, 我们容易用代数方法得到答案.

(2) 本例也可以化为无条件极值来讨论 (例 11.6.3).

(3) 在实际问题的讨论中, 我们经常根据具体问题的实际背景来得到最值或极值的存在性, 这样可以简化讨论.

(4) 注意到最值和极值的关系, 很多情况下, 我们可以根据函数的性质来得到最值的存在性, 然后再说明最值点是极值点, 极值点是驻点, 从而求出最值点.

(5) 在本例中, Hesse 矩阵为

$$\frac{1}{3} \begin{pmatrix} 0 & 1 & 1 \\ 1 & 0 & 1 \\ 1 & 1 & 0 \end{pmatrix},$$

因为这个实对称矩阵的行列式是 $\dfrac{2}{27}$, 且对角线元的和为 0, 则一定有 1 个正特征值和 2 个负特征值, 因此无法通过 Hesse 矩阵来判别驻点是否是极值点. 实际上对于最值问题, 也无须讨论驻点是否是极值点.

例 20.3.5 设 $a_i, x_i > 0, i = 1, 2, \cdots, n$, 证明:

$$x_1^{a_1} x_2^{a_2} \cdots x_n^{a_n} \leqslant a_1^{a_1} a_2^{a_2} \cdots a_n^{a_n} \left(\frac{x_1 + x_2 + \cdots + x_n}{a_1 + a_2 + \cdots + a_n} \right)^{a_1 + a_2 + \cdots + a_n}. \tag{20.3.1}$$

证明 作辅助函数

$$g(x_1, x_2, \cdots, x_n) = x_1^{a_1} x_2^{a_2} \cdots x_n^{a_n}, \ x_1, \cdots, x_n > 0.$$

下面考虑开集 $D = \{\boldsymbol{x} = (x_1, \cdots, x_n) \in \mathbb{R}^n : x_1, \cdots, x_n > 0\}$ 上函数 $g(\boldsymbol{x})$ 在约束条件 $x_1 + x_2 + \cdots + x_n = 1$ 下条件最大值. 设 $E_1 = \{(x_1, \cdots, x_n) : x_1 + \cdots + x_n = 1, \ x_1, \cdots, x_n \geqslant 0\}$, $E = \{(x_1, \cdots, x_n) : x_1 + \cdots + x_n = 1, \ x_1, \cdots, x_n > 0\}$. 故连续非负函数 $g(\boldsymbol{x})$ 在有界闭集 E_1 上的最大值一定存在, 且在 E 中取到, 因为在 $E_1 \backslash E$ 上 $g(\boldsymbol{x}) \equiv 0$. 因此这个最大值必是条件极大值.

为了计算简单起见, 再令

$$f(\boldsymbol{x}) = \ln g(\boldsymbol{x}) = a_1 \ln x_1 + a_2 \ln x_2 + \cdots + a_n \ln x_n,$$

显然, g 与 f 在 D 内的条件极大值点是完全相同的.

作 Lagrange 函数

$$L(\boldsymbol{x}, \lambda) = a_1 \ln x_1 + a_2 \ln x_2 + \cdots + a_n \ln x_n - \lambda(x_1 + x_2 + \cdots + x_n - 1),$$

由极值的必要条件得到

$$\begin{cases} \dfrac{\partial L}{\partial x_i} = \dfrac{a_i}{x_i} - \lambda = 0, i = 1, 2, \cdots, n, \\ x_1 + x_2 + \cdots + x_n = 1. \end{cases}$$

由前 n 个方程得到 $x_i = \dfrac{a_i}{\lambda}, i = 1, 2, \cdots, n$, 再代入最后一个方程得到

$$\lambda = a_1 + a_2 + \cdots + a_n,$$

所以

$$x_i = \frac{a_i}{a_1 + a_2 + \cdots + a_n}, \ i = 1, 2, \cdots, n.$$

于是此 $(x_1, x_2, \cdots, x_n)$ 点是函数 f 的唯一可能的条件极值点. 如前所述, g 必有条件极大值点, 因此 f 必有条件极大值点, 于是此 $(x_1, x_2, \cdots, x_n)$ 点正是函数 f 的唯一的条件极值点, 从而它也是 f 与 g 的唯一的条件最大值点. 且 g 的条件最大值为

$$\prod_{i=1}^{n} \left(\frac{a_i}{a_1 + a_2 + \cdots + a_n} \right)^{a_i} = a_1^{a_1} a_2^{a_2} \cdots a_n^{a_n} \left(\frac{1}{a_1 + a_2 + \cdots + a_n} \right)^{a_1 + a_2 + \cdots + a_n}.$$

对任给正数 $y_1, y_2, \cdots, y_n$, 令

$$x_i = \frac{y_i}{y_1 + y_2 + \cdots + y_n},$$

则有

$$\left(\frac{y_1}{y_1 + y_2 + \cdots + y_n} \right)^{a_1} \left(\frac{y_2}{y_1 + y_2 + \cdots + y_n} \right)^{a_2} \cdots \left(\frac{y_n}{y_1 + y_2 + \cdots + y_n} \right)^{a_n}$$

$$\leqslant a_1^{a_1} a_2^{a_2} \cdots a_n^{a_n} \left(\frac{1}{a_1 + a_2 + \cdots + a_n} \right)^{a_1 + a_2 + \cdots + a_n}.$$

整理即得不等式 (20.3.1). $\square$

注 20.3.2 当 $a_1 = a_2 = \cdots = a_n = 1$ 时, 不等式 (20.3.1) 变为

$$\sqrt[n]{x_1 x_2 \cdots x_n} \leqslant \frac{x_1 + x_2 + \cdots + x_n}{n}, \tag{20.3.2}$$

且由上述最大值点的唯一性知, 上述不等式 (20.3.2) 等式成立当且仅当 $x_1 = x_2 = \cdots = x_n$. 不等式 (20.3.2) 乃著名的平均值不等式.

习题 20.3

B1. 设 $D \subset \mathbb{R}^n$ 是有界区域, f 是 $\overline{D}$ 上的二阶连续可微函数, 且在 D 中有 $\Delta f \equiv 0, f''(x)$ 可逆. 证明: f 在 $\overline{D}$ 上的最大值和最小值均只能在 ∂D 上取得.

B2. 求函数 $f(x, y, z) = x^4 + y^4 + z^4$ 在条件 $xyz = 1$ 下的极值.

B3. 确定函数 $f(x, y) = 4x + xy^2 + y^2$ 在 $x^2 + y^2 \leqslant 1$ 上的最值.

B4. 证明: 在光滑曲面 $F(x, y, z) = 0$ 上离原点距离最近的点的法线一定通过原点.

B5. 求曲面 $4x^2 + 4y^2 + z^2 = 4$ 在第一卦象的一点, 使得过该点的切平面在三个坐标轴上截距的平方和最小.

B6. 将长度固定的铁丝截成三段, 分别做成圆, 正方形和正三角形, 问如何截取时, 使得面积和最小.

C7. 设 $\boldsymbol{A}$ 是 n 阶实对称阵, $f(\boldsymbol{x}) = \boldsymbol{x}^{\mathrm{T}} \boldsymbol{A} \boldsymbol{x}, \boldsymbol{x} \in \mathbb{R}^n$.

(1) 若 x^0 是 $f(\boldsymbol{x})$ 在单位球面 $\|\boldsymbol{x}\| = 1$ 上的极值点, 问: x^0 与 $\boldsymbol{A}$ 有何关系?

(2) 问: $\boldsymbol{A}$ 在单位球面上的特征向量都是 $f(\boldsymbol{x})$ 在单位球面 $\|\boldsymbol{x}\| = 1$ 上的最值点吗?

(3) 试讨论 $f(\boldsymbol{x})$ 在单位球面 $\|\boldsymbol{x}\| = 1$ 上的极值.

第 21 章 积 分 学

本章中, 我们将讨论 Riemann 积分的可积性理论, 广义重积分, 以及 Riemann 积分的推广: Riemann-Stieltjes 积分.

§21.1 Riemann 积分的可积性理论

在第 7 章中, 我们学习了定积分的概念, 性质及计算, 但基本是在被积函数连续的条件下讨论的. 同时, 还有一个非常重要的理论问题没有证明, 那就是函数 Riemann 可积的充要条件, 这部分内容通常称为定积分的可积性理论. 该理论的主要贡献者是法国数学家 Darboux.

在定积分的定义中, 由于分割的任意性以及 Riemann 和中的介点 ξ_i 选取的任意性给可积性的讨论带来了很大的困难, Darboux 引入了 Darboux 上和与下和的概念, 解决了介点 ξ_i 选取的任意性带来的麻烦, 同时证明了 Darboux 定理, 克服了分割任意性的困扰, 进而得到了可积的充要条件, 这正是本节要学习的主要内容.

§21.1.1 Darboux 和及其性质

以下总设 $f(x)$ 在 $[a,b]$ 上有界. 记 $f(x)$ 在 $[a,b]$ 上的上、下确界分别为 M 和 m. 取定分割 (partition)

$$T: \ a = x_0 < x_1 < \cdots < x_n = b,$$

记 $f(x)$ 在小区间 $[x_{i-1}, x_i]$ 上的上、下确界分别为 M_i 和 m_i, 即

$$M_i = \sup\{f(x): \ x \in [x_{i-1}, x_i]\}, m_i = \inf\{f(x): \ x \in [x_{i-1}, x_i]\}, i = 1, 2, \cdots, n.$$

定义 **Darboux 上和**

$$\overline{S}(T) = \sum_{i=1}^{n} M_i \Delta x_i, \tag{21.1.1}$$

与 **Darboux 下和**

$$\underline{S}(T) = \sum_{i=1}^{n} m_i \Delta x_i, \tag{21.1.2}$$

分别简称为上和与下和, 统称为 **Darboux 和**. Darboux 上和与 Darboux 下和也被称为 Riemann 上和 与 Riemann 下和. Darboux 和具有如下一系列重要性质.

引理 21.1.1 对任意 Riemann 和 $S(T) = \sum_{i=1}^{n} f(\xi_i) \Delta x_i$, 有

$$m(b-a) \leqslant \underline{S}(T) \leqslant S(T) \leqslant \overline{S}(T) \leqslant M(b-a), \tag{21.1.3}$$

且

$$\overline{S}(T) = \sup\left\{\sum_{i=1}^{n} f(\xi_i) \Delta x_i: \ \xi_i \in [x_{i-1}, x_i]\right\}, \tag{21.1.4}$$

$$\underline{S}(T) = \inf\left\{ \sum_{i=1}^{n} f(\xi_i)\Delta x_i : \ \xi_i \in [x_{i-1}, x_i] \right\}. \tag{21.1.5}$$

证明 首先, 对每个 Riemann 和 $\sum_{i=1}^{n} f(\xi_i)\Delta x_i$, 显然有

$$S(T) = \sum_{i=1}^{n} f(\xi_i)\Delta x_i \leqslant \sum_{i=1}^{n} M_i\Delta x_i = \overline{S}(T) \leqslant \sum_{i=1}^{n} M\Delta x_i = M(b-a),$$

类似可得

$$m(b-a) \leqslant \underline{S}(T) = \sum_{i=1}^{n} m_i\Delta x_i \leqslant \sum_{i=1}^{n} f(\xi_i)\Delta x_i = S(T),$$

因此, 式 (21.1.3) 成立.

其次, 由上确界定义, 对任意 $\varepsilon > 0$, $1 \leqslant i \leqslant n$, 存在 $\xi_i \in [x_{i-1}, x_i]$, 使得 $f(\xi_i) > M_i - \dfrac{\varepsilon}{b-a}$, 于是,

$$S(T) = \sum_{i=1}^{n} f(\xi_i)\Delta x_i \geqslant \overline{S}(T) - \varepsilon,$$

因此由上式和式 (21.1.3) 知式 (21.1.4) 成立.

对 Darboux 下和的结论式 (21.1.5) 同理可证.   □

引理 21.1.2 若由分割 T 添加若干个分点形成新的分割 T', 则下和不减, 上和不增, 即

$$\underline{S}(T) \leqslant \underline{S}(T') \leqslant \overline{S}(T') \leqslant \overline{S}(T),$$

并且, 若添加的分点数为 p, 则有

$$\underline{S}(T) \leqslant \underline{S}(T') \leqslant \underline{S}(T) + p(M-m)\|T\|, \tag{21.1.6}$$

$$\overline{S}(T) - p(M-m)\|T\| \leqslant \overline{S}(T') \leqslant \overline{S}(T), \tag{21.1.7}$$

其中, 分割的模 (norm of partition) $\|T\| = \max\{|x_i - x_{i-1}| : \ i = 1, 2, \cdots, n\}$.

证明 先看 $p=1$ 的情况, 即增加一个新分点. 设增加的新分点 x' 属于某 (x_{i-1}, x_i), $f(x)$ 在 $[x_{i-1}, x']$ 和 $[x', x_i]$ 上的上确界分别为 M_i' 和 M_i'', 则显然有

$$m \leqslant M_i', \ M_i'' \leqslant M_i \leqslant M,$$

于是

$$m\Delta x_i \leqslant M_i'(x' - x_{i-1}) + M_i''(x_i - x') \leqslant M_i(x_i - x_{i-1}) \leqslant M\Delta x_i.$$

这时和 $\overline{S}(T)$ 中除第 i 项以外都没变, 而这个 i 项在新和 $\overline{S}(T')$ 中变成了两项. 因此

$$\overline{S}(T) - \overline{S}(T') = M_i(x_i - x_{i-1}) - M_i'(x' - x_{i-1}) - M_i''(x_i - x'),$$

所以

$$0 \leqslant \overline{S}(T) - \overline{S}(T') \leqslant (M-m)\Delta x_i \leqslant (M-m)\|T\|.$$

而对一般的正整数 p, T' 可以看做是由 p 次分别添加一个分点而得, 即 T 添加一个分点得 T_1, T_1 再添加一个分点得 $T_2, \cdots, T_{p-1}$ 添加一个分点得 T_p 即 T', 于是显然有

$$\overline{S}(T') \leqslant \overline{S}(T_{p-1}) \leqslant \cdots \overline{S}(T),$$

并且

$$\|T'\| = \|T_p\| \leqslant \|T_{p-1}\| \leqslant \cdots \leqslant \|T\|,$$

最后, p 次应用上面 $p=1$ 时的结论即有

$$\overline{S}(T') \geqslant \overline{S}(T_{p-1}) - \|T_{p-1}\|(M-m) \geqslant \overline{S}(T_{p-2}) - 2\|T_{p-2}\|(M-m) \cdots \geqslant \overline{S}(T) - p\|T\|(M-m).$$

对下和 $\underline{S}(T)$ 同理可证. □

引理 21.1.3 对任意两个分割 T_1, T_2, 有

$$\underline{S}(T_1) \leqslant \overline{S}(T_2). \tag{21.1.8}$$

证明 若 T_1 和 T_2 相同, 式 (21.1.8) 显然成立. 若 T_1 和 T_2 不相同, 则将这两种分割的分点合并在一起形成一新的分割, 记为 T, 称为 T_1 和 T_2 的并, 则由引理 21.1.2 即得

$$\underline{S}(T_1) \leqslant \underline{S}(T) \leqslant \bar{S}(T) \leqslant \bar{S}(T_2). \qquad \square$$

分别记 $\overline{\boldsymbol{S}}$ 和 $\underline{\boldsymbol{S}}$ 为所有 Darboux 上和与 Darboux 下和的集合, 则式 (21.1.3) 表明, $\overline{\boldsymbol{S}}$ 和 $\underline{\boldsymbol{S}}$ 都是有界集. 记 $\overline{\boldsymbol{S}}$ 的下确界为 L, $\underline{\boldsymbol{S}}$ 的上确界为 l, 即

$$L = \inf\{\overline{S}(T) : \overline{S}(T) \in \overline{\boldsymbol{S}}\}, \quad l = \sup\{\underline{S}(T) : \underline{S}(T) \in \underline{\boldsymbol{S}}\}, \tag{21.1.9}$$

分别称为 f 在 $[a,b]$ 上的**上积分** (upper integral) 与**下积分** (lower integral). 由不等式 (21.1.8) 知, 对任意的分割 T_1, T_2, 有

$$\underline{S}(T_1) \leqslant l \leqslant L \leqslant \overline{S}(T_2).$$

进一步, 上积分与下积分有下列更好的刻画.

引理 21.1.4 (Darboux 定理) 定义 L, l 的式 (21.1.9) 中的确界可转为用极限表示, 即

$$\lim_{\|T\| \to 0} \overline{S}(T) = L, \quad \lim_{\|T\| \to 0} \underline{S}(T) = l. \tag{21.1.10}$$

证明 我们只对上和的情况加以证明, 下和的情况是类似的, 请读者自证.

对于任意给定的 $\varepsilon > 0$, 因为 L 是 $\overline{\boldsymbol{S}}$ 的下确界, 所以存在一个分割 T',

$$T' : a = x_0' < x_1' < x_2' < \ldots < x_p' = b,$$

满足

$$0 \leqslant \overline{S}(T') - L < \frac{\varepsilon}{2}.$$

取

$$\delta = \frac{\varepsilon}{2p(M-m)},$$

则对任意一个分割 T, 只要它的模 $\|T\| < \delta$, 必有

$$\overline{S}(T) \leqslant L + \varepsilon.$$

事实上, 记 T^* 是分割 T 和 T' 的并, 则 T^* 的分点比 T 的分点至多增加 $p-1$ 个, 由引理 21.1.2 即知

$$\overline{S}(T) \leqslant \overline{S}(T^*) + (p-1)(M-m)\|T\| < \overline{S}(T') + \frac{\varepsilon}{2} < L + \varepsilon,$$

而 $L \leqslant \overline{S}(T)$, 因此, $L \leqslant \overline{S}(T) < L + \varepsilon$, 这表明式 (21.1.10) 的第一个极限成立. □

§21.1.2 可积的充要条件

定理 21.1.1 (可积的第一充要条件 (first necessary and sufficient conditions for integrability)) 设函数 f 在 $[a,b]$ 上有界, 则 f 在 $[a,b]$ 上可积的充分必要条件是 $L = l$, 即

$$\lim_{\|T\|\to 0} \overline{S}(T) = \lim_{\|T\|\to 0} \underline{S}(T). \tag{21.1.11}$$

证明 必要性 设 $f(x)$ 可积且积分值为 I, 则对任意 $\varepsilon > 0$, 存在 $\delta > 0$, 使得对任意分割

$$T : a = x_0 < x_1 < x_2 < \cdots < x_n = b,$$

和任意点 $\xi_i \in [x_{i-1},\, x_i]$, 只要 $\|T\| < \delta$, 便有

$$\left| \sum_{i=1}^{n} f(\xi_i)\Delta x_i - I \right| < \frac{\varepsilon}{2}.$$

即

$$I - \frac{\varepsilon}{2} < \sum_{i=1}^{n} f(\xi_i)\Delta x_i = S(T) < I + \frac{\varepsilon}{2}.$$

因此由式 (21.1.4) 可知

$$I - \frac{\varepsilon}{2} \leqslant \overline{S}(T) \leqslant I + \frac{\varepsilon}{2},$$

即

$$\lim_{\|T\|\to 0} \overline{S}(T) = I.$$

同样可以证明:

$$\lim_{\|T\|\to 0} \underline{S}(T) = I.$$

充分性 按 Darboux 和的定义, 对任意一种分割 T, 有

$$\underline{S}(T) \leqslant \sum_{i=1}^{n} f(\xi_i)\Delta x_i \leqslant \overline{S}(T).$$

由

$$\lim_{\|T\|\to 0} \overline{S}(T) = \lim_{\|T\|\to 0} \underline{S}(T) = I$$

和夹逼性质即有

$$\lim_{\|T\|\to 0} \sum_{i=1}^{n} f(\xi_i)\Delta x_i = I. \qquad\qquad \Box$$

记 $\omega_i = M_i - m_i$, 称为 f 在区间 $[x_{i-1}, x_i]$ 上的振幅 (oscillation), 则式 (21.1.11) 等价于

$$\lim_{\|T\|\to 0} \sum_{i=1}^{n} \omega_i \Delta x_i = 0. \tag{21.1.12}$$

因此, 定理 21.1.1 可以等价地表述为

定理 21.1.2 (可积的第二充要条件 (second necessary and sufficient conditions for integrability)) 设函数 f 在 $[a,b]$ 上有界, 则 f 在 $[a,b]$ 上可积的充分必要条件是式 (21.1.12) 成立, 即

$$\forall \varepsilon > 0, \exists \delta > 0, \text{使对任何分割} T, \text{只要} \|T\| < \delta, \text{即有} \sum_{i=1}^{n} \omega_i \Delta x_i < \varepsilon. \tag{21.1.13}$$

注 21.1.1 定理 21.1.1 和定理 21.1.2 既可以用来判别函数的可积性, 也可以用来判别函数的不可积性. 例如, 容易验证 Dirichlet 函数是不可积的. 但用它们验证具体函数的可积性, 一般还是比较麻烦的, 因为对任给的 $\varepsilon > 0$, 要寻求 $\delta > 0$, 使对满足 $\|T\| < \delta$ 的一切分割 T 来验证 $\sum_{i=1}^{n} \omega_i \Delta x_i < \varepsilon$. 但这一点可以减弱. 这就是下面的定理.

定理 21.1.3 设函数 f 在 $[a,b]$ 上有界, 则 f 在 $[a,b]$ 上可积的充分必要条件是

$$\forall \varepsilon > 0, \exists \text{分割} T, \text{满足} \sum_{i=1}^{n} \omega_i \Delta x_i < \varepsilon. \tag{21.1.14}$$

证明 只需要证充分性. 对任意的 $\varepsilon > 0$, 由条件知, 存在分割 T, 使相应的振幅满足 $\sum_{i=1}^{n} \omega_i \Delta x_i < \varepsilon$. 因此

$$L - l \leqslant \overline{S}(T) - \underline{S}(T) = \sum_{i=1}^{n} \omega_i \Delta x_i < \varepsilon,$$

即 $L = l$. 由可积的第一充要条件知 f 在 $[a,b]$ 上可积. $\qquad\square$

应用上述充分必要条件可以判断某些函数类的可积性.

首先, 我们来证明定理 7.1.5, 即设 $f(x)$ 在区间 $[a,b]$ 上有界, 且只有有限个间断点, 则 $f(x)$ 在 $[a,b]$ 上可积.

定理 7.1.5 的证明 仅证明有一个间断点的情况. 记 $f(x)$ 在区间 $[a,b]$ 上的间断点为 c, 不妨设 $c \in (a,b)$, 并设 $|f(x)| \leqslant M$. 对任意的 $\varepsilon > 0$, 取 $a < a' < c < b' < b$, 使得 $|b' - a'| < \dfrac{\varepsilon}{6M}$. 由于 $f(x)$ 在 $[a,a'], [b',b]$ 上连续, 由定理 7.1.4, $f(x)$ 在区间 $[a,a'], [b',b]$ 上可积, 于是存在分割

$$T^{(1)} : a = p_0^{(1)} < p_1^{(1)} < \cdots < p_{k-1}^{(1)} < p_k^{(1)} = a',$$

$$T^{(2)} : b' = p_0^{(2)} < p_1^{(2)} < \cdots < p_{l-1}^{(2)} < p_l^{(2)} = b,$$

使得

$$\sum_{i=1}^{k} \omega_i^{(1)} \Delta x_i^{(1)} < \frac{\varepsilon}{3}, \quad \sum_{i=1}^{l} \omega_i^{(2)} \Delta x_i^{(2)} < \frac{\varepsilon}{3}.$$

因此对区间 $[a,b]$ 的分割

$$T : a = p_0^{(1)} < p_1^{(1)} < \cdots < p_{k-1}^{(1)} < p_k^{(1)} < p_0^{(2)} < p_1^{(2)} < \cdots < p_{l-1}^{(2)} < p_l^{(2)} = b,$$

成立

$$\sum_{i=1}^{k+l+1} \omega_i \Delta x_i < \varepsilon.$$

由定理 21.1.3 知, $f(x)$ 在区间 $[a,b]$ 上可积. $\qquad\square$

其次, 我们证明闭区间 $[a,b]$ 的单调函数的可积性 (即定理 7.1.6).

定理 21.1.4 设 $f(x)$ 在区间 $[a,b]$ 上单调, 则 $f(x)$ 在区间 $[a,b]$ 上可积.

证明 不妨设 $f(x)$ 在区间 $[a,b]$ 上单调递增, 则在任意小区间 $[x_{i-1}, x_i]$ 上, $f(x)$ 的振幅为

$$\omega_i = f(x_i) - f(x_{i-1}),$$

于是, 对任意 $\varepsilon > 0$, 取 $\delta = \dfrac{\varepsilon}{f(b)-f(a)+1} > 0$, 则对于任意分割 T, 只要 $\|T\| < \delta$ 时,

$$\sum_{i=1}^n \omega_i \Delta x_i = \sum_{i=1}^n [f(x_i) - f(x_{i-1})] \cdot \Delta x_i$$
$$\leqslant \frac{\varepsilon}{f(b)-f(a)+1} \sum_{i=1}^n [f(x_i) - f(x_{i-1})]$$
$$= \frac{\varepsilon}{f(b)-f(a)+1} \cdot [f(b) - f(a)] < \varepsilon,$$

由定理 21.1.2可知, $f(x)$ 在区间 $[a,b]$ 上可积. □

前面已经看到, 连续函数是可积的 (定理 7.1.4), 单调有界函数是可积的 (定理 21.1.4), 只有有限个间断点的有界函数是可积的. 进一步, 我们有下面结论.

定理 21.1.5 设有界函数 f 在 $[a,b]$ 上的间断点集为 E. 若 E 仅有有限多个聚点, 则 f 在 $[a,b]$ 上可积.

证明 不妨设 E 只有一个聚点 $c \in [a,b]$. 记 $M = \sup\{|f(x)| : x \in [a,b]\}$.

若 $c \in (a,b)$, 则对任意的 $\varepsilon > 0$ (不妨设 $\varepsilon < c-a, b-c$), f 在 $[a,c-\varepsilon]$ 和 $[c+\varepsilon,b]$ 上只有有限个间断点, 因此 f 在这两个闭区间上可积. 所以, 对上述 ε, 存在区间 $[a,c-\varepsilon]$ 的分割 T_1 和区间 $[c+\varepsilon,b]$ 的分割 T_2, 使得

$$\sum_i \omega_i^{(1)} \Delta x_i^{(1)} < \varepsilon, \quad \sum_i \omega_i^{(2)} \Delta x_i^{(2)} < \varepsilon.$$

记 T 是 T_1, T_2 的并, 则它构成 $[a,b]$ 的分割. 这时

$$\sum_{i=1}^n \omega_i \Delta x_i \leqslant \sum_i \omega_i^{(1)} \Delta x_i^{(1)} + \sum_i \omega_i^{(2)} \Delta x_i^{(2)} + 4M\varepsilon < 2\varepsilon + 4M\varepsilon.$$

因此由定理 21.1.3知, f 在 $[a,b]$ 上可积.

对 $c=a$ 或 $c=b$ 的情况, 类似可证. □

例 21.1.1 应用上面的定理, 可知, 函数

$$f(x) = \begin{cases} \operatorname{sgn}\left(\sin\dfrac{\pi}{x}\right), & x \neq 0, \\ 0, & x = 0 \end{cases}$$

在 $[0,1]$ 上可积. 因为 f 的间断点集为: $\left\{1, \dfrac{1}{2}, \cdots, \dfrac{1}{n}, \cdots\right\}$, 它只有一个聚点 0.

如果间断点集有无穷多个聚点, 情况将更复杂. 从上面的证明过程可以看到, 在间断点所在的小区间上, 振幅不能任意小, 但只要该小区间长度能取得很小, 并且这样的小区间长度之和仍然可以任意小, 则还可以保证可积性. 这就是下面的可积的第三充要条件.

定理 21.1.6 (可积的第三充要条件 (third necessary and sufficient conditions for integrability)) 设函数 f 在 $[a,b]$ 上有界, 则 f 在 $[a,b]$ 上可积的充分必要条件是对任意的 $\varepsilon, \eta > 0$, 存在一分割, 使对应于振幅 $\omega_i \geqslant \varepsilon$ 的那些小区间 Δ_i 的总长度小于 η, 即 $\sum\limits_{\omega_i \geqslant \varepsilon} \Delta x_i < \eta$.

证明　充分性　设 $|f(x)| \leqslant M$. 对任意的 $\varepsilon = \eta > 0$, 存在分割 T, 使得振幅 $\omega_i \geqslant \varepsilon$ 的那些小区间的长度之和 $\sum\limits_{\omega_i \geqslant \varepsilon} \Delta x_i < \varepsilon$, 于是

$$\sum_{i=1}^n \omega_i \Delta x_i = \sum_{\omega_i < \varepsilon} \omega_i \Delta x_i + \sum_{\omega_i \geqslant \varepsilon} \omega_i \Delta x_i < (b - a + 2M)\varepsilon,$$

则 $f(x)$ 在 $[a,b]$ 上可积.

必要性　用反证法. 如果存在 $\varepsilon_0 > 0$ 与 $\eta_0 > 0$, 对任意分割 T, 振幅 $\omega_i \geqslant \varepsilon_0$ 的小区间的长度之和不小于 η_0, 于是

$$\sum_{i=1}^n \omega_i \Delta x_i = \sum_{\omega_i < \varepsilon_0} \omega_i \Delta x_i + \sum_{\omega_i \geqslant \varepsilon_0} \omega_i \Delta x_i \geqslant \varepsilon_0 \sum_{\omega_i \geqslant \varepsilon_0} \Delta x_i \geqslant \eta_0 \varepsilon_0,$$

则当 $\|T\| \to 0$ 时, $\sum\limits_{i=1}^n \omega_i \Delta x_i \nrightarrow 0$, 与 $f(x)$ 在 $[a,b]$ 上可积矛盾. □

例 21.1.2　证明: Riemann 函数 $R(x)$ 在 $[0,1]$ 上可积, 且积分为 0.

证明　由 Riemann 函数 $R(x)$ 的性质, 对任意给定的 $\varepsilon, \eta > 0$, 在 $[0,1]$ 上使得 $R(x) > \varepsilon$ 的点至多只有有限个, 不妨设是 k 个, 记为

$$0 = a_1 < a_2 < \cdots < a_k = 1.$$

不妨假设 $\eta < \min\{a_i - a_{i-1}; i = 2, \cdots, k\}$, 设

$$x_1 = 0, y_1 = \frac{\eta}{2k}, x_k = 1 - \frac{\eta}{2k}, y_k = 1, x_i = a_i - \frac{\eta}{2k}, y_i = a_i + \frac{\eta}{2k}, i = 2, \cdots, k-1,$$

则

$$0 = x_1 < y_1 < x_2 < y_2 < \cdots < x_k < y_k = 1$$

是区间 $[0,1]$ 的分割, 且在 $[y_i, x_{i+1}](i = 1, 2, \cdots, k-1)$ 上函数振幅不大于 ε; 在 $[x_i, y_i](i = 1, 2, \cdots, k)$ 上函数振幅大于 ε, 但其长度和小于 η. 因此 $R(x)$ 在 $[0,1]$ 上可积.

又由于无理数在实数域上具有稠密性, 则对任意分割, 在每个小区间上存在无理数 ξ_i, 使得 $R(\xi_i) = 0$, 因此 Riemann 函数在 $[0,1]$ 上的积分为 0. □

从前面讨论可以看到, 如果不连续点能够用长度可以任意小的有限个区间覆盖, 则函数是可积的, 甚至如 Riemann 函数 (其不连续点是稠密的) 依旧可积, 那么, 到底什么样的函数恰好是可积的? 可积函数与连续函数之间究竟是什么关系? 或者说, 间断点到底可以容许到什么程度? 目前我们还不能回答这些问题. 后续课程 "实变函数" 将告诉我们, 有界函数 Riemann 可积当且仅当它是 "几乎处处" 连续的. 要理解这样的问题, 须用到 Lebesgue 测度的概念. 这里就不再赘述了.

本小节的最后我们给出关于平面上曲线的弧长公式 (arclength formula)(定理 7.4.1) 的证明.

证明 对区间 $[T_1, T_2]$ 作分割

$$T : T_1 = t_0 < t_1 < t_2 < \cdots < t_n = T_2.$$

设 $P_i(x(t_i), y(t_i)), i = 1, 2, \cdots, n$, 则由 Lagrange 中值定理知

$$\overline{P_{i-1}P_i} = \sqrt{[x'(\xi_i)]^2 + [y'(\sigma_i)]^2}\, \Delta t_i,$$

其中, $\xi_i, \sigma_i \in [T_{i-1}, T_i]$, 则折线段长度之和与积分和的差

$$\left| \sum_{i=1}^{n} \overline{P_{i-1}P_i} - \sum_{i=1}^{n} \sqrt{[x'(\xi_i)]^2 + [y'(\xi_i)]^2}\, \Delta t_i \right|$$

$$= \left| \sum_{i=1}^{n} \sqrt{[x'(\xi_i)]^2 + [y'(\sigma_i)]^2}\, \Delta t_i - \sum_{i=1}^{n} \sqrt{[x'(\xi_i)]^2 + [y'(\xi_i)]^2}\, \Delta t_i \right|$$

$$\leqslant \sum_{i=1}^{n} \left| \sqrt{[x'(\xi_i)]^2 + [y'(\sigma_i)]^2} - \sqrt{[x'(\xi_i)]^2 + [y'(\xi_i)]^2} \right| \Delta t_i.$$

由三角不等式

$$\left| \sqrt{x_1^2 + x_2^2} - \sqrt{y_1^2 + y_2^2} \right| \leqslant \sqrt{(x_1 - y_1)^2 + (x_2 - y_2)^2},$$

得到

$$\left| \sum_{i=1}^{n} \overline{P_{i-1}P_i} - \sum_{i=1}^{n} \sqrt{[x'(\xi_i)]^2 + [y'(\xi_i)]^2}\, \Delta t_i \right| \leqslant \sum_{i=1}^{n} |y'(\sigma_i) - y'(\xi_i)|\, \Delta t_i \leqslant \sum_{i=1}^{n} \tilde{\omega}_i\, \Delta t_i,$$

其中, $\tilde{\omega}_i$ 是 $y'(t)$ 在 $[t_{i-1}, t_i]$ 上的振幅.

因为 $y'(t)$ 在 $[T_1, T_2]$ 上可积, 由可积的第二充要条件知, 当 $\|T\| \to 0$ 时有

$$\sum_{i=1}^{n} \tilde{\omega}_i\, \Delta t_i \to 0,$$

于是,

$$l = \lim_{\|T\| \to 0} \sum_{i=1}^{n} \overline{P_{i-1}P_i} = \lim_{\|T\| \to 0} \sum_{i=1}^{n} \sqrt{[x'(\xi_i)]^2 + [y'(\xi_i)]^2}\, \Delta t_i$$

$$= \int_{T_1}^{T_2} \sqrt{[x'(t)]^2 + [y'(t)]^2}\, \mathrm{d}t. \qquad \Box$$

§21.1.3 定积分的性质 (续)

在第 7 章我们已经讨论了定积分的基本性质. 在完成了可积性理论的讨论后, 我们可以更深入地研究定积分的性质.

性质 21.1.1 若 $f(x)$ 在 $[a, b]$ 上可积, 而 $g(x)$ 只在有限个点上与 $f(x)$ 的取值不同, 则 $g(x)$ 在 $[a, b]$ 上也可积, 并且

$$\int_a^b f(x)\mathrm{d}x = \int_a^b g(x)\mathrm{d}x.$$

证明 设 $h(x) = f(x) - g(x)$, 则 $h(x)$ 除有限个点外都是 0, 根据定理 7.1.5 知道, $h(x)$ 可积, 且易知积分为 0. 再根据积分的线性性质知结论成立. □

这就是说, 若在有限个点上改变一个可积函数的函数值, 既不影响可积性, 也不影响积分值.

性质 21.1.2 (乘积可积性) 若 $f(x)$ 和 $g(x)$ 在 $[a,b]$ 上都可积, 则 $f(x)g(x)$ 在 $[a,b]$ 上也可积.

证明 由于 $f(x)$ 和 $g(x)$ 在 $[a,b]$ 上可积, 所以它们在 $[a,b]$ 上有界, 因此存在常数 M, 满足

$$|f(x)| \leqslant M, \ |g(x)| \leqslant M, \forall x \in [a,b].$$

对 $[a,b]$ 的任意分割

$$T : a = x_0 < x_1 < x_2 < \cdots < x_n = b,$$

设 x' 和 x'' 是 $[x_{i-1}, x_i]$ 中的任意两点, 则有

$$\begin{aligned}
&|f(x')g(x') - f(x'')g(x'')| \\
&\leqslant |f(x') - f(x'')| \cdot |g(x')| + |f(x'')| \cdot |g(x') - g(x'')| \\
&\leqslant M [|f(x') - f(x'')| + |g(x') - g(x'')|].
\end{aligned}$$

记 $f(x)g(x)$ 在小区间 $[x_{i-1}, x_i]$ 上的振幅为 ω_i, $f(x)$ 和 $g(x)$ 在小区间 $[x_{i-1}, x_i]$ 上的振幅分别为 ω_i' 和 ω_i'', 则上式意味着

$$\omega_i \leqslant M(\omega_i' + \omega_i''),$$

因此

$$0 \leqslant \sum_{i=1}^{n} \omega_i \Delta x_i \leqslant M \left(\sum_{i=1}^{n} \omega_i' \Delta x_i + \sum_{i=1}^{n} \omega_i'' \Delta x_i \right).$$

由于 $f(x)$ 和 $g(x)$ 在 $[a,b]$ 上都可积, 因而当 $\|T\| \to 0$ 时, 不等式的右端趋于零, 即式 (21.1.12) 成立, 因此, 根据定理 21.1.2 即知 $f(x)g(x)$ 在 $[a,b]$ 上可积. □

性质 21.1.3 (强保序性 (strong property of order-preserving)) 如果在区间 $[a,b]$ 上, f 和 g 都可积, 且 $f(x) < g(x)$, 则 $\int_a^b f(x) < \int_a^b g(x)\mathrm{d}x$.

当 f 和 g 都连续时, 我们在第 7 章的习题中已经证明. 为证此一般情况, 可先证明下面的引理.

引理 21.1.5 若 $I = \int_a^b f(x)\mathrm{d}x > 0$, 则存在子区间 $[c,d] \subset [a,b]$ 和正数 $\mu > 0$, 使 $\forall x \in [c,d]$, 都有 $f(x) > \mu$.

证明 根据定理 21.1.1, 存在 $\delta > 0$, 对任意满足条件 $\|T\| < \delta$ 的分割 T, 都有

$$\underline{S}(T) = \sum_{i=1}^{n} m_i \Delta x_i > \frac{I}{2},$$

由此可知, 对上述分割 T, 至少有一个小区间 $[x_{i-1}, x_i]$ 存在, 使 $m_i > 0$. 于是, 取 $[c,d] = [x_{i-1}, x_i], \mu = \dfrac{m_i}{2}$ 即可. □

性质 21.1.3 的证明.

只需证明如下结论: 若 f 在区间 $[a,b]$ 上可积, 且 $f(x) > 0$, 则 $\int_a^b f(x)\mathrm{d}x > 0$.

证明 反证法 假设 $\int_a^b f(x)\mathrm{d}x = 0$. 因为函数 f 非负, 从而对任何 $[a',b'] \subset [a,b]$, 都有 $\int_{a'}^{b'} f(x)\mathrm{d}x = 0$. 因此对任何 $\varepsilon > 0$, 有

$$0 = \int_a^b f(x)\mathrm{d}x < \varepsilon(b-a), \text{ 即 } \int_a^b (\varepsilon - f(x))\mathrm{d}x > 0.$$

于是, 由引理 21.1.5, 存在区间 $[c,d] \subset [a,b]$, 使在 $[c,d]$ 上 $\varepsilon - f(x) > 0$, 即 $0 < f(x) < \varepsilon$. 显然可以假定 $d - c \leqslant \dfrac{b-a}{2}$, 且也有 $\int_c^d f(x)\mathrm{d}x = 0$.

于是, 依次令 $\varepsilon_n = \dfrac{1}{n}, n \in \mathbb{N}^+$, 按上述找 $[c,d]$ 的方法可知, 存在渐缩的闭区间套 $\{[a_n,b_n]\}$, 满足 $b_n - a_n \leqslant \dfrac{b-a}{2^n}$, 且 $0 < f(x) < \dfrac{1}{n}, x \in [a_n,b_n]$. 由区间套定理即可得, 存在 $\xi \in \bigcap_{n=1}^{\infty}[a_n,b_n]$, 因此

$$0 < f(\xi) \leqslant \frac{1}{n}, \ \forall n \in \mathbb{N}^+,$$

矛盾. 因此结论成立. $\square$

性质 21.1.4 (绝对可积性 (absolute integrability)) 设 $f(x)$ 在 $[a,b]$ 上可积, 则 $|f(x)|$ 在 $[a,b]$ 上可积, 且

$$\left| \int_a^b f(x)\mathrm{d}x \right| \leqslant \int_a^b |f(x)|\mathrm{d}x. \tag{21.1.15}$$

证明 对于任意两点 x' 和 x'', 都有
$$||f(x')| - |f(x'')|| \leqslant |f(x') - f(x'')|,$$
因此, 在 $[a,b]$ 任意子区间上, $|f|$ 的振幅 $\omega_{|f|}$ 与 f 的振幅 ω_f 满足: $\omega_{|f|} \leqslant \omega_f$, 从而类似于积分的乘积性质 21.1.2 的证明知, $|f|$ 在 $[a,b]$ 上可积.

又因为对任意 $x \in [a,b]$, $-|f(x)| \leqslant f(x) \leqslant |f(x)|$, 则

$$-\int_a^b |f(x)|\mathrm{d}x \leqslant \int_a^b f(x)\mathrm{d}x \leqslant \int_a^b |f(x)|\mathrm{d}x,$$

这就是

$$\left| \int_a^b f(x)\mathrm{d}x \right| \leqslant \int_a^b |f(x)|\mathrm{d}x. \quad \square$$

注 21.1.2 本性质的逆命题不成立, 即 $|f|$ 的可积性并不蕴含 f 的可积性. 例如, 函数
$$f(x) = \begin{cases} 1, & x \in [0,1] \text{ 为有理数}, \\ -1, & x \in [0,1] \text{ 为无理数} \end{cases}$$
在 $[0,1]$ 上不可积, 但 $|f| \equiv 1$, 显然可积.

性质 21.1.5 (积分区间可加性 (additive with respect to integral intervals)) 函数 $f(x)$ 在 $[a, b]$ 上可积当且仅当对任意 $c \in (a, b)$, $f(x)$ 在 $[a, c]$ 和 $[c, b]$ 上都可积. 并且此时

$$\int_a^b f(x)\mathrm{d}x = \int_a^c f(x)\mathrm{d}x + \int_c^b f(x)\mathrm{d}x. \tag{21.1.16}$$

证明 **必要性** 假定 $f(x)$ 在 $[a, b]$ 上可积, 设 c 是 (a, b) 中任意给定的一点. 由定理 21.1.3, 对任意给定的 $\varepsilon > 0$, 存在 $[a, b]$ 的任一个分割

$$T: a = x_0 < x_1 < x_2 < \cdots < x_n = b,$$

使得

$$\sum_{i=1}^n \omega_i \Delta x_i < \varepsilon.$$

因为分点增加, 振幅和区间长度乘积的和不增, 因此不妨假设 c 是分割 T 其中的某一个分点 x_k. 因此,

$$a = x_0 < x_1 < x_2 < \cdots < x_k = c$$

和

$$c = x_k < x_{k+1} < x_{k+2} < \cdots < x_n = b$$

分别是对 $[a, c]$ 和 $[c, b]$ 作的分割, 且显然有

$$\sum_{i=1}^k \omega_i \Delta x_i < \varepsilon \text{和} \sum_{i=k+1}^n \omega_i \Delta x_i < \varepsilon.$$

由定理 21.1.3, $f(x)$ 在 $[a, c]$ 和 $[c, b]$ 上都是可积的.

充分性 若 $f(x)$ 在 $[a, c]$ 和 $[c, b]$ 上都可积, 则对任意给定的 $\varepsilon > 0$, 分别存在 $[a, c]$ 和 $[c, b]$ 的分割

$$a = x_0 < x_1 < \cdots < x_k = c$$

和

$$c = x_k < x_{k+1} < \cdots < x_n = b,$$

使得

$$\sum_{i=1}^k \omega_i \Delta x_i < \frac{\varepsilon}{2}, \quad \sum_{i=k+1}^n \omega_i \Delta x_i < \frac{\varepsilon}{2}.$$

将这两组分点合起来作为 $[a, b]$ 的一组分点 $\{x_i\}_{i=0}^n$, 于是得到

$$\sum_{i=1}^n \omega_i \Delta x_i < \varepsilon.$$

因此由定理 21.1.3 知, $f(x)$ 在 $[a, b]$ 上可积.

在 $\int_a^b f(x)\mathrm{d}x$, $\int_a^c f(x)\mathrm{d}x$ 和 $\int_c^b f(x)\mathrm{d}x$ 都存在的条件下, 利用定积分的定义, 容易证明

$$\int_a^b f(x)\mathrm{d}x = \int_a^c f(x)\mathrm{d}x + \int_c^b f(x)\mathrm{d}x. \qquad \Box$$

注意, 由于规定了

$$\int_a^b f(x)\mathrm{d}x = -\int_b^a f(x)\mathrm{d}x,$$

不难证明, 当 c 是 $[a,b]$ 之外的一点时, 只要函数 $f(x)$ 的可积性依然保持, 定积分的区间可加性依然成立.

另外, 我们在性质 7.2.7 中也证明过区间可加性, 但那里只讨论了必要性.

在第 7 章中, 我们学习了积分第一中值定理 (性质 7.2.4). 需要指出的是, 由微积分基本定理 (定理 7.2.1) 和 Lagrange 中值定理容易得到, 若假设被积函数 f 连续, 则可得介点 $\xi \in (a,b)$, 即介点可以在区间内部取到. 下面我们来讨论积分中值定理的推广.

性质 21.1.6 (广义积分第一中值定理 (first mean value theorem for improper integral)) 设函数 f 和 g 在 $[a,b]$ 上可积, g 在 $[a,b]$ 上不变号, 则存在 $\eta \in [m,M]$, 使

$$\int_a^b f(x)g(x)\mathrm{d}x = \eta \int_a^b g(x)\mathrm{d}x. \tag{21.1.17}$$

这里, M 和 m 分别表示 $f(x)$ 在 $[a,b]$ 上的上确界和下确界. 又若函数 f 在 $[a,b]$ 上连续, 则存在 $\xi \in [a,b]$, 使得

$$\int_a^b f(x)g(x)\mathrm{d}x = f(\xi) \int_a^b g(x)\mathrm{d}x. \tag{21.1.18}$$

当 $g(x) \equiv 1$ 时, 此即前面的积分第一中值定理 (性质 7.2.4).

证明 因为 $g(x)$ 在 $[a,b]$ 上不变号, 不妨设

$$g(x) \geqslant 0, \quad x \in [a,b].$$

于是有

$$mg(x) \leqslant f(x)g(x) \leqslant Mg(x).$$

由积分第一中值定理, 得到

$$m\int_a^b g(x)\mathrm{d}x \leqslant \int_a^b f(x)g(x)\mathrm{d}x \leqslant M\int_a^b g(x)\mathrm{d}x.$$

由于 $\int_a^b f(x)g(x)\mathrm{d}x$ 和 $\int_a^b g(x)\mathrm{d}x$ 都是常数, 因而必有某个 $\eta \in [m,M]$, 使得

$$\int_a^b f(x)g(x)\mathrm{d}x = \eta \int_a^b g(x)\mathrm{d}x.$$

由连续函数的介值定理, 式 (21.1.18) 显然成立. $\qquad\qquad\square$

注意到, 若 $g(x)$ 定号条件不成立, 则上面结论不一定成立. 例如, $f(x) = x, g(x) = \cos x, x \in [0,\pi]$, $\int_0^\pi g(x)\mathrm{d}x = 0$, 但 $\int_0^\pi f(x)g(x)\mathrm{d}x \neq 0$.

下面来讨论积分第二中值定理. 作为引理先给出它的特殊情形.

引理 21.1.6 设 $f(x)$ 在 $[a,b]$ 上可积, $g(x)$ 在 $[a,b]$ 上非负.

(1) 如果函数 $g(x)$ 单减, 则存在 $\xi \in [a,b]$, 使得

$$\int_a^b f(x)g(x)\mathrm{d}x = g(a) \int_a^\xi f(x)\mathrm{d}x. \tag{21.1.19}$$

(2) 如果函数 $g(x)$ 单增, 则存在 $\xi \in [a, b]$, 使得

$$\int_a^b f(x)g(x)\mathrm{d}x = g(b) \int_\xi^b f(x)\mathrm{d}x. \tag{21.1.20}$$

证明　(1) 这里假定 $f(x)$ 在 $[a, b]$ 上连续, 且 $g(x)$ 在 $[a, b]$ 上连续可导. 一般条件下的证明我们放在本节的最后.

函数 $g(x)$ 单减非负, 则 $g(a) \geqslant 0$. 又由于 $f(x)$ 在 $[a, b]$ 上连续, 令 $F(x) = \int_a^x f(t)\mathrm{d}t$, 则 $F(x)$ 在 $[a, b]$ 上连续可微. 设 M, m 分别是 $F(x)$ 在 $[a, b]$ 上的最大值和最小值, 则由 $F(x)$ 的连续性知, 要证明式 (21.1.19), 只需证明

$$mg(a) \leqslant \int_a^b f(x)g(x)\mathrm{d}x \leqslant Mg(a).$$

由分部积分公式知

$$\int_a^b f(x)g(x)\mathrm{d}x = \int_a^b g(x)\mathrm{d}F(x) = F(x)g(x)\Big|_a^b - \int_a^b F(x)g'(x)\mathrm{d}x$$

因为 $g'(x)$ 不变号, 且 $F(x)$ 连续, 由性质 21.1.6 知存在 $\eta \in [a, b]$, 使得

$$\int_a^b F(x)g'(x)\mathrm{d}x = F(\eta) \int_a^b g'(x)\mathrm{d}x = F(\eta)(g(b) - g(a)).$$

因此

$$\int_a^b f(x)g(x)\mathrm{d}x = F(b)g(b) + F(\eta)(g(a) - g(b)).$$

因为 $g(b), g(a) - g(b) \geqslant 0$, 则易见上式介于 $mg(a)$ 和 $Mg(a)$ 之间.

(2) 与 (1) 的证明类似, 或对 (1) 的结果做变量代换: $x = a + b - t$. □

定理 21.1.7 (积分第二中值定理 (second mean value theorem for integral))　设 $f(x)$ 在 $[a, b]$ 上可积, $g(x)$ 在 $[a, b]$ 上单调, 则存在 $\xi \in [a, b]$, 使

$$\int_a^b f(x)g(x)\mathrm{d}x = g(a) \int_a^\xi f(x)\mathrm{d}x + g(b) \int_\xi^b f(x)\mathrm{d}x. \tag{21.1.21}$$

证明　若 $g(x)$ 在 $[a, b]$ 上单增, 令 $G(x) = g(b) - g(x)$, 则 $G(x)$ 非负单减, 由引理 21.1.6(1) 知: 存在 $\xi \in [a, b]$, 使

$$\int_a^b f(x)G(x)\mathrm{d}x = G(a) \int_a^\xi f(x)\mathrm{d}x,$$

则

$$\int_a^b f(x)g(x)\mathrm{d}x = g(b) \int_a^b f(x)\mathrm{d}x - (g(b) - g(a)) \int_a^\xi f(x)\mathrm{d}x,$$

整理即知结论成立.

若 $g(x)$ 在 $[a, b]$ 上单减, 令 $G(x) = g(x) - g(b)$, 证明类似可得. □

等式 (21.1.19), 等式 (21.1.20) 和等式 (21.1.21) 也被称为 **Bonnet 公式**.

例 21.1.3　设 $c > 0$ 是任意常数, 证明: 对任意 $x > 0$,

$$\left| \int_x^{x+c} \sin t^2 \mathrm{d}t \right| \leqslant \frac{1}{x}.$$

证明　设 $u = t^2$, 则

$$I \doteq \int_x^{x+c} \sin t^2 \mathrm{d}t = \int_{x^2}^{(x+c)^2} \frac{\sin u}{2\sqrt{u}} \mathrm{d}u.$$

因为 $x, c > 0$, 则 $\dfrac{1}{2\sqrt{u}}$ 在 $[x^2, (x+c)^2]$ 上单减且非负, 则由引理 21.1.6 知: 存在 $\xi \in [x^2, (x+c)^2]$, 使得

$$|I| = \frac{1}{2x} \left| \int_{x^2}^{\xi} \sin u \mathrm{d}u \right| = \frac{1}{2x} |\cos x^2 - \cos \xi| \leqslant \frac{1}{x}. \qquad \square$$

积分第二中值定理在反常积分收敛性的 Abel-Dirichlet 判别法 (定理 8.2.5, 定理 8.2.9) 和含参变量反常积分一致收敛性的 Abel-Dirichlet 判别法 (定理 22.2.3) 的证明中起到关键性作用.

定理 8.2.5　若下列两个条件之一成立, 则 $\displaystyle\int_a^{+\infty} f(x)g(x)\mathrm{d}x$ 收敛:

(1) (Abel 判别法)　$\displaystyle\int_a^{+\infty} f(x)\mathrm{d}x$ 收敛, $g(x)$ 在 $[a, +\infty)$ 上单调有界;

(2) (Dirichlet 判别法)　$F(A) = \displaystyle\int_a^A f(x)\mathrm{d}x$ 在 $[a, +\infty)$ 上有界, $g(x)$ 在 $[a, +\infty)$ 上单调, 且 $\displaystyle\lim_{x \to +\infty} g(x) = 0$.

证明　设 ε 是任意给定的正数.

(1) 若 Abel 判别法条件满足, 记 $G > 0$ 是 $|g(x)|$ 在 $[a, +\infty)$ 的一个上界, 因为 $\displaystyle\int_a^{+\infty} f(x)\mathrm{d}x$ 收敛, 由 Cauchy 收敛原理, 存在 $A_0 \geqslant a$, 使得对任意 $A, A' \geqslant A_0$, 有

$$\left| \int_A^{A'} f(x)\mathrm{d}x \right| < \frac{\varepsilon}{2G}.$$

由积分第二中值定理, 对任意 $A' > A \geqslant A_0$, 存在 $\xi \in [A, A']$, 使得

$$\left| \int_A^{A'} f(x)g(x)\mathrm{d}x \right| \leqslant |g(A)| \cdot \left| \int_A^{\xi} f(x)\mathrm{d}x \right| + |g(A')| \cdot \left| \int_{\xi}^{A'} f(x)\mathrm{d}x \right|$$

$$\leqslant G \left| \int_A^{\xi} f(x)\mathrm{d}x \right| + G \left| \int_{\xi}^{A'} f(x)\mathrm{d}x \right| < \frac{\varepsilon}{2} + \frac{\varepsilon}{2} = \varepsilon.$$

(2) 若 Dirichlet 判别法条件满足, 记正数 M 是 $|F(A)|$ 在 $[a, +\infty)$ 的一个上界. 此时对任意 $A, A' \geqslant a$, 显然有

$$\left| \int_A^{A'} f(x)\mathrm{d}x \right| < 2M,$$

因为 $\displaystyle\lim_{x \to +\infty} g(x) = 0$, 所以存在 $A_0 \geqslant a$, 当 $x > A_0$ 时, 有

$$|g(x)| < \frac{\varepsilon}{4M}.$$

于是, 对任意 $A' > A \geqslant A_0$, 存在 $\xi \in [A, A']$, 使得

$$\left| \int_A^{A'} f(x)g(x)\mathrm{d}x \right| \leqslant |g(A)| \cdot \left| \int_A^{\xi} f(x)\mathrm{d}x \right| + |g(A')| \cdot \left| \int_{\xi}^{A'} f(x)\mathrm{d}x \right|$$

$$\leqslant 2M |g(A)| + 2M|g(A')| < \frac{\varepsilon}{2} + \frac{\varepsilon}{2} = \varepsilon.$$

所以无论哪个判别法条件满足, 由 Cauchy 收敛原理, 都可得知 $\displaystyle\int_a^{+\infty} f(x)g(x)\mathrm{d}x$ 收敛. □

例 21.1.4　设 $\alpha > 0$, 证明: (1) 积分 $\displaystyle\int_1^{+\infty} \frac{\sin 2n\pi x}{x^{\alpha}}\mathrm{d}x$ 收敛; (2) 级数 $\displaystyle\sum_{n=1}^{\infty} \frac{1}{n} \cdot$

$\displaystyle\int_1^{+\infty} \frac{\sin 2n\pi x}{x^{\alpha}}\mathrm{d}x$ 收敛.

证明　(1) 因为当 $x \to +\infty$ 时 $\dfrac{1}{x^{\alpha}}$ 单调收敛于 0, 且对任意的 $A > 1$,

$$\left| \int_1^A \sin 2n\pi x\mathrm{d}x \right| \leqslant \frac{1}{n\pi},$$

则由 Dirichlet 判别法知反常积分收敛.

(2) 因为 $\dfrac{1}{x^{\alpha}}$ 单调, 则对任意的 $A > 1$, 由第二积分中值定理知: 存在 $\xi \in [1, A]$,

$$\left| \int_1^A \frac{\sin 2n\pi x}{x^{\alpha}}\mathrm{d}x \right| = \left| \int_1^{\xi} \sin 2n\pi x\mathrm{d}x + A^{-\alpha} \int_{\xi}^A \sin 2n\pi x\mathrm{d}x \right| \leqslant \frac{1}{n\pi}(1 + A^{-\alpha}),$$

则

$$\frac{1}{n} \left| \int_1^{+\infty} \frac{\sin 2n\pi x}{x^{\alpha}}\mathrm{d}x \right| \leqslant \frac{1}{n^2\pi}.$$

因此易知级数 (绝对) 收敛. □

例 21.1.5　设 $\varphi(t)$ 在 $[0, a]$ 上连续, $f(x)$ 在 $(-\infty, +\infty)$ 上二阶可导, 且 $f''(x) \geqslant 0$. 证明:

$$f\left(\frac{1}{a} \int_0^a \varphi(t)\mathrm{d}t \right) \leqslant \frac{1}{a} \int_0^a f(\varphi(t))\mathrm{d}t.$$

证明　将区间 $[0, a]$ 作分割: $0 = t_0 < t_1 < \cdots < t_{n-1} < t_n = a$, 记 $\Delta t_i = t_i - t_{i-1}$, $\|T\| = \displaystyle\max_{1 \leqslant i \leqslant n} \Delta t_i$, 再任取分点 $\xi_i \in [t_{i-1}, t_i]$. 由于 f 凸, 由 Jensen 不等式得到

$$f\left(\sum_{i=1}^n \varphi(\xi_i)\frac{\Delta t_i}{a} \right) \leqslant \sum_{i=1}^n f(\varphi(\xi_i))\frac{\Delta t_i}{a},$$

令 $\|T\| \to 0$, 上述不等式就转化为

$$f\left(\frac{1}{a} \int_0^a \varphi(t)\mathrm{d}t \right) \leqslant \frac{1}{a} \int_0^a f(\varphi(t))\mathrm{d}t.$$ □

由此结果易得: 对任一区间 $[a, b]$ 上的正的连续函数 $f(x)$, 有

$$\frac{1}{b-a} \int_a^b \ln f(x)\mathrm{d}x \leqslant \ln \left(\frac{1}{b-a} \int_a^b f(x)\mathrm{d}x \right).$$

§21.1.4　广义微积分基本定理

微积分基本定理 (fundamental theorem of calculus)(定理 7.2.1) 表明, 闭区间 $[a,b]$ 上的连续函数 $f(x)$ 必定有原函数 (primitive): 由变上限积分 (integral with variable upper limit) 定义的函数 $F(x) = \int_a^x f(t)\mathrm{d}t$, 即为 $f(x)$ 的一个原函数, 且这时还有十分重要的计算定积分的 Newton–Leibniz 公式. 以上内容是 17~18 世纪的结果, 那时人们只关注连续函数的积分问题. 下面讨论对此结果的改进.

首先我们有下面的定理.

定理 21.1.8　设 $f(x)$ 在 $[a,b]$ 上可积, 则变上限积分 $F(x) = \int_a^x f(t)\mathrm{d}t$ 在 $[a,b]$ 上连续, 并且在 $f(x)$ 的右 (左) 连续点 x_0 处成立 $F'_+(x_0) = f(x_0)$ $(F'_-(x_0) = f(x_0))$. 特别地, 在 $f(x)$ 的连续点 x_0 处成立 $F'(x_0) = f(x_0)$.

证明　由于 f 有界, 所以存在 $M > 0$, 使对任何 $x \in [a,b]$, 有 $|f(x)| \leqslant M$.

对任何 $x_0, x \in [a,b]$, 有

$$|F(x) - F(x_0)| = \left| \int_{x_0}^x f(t)\mathrm{d}t \right| \leqslant M|x - x_0|,$$

由此可知 F 在任意一点 x_0 处连续. 事实上, 我们证明了 F 满足常数为 M 的 Lipschitz 条件.

若 f 在 x_0 点右连续, 则对任意 $\varepsilon > 0$, 存在 $\delta > 0$, 当 $x \in [a,b]$, 且 $0 < x - x_0 < \delta$ 时, $|f(x) - f(x_0)| < \varepsilon$. 因此,

$$\left| \frac{F(x) - F(x_0)}{x - x_0} - f(x_0) \right| = \frac{1}{x - x_0} \left| \int_{x_0}^x [f(t) - f(x_0)]\mathrm{d}t \right|$$
$$\leqslant \frac{1}{x - x_0} \int_{x_0}^x |f(t) - f(x_0)|\mathrm{d}t \leqslant \varepsilon,$$

这表明 $F'_+(x_0) = f(x_0)$. 左连续时类似可得. □

请将此处的证明与定理 7.2.1 的证明进行比较.

其次, 在间断点 x_0 处等式 $F'(x_0) = f(x_0)$ 未必成立. 事实上, $F(x)$ 在 x_0 点未必可导.

例 21.1.6　设 $f(x) = \mathrm{sgn}\, x$ 为符号函数, 则它必定是可积的, 因为它只有一个第一类间断点 $x = 0$. 而

$$F(x) = \int_{-1}^x f(t)\mathrm{d}t = \begin{cases} -x - 1, & x \leqslant 0, \\ x - 1, & x > 0 \end{cases}$$

是连续的, 在 $x = 0$ 处既是左可导, 又是右可导, 但不可导, 因为左导数和右导数不等.

再次, 可积函数 f 是否必有原函数呢? 回答也是否定的. 例如, 上面的符号函数就没有原函数. 注意到, 由 Darboux 定理 (定理 5.1.2) 知导函数没有第一类间断点, 所以, 任何有第一类间断点的函数都没有原函数. 尽管符号函数没有原函数, 但是, Newton-Leibniz 公式对它仍然是适用的. 事实上, 一般地, 我们有下面的定理.

定理 21.1.9 设 $f(x)$ 在 $[a,b]$ 上可积, $g(x)$ 连续, 且除有限个点外有 $g'(x) = f(x)$, 则

$$\int_a^b f(t)\mathrm{d}t = g(b) - g(a).$$

证明 设使 $g'(x) \neq f(x)$ 的点是 $a_1, a_2, \cdots, a_m$ (在这些点 $g(x)$ 也可能不可导). 将区间 $[a,b]$ 进行分割,

$$T : a = x_0 < x_1 < \cdots < x_n = b,$$

并使每个 a_i 是 T 的分割点. 由于 $g(x)$ 在每个小的闭区间 $[x_{i-1}, x_i]$ 上连续, 在开区间 (x_{i-1}, x_i) 内可导, 于是, 由 Lagrange 中值定理, 存在 $\xi_i \in (x_{i-1}, x_i)$, 使

$$g(x_i) - g(x_{i-1}) = g'(\xi_i)\Delta x_i = f(\xi_i)\Delta x.$$

因此,

$$g(b) - g(a) = \sum_{i=1}^n [g(x_i) - g(x_{i-1})] = \sum_{i=1}^n f(\xi_i)\Delta x_i.$$

由于 $f(x)$ 在 $[a,b]$ 上可积, 所以当 $\|T\| \to 0$ 时, 上式右端趋于积分 $\int_a^b f(x)\mathrm{d}x$, 因此 Newton–Leibniz 公式得证. □

若有界函数 $f(x)$ 在 $[a,b]$ 上只有有限个间断点, 则 $f(x)$ 在 $[a,b]$ 上可积, 令

$$g(x) = \int_a^x f(t)\mathrm{d}t,$$

则 f, g 满足定理 21.1.9 的条件, 即对只有有限个间断点的有界函数, 定理 21.1.9 中函数 g 一定存在.

若 $F(x)$ 在 $[a,b]$ 上连续, 且在 $[a,b]$ 上除有限个点外满足 $F'(x) = f(x)$, 则称 $F(x)$ 是 $f(x)$ 的**广义原函数** (generalized primitive). 由定理 21.1.9可知, 对于可积函数而言, 若其广义原函数存在, 一定和变上限积分相差一个常数.

定理 21.1.9表明, 对可积函数而言, 只要存在 (广义) 原函数, Newton–Leibniz 公式即成立. 但由于可积函数未必存在 (广义) 原函数, 因此, Newton–Leibniz 公式并不能对所有可积函数适用. 例如, Riemann 函数 $R(x)$ 可积, 且 $F(x) = \int_0^x R(t)\mathrm{d}t \equiv 0$, $x \in [0,1]$, 则 $F(x)$ 不是 $R(x)$ 的广义原函数, 因此 Riemann 函数的广义原函数不存在.

反之, 假定 $f(x)$ 有 (广义) 原函数, 它是否必定可积呢? Volterra (沃尔泰拉, 1860~1940 年) 就作出一个反例, 尽管 $f(x) = F'(x)$ 有界, 但是 $f(x)$ 不可积. 因此定积分的限制是比较苛刻的. 我们来看下面的简单一点的例子.

例 21.1.7 设

$$F(x) = \begin{cases} x^2 \sin \dfrac{1}{x^2}, & x \neq 0, \\ 0; & x = 0, \end{cases}$$

则函数 F 在 $\mathbb{R}$ 上可微, 且导函数为

$$f(x) = F'(x) = \begin{cases} 2x \sin \dfrac{1}{x^2} - \dfrac{2}{x} \cos \dfrac{1}{x^2}, & x \neq 0, \\ 0, & x = 0, \end{cases}$$

即 f 存在原函数 F, 但显然, f 在 $\mathbb{R}$ 的任意包含 0 的有界闭子区间 (如 $[-1,1]$) 上无界, 因此在此区间上不可积.

事实上, 定积分的理论有很多的局限性. 因此, 定积分有必要进一步发展. Lebesgue 积分就是其中最成功的一种拓展. 但 Lebesgue 积分将是后继的 "实变函数" 课程的主要内容, 此处不再涉及.

本节的最后, 我们给出引理 21.1.6 的证明.

引理 21.1.6(1) 的证明　因为 $g(x)$ 单调, 则 $g(x)$ 在 $[a,b]$ 上可积. 因此 $f(x)g(x)$ 在 $[a,b]$ 上可积.

令 $F(x) = \int_a^x f(t)\mathrm{d}t$, 则由定理 21.1.8 知: $F(x)$ 在 $[a,b]$ 上连续. 设 M, m 分别是 $F(x)$ 在有界闭区间 $[a,b]$ 上的最大值和最小值, 因为 $g(x)$ 在 $[a,b]$ 上非负, 则我们只需证明

$$mg(a) \leqslant \int_a^b f(x)g(x)\mathrm{d}x \leqslant Mg(a). \qquad (21.1.22)$$

因为 $g(x)$ 在 $[a,b]$ 上可积, 则对任意 $\varepsilon > 0$, 存在分割

$$T: a = x_0 < x_1 < x_2 < \cdots < x_n = b,$$

使得 $\sum_{i=1}^n \omega_i(g)\Delta x_i < \varepsilon$. 注意

$$\int_a^b f(x)g(x)\mathrm{d}x = \sum_{i=1}^n g(x_{i-1})\int_{x_{i-1}}^{x_i} f(x)\mathrm{d}x + \sum_{i=1}^n \int_{x_{i-1}}^{x_i} f(x)(g(x) - g(x_{i-1}))\mathrm{d}x.$$

记上式右边两项依次为 I, J, 则

$$|J| \leqslant C\sum_{i=1}^n \omega_i(g)\Delta x_i < C\varepsilon,$$

其中, $C = \sup\{|f(x)|: x \in [a,b]\}$.

$$I = \sum_{i=1}^n g(x_{i-1})[F(x_i) - F(x_{i-1})],$$

由 Abel 变换知

$$I = g(x_{n-1})F(x_n) + \sum_{i=1}^{n-1}[g(x_{i-1}) - g(x_i)]F(x_i).$$

再由

$$g(x_{n-1}) \geqslant 0, g(x_{i-1}) - g(x_i) \geqslant 0, m \leqslant F(x) \leqslant M,$$

得

$$mg(a) \leqslant I \leqslant Mg(a).$$

因此

$$mg(a) - C\varepsilon < \int_a^b f(x)g(x)\mathrm{d}x < Mg(a) + C\varepsilon.$$

由 ε 的任意性知式 (21.1.22) 成立.　□

例 21.1.8 设 $f(x)$ 在 $[0,1]$ 上连续, 计算 $\lim\limits_{n\to\infty}\displaystyle\int_0^1 nx^n f(x)\mathrm{d}x$.

解 因为 $f(x)$ 在 $[0,1]$ 上连续, 则 $|f(x)|$ 在 $[0,1]$ 上有界. 设 $|f(x)| \leqslant M, x \in [0,1]$, 且对任意 $\varepsilon > 0$, 存在 $\delta > 0$, 使得当 $1-\delta \leqslant x \leqslant 1$ 时 $|f(x) - f(1)| < \varepsilon$. 因此

$$\int_{1-\delta}^1 nx^n |f(x) - f(1)|\mathrm{d}x \leqslant \int_{1-\delta}^1 nx^n \varepsilon\,\mathrm{d}x < \varepsilon,$$

又

$$\int_0^{1-\delta} nx^n |f(x) - f(1)|\mathrm{d}x \leqslant 2M \int_0^{1-\delta} nx^n \mathrm{d}x < 2M(1-\delta)^n,$$

则存在正整数 N, 使得 $n > N$ 时, 有 $2M(1-\delta)^n < \varepsilon$.

因此

$$\left|\int_0^1 nx^n f(x)\mathrm{d}x - \int_0^1 nx^n f(1)\mathrm{d}x\right| \leqslant \int_0^{1-\delta} nx^n|f(x)-f(1)|\mathrm{d}x + \int_{1-\delta}^1 nx^n|f(x)-f(1)|\mathrm{d}x < 2\varepsilon.$$

因此有

$$\lim_{n\to\infty}\int_0^1 nx^n f(x)\mathrm{d}x = \lim_{n\to\infty}\int_0^1 nx^n f(1)\mathrm{d}x = f(1).$$

例 21.1.9 设 $f(x)$ 在区间 $[0,1]$ 连续可微, 证明:

$$\int_0^1 |f(x)|\mathrm{d}x \leqslant \max\left\{\int_0^1 |f'(x)|\mathrm{d}x, \left|\int_0^1 f(x)\mathrm{d}x\right|\right\}.$$

证明 若 $f(x)$ 在区间 $[0,1]$ 定号, 则 $\displaystyle\int_0^1 |f(x)|\mathrm{d}x = \left|\int_0^1 f(x)\mathrm{d}x\right|$, 结论成立.

若 $f(x)$ 在区间 $[0,1]$ 上变号, 则存在 $x_0 \in (0,1)$, 使得 $f(x_0) = 0$, 则

$$|f(x)| = |f(x) - f(x_0)| = \left|\int_{x_0}^x f'(t)\mathrm{d}t\right| \leqslant \left|\int_{x_0}^x |f'(t)|\mathrm{d}t\right| \leqslant \int_0^1 |f'(t)|\mathrm{d}t,$$

两边在 $[0,1]$ 上积分可得

$$\int_0^1 |f(x)|\mathrm{d}x \leqslant \int_0^1 |f'(x)|\mathrm{d}x.$$

因此结论成立. □

习题 21.1

A1. 证明: 若 T' 是分割 T 的加细, 则 $\sum\limits_{T'} w_i'\Delta x_i' \leqslant \sum\limits_{T} w_i\Delta x_i$.

A2. 设 f 在 $[a,b]$ 上可积, 用可积的第三充要条件证明 f^2 在 $[a,b]$ 上也可积, 由此证明乘积的可积性, 即性质 21.1.2.

A3. 设 f 在 $[a,b]$ 上可积, 且存在正常数 m, 使 $|f(x)| \geqslant m > 0, \forall x \in [a,b]$. 证明: f 的倒数 $\dfrac{1}{f}$ 在 $[a,b]$ 上也可积.

A4. 设 $f(x)$ 在 $[a,b]$ 上可积, 且非负, 证明: $\sqrt{f(x)}$ 在 $[a,b]$ 上也可积.

A5. 设 f 在 $[a,b]$ 上可积, 证明: 函数 $F(x) = \mathrm{e}^{f(x)}$ 在 $[a,b]$ 上也可积.

A6. 证明: 函数

$$f(x) = \begin{cases} \dfrac{1}{x} - \left[\dfrac{1}{x}\right], & 0 < x \leqslant 1, \\ 0, & x = 0 \end{cases}$$

在 $[0,1]$ 上可积.

B7. 若 f 在 $[a,b]$ 上可积, 且对每个 $(\alpha,\beta) \subset [a,b]$, 存在 $x_1, x_2 \in (\alpha,\beta)$, 使得 $f(x_1)f(x_2) \leqslant 0$, 证明: $\int_a^b f(x)\mathrm{d}x = 0$.

B8. 设 $f(x)$ 在任意有界闭区间上可积且 $f(x+y) = f(x) + f(y), x, y \in \mathbb{R}$. 证明: $f(x) = ax$, 其中 $a = f(1)$.

B9. 设函数 $f(x)$ 在区间 $[0,1]$ 上单减, 证明: 对任意 $t \in (0,1)$,

$$\int_0^t f(x)\mathrm{d}x \geqslant t \int_0^1 f(x)\mathrm{d}x.$$

B10. 设 $f(x)$ 在 $[0,1]$ 上连续, 在 $(0,1)$ 内可微, 且满足: $f(1) = 2\int_0^{\frac{1}{2}} xf(x)\mathrm{d}x$. 证明: 存在 $\xi \in (0,1)$ 使得 $f(\xi) + \xi f'(\xi) = 0$.

B11. 设 $f(x)$ 在 $[a,b]$ 上二阶连续可导, 且 $f\left(\dfrac{a+b}{2}\right) = 0$, 记 $M = \sup\{|f''(x)|: x \in [a,b]\}$. 证明:

$$\left|\int_a^b f(x)\mathrm{d}x\right| \leqslant \frac{M(b-a)^3}{24}.$$

B12. 设函数 $f(x)$ 在区间 $\left[0, \dfrac{\pi}{2}\right]$ 上连续, 且

$$\int_0^{\frac{\pi}{2}} f(x)\sin x\mathrm{d}x = \int_0^{\frac{\pi}{2}} f(x)\cos x\mathrm{d}x = 0.$$

证明: $f(x)$ 在区间 $\left(0, \dfrac{\pi}{2}\right)$ 中至少有两个零点.

B13. 设函数 $f(x)$ 在区间 $[a,b]$ 上可导, 且 $f(0) = 0, 0 < f'(x) < 1, x \in (0,1)$. 证明:

$$\left(\int_0^1 f(x)\mathrm{d}x\right)^2 > \int_0^1 f^3(x)\mathrm{d}x.$$

B14. 设 f, g 为 $[a,b]$ 上的连续函数, 且 $f(x) > 0, g(x) \geqslant 0, \forall x \in [a,b]$. 试求极限

$$\lim_{n\to\infty} \int_a^b g(x)\sqrt[n]{f(x)}\mathrm{d}x.$$

B15. 设 $f(x)$ 和 $g(x)$ 在 $[a,b]$ 上连续, 且 $f(x) \geqslant 0, g(x) > 0$. 求极限

$$\lim_{n\to\infty} \left\{\int_a^b [f(x)]^n g(x)\mathrm{d}x\right\}^{\frac{1}{n}}.$$

B16. 设 $x_n \in \left[0, \dfrac{\pi}{2}\right]$ 满足 $\dfrac{2}{\pi}\int_0^{\frac{\pi}{2}} \sin^n x\mathrm{d}x = \sin^n x_n$, 求极限 $\lim_{n\to\infty} x_n$.

B17. 设 $f \in C[-1,1]$, 证明:

$$\lim_{n\to\infty} \frac{\int_{-1}^1 f(x)(1-x^2)^n\mathrm{d}x}{\int_{-1}^1 (1-x^2)^n\mathrm{d}x} = f(0).$$

B18. 设函数 $f(x)$ 在区间 $[a,b]$ 上有界, 试证明: f 在 $[a,b]$ 上可积的充要条件是对任何 $\varepsilon > 0$, 存在 $[a,b]$ 上的连续函数 g, h, 满足

$$g \leqslant f \leqslant h, \text{ 且 } \int_a^b |g(x) - h(x)|\mathrm{d}x < \varepsilon.$$

B19. (1) 设函数 f 在 $[a,b]$ 上可积, 证明: f 在 $[a,b]$ 上至少有一个连续点;

(2) 设函数 f 在 $[a,b]$ 上可积, 证明: f 在 $[a,b]$ 上必有无穷个连续点.

B20. 若 $f_n(x)$ 在 $[a,b]$ 上一致收敛于 $f(x)$, 且对任意 n, $f_n(x)$ 在 $[a,b]$ 上可积. 试证 $f(x)$ 在 $[a,b]$ 上也可积.

C21. (1) 设 f 在 $[a,b]$ 上可积, g 在 $[A,B]$ 上连续, 且 $R(f) \subset [A,B]$, 它们的复合函数 $g \circ f$ 在 $[a,b]$ 上是否一定可积?

(2) 再讨论两个可积函数的复合函数的可积性.

C22. 设 f 在 $[a,b]$ 上可积, $F(x) = \int_a^x f(t)\mathrm{d}t, x \in [a,b]$. 问: (1) F 在 $[a,b]$ 上可微吗? (2) F 在 $[a,b]$ 上可微点的导数是否等于 $f(x)$? (3) 能否给出一个例子, 使得 F 在 $[a,b]$ 上可微, 但 $f(x)$ 的间断点稠密?

C23. (凸函数的 Newton-Leibniz 公式) 设 f 是 $[a,b]$ 上的凸函数, 证明:

(1) 对任意 $x_0 \in [a,b]$, 过 x_0 的弦的斜率 $h(x) = \dfrac{f(x) - f(x_0)}{x - x_0}$ 单增;

(2) 对任意 $x \in (a,b)$, 单侧导数 $f'_+(x), f'_-(x)$ 存在, 且均为单增函数;

(3) 对任意的 $[c,d] \subset (a,b)$, 有

$$f(d) - f(c) = \int_c^d f'_+(x)\mathrm{d}x = \int_c^d f'_-(x)\mathrm{d}x.$$

§21.2 反常重积分

第 12 章中我们学习了重积分, 其积分区域都是有界的, 且被积函数也有界, 类似于第 8 章的反常积分, 若去掉这两个 "有界" 的限制, 就是我们本节要学习的反常重积分. 反常重积分包括无界区域上的反常重积分 (简称为无穷重积分), 和无界函数的反常重积分 (简称为瑕重积分).

§21.2.1 反常重积分的定义

先看下面的例子.

例 21.2.1 计算积分 $I = \iint\limits_{\mathbb{R}^2} \mathrm{e}^{-(x^2+y^2)}\mathrm{d}x\mathrm{d}y$.

显然, 这不是普通的二重积分, 其积分区域为全平面 $\mathbb{R}^2$. 类似于反常 (定) 积分的想法, 我们可以尝试这样来处理:

$$\iint\limits_{\mathbb{R}^2} \mathrm{e}^{-(x^2+y^2)}\mathrm{d}x\mathrm{d}y = \lim_{R\to+\infty} \iint\limits_{D_R} \mathrm{e}^{-(x^2+y^2)}\mathrm{d}x\mathrm{d}y,$$

其中, $D_R = \{(x,y) \in \mathbb{R}^2;\ x^2 + y^2 \leqslant R^2\}$ 为圆盘. 如图 21.2.1. 利用极坐标变换得到

$$\iint\limits_{D_R} \mathrm{e}^{-(x^2+y^2)}\mathrm{d}x\mathrm{d}y = \int_0^{2\pi} \mathrm{d}\theta \int_0^R \mathrm{e}^{-r^2} r\mathrm{d}r = \pi(1 - \mathrm{e}^{-R^2}),$$

因此, 令 $R \to +\infty$ 得 $I = \pi$.

以上的计算是否有理论根据呢? 计算中圆盘可以改为正方形区域, 或其他不规则区域吗? 对一般的无界区域上的函数又该如何处理呢?

设 D 为平面 $\mathbb{R}^2$ 上的无界区域, $f(x,y)$ 在 D 上有定义. 任取一条包围原点的逐段光滑 (piecewise smooth) 的简单闭曲线 (simple closed curve)(即 Jordan 曲线) Γ, 它所围成

的有界 (连通) 区域记为 E_Γ, 并将 D 割出一个有界子区域 $D_\Gamma \doteq E_\Gamma \cap D$. 如图 21.2.2 所示. 假设 $f(x,y)$ 在 D_Γ 上都是 (Riemann) 可积的, 并记

$$d(\Gamma) = \inf\left\{ \sqrt{x^2 + y^2} : (x,y) \in \Gamma \right\} \tag{21.2.1}$$

为坐标原点到 Γ 的距离.

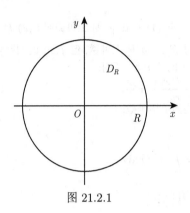

图 21.2.1

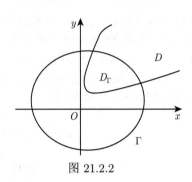

图 21.2.2

定义 21.2.1 若极限

$$\lim_{d(\Gamma) \to +\infty} \iint_{D_\Gamma} f(x,y)\mathrm{d}x\mathrm{d}y$$

存在, 且该极限值与曲线 Γ 的选取无关, 就称**反常二重积分** (improper double integrals) 或 **二重无穷积分** $\displaystyle\iint_D f(x,y)\mathrm{d}x\mathrm{d}y$ **收敛**, 也称 f 在 D 上**可积**, 并称极限值为 f 在 D 上积分, 记为

$$\iint_D f(x,y)\mathrm{d}x\mathrm{d}y = \lim_{d(\Gamma) \to +\infty} \iint_{D_\Gamma} f(x,y)\mathrm{d}x\mathrm{d}y. \tag{21.2.2}$$

若上面的极限不存在, 就称反常二重积分 $\displaystyle\iint_D f(x,y)\mathrm{d}x\mathrm{d}y$ **发散** (divergent), 或称 f 在 D 上 不可积.

前面给出了无界区域上的反常重积分收敛的定义. 下面讨论有界区域上的无界函数的 反常二重积分.

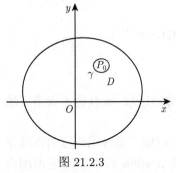

图 21.2.3

设 $D \subset \mathbb{R}^2$ 为有界区域, $P_0 \in D$, f 在 $D\backslash\{P_0\}$ 上有定义, 但在点 P_0 的任何去心邻域内无界, 则称 P_0 为 f 的一个 **奇点** (singular point), 或**瑕点**.

设 σ 是 D 内任一包含 P_0 的区域, 其边界 $\partial\sigma = \gamma$ 是面积为零的简单闭曲线, 如图 21.2.3 本节总是假定二重积分 $\displaystyle\iint_{D\backslash\sigma} f(x,y)\mathrm{d}x\mathrm{d}y$ 存在. 记 $\rho(\sigma)$ 表示 σ 的直径, 即

$$\rho(\sigma) = \sup\{\sqrt{(x_1 - x_2)^2 + (y_1 - y_2)^2} : (x_1, y_1), (x_2, y_2) \in \sigma\}.$$

定义 21.2.2 若 $\rho(\sigma)$ 趋于零时, $\displaystyle\iint\limits_{D\backslash\sigma} f(x,y)\mathrm{d}x\mathrm{d}y$ 的极限存在, 且与 σ 的形状无关,

则称**无界函数的二重积分**, 或**二重瑕积分** $\displaystyle\iint\limits_{D} f(x,y)\mathrm{d}x\mathrm{d}y$ **收敛**, 或称 $f(x,y)$ 在 D 上**可积**

(integrable), 并称极限值为 f 在 D 上积分, 记为

$$\iint\limits_{D} f(x,y)\mathrm{d}x\mathrm{d}y = \lim_{d(\sigma)\to 0} \iint\limits_{D\backslash\sigma} f(x,y)\mathrm{d}x\mathrm{d}y.$$

如果上式右端的极限不存在, 则称这二重瑕积分**发散**, 或称 f 在 D 上不可积.

§21.2.2 反常二重积分的性质与敛散性判别

与重积分的性质类似, 可以得到反常二重积分的线性性、保序性、区域可加性等.

下面我们只讨论无界区域上的反常二重积分的收敛性质, 无界函数的反常二重积分的性质可类似讨论.

1. 非负函数的反常二重积分

与反常积分的情况类似, 我们先考虑非负函数的情况. 后面将看到, 非负函数的二重无穷积分的收敛问题具有特殊的意义.

定理 21.2.1 设 $D \subseteq \mathbb{R}^2$ 为一个无界区域, 非负函数 $f(x,y)$ 在 D 上可积的充要条件是存在常数 $M > 0$, 使得对任何由零面积的曲线 Γ 割出的 D 的有界子区域 D_Γ, 有

$$\iint\limits_{D_\Gamma} f(x,y)\mathrm{d}x\mathrm{d}y \leqslant M.$$

证明 必要性 设 $\displaystyle\iint\limits_{D} f(x,y)\mathrm{d}x\mathrm{d}y = I$. 令 $B(0;r)$ 是以坐标原点为中心, r 为半径的圆盘, 记 $B_r = D \cap B(0;r)$, 则

$$\lim_{r\to+\infty} \iint\limits_{B_r} f(x,y)\mathrm{d}x\mathrm{d}y = I.$$

由 $f(x,y) \geqslant 0$ 知 $\displaystyle\iint\limits_{B_r} f(x,y)\mathrm{d}x\mathrm{d}y$ 关于 r 单增, 因此, $\forall r \geqslant 0$, 有 $\displaystyle\iint\limits_{B_r} f(x,y)\mathrm{d}x\mathrm{d}y \leqslant I$. 由 D_Γ 的有界性知, 当 r 充分大时, $D_\Gamma \subset B_r$. 于是

$$\iint\limits_{D_\Gamma} f(x,y)\mathrm{d}x\mathrm{d}y \leqslant \iint\limits_{B_r} f(x,y)\mathrm{d}x\mathrm{d}y \leqslant I.$$

取 $M = I$ 即可.

充分性 由假设条件可设 $I = \sup\limits_{\Gamma}\left\{\displaystyle\iint\limits_{D_\Gamma} f(x,y)\mathrm{d}x\mathrm{d}y\right\} < +\infty$. 于是, 对任意 $\varepsilon > 0$, 存在 Γ_0, 使得

$$\iint\limits_{D_{\Gamma_0}} f(x,y)\mathrm{d}x\mathrm{d}y > I - \varepsilon.$$

又对任意 Γ, 当 $d(\Gamma)$ 充分大时有 $D_{\Gamma_0} \subset D_\Gamma$, 于是由 $f(x,y) \geqslant 0$ 得

$$I \geqslant \iint\limits_{D_\Gamma} f(x,y)\mathrm{d}x\mathrm{d}y \geqslant \iint\limits_{D_{\Gamma_0}} f(x,y)\mathrm{d}x\mathrm{d}y > I - \varepsilon.$$

即 $f(x,y)$ 在 D 上可积.   □

引理 21.2.1 (序列逼近) 设 $f(x,y)$ 为无界区域 D 上的非负函数. 如果 $\{\Gamma_n\}$ 是一列曲线, 它们割出的 D 的有界子区域 $\{D_n\}$ 满足

$$D_1 \subset D_2 \subset \cdots \subset D_n \subset \cdots, \ \text{及} \ \lim_{n\to\infty} d(\Gamma_n) = +\infty,$$

则反常二重积分 $\displaystyle\iint\limits_D f(x,y)\mathrm{d}x\mathrm{d}y$ 在 D 上收敛的充分必要条件是数列 $\left\{\displaystyle\iint\limits_{D_n} f(x,y)\mathrm{d}x\mathrm{d}y\right\}$ 收敛, 且在收敛时成立

$$\iint\limits_D f(x,y)\mathrm{d}x\mathrm{d}y = \lim_{n\to\infty} \iint\limits_{D_n} f(x,y)\mathrm{d}x\mathrm{d}y.$$

证明 由定义知, 必要性是显然的. 下面证明充分性.

如果 $\left\{\displaystyle\iint\limits_{D_n} f(x,y)\mathrm{d}x\mathrm{d}y\right\}$ 收敛, 记 $\displaystyle\lim_{n\to\infty}\iint\limits_{D_n} f(x,y)\mathrm{d}x\mathrm{d}y = I$. 现在证明

$$\lim_{d(\Gamma)\to\infty} \iint\limits_{D_\Gamma} f(x,y)\mathrm{d}x\mathrm{d}y = I.$$

对于任意简单闭曲线 Γ, 令 $R(\Gamma) = \sup\left\{\sqrt{x^2+y^2} : (x,y) \in \Gamma\right\}$. 由假设 $\displaystyle\lim_{n\to\infty} d(\Gamma_n) = +\infty$ 得知, 当 n 充分大时, 成立 $d(\Gamma_n) > R(\Gamma)$, 因此由数列 $\left\{\displaystyle\iint\limits_{D_n} f(x,y)\mathrm{d}x\mathrm{d}y\right\}$ 的单调递增性得到

$$\iint\limits_{D_\Gamma} f(x,y)\mathrm{d}x\mathrm{d}y \leqslant \iint\limits_{D_n} f(x,y)\mathrm{d}x\mathrm{d}y \leqslant I.$$

另一方面, 由于数列 $\left\{\displaystyle\iint\limits_{D_n} f(x,y)\mathrm{d}x\mathrm{d}y\right\}$ 收敛于 I, 对于任意正数 ε, 存在正整数 N, 使得

$$\iint\limits_{D_N} f(x,y)\mathrm{d}x\mathrm{d}y > I - \varepsilon.$$

因此当 $d(\Gamma) > R(\Gamma_N)$ 时, 有

$$I \geqslant \iint\limits_{D_\Gamma} f(x,y)\mathrm{d}x\mathrm{d}y \geqslant \iint\limits_{D_N} f(x,y)\mathrm{d}x\mathrm{d}y > I - \varepsilon.$$

此即

$$\lim_{d(\Gamma)\to+\infty} \iint\limits_{D_\Gamma} f(x,y)\mathrm{d}x\mathrm{d}y = I.$$ □

例 21.2.2 设 $D = \left\{(x,y): a^2 \leqslant x^2 + y^2 < +\infty\right\} (a > 0), r = \sqrt{x^2 + y^2}$,

$$f(x,y) = \frac{1}{r^p} \quad (p > 0)$$

为定义在 D 上的函数, 证明: 积分 $\iint\limits_{D} f(x,y)\mathrm{d}x\mathrm{d}y$ 当

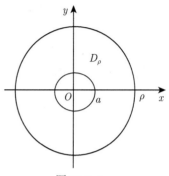

$p > 2$ 时收敛, 当 $p \leqslant 2$ 时发散.

证明 取 $\Gamma_\rho = \left\{(x,y): x^2 + y^2 = \rho^2\right\} (\rho > a)$, 它割出 D 的有界子集为环域

$$D_\rho = \left\{(x,y): a^2 \leqslant x^2 + y^2 \leqslant \rho^2\right\},$$

图 21.2.4

如图 21.2.4 利用极坐标变换得到

$$\iint\limits_{D_\rho} f(x,y)\mathrm{d}x\mathrm{d}y = \int_0^{2\pi} \mathrm{d}\theta \int_a^\rho r^{1-p}\mathrm{d}r = 2\pi \int_a^\rho r^{1-p}\mathrm{d}r$$

$$= \begin{cases} \left.\dfrac{2\pi r^{2-p}}{2-p}\right|_a^\rho, & p \neq 2; \\[2mm] \left.2\pi \ln r\right|_a^\rho, & p = 2. \end{cases}$$

令 $\rho \to +\infty$, 上式的积分当 $p > 2$ 时收敛, 当 $p \leqslant 2$ 时发散. 由引理 21.2.1即得所需结论. $\square$

注 21.2.1 从以上推导可以看出, 当 D 为扇形区域

$$\left\{(r,\theta): 0 < a \leqslant r < +\infty, \alpha \leqslant \theta \leqslant \beta\right\}$$

时, 上述结论也成立, 其中 $0 \leqslant \alpha < \beta \leqslant 2\pi$.

由定理 21.2.1可得

定理 21.2.2 (比较判别法 (comparison test)) 设 D 为 $\mathbb{R}^2$ 上具有分段光滑边界的无界区域, 且在 D 上成立

$$0 \leqslant f(x,y) \leqslant g(x,y), \forall (x,y) \in D.$$

那么

(1) 当 $\iint\limits_{D} g(x,y)\mathrm{d}x\mathrm{d}y$ 收敛时, $\iint\limits_{D} f(x,y)\mathrm{d}x\mathrm{d}y$ 也收敛;

(2) 当 $\iint\limits_{D} f(x,y)\mathrm{d}x\mathrm{d}y$ 发散时, $\iint\limits_{D} g(x,y)\mathrm{d}x\mathrm{d}y$ 也发散.

2. 一般函数的反常二重积分

先看个例子.

例 21.2.3 讨论 $I = \iint\limits_{\mathbb{R}_+^2} \sin(x^2 + y^2)\mathrm{d}x\mathrm{d}y$ 的敛散性, 其中, $\mathbb{R}_+^2$ 表示平第一象限.

解　设 $D_n = \{(x,y) \in \mathbb{R}_+^2 : x^2 + y^2 \leqslant 2n\pi\}$, 则

$$\lim_{n\to\infty} \iint\limits_{D_n} \sin(x^2+y^2)\mathrm{d}x\mathrm{d}y = \lim_{n\to\infty} \int_0^{\frac{\pi}{2}} \mathrm{d}\theta \int_0^{\sqrt{2n\pi}} r\sin r^2 \mathrm{d}r$$

$$= \frac{\pi}{4} \lim_{n\to\infty} \int_0^{\sqrt{2n\pi}} \sin r^2 \mathrm{d}(r^2) = \frac{\pi}{4} \lim_{n\to\infty} (1-\cos 2n\pi) = 0.$$

若设 $E_n = [0,n] \times [0,n]$, 则有

$$\lim_{n\to\infty} \iint\limits_{E_n} \sin(x^2+y^2)\mathrm{d}x\mathrm{d}y$$

$$= \lim_{n\to\infty} \int_0^n \mathrm{d}x \int_0^n \sin(x^2+y^2)\mathrm{d}y$$

$$= \lim_{n\to\infty} \left(\int_0^n \sin x^2 \mathrm{d}x \int_0^n \cos y^2 \mathrm{d}y + \int_0^n \cos x^2 \mathrm{d}x \int_0^n \sin y^2 \mathrm{d}y \right)$$

$$= 2\lim_{n\to\infty} \int_0^n \sin x^2 \mathrm{d}x \int_0^n \cos y^2 \mathrm{d}y$$

$$= 2\int_0^{+\infty} \sin x^2 \mathrm{d}x \int_0^{+\infty} \cos y^2 \mathrm{d}y$$

$$= 2 \cdot \left(\frac{1}{2}\sqrt{\frac{\pi}{2}} \right) \cdot \left(\frac{1}{2}\sqrt{\frac{\pi}{2}} \right) = \frac{\pi}{4}.$$

这里用到了 Fresnel 积分. 综上所述, 原积分发散.

本例表明, 对无界区域 D 上反常二重积分而言, 应用不同类型的有界区域 D_n 和 E_n 去逼近 D, 极限 $\lim\limits_{n\to\infty} \iint\limits_{D_n} f(x,y)\mathrm{d}x\mathrm{d}y$ 和 $\lim\limits_{n\to\infty} \iint\limits_{E_n} f(x,y)\mathrm{d}x\mathrm{d}y$ 可以不同, 这显示出反常二重积分的收敛性比一元函数的反常积分的收敛性要复杂得多, 因此在反常二重积分收敛的定义中要求: 对一切 D_Γ 趋于 D, 积分 $\iint\limits_{D_\Gamma} f(x,y)\mathrm{d}x\mathrm{d}y$ 的极限 $\lim\limits_{d(\Gamma)\to+\infty} \iint\limits_{D_\Gamma} f(x,y)\mathrm{d}x\mathrm{d}y$ 存在, 见式 (21.2.2), 而且该极限值与 Γ 的选取无关. 这样的高要求带来的好处是无界区域上的反常二重积分有一个重要特点: 可积与绝对可积 (absolutely integrable) 是等价的.

记

$$f^+(x,y) = \max\{f(x,y), 0\}, \ f^-(x,y) = \max\{0, -f(x,y)\},$$

则非负函数 f^+, f^- 分别称为函数 f 的正部和负部.

定理 21.2.3 (绝对可积性 (absolutely integrability))　设 D 为 $\mathbb{R}^2$ 上具有分段光滑边界的无界区域, 则 $f(x,y)$ 在 D 上可积的充分必要条件是 $|f(x,y)|$ 在 D 上可积, 且

$$\iint\limits_D f(x,y)\mathrm{d}x\mathrm{d}y = \iint\limits_D f^+(x,y)\mathrm{d}x\mathrm{d}y - \iint\limits_D f^-(x,y)\mathrm{d}x\mathrm{d}y.$$

证明　由于

$$|f(x,y)| = f^+(x,y) + f^-(x,y),$$

由比较判别法知: $|f(x,y)|$ 在 D 上可积的充分必要条件是 $f^+(x,y), f^-(x,y)$ 在 D 上可积,
且有

$$\iint\limits_{D} |f(x,y)|\,\mathrm{d}x\mathrm{d}y = \iint\limits_{D} f^+(x,y)\mathrm{d}x\mathrm{d}y + \iint\limits_{D} f^-(x,y)\mathrm{d}x\mathrm{d}y,$$

$$\iint\limits_{D} f(x,y)\mathrm{d}x\mathrm{d}y = \iint\limits_{D} f^+(x,y)\mathrm{d}x\mathrm{d}y - \iint\limits_{D} f^-(x,y)\mathrm{d}x\mathrm{d}y.$$

充分性 由于 $0 \leqslant |f(x,y)| - f(x,y) \leqslant 2|f(x,y)|$, 由比较判别法, 若 $|f(x,y)|$ 在 D 上
可积, 则 $|f(x,y)| - f(x,y)$ 在 D 上也可积, 又因为

$$f(x,y) = |f(x,y)| - (|f(x,y)| - f(x,y)),$$

所以 $f(x,y)$ 在 D 上可积.

必要性 用反证法. 设 $f(x,y)$ 在 D 上可积, 但 $|f(x,y)|$ 在 D 上不可积. 由于

$$|f(x,y)| = f^+(x,y) + f^-(x,y),$$

那么非负函数 $f^+(x,y)$ 和 $f^-(x,y)$ 中至少有一个在 D 上不可积. 不妨设 $f^+(x,y)$ 在 D 上
不可积.

由引理 21.2.1知, 存在一族曲线 $\{\Gamma_n\}$, 它们割出的 D 的有界子区域 $\{D_n\}$ 满足

$$D_1 \subset D_2 \subset \cdots \subset D_n \subset \cdots, \ \text{及} \ \lim_{n\to\infty} d(\Gamma_n) = +\infty,$$

且成立

$$\iint\limits_{D_{n+1}} |f(x,y)|\mathrm{d}x\mathrm{d}y > 3\iint\limits_{D_n} |f(x,y)|\mathrm{d}x\mathrm{d}y + 2n \quad (n = 1, 2, \cdots).$$

而由重积分的绝对可积性, $|f|$, 及 f^+, f^- 在 $D_{n+1}\backslash D_n$ 上也可积, 因此

$$\iint\limits_{D_{n+1}\backslash D_n} |f(x,y)|\mathrm{d}x\mathrm{d}y > 2\iint\limits_{D_n} |f(x,y)|\mathrm{d}x\mathrm{d}y + 2n \quad (n = 1, 2, \cdots).$$

即

$$\iint\limits_{D_{n+1}\backslash D_n} f^+(x,y)\mathrm{d}x\mathrm{d}y + \iint\limits_{D_{n+1}\backslash D_n} f^-(x,y)\mathrm{d}x\mathrm{d}y > 2\iint\limits_{D_n} |f(x,y)|\mathrm{d}x\mathrm{d}y + 2n \quad (n = 1, 2, \cdots).$$

不妨设上式左端积分中第一个较大, 则有

$$\iint\limits_{D_{n+1}\backslash D_n} f^+(x,y)\mathrm{d}x\mathrm{d}y > \iint\limits_{D_n} |f(x,y)|\mathrm{d}x\mathrm{d}y + n \quad (n = 1, 2, \cdots).$$

将 $D_{n+1}\backslash D_n$ 分割很细后, f^+ 的 Darboux 下和满足

$$\sum_{i=1}^{s_n} m_n^i \Delta\sigma_n^i > \iint\limits_{D_n} |f(x,y)|\mathrm{d}x\mathrm{d}y + n \quad (n = 1, 2, \cdots),$$

其中, $\Delta\sigma_n^i$ 为细分 $D_{n+1}\backslash D_n$ 后所得小区域 σ_n^i 的面积 $(i=1,2,\cdots,s_n)$, m_n^i 为 f^+ 在小区域 σ_n^i 上的下确界. 由上式知, 必存在 $D_{n+1}\backslash D_n$ 上的一些小区域 σ_n^i, 在它们上面成立 $m_n^i>0$, 记 P_n 为所有这样的小区域的并集, 那么

$$\iint\limits_{P_n} f^+(x,y)\mathrm{d}x\mathrm{d}y \geqslant \sum_{i=1}^{s_n} m_n^i \Delta\sigma_n^i > \iint\limits_{D_n} |f(x,y)|\mathrm{d}x\mathrm{d}y + n \quad (n=1,2,\cdots).$$

再记 $E_n = D_n \cup P_n$, 就有

$$\begin{aligned}\iint\limits_{E_n} f(x,y)\mathrm{d}x\mathrm{d}y &= \iint\limits_{D_n} f(x,y)\mathrm{d}x\mathrm{d}y + \iint\limits_{P_n} f(x,y)\mathrm{d}x\mathrm{d}y \\ &= \iint\limits_{D_n} f(x,y)\mathrm{d}x\mathrm{d}y + \iint\limits_{P_n} f^+(x,y)\mathrm{d}x\mathrm{d}y \\ &\geqslant -\iint\limits_{D_n} |f(x,y)|\mathrm{d}x\mathrm{d}y + \iint\limits_{P_n} f^+(x,y)\mathrm{d}x\mathrm{d}y \\ &> n \quad (n=1,2,\cdots).\end{aligned}$$

但 $E_n = D_n \cup P_n$ 不一定是区域, 这时可以用一些很细的 "走廊" 将其连通后得到区域 Σ_n, 而且这些 "走廊" 的总面积能充分的小, 使得

$$\iint\limits_{\Sigma_n} f(x,y)\mathrm{d}x\mathrm{d}y > n \quad (n=1,2,\cdots).$$

此与 $f(x,y)$ 在 D 上可积矛盾. □

由定理 21.2.3可知, 判断二重无穷积分的收敛性可归结为判断它是否绝对收敛. 于是结合例 21.2.2、定理 21.2.2和定理 21.2.3 可得下面的判别法.

推论 21.2.1 (Cauchy 判别法)　设 $0 \leqslant \alpha < \beta \leqslant 2\pi$, $a>0$, D 为用极坐标表示的区域
$$D = \{(r,\theta): a \leqslant r < +\infty,\ \alpha \leqslant \theta \leqslant \beta\},$$
其中, $r=\sqrt{x^2+y^2}$, $f(x,y)$ 为定义在 D 上的函数.

(1) 若存在 $p>2$ 和 $M>0$, 使得在 D 上成立 $|f(x,y)| \leqslant \dfrac{M}{r^p}$, 则 $\iint\limits_D f(x,y)\mathrm{d}x\mathrm{d}y$ 收敛;

(2) 若存在 $p\leqslant 2$ 和 $m>0$, 使得在 D 上成立 $|f(x,y)| \geqslant \dfrac{m}{r^p}$, 则 $\iint\limits_D f(x,y)\mathrm{d}x\mathrm{d}y$ 发散.

注意, 以上推论 (1) 对任意的 D 均成立; (2) 对包含扇形域的 D 也成立.

例 21.2.4　讨论二重无穷积分 $I = \iint\limits_{x^2+y^2\geqslant 1} \dfrac{\mathrm{d}x\mathrm{d}y}{(|x|+|y|)^p}$ 的收敛性.

解　当 $p\leqslant 0$ 时, 积分显然发散. 当 $p>0$ 时, 因为
$$(x^2+y^2)^{\frac{p}{2}} \leqslant (|x|+|y|)^p \leqslant (2x^2+2y^2)^{\frac{p}{2}},$$
所以
$$\frac{1}{2^{\frac{p}{2}}r^p} \leqslant \frac{1}{(|x|+|y|)^p} \leqslant \frac{1}{r^p}.$$
由 Cauchy 判别法可知, 当 $p>2$ 时 I 收敛; 当 $p\leqslant 2$ 时 I 发散.

例 21.2.5 设 $D = \{(x,y):\ x^2+y^2\leqslant a^2\}\ (a>0)$. 记 $r=\sqrt{x^2+y^2}$, $f(x,y)=\dfrac{1}{r^p}(r\neq 0,p>0)$ 为定义在 $D\backslash\{(0,0)\}$ 上的函数. 证明: 瑕重积分 $\displaystyle\iint\limits_D f(x,y)\mathrm{d}x\mathrm{d}y$ 当 $p<2$ 时收敛; 当 $p\geqslant 2$ 时发散.

证明 取 $\gamma_\rho = \{(x,y):\ x^2+y^2=\rho^2\}\ (0<\rho\leqslant a)$, 它所围的区域为 $D_\rho = \{(x,y):\ x^2+y^2<\rho^2\}$. 利用极坐标变换得到

$$\iint\limits_{D\backslash D_\rho} f(x,y)\mathrm{d}x\mathrm{d}y = \int_0^{2\pi}\mathrm{d}\theta\int_\rho^a r^{1-p}\mathrm{d}r = 2\pi\int_\rho^a r^{1-p}\mathrm{d}r.$$

令 $\rho\to 0$, 可知积分 $\displaystyle\iint\limits_D f(x,y)\mathrm{d}x\mathrm{d}y$ 当 $p<2$ 时收敛; 当 $p\geqslant 2$ 时发散. □

例 21.2.6 判断反常二重积分

$$\iint\limits_D \frac{\mathrm{d}x\mathrm{d}y}{x^2+y^2}$$

的敛散性, 其中 D 是第一象限内由 $y=x^2, x^2+y^2=1$ 及 x 轴围成的平面区域.

解 显然, 原点是唯一的瑕点. 设 $y=x^2$ 与 $x^2+y^2=1$ 的交点的横坐标为 x_0. 用 $x=x_0$ 划分区域 D 为 D_1 与 D_2, 其中

$$D_1 = \{(x,y):\ 0\leqslant y\leqslant x^2,\ 0\leqslant x\leqslant x_0\},$$
$$D_2 = \{(x,y):\ 0\leqslant y\leqslant\sqrt{1-x^2},\ x_0\leqslant x\leqslant 1\},$$

如图 21.2.5. 则 $\displaystyle\iint\limits_D \frac{\mathrm{d}x\mathrm{d}y}{x^2+y^2}$ 的收敛性由 $\displaystyle\iint\limits_{D_1}\frac{\mathrm{d}x\mathrm{d}y}{x^2+y^2}$ 的收敛性确定.

用 $x=\varepsilon(0<\varepsilon<x_0)$ 去切割 D_1, 记 $D_\varepsilon = \{(x,y):\ 0\leqslant y\leqslant x^2,\ \varepsilon\leqslant x\leqslant x_0\}$, 则

$$\iint\limits_{D_1}\frac{\mathrm{d}x\mathrm{d}y}{x^2+y^2} = \lim_{\varepsilon\to 0^+}\iint\limits_{D_\varepsilon}\frac{\mathrm{d}x\mathrm{d}y}{x^2+y^2} = \lim_{\varepsilon\to 0^+}\int_\varepsilon^{x_0}\mathrm{d}x\int_0^{x^2}\frac{\mathrm{d}y}{x^2+y^2}$$
$$= \lim_{\varepsilon\to 0^+}\int_\varepsilon^{x_0}\frac{\arctan x}{x}\mathrm{d}x = \int_0^{x_0}\frac{\arctan x}{x}\mathrm{d}x.$$

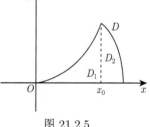

图 21.2.5

由于 $\displaystyle\int_0^{x_0}\frac{\arctan x}{x}\mathrm{d}x$ 为 (常义) 定积分, 所以 $\displaystyle\iint\limits_{D_1}\frac{\mathrm{d}x\mathrm{d}y}{x^2+y^2}$ 收敛, 即原积分收敛.

设函数 $f(x,y)$ 在区域 D 上有**奇线** (singular curve) Γ_0, 即 $f(x,y)$ 在 $D\backslash\Gamma_0$ 上有定义, 但在任何包含曲线 Γ_0 的区域上无界. 同定义 21.2.2 一样可定义 $f(x,y)$ 在 D 上的反常二重积分. 看下面的例子.

例 21.2.7 判断下列二重瑕积分的敛散性:

$$\iint\limits_{x^2+y^2\leqslant 1}\frac{\mathrm{d}x\mathrm{d}y}{(1-x^2-y^2)^p}$$

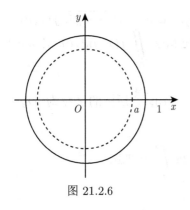

图 21.2.6

解 如图 21.2.6. 显然 $x^2 + y^2 = 1$ 为奇线, 对 $a \in (0,1)$, 有

$$\iint\limits_{x^2+y^2\leqslant a^2} \frac{\mathrm{d}x\mathrm{d}y}{(1-x^2-y^2)^p}\mathrm{d}x\mathrm{d}y = \int_0^{2\pi}\mathrm{d}\theta\int_0^a \frac{r\mathrm{d}r}{(1-r^2)^p}$$

$$= -\pi\int_0^a \frac{\mathrm{d}(1-r^2)}{(1-r^2)^p}.$$

令 $a \to 1^-$, 可知, 积分 $\displaystyle\iint\limits_{x^2+y^2\leqslant 1} \frac{\mathrm{d}x\mathrm{d}y}{(1-x^2-y^2)^p}$ 当 $p < 1$

时收敛; 当 $p \geqslant 1$ 时发散.

§21.2.3 反常二重积分的计算

与二重积分的计算一样, 计算反常二重积分, 可以直接化为累次积分, 或先进行变量代换, 再化为累次积分. 我们给出下面两个结果.

定理 21.2.4 设 $f(x,y)$ 在 $D = [a,+\infty)\times[c,+\infty)$ 上连续, 且 $\displaystyle\int_a^{+\infty}\mathrm{d}x\int_c^{+\infty}f(x,y)\mathrm{d}y$ 和 $\displaystyle\int_a^{+\infty}\mathrm{d}x\int_c^{+\infty}|f(x,y)|\mathrm{d}y$ 都收敛, 则 $f(x,y)$ 在 D 上可积, 而且

$$\iint\limits_{[a,+\infty)\times[c,+\infty)} f(x,y)\mathrm{d}x\mathrm{d}y = \int_a^{+\infty}\mathrm{d}x\int_c^{+\infty}f(x,y)\mathrm{d}y. \tag{21.2.3}$$

证明 由定理 21.2.2 及可积函数的和可积知, 我们仅需证明定理对非负函数成立即可.

设 $\Gamma_n = \{(\pm n, y): y\in[-n,n]\}\cup\{(x,\pm n): x\in[-n,n]\}$, 则 $D_n = [a,n]\times[c,n]$. 由连续性知 $f(x,y)$ 在矩形 D_n 上二重可积, 且

$$\iint\limits_{D_n} f(x,y)\mathrm{d}x\mathrm{d}y = \int_a^n\mathrm{d}x\int_c^n f(x,y)\mathrm{d}y. \tag{21.2.4}$$

因为函数 $f(x,y)$ 非负, 则式 (21.2.4) 的右边关于 n 单增, 从而极限存在, 且

$$\lim_{n\to\infty}\int_a^n\mathrm{d}x\int_c^n f(x,y)\mathrm{d}y = \int_a^{+\infty}\mathrm{d}x\int_c^{+\infty}f(x,y)\mathrm{d}y.$$

由推论 21.2.1 知: $f(x,y)$ 在 D 上可积, 在式 (21.2.4) 两边令 $n\to\infty$, 得式 (21.2.3). $\qquad\square$

注意, 累次积分的可积性不一定能得到反常二重积分的收敛性. 例如反常二重积分:

$$\iint\limits_{x\geqslant 1,y\geqslant 1} \frac{x^2-y^2}{(x^2+y^2)^2}\mathrm{d}x\mathrm{d}y$$

发散, 但是累次积分

$$\int_1^{+\infty}\mathrm{d}x\int_1^{+\infty}\frac{x^2-y^2}{(x^2+y^2)^2}\mathrm{d}y, \quad \int_1^{+\infty}\mathrm{d}y\int_1^{+\infty}\frac{x^2-y^2}{(x^2+y^2)^2}\mathrm{d}x$$

均收敛.

设映射 $\boldsymbol{T}: D \subset \mathbb{R}^2 \to T(D) \subset \mathbb{R}^2$

$$
\begin{cases}
x = x(u,v), \\
y = y(u,v)
\end{cases}
$$

是双射, 且具有连续导数, 其逆也是连续可微映射, 导数 $\boldsymbol{T}'(u,v)$ 为 2×2 可逆矩阵, $\det \boldsymbol{T}'(u,v) = \dfrac{\partial(x,y)}{\partial(u,v)}$.

定理 21.2.5 设映射 $\boldsymbol{T}: D \to T(D)$ 是可逆的连续可微映射, 其逆也连续可微, 且 $\boldsymbol{T}'(u,v)$ 可逆, 则反常二重积分 $\displaystyle\iint\limits_{T(D)} f(x,y)\mathrm{d}x\mathrm{d}y$ 与 $\displaystyle\iint\limits_{D} f(x(u,v),y(u,v)) \left|\det \boldsymbol{T}'(u,v)\right| \mathrm{d}u\mathrm{d}v$ 敛散性相同, 且积分值相等.

注意, 定理 21.2.5中 $D, T(D)$ 可能为无界区域, 也可能是有界区域. 定理 21.2.5的证明省略, 有兴趣的读者可以自己证明.

例 21.2.8 设 $f(x,y) = \begin{cases} \mathrm{e}^{-(x+y)}, & 0 \leqslant x \leqslant y, \\ 0, & \text{其他}, \end{cases}$ 计算 $I = \displaystyle\iint\limits_{\mathbb{R}^2} f(x,y)\mathrm{d}x\mathrm{d}y$.

解 显然, $I = \displaystyle\iint\limits_{D} \mathrm{e}^{-(x+y)}\mathrm{d}x\mathrm{d}y$, 其中, $D = \{(x,y) \in \mathbb{R}^2 : 0 \leqslant x \leqslant y\}$.

如图 21.2.7. 任给 $R > 0$, 令 $D_R = \{(x,y) \in D : y \leqslant R\}$. 由于被积函数非负, 按定义有

$$
\begin{aligned}
\iint\limits_{D} \mathrm{e}^{-(x+y)}\mathrm{d}x\mathrm{d}y &= \lim_{R\to+\infty} \iint\limits_{D_R} \mathrm{e}^{-(x+y)}\mathrm{d}x\mathrm{d}y = \lim_{R\to+\infty} \int_0^R \mathrm{d}x \int_x^R \mathrm{e}^{-(x+y)}\mathrm{d}y \\
&= \lim_{R\to+\infty} -\int_0^R \mathrm{e}^{-x} \left[\mathrm{e}^{-y}\right]\Big|_x^R \mathrm{d}x = \lim_{R\to+\infty} \int_0^R \left(\mathrm{e}^{-2x} - \mathrm{e}^{-x-R}\right)\mathrm{d}x \\
&= \lim_{R\to+\infty} \left(\frac{1}{2}(1-\mathrm{e}^{-2R}) + \mathrm{e}^{-2R} - \mathrm{e}^{-R}\right) = \frac{1}{2}.
\end{aligned}
$$

也可直接化为累次积分:

$$
\begin{aligned}
\iint\limits_{0 \leqslant x \leqslant y} \mathrm{e}^{-(x+y)}\mathrm{d}x\mathrm{d}y &= \int_0^{+\infty} \mathrm{d}x \int_x^{+\infty} \mathrm{e}^{-(x+y)}\mathrm{d}y \\
&= -\int_0^{+\infty} \mathrm{e}^{-x} \left[\mathrm{e}^{-y}\right]\Big|_x^{+\infty} \mathrm{d}x \\
&= \int_0^{+\infty} \mathrm{e}^{-2x}\mathrm{d}x = \frac{1}{2}.
\end{aligned}
$$

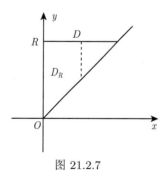

图 21.2.7

例 21.2.9 设 $a,b > 0$, 计算二重无穷积分 $I = \displaystyle\iint\limits_{\mathbb{R}^2} \mathrm{e}^{-\left(\frac{x^2}{a^2}+\frac{y^2}{b^2}\right)}\mathrm{d}x\mathrm{d}y$, 并求 $J = \displaystyle\int_0^{+\infty} \mathrm{e}^{-x^2}\mathrm{d}x$.

解 利用广义极坐标变换 $x = ar\cos\theta, y = br\sin\theta$ 可得

$$I = \int_0^{2\pi} \mathrm{d}\theta \int_0^{+\infty} \mathrm{e}^{-r^2} abr\mathrm{d}r = 2\pi ab \int_0^{+\infty} \mathrm{e}^{-r^2} r\mathrm{d}r = \pi ab.$$

又由于 $\mathbb{R}^2 = (-\infty, +\infty) \times (-\infty, +\infty)$, 所以利用化累次积分法得

$$\begin{aligned}\pi &= \iint\limits_{\mathbb{R}^2} \mathrm{e}^{-(x^2+y^2)} \mathrm{d}x\mathrm{d}y = \int_{-\infty}^{+\infty} \mathrm{d}x \int_{-\infty}^{+\infty} \mathrm{e}^{-(x^2+y^2)} \mathrm{d}y \\ &= \int_{-\infty}^{+\infty} \mathrm{e}^{-x^2} \mathrm{d}x \int_{-\infty}^{+\infty} \mathrm{e}^{-y^2} \mathrm{d}y = \left(\int_{-\infty}^{+\infty} \mathrm{e}^{-x^2} \mathrm{d}x \right)^2.\end{aligned}$$

因此

$$\int_{-\infty}^{+\infty} \mathrm{e}^{-x^2} \mathrm{d}x = \sqrt{\pi}.$$

从而

$$J = \int_0^{+\infty} \mathrm{e}^{-x^2} \mathrm{d}x = \frac{\sqrt{\pi}}{2}. \tag{21.2.5}$$

式 (21.2.5) 中的积分 J 称为 **Euler-Poisson 积分** (或 Poisson 积分), 在概率统计等学科中有着重要应用.

例 21.2.10 计算 $I = \iint\limits_D \frac{\mathrm{d}x\mathrm{d}y}{x^p y^q}$, 其中, $D = \{(x, y):\ xy \geqslant 1, x \geqslant 1\}$, 且 $p > q > 1$.

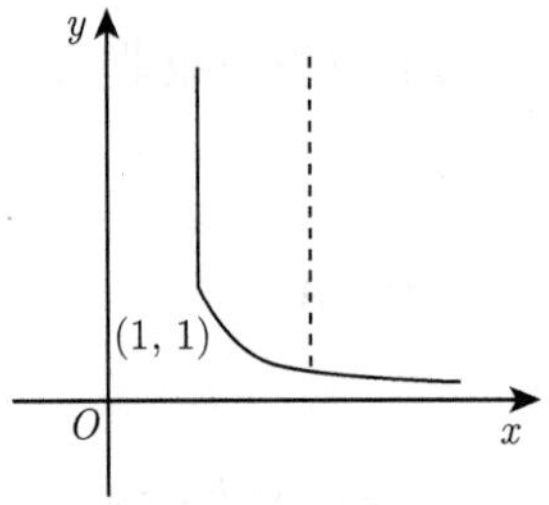

图 21.2.8

解 如图 21.2.8.

$$I = \int_1^{+\infty} \frac{\mathrm{d}x}{x^p} \int_{\frac{1}{x}}^{+\infty} \frac{\mathrm{d}y}{y^q} = \frac{1}{q-1} \int_1^{+\infty} \frac{\mathrm{d}x}{x^{1+p-q}} = \frac{1}{(p-q)(q-1)}.$$

例 21.2.11 计算 $\iint\limits_D \frac{\mathrm{d}x\mathrm{d}y}{\sqrt{x^2+y^2}}$, 其中 $D = \{x, y):\ x^2 + y^2 \leqslant x\}$.

解 利用极坐标变换, D 就对应于 $D_1 = \left\{(r, \theta):\ -\frac{\pi}{2} \leqslant \theta \leqslant \frac{\pi}{2},\ 0 \leqslant r \leqslant \cos\theta\right\}$. 如图 21.2.9. 因此

$$\begin{aligned}\iint\limits_D \frac{\mathrm{d}x\mathrm{d}y}{\sqrt{x^2+y^2}} &= \iint\limits_{D_1} \mathrm{d}r\mathrm{d}\theta = \int_{-\frac{\pi}{2}}^{\frac{\pi}{2}} \mathrm{d}\theta \int_0^{\cos\theta} \mathrm{d}r \\ &= \int_{-\frac{\pi}{2}}^{\frac{\pi}{2}} \cos\theta \mathrm{d}\theta = 2.\end{aligned}$$

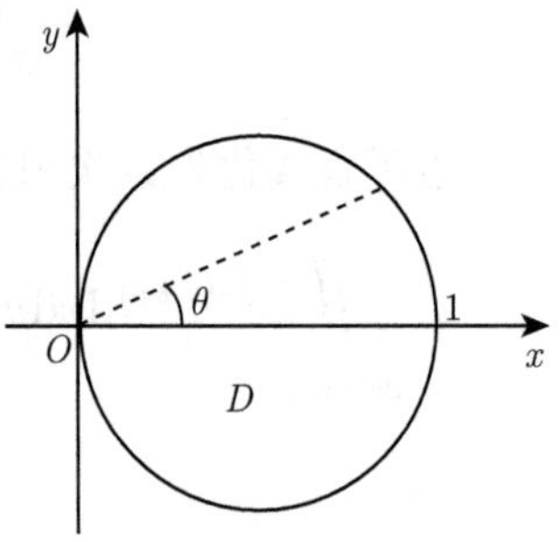

图 21.2.9

例 21.2.12 计算 $I = \int_0^1 \frac{\arctan x \mathrm{d}x}{x\sqrt{1-x^2}}$.

解 由于 $\frac{\arctan x}{x} = \int_0^1 \frac{\mathrm{d}y}{1+x^2y^2}, x > 0$, 所以

$$I = \int_0^1 \mathrm{d}x \int_0^1 \frac{\mathrm{d}y}{(1+x^2y^2)\sqrt{1-x^2}} = \iint\limits_{[0,1]\times[0,1]} \frac{\mathrm{d}x\mathrm{d}y}{(1+x^2y^2)\sqrt{1-x^2}}$$

$$= \int_0^1 \mathrm{d}y \int_0^1 \frac{\mathrm{d}x}{(1+x^2y^2)\sqrt{1-x^2}}.$$

上面最后一个等式交换了积分次序. 对积分 $\displaystyle\int_0^1 \frac{\mathrm{d}x}{(1+x^2y^2)\sqrt{1-x^2}}$ 作变量代换 $x = \cos\theta$ 得

$$\int_0^1 \frac{\mathrm{d}x}{(1+x^2y^2)\sqrt{1-x^2}} = \int_0^{\frac{\pi}{2}} \frac{\mathrm{d}\theta}{1+y^2\cos^2\theta}$$
$$= \left[\frac{1}{\sqrt{1+y^2}} \arctan \frac{\tan\theta}{\sqrt{1+y^2}}\right]_0^{\frac{\pi}{2}} = \frac{\pi}{2} \frac{1}{\sqrt{1+y^2}}.$$

所以

$$I = \frac{\pi}{2} \int_0^1 \frac{\mathrm{d}y}{\sqrt{1+y^2}} = \frac{\pi}{2} \ln(1+\sqrt{2}). \qquad \square$$

注 21.2.2 可类似定义一般反常 n 重积分, 简称反常重积分 (improper multiple integrals). 其中, $n \geqslant 2$, 并得到与定理 21.2.2 ~ 定理 21.2.5 相同的结论, 这里不再展开讨论了. 但要注意, 例 21.2.2 和推论 21.2.1 中的 "$p > 2$" 和 "$p \leqslant 2$" 要分别换为 "$p > n$" 和 "$p \leqslant n$". 下面只举一个反常三重积分 (improper triple integrals) 的例子.

例 21.2.13 计算 $I = \displaystyle\iiint\limits_{\Omega} \frac{\mathrm{d}x\mathrm{d}y\mathrm{d}z}{\sqrt{1-x^2-y^2-z^2}}$, 其中, $\Omega = \{(x,y,z): x^2+y^2+z^2 \leqslant 1\}$.

解 该反常积分有 "奇面": $x^2 + y^2 + z^2 = 1$. 但还是可以利用球面坐标变换

$$x = r\sin\varphi\cos\theta, \ y = r\sin\varphi\sin\theta, \ z = r\cos\varphi,$$

Ω 对应于 $\Omega_1 = \{(r,\varphi,\theta): 0 \leqslant r \leqslant 1, \ 0 \leqslant \varphi \leqslant \pi, \ 0 \leqslant \theta \leqslant 2\pi\}$. 因此

$$I = \iiint\limits_{\Omega_1} \frac{r^2\sin\varphi}{\sqrt{1-r^2}} \mathrm{d}r\mathrm{d}\varphi\mathrm{d}\theta = \int_0^{2\pi} \mathrm{d}\theta \int_0^{\pi} \sin\varphi\mathrm{d}\varphi \int_0^1 \frac{r^2}{\sqrt{1-r^2}} \mathrm{d}r = \pi^2.$$

习题 21.2

A1. 讨论下列二重无穷积分的敛散性:

(1) $\displaystyle\iint\limits_{\mathbb{R}_+^2} \mathrm{e}^{-(x+y)} \mathrm{d}x\mathrm{d}y;$

(2) $\displaystyle\iint\limits_{x^2+y^2\geqslant 1} \frac{\mathrm{d}x\mathrm{d}y}{(x^2+y^2)^m};$

(3) $\displaystyle\iint\limits_{\mathbb{R}^2} \frac{\cos(xy)\mathrm{d}x\mathrm{d}y}{(1+x^2+y^2)^2};$

(4) $\displaystyle\iint\limits_{\mathbb{R}^2} \frac{\mathrm{d}x\mathrm{d}y}{(1+|x|)^p(1+|y|)^q};$

(5) $\displaystyle\iint\limits_{0\leqslant y\leqslant 1} \frac{\varphi(x,y)\mathrm{d}x\mathrm{d}y}{(1+x^2+y^2)^p} (0 < m \leqslant |\varphi(x,y)| \leqslant M).$

A2. 讨论下列二重瑕积分的敛散性:

(1) $\displaystyle\iint\limits_{x^2+y^2\leqslant 1} \frac{\mathrm{d}x\mathrm{d}y}{(x^2+y^2)^m};$

(2) $\displaystyle\iint\limits_{[0,a]\times[0,a]} \frac{\mathrm{d}x\mathrm{d}y}{|x-y|^p};$

(3) $\displaystyle\iint\limits_{[0,1]\times[0,1]} \frac{x-y}{(x+y)^3} \mathrm{d}x\mathrm{d}y;$

(4) $\displaystyle\iiint\limits_{x^2+y^2+z^2\leqslant 1} \frac{\mathrm{d}x\mathrm{d}y\mathrm{d}z}{(x^2+y^2+z^2)^p}.$

A3. 计算下列反常积分:

(1) $\iint\limits_{D} \dfrac{xy}{(x^2+y^2)^{3/2}}\mathrm{d}x\mathrm{d}y$, 其中, $D = \{(x,y): 0 \leqslant x \leqslant 1,\ 0 \leqslant y \leqslant 1\}$;

(2) $\iint\limits_{\mathbb{R}^2} \dfrac{\mathrm{d}x\mathrm{d}y}{(1+x^2)(1+y^2)}$;

(3) $\iiint\limits_{\mathbb{R}^3} \mathrm{e}^{-(x^2+y^2+z^2)}\mathrm{d}x\mathrm{d}y\mathrm{d}z$.

B4. 计算下列积分:

(1) $\displaystyle\int_{-\infty}^{+\infty} \mathrm{d}y \int_{-\infty}^{+\infty} \mathrm{e}^{-(x^2+y^2)}\cos(x^2+y^2)\mathrm{d}x$;

(2) $\displaystyle\int_{\mathbb{R}^n} \mathrm{e}^{-(x_1^2+x_2^2+\cdots+x_n^2)}\mathrm{d}x_1\mathrm{d}x_2\cdots\mathrm{d}x_n$.

B5. 设 $D = \{(x,y): |y| \leqslant x^2, x^2+y^2 \leqslant 1\}$, 讨论 $\iint\limits_{D} \dfrac{\mathrm{d}x\mathrm{d}y}{x^2+y^2}$ 的收敛性.

C6. (1) 问: Cauchy 判别法（推论 21.2.1）中区域 D 是扇形域的条件不成立时, 结论 (1)(2) 是否成立?

(2) 若 D 包含扇形域时, Cauchy 判别法是否成立?

C7. (无界函数的反常重积分) 设 D 为 $\mathbb{R}^2$ 上具有分段光滑边界的有界区域, $P_0 \in D$ 是二元函数 f 的奇点, σ 是任意包含 P_0 点的区域, f 在 $D\backslash\sigma$ 上可积. 证明:

(1)(绝对收敛性) $f(x,y)$ 在 D 上可积的充分必要条件是 $|f(x,y)|$ 在 D 上可积, 且

$$\iint\limits_{D} f(x,y)\mathrm{d}x\mathrm{d}y = \iint\limits_{D} f^{+}(x,y)\mathrm{d}x\mathrm{d}y - \iint\limits_{D} f^{-}(x,y)\mathrm{d}x\mathrm{d}y;$$

(2)(比较判别法) 若存在 D 上的非负可积函数 g, 使得

$$|f(x,y)| \leqslant g(x,y), \forall (x,y) \in D,$$

则 f 在 D 上也可积;

(3)(Cauchy 判别法) 设奇点为原点 $(0,0)$, 设 $\alpha, \beta \in [0,2\pi], a > 0$, D 为用极坐标表示的区域 $D = \{(r,\theta): 0 < r \leqslant a,\ \alpha \leqslant \theta \leqslant \beta\}$, 其中, $r = \sqrt{x^2+y^2}$.

(a) 若存在 $p < 2$ 和 $M > 0$, 使在 D 上成立 $|f(x,y)| \leqslant \dfrac{M}{r^p}$, 则 $\iint\limits_{D} f(x,y)\mathrm{d}x\mathrm{d}y$ 收敛;

(b) 若存在 $p \geqslant 2$ 和 $m > 0$, 使在 D 上成立 $|f(x,y)| \geqslant \dfrac{m}{r^p}$, 则 $\iint\limits_{D} f(x,y)\mathrm{d}x\mathrm{d}y$ 发散.

(4)(化为累次积分) 设 $f(x,y)$ 在 $D = [a,b] \times [c,d]$ 上连续, 且

$$\int_a^b \mathrm{d}x \int_c^d f(x,y)\mathrm{d}y, \int_a^b \mathrm{d}x \int_c^d |f(x,y)|\mathrm{d}y$$

都收敛, 则 $f(x,y)$ 在 D 上可积, 而且

$$\iint\limits_{D} f(x,y)\mathrm{d}x\mathrm{d}y = \int_a^b \mathrm{d}x \int_c^d f(x,y)\mathrm{d}y.$$

§21.3 Riemann-Stieltjes 积分简介 *

本节将讨论 Riemann 积分的推广: Riemann-Stieltjes 积分, 我们仅在简单情形给出定义并讨论其简单性质. Riemann-Stieltjes 积分不仅推广了定积分等概念, 而且有机地统一了定积分, 第一型曲线积分和级数等.

§21.3.1 Riemann-Stieltjes 积分的定义

考虑分布有质量的线段 $[a,b]$, 设分布在线段 $[a,x]$ 上的质量为 $\alpha(x)$, 则 $\alpha(x)$ 是区间 $[a,b]$ 上的单调递增函数 (但不一定可导). 现求线段 $[a,b]$ 关于原点的转动惯量, 为此, 设区间 $[a,b]$ 的分割 $T : a = x_0 < x_1 < \cdots < x_n = b$, 则线段 $[x_{i-1},x_i]$ 关于原点的转动惯量近似为 $x^2(\alpha(x_i) - \alpha(x_{i-1}))$, 从而线段 $[a,b]$ 关于原点的转动惯量为

$$\lim_{\|T\| \to 0} \sum_{i=1}^n x^2(\alpha(x_i) - \alpha(x_{i-1})),$$

其中, $\|T\|$ 是分割 T 的模, 这也是一类和式的极限. 我们下面将以上物理的问题进行一般化的数学抽象.

在本节中, 我们均假设 $f : [a,b] \to \mathbb{R}$ 为有界函数, M, m 分别为 f 在区间 $[a,b]$ 上的上确界和下确界, $\alpha : [a,b] \to \mathbb{R}$ 是单调递增函数. 对于 $[a,b]$ 的分割 $T : a = x_0 < x_1 < \cdots < x_n = b$, 设

$$M_i = \sup\{f(x) : x \in [x_{i-1},x_i]\}, m_i = \inf\{f(x) : x \in [x_{i-1},x_i]\}, i = 1, 2, \cdots, n.$$

记 $\Delta\alpha_i = \alpha(x_i) - \alpha(x_{i-1}), i = 1, 2, \cdots, n$. 令

$$\overline{S}(T, f, \alpha) = \sum_{i=1}^n M_i \Delta\alpha_i, \ \underline{S}(T, f, \alpha) = \sum_{i=1}^n m_i \Delta\alpha_i,$$

分别称之为 f 关于 α 在区间 $[a,b]$ 上的 **Riemann-Stieltjes 上和**与 **Riemann-Stieltjes 下和**. 对固定的函数 f, α, 为简明起见, Riemann-Stieltjes 上和与 Riemann-Stieltjes 下和分别简记为 $\overline{S}(T)$, $\underline{S}(T)$. 易见, 上和与下和有以下性质.

引理 21.3.1 (1) $m[\alpha(b) - \alpha(a)] \leqslant \underline{S}(T) \leqslant \overline{S}(T) \leqslant M[\alpha(b) - \alpha(a)]$;

(2) $\overline{S}(T) = \sup\left\{\sum\limits_{i=1}^n f(\xi_i)\Delta\alpha_i : \xi_i \in [x_{i-1}, x_i], i = 1, 2, \cdots, n\right\}$;

(3) $\underline{S}(T) = \inf\left\{\sum\limits_{i=1}^n f(\xi_i)\Delta\alpha_i : \xi_i \in [x_{i-1}, x_i], i = 1, 2, \cdots, n\right\}$.

引理 21.3.2 若由分割 T 添加若干个分点形成新的分割 T', 则 Riemann-Stieltjes 下和不减, Riemann-Stieltjes 上和不增, 即

$$\underline{S}(T) \leqslant \underline{S}(T') \leqslant \overline{S}(T') \leqslant \overline{S}(T).$$

引理 21.3.3 对任意两个分割 T_1, T_2, 有 $\underline{S}(T_1) \leqslant \overline{S}(T_2)$.

以上三个引理的证明与定积分的 Darboux 上和与下和的性质 (引理 21.1.1) 类似, 证明留作习题.

若记 $\omega_i(f, T) = M_i - m_i$, 称之为函数 f 在区间 $[x_{i-1}, x_i]$ 上的振幅 (下面在不引起混淆的情况下将 $\omega_i(f, T)$ 简记为 $\omega_i(T), \omega_i^f, \omega_i$).

分别记 $\overline{\mathbf{S}}$ 和 $\underline{\mathbf{S}}$ 为有界函数 f 关于单调递增函数 α 的所有 Riemann-Stieltjes 上和与 Riemann-Stieltjes 下和的集合, 则 $\overline{\mathbf{S}}$ 和 $\underline{\mathbf{S}}$ 都是有界集. 记 $\overline{\mathbf{S}}$ 的下确界为 L, $\underline{\mathbf{S}}$ 的上确界为 l, 即

$$L = \inf\overline{\mathbf{S}}, \quad l = \sup\underline{\mathbf{S}}, \tag{21.3.1}$$

分别称为 f 在 $[a,b]$ 上关于 α 的 **Riemann-Stieltjes 上积分**与 **Riemann-Stieltjes 下积分**. 由引理知, 对任意的分割 T_1, T_2, 有

$$\underline{S}(T_1) \leqslant l \leqslant L \leqslant \overline{S}(T_2).$$

下面给出 Riemann-Stieltjes 积分的定义.

定义 21.3.1 设 $f : [a,b] \to \mathbb{R}$ 为有界函数 ,$\alpha : [a,b] \to \mathbb{R}$ 是单调递增函数. 若 f 在 $[a,b]$ 上关于 α 的 Riemann-Stieltjes 上积分与 Riemann-Stieltjes 下积分相等, 即 $L = l$, 则称函数 f 在区间 $[a,b]$ 上关于 α 是**Riemann-Stieltjes 可积的** (简称为**Stieltjes 可积**或 **S 可积**), 称 $L(= l)$ 为函数 $f(x)$ 在区间 $[a,b]$ 上关于 α 的**Riemann-Stieltjes 积分** (简称为**Stieltjes 积分**或 **S 积分**), 记作 $\displaystyle\int_a^b f(x)\mathrm{d}\alpha$.

如果 $\alpha(x) = x$, 则 Riemann-Stieltjes 积分就是 Riemann 积分 (定积分), 可见 S 积分是定积分的一种推广.

又如曲线 $C : x = x(t), y = y(t), a \leqslant t \leqslant b$ 上的第一型曲线积分 $\displaystyle\int_C f(x,y)\mathrm{d}s = \int_a^b f(x(t), y(t))\mathrm{d}s$, 也是一种特殊的 S 积分 (其中 $s(t)$ 是参数在区间 $[a,t]$ 上对应的曲线的弧长).

注 21.3.1 Riemann-Stieltjes 积分在 α 是单调递减函数, 甚至更一般的有界变差函数 (function of bounded variation) (囿变函数)(定义参见《实变函数与泛函分析概要》(郑维行和王声望, 2010)) 时也可定义; 同时也可以用类似于定义 7.1.1 中 Riemann 和极限的方法定义 Riemann-Stieltjes 积分, 但与定积分不同的是, 对于 Riemann-Stieltjes 积分, 这种用 Riemann-Stieltjes 和的极限来定义可积性与本节中的用 Riemann-Stieltjes 上积分与下积分相等来定义并不等价 (参见本节习题 C6).

例 21.3.1 若 $f(x) = c, x \in [a,b], \alpha(x)$ 在 $[a,b]$ 上单调递增, 则 f 在区间 $[a,b]$ 上关于 α 是 S 可积的, 且 $\displaystyle\int_a^b f(x)\mathrm{d}\alpha = c(\alpha(b) - \alpha(a))$.

证明 对于 $[a,b]$ 的任意分割 $T : a = x_0 < x_1 < \cdots < x_n = b$,

$$\overline{S}(T) = \underline{S}(T) = \sum_{i=1}^{n} c\Delta\alpha_i = c(\alpha(b) - \alpha(a)),$$

则由定义知: f 在区间 $[a,b]$ 上关于 α 是 S 可积的, 且 $\displaystyle\int_a^b f(x)\mathrm{d}\alpha = c(\alpha(b) - \alpha(a))$. □

例 21.3.2 若 $\alpha(x) = f(x) = \begin{cases} 0, & 0 \leqslant x < 1, \\ 1, & x = 1, \end{cases}$ 则 f 在区间 $[0,1]$ 上关于 α 不是 S 可积的.

证明 对于 $[0,1]$ 的任意分割 $T : 0 = x_0 < x_1 < \cdots < x_n = 1$,

$$\overline{S}(T) = \alpha(1) - \alpha(x_{n-1}) = 1, \quad \underline{S}(T) = 0,$$

则 f 在区间 $[0,1]$ 上关于 α 的 Riemann-Stieltjes 上积分和 Riemann-Stieltjes 下积分分别为 1 和 0, 因此 f 在区间 $[0,1]$ 上关于 α 不是 S 可积的. □

§21.3.2 Riemann-Stieltjes 积分的可积性

首先来给出 S 可积的充要条件.

定理 21.3.1 f 在区间 $[a,b]$ 上关于 α 是 S 可积的充要条件是: 对任意的 $\varepsilon > 0$, 存在分割 T, 使得 $\overline{S}(T) - \underline{S}(T) < \varepsilon$.

证明 若 f 在区间 $[a,b]$ 上关于 α 是 S 可积的, 记 $I = \displaystyle\int_a^b f(x)\mathrm{d}\alpha$, 则对任意的 $\varepsilon > 0$, 存在分割 T_1, T_2, 使得 $\overline{S}(T_1) - I < \dfrac{\varepsilon}{2}, I - \underline{S}(T_2) < \dfrac{\varepsilon}{2}$.

设 $T = T_1 \cup T_2$, 则 $\overline{S}(T) - \underline{S}(T) \leqslant \overline{S}(T_1) - \underline{S}(T_2) < \varepsilon$.

反之, 若对任意的 $\varepsilon > 0$, 存在分割 T, 使得 $\overline{S}(T) - \underline{S}(T) < \varepsilon$, 则 $L - l \leqslant \overline{S}(T) - \underline{S}(T) < \varepsilon$. 因此 $L = l$. $\qquad\square$

因为 $\overline{S}(T) - \underline{S}(T) = \displaystyle\sum_{i=1}^n \omega_i(f, T)\Delta\alpha_i$, 由上面结论立即可得以下推论.

推论 21.3.1 f 在区间 $[a,b]$ 上关于 α 是 S 可积的充要条件是: 对任意的 $\varepsilon > 0$, 存在分割 T, 使得 $\displaystyle\sum_{i=1}^n \omega_i(f, T)\Delta\alpha_i < \varepsilon$.

利用 S 可积的充要条件, 我们给出 S 可积的函数类.

定理 21.3.2 若 f 在区间 $[a,b]$ 上连续, 则 f 在区间 $[a,b]$ 上关于 α 是 S 可积的.

证明 因为 f 在区间 $[a,b]$ 上连续, 则 f 在区间 $[a,b]$ 上一致连续. 从而对任意的 $\varepsilon > 0$, 存在 $\delta > 0$, 使得当 $|t - s| < \delta$ 时, 有 $|f(t) - f(s)| < \varepsilon$.

取分割 T 满足 $\|T\| < \delta$, 则 $\omega_i \leqslant \varepsilon$. 从而 $\overline{S}(T) - \underline{S}(T) \leqslant \varepsilon(\alpha(b) - \alpha(a))$, 则由定理 21.3.1 知 f 在区间 $[a,b]$ 上关于 α 是 S 可积的. $\qquad\square$

定理 21.3.3 若区间 $[a,b]$ 上的有界函数 f 只有有限个间断点, 且 α 在 f 的间断点上均连续, 则 f 在区间 $[a,b]$ 上关于 α 是 S 可积的.

证明 不妨假设 f 在区间 $[a,b]$ 上只有一个间断点 $c \in (a,b)$. 其余情形 (有限个间断点, 或间断点是区间边界点) 类似可得.

因为 α 在 c 点连续, 则对任意的 $\varepsilon > 0$, 存在 $a < c_1 < c < c_2 < b$, 使得 $\alpha(c_2) - \alpha(c_1) < \varepsilon$, 因为 f 在区间 $[a, c_1], [c_2, b]$ 上均连续, 则由定理 21.3.2 知, f 在区间 $[a, c_1], [c_2, b]$ 上关于 α 均 S 可积, 因此存在 $[a, c_1], [c_2, b]$ 的分割 T_1, T_2, 使得

$$\overline{S}(T_1) - \underline{S}(T_1) < \varepsilon, \overline{S}(T_2) - \underline{S}(T_2) < \varepsilon.$$

设分割 T 的分点为分割 T_1, T_2 的分点的并, 则

$$\overline{S}(T) - \underline{S}(T) \leqslant \overline{S}(T_1) - \underline{S}(T_1) + \overline{S}(T_2) - \underline{S}(T_2) + (M - m)\varepsilon < (M - m + 2)\varepsilon,$$

其中 M, m 分别为 f 在区间 $[a,b]$ 上的上确界和下确界. 因此 f 在区间 $[a,b]$ 上关于 α 是 S 可积的. $\qquad\square$

注意到前面的例 21.3.2, 如果 α 在 f 的间断点上不连续, 则定理结论不一定成立.

下面给出 S 积分的分部积分公式 (formula for integration by parts).

定理 21.3.4 若 $f(x), \alpha(x)$ 在 $[a,b]$ 上单调递增, 则 f 在区间 $[a,b]$ 上关于 α 是 S 可积的充要条件是 α 在区间 $[a,b]$ 上关于 f 是 S 可积, 且

$$\int_a^b f(x)\mathrm{d}\alpha + \int_a^b \alpha(x)\mathrm{d}f = f(b)\alpha(b) - f(a)\alpha(a). \tag{21.3.2}$$

证明   对于 $[a,b]$ 的任意分割 $T : a = x_0 < x_1 < \cdots < x_n = b$,

$$\overline{S}(T,f,\alpha) - \underline{S}(T,f,\alpha) = \sum_{i=1}^{n} \omega_i(f,T)\Delta\alpha_i,$$

又 $f(x)$ 在 $[a,b]$ 上单调递增, 则 $\omega_i(f,T) = f(x_i) - f(x_{i-1})$, 因此

$$\overline{S}(T,f,\alpha) - \underline{S}(T,f,\alpha) = \sum_{i=1}^{n}(f(x_i) - f(x_{i-1}))(\alpha(x_i) - \alpha(x_{i-1})) = \overline{S}(T,\alpha,f) - \underline{S}(T,\alpha,f).$$

由定理 21.3.1知, f 在 $[a,b]$ 上关于 α 是 S 可积的充要条件是 α 在 $[a,b]$ 上关于 f 是 S 可积.

下面来证明等式 (21.3.2) 成立.

因为对于 $[a,b]$ 的任意分割 $T : a = x_0 < x_1 < \cdots < x_n = b$, 有

$$\overline{S}(T,f,\alpha) + \underline{S}(T,f,\alpha) = \sum_{i=1}^{n}(f(x_i) + f(x_{i-1}))(\alpha(x_i) - \alpha(x_{i-1})),$$

$$\overline{S}(T,\alpha,f) + \underline{S}(T,\alpha,f) = \sum_{i=1}^{n}(f(x_i) - f(x_{i-1}))(\alpha(x_i) + \alpha(x_{i-1})),$$

则

$$\overline{S}(T,f,\alpha) + \underline{S}(T,f,\alpha) + \overline{S}(T,\alpha,f) + \underline{S}(T,\alpha,f)$$

$$= 2\sum_{i=1}^{n}(f(x_i)\alpha(x_i) - f(x_{i-1})\alpha(x_{i-1}))$$

$$= 2(f(b)\alpha(b) - f(a)\alpha(a)).$$

因为 f 在区间 $[a,b]$ 上关于 α 是 S 可积的, 则对任意的 $\varepsilon > 0$, 存在分割 T_1, 使得

$$0 \leqslant \overline{S}(T_1,f,\alpha) - \int_a^b f(x)\mathrm{d}\alpha < \varepsilon,\ 0 \leqslant \int_a^b f(x)\mathrm{d}\alpha - \underline{S}(T_1,f,\alpha) < \varepsilon.$$

同样, 由 α 在区间 $[a,b]$ 上关于 f 是 S 可积知, 存在分割 T_2, 使得

$$0 \leqslant \overline{S}(T_2,\alpha,f) - \int_a^b \alpha(x)\mathrm{d}f < \varepsilon,\ 0 \leqslant \int_a^b \alpha(x)\mathrm{d}f - \underline{S}(T_2,\alpha,f) < \varepsilon.$$

设 $T = T_1 \cup T_2$, 则有

$$\overline{S}(T,f,\alpha) \leqslant \overline{S}(T_1,f,\alpha),\ \underline{S}(T_1,f,\alpha) \leqslant \underline{S}(T,f,\alpha),$$

$$\overline{S}(T,\alpha,f) \leqslant \overline{S}(T_2,\alpha,f),\ \underline{S}(T_2,\alpha,f) \leqslant \underline{S}(T,\alpha,f).$$

因此

$$0 \leqslant \overline{S}(T,f,\alpha) - \int_a^b f(x)\mathrm{d}\alpha < \varepsilon,\ 0 \leqslant \int_a^b f(x)\mathrm{d}\alpha - \underline{S}(T,f,\alpha) < \varepsilon,$$

$$0 \leqslant \overline{S}(T,\alpha,f) - \int_a^b \alpha(x)\mathrm{d}f < \varepsilon,\ 0 \leqslant \int_a^b \alpha(x)\mathrm{d}f - \underline{S}(T,\alpha,f) < \varepsilon.$$

故

$$\left| \int_a^b f(x)\mathrm{d}\alpha + \int_a^b \alpha(x)\mathrm{d}f - (f(b)\alpha(b) - f(a)\alpha(a)) \right| < 2\varepsilon.$$

由 ε 的任意性知

$$\int_a^b f(x)\mathrm{d}\alpha + \int_a^b \alpha(x)\mathrm{d}f = f(b)\alpha(b) - f(a)\alpha(a). \qquad \square$$

§21.3.3 Riemann-Stieltjes 积分性质

定理 21.3.5 (线性性质) 设 f, g 在 $[a,b]$ 上有界, α, β 在 $[a,b]$ 上单调递增,

(1) 若函数 f, g 在 $[a,b]$ 上关于 α 都是 S 可积的, 则对任何常数 c_1, c_2, 函数 $c_1 f + c_2 g$ 在 $[a,b]$ 上关于 α 也是 S 可积的, 且

$$\int_a^b (c_1 f(x) + c_2 g(x))\mathrm{d}\alpha = c_1 \int_a^b f(x)\mathrm{d}\alpha + c_2 \int_a^b g(x)\mathrm{d}\alpha. \qquad (21.3.3)$$

(2) 若函数 f 在 $[a,b]$ 上关于 α, β 都是 S 可积的, 则对任何非负常数 c_1, c_2, 函数 f 在 $[a,b]$ 上关于 $c_1\alpha + c_2\beta$ 也是 S 可积的, 且

$$\int_a^b f(x)\mathrm{d}(c_1\alpha + c_2\beta) = c_1 \int_a^b f(x)\mathrm{d}\alpha + c_2 \int_a^b f(x)\mathrm{d}\beta. \qquad (21.3.4)$$

证明 (1) 因为 f, g 在 $[a,b]$ 上关于 α 都是 S 可积的, 则对任意的 $\varepsilon > 0$, 存在 $[a,b]$ 的分割 T_1, T_2, 其分点分别为 $k+1, m+1$ 个, 使得

$$\overline{S}(T_1, \alpha, f) - \underline{S}(T_1, \alpha, f) < \varepsilon, \ \overline{S}(T_2, \alpha, g) - \underline{S}(T_2, \alpha, g) < \varepsilon.$$

设 $T = T_1 \cup T_2$, 其分点为 $n+1$ 个, 则

$$\overline{S}(T, \alpha, f) - \underline{S}(T, \alpha, f) < \varepsilon, \ \overline{S}(T, \alpha, g) - \underline{S}(T, \alpha, g) < \varepsilon.$$

对于 $[a,b]$ 的分割 T, 有

$$\sum_{i=1}^n \omega_i(c_1 f + c_2 g, T)\Delta\alpha_i \leqslant |c_1| \sum_{i=1}^n \omega_i(f, T)\Delta\alpha_i + |c_2| \sum_{i=1}^n \omega_i(g, T)\Delta\alpha_i, \qquad (21.3.5)$$

因此据式 (21.3.5) 知

$$\sum_{i=1}^n \omega_i(c_1 f + c_2 g, T)\Delta\alpha_i \leqslant (|c_1| + |c_2|)\varepsilon,$$

则 $c_1 f + c_2 g$ 在 $[a,b]$ 上关于 α 是 S 可积的.

下面来证明等式 (21.3.3). 因为

$$\overline{S}(T_1, f, \alpha) < \int_a^b f(x)\mathrm{d}\alpha + \varepsilon, \ \overline{S}(T_2, g, \alpha) < \int_a^b g(x)\mathrm{d}\alpha + \varepsilon,$$

则

$$\overline{S}(T, f+g, \alpha) \leqslant \overline{S}(T, f, \alpha) + \overline{S}(T, g, \alpha) \leqslant \overline{S}(T_1, f, \alpha) + \overline{S}(T_2, g, \alpha).$$

从而

$$\overline{S}(T, f+g, \alpha) \leqslant \int_a^b f(x)\mathrm{d}\alpha + \int_a^b g(x)\mathrm{d}\alpha + 2\varepsilon,$$

则

$$\overline{\int_a^b}(f(x)+g(x))\mathrm{d}\alpha \leqslant \overline{\int_a^b} f(x)\mathrm{d}\alpha + \overline{\int_a^b} g(x)\mathrm{d}\alpha + 2\varepsilon,$$

由 ε 的任意性知

$$\overline{\int_a^b}(f(x)+g(x))\mathrm{d}\alpha \leqslant \overline{\int_a^b} f(x)\mathrm{d}\alpha + \overline{\int_a^b} g(x)\mathrm{d}\alpha.$$

上式对 $h(x) = -f(x) - g(x)$ 仍然成立, 因此

$$\overline{\int_a^b}(-f(x)-g(x))\mathrm{d}\alpha \leqslant \overline{\int_a^b}(-f(x))\mathrm{d}\alpha + \overline{\int_a^b}(-g(x))\mathrm{d}\alpha.$$

从而

$$\int_a^b(f(x)+g(x))\mathrm{d}\alpha = \int_a^b f(x)\mathrm{d}\alpha + \int_a^b g(x)\mathrm{d}\alpha.$$

对 $c \geqslant 0$, 有

$$\overline{S}(T, cf, \alpha) = c\overline{S}(T, f, \alpha),\ \underline{S}(T, cf, \alpha) = c\underline{S}(T, f, \alpha);$$

而对 $c < 0$, 有

$$\overline{S}(T, cf, \alpha) = c\underline{S}(T, f, \alpha),\ \overline{S}(T, cf, \alpha) = c\underline{S}(T, f, \alpha),$$

则对任意常数 c, 有

$$\int_a^b cf(x)\mathrm{d}\alpha = c\int_a^b f(x)\mathrm{d}\alpha.$$

综上所知, 对任何常数 c_1, c_2, 有

$$\int_a^b(c_1 f(x)+c_2 g(x))\mathrm{d}\alpha = c_1\int_a^b f(x)\mathrm{d}\alpha + c_2\int_a^b g(x)\mathrm{d}\alpha.$$

(2) 对任何常数 $c_1, c_2 \geqslant 0$, 有

$$\overline{S}(T, f, c_1\alpha + c_2\beta) = c_1\overline{S}(T, f, \alpha) + c_2\overline{S}(T, f, \beta),$$

$$\underline{S}(T, f, c_1\alpha + c_2\beta) = c_1\underline{S}(T, f, \alpha) + c_2\underline{S}(T, f, \beta),$$

则

$$\overline{S}(T, f, c_1\alpha+c_2\beta)-\underline{S}(T, f, c_1\alpha+c_2\beta) = c_1(\overline{S}(T, f, \alpha)-\underline{S}(T, f, \alpha))+c_2(\overline{S}(T, f, \beta)-\underline{S}(T, f, \beta)).$$

因此 f 在 $[a, b]$ 上关于 $c_1\alpha + c_2\beta$ 是 S 可积的.

类似于式 (21.3.3) 中积分等式的证明, 可以证明式 (21.3.4). □

定理 21.3.6 设函数 f, g 在 $[a, b]$ 上关于 α 都是 S 可积的, 则

(1) (单调性) 若 $f(x) \leqslant g(x), x \in [a, b]$, 则

$$\int_a^b f(x)\mathrm{d}\alpha \leqslant \int_a^b g(x)\mathrm{d}\alpha.$$

(2) (对积分区间的可加性) 对 $c \in (a,b)$, 函数 f 在 $[a,c],[c,b]$ 上关于 α 均是 S 可积的, 且

$$\int_a^b f(x)\mathrm{d}\alpha = \int_a^c f(x)\mathrm{d}\alpha + \int_c^b f(x)\mathrm{d}\alpha.$$

(3) (积分中值定理) 设 M,m 分别是 f 在区间 $[a,b]$ 的上确界和下确界, 则

$$m(\alpha(b) - \alpha(a)) \leqslant \int_a^b f(x)\mathrm{d}\alpha \leqslant M(\alpha(b) - \alpha(a)).$$

又若 f 在 $[a,b]$ 上连续, 则存在 $\xi \in [a,b]$, 使得

$$\int_a^b f(x)\mathrm{d}\alpha = f(\xi)(\alpha(b) - \alpha(a)).$$

(4) (绝对值性质) 函数 $|f|$ 在 $[a,b]$ 上关于 α 是 S 可积的, 且

$$\left| \int_a^b f(x)\mathrm{d}\alpha \right| \leqslant \int_a^b |f(x)|\mathrm{d}\alpha.$$

(5) (乘积可积性) 乘积函数 fg 在 $[a,b]$ 上关于 α 是 S 可积的.

证明留作习题.

下面来讨论无穷级数和 S 积分的关系.

定义函数

$$I(x) = \begin{cases} 0, & x \leqslant 0, \\ 1, & x > 0. \end{cases}$$

定理 21.3.7 设 f 在 $[a,b]$ 上有界, 且在点 $c \in (a,b)$ 连续, $\alpha(x) = I(x-c)$, 则

$$\int_a^b f(x)\mathrm{d}\alpha = f(c).$$

证明 因为 f 在点 $c \in (a,b)$ 连续, 则对任意的 $\varepsilon > 0$, 存在 $\delta > 0$, 使得当 $x \in [c-\delta, c+\delta]$ 时, 有 $|f(x) - f(c)| < \varepsilon$ 成立. 因此在区间 $[c-\delta, c+\delta]$ 上 f 的上确界和下确界 M,m 满足 $f(c) - \varepsilon \leqslant m \leqslant M \leqslant f(c) + \varepsilon$.

设分割 $T : a = x_0 < x_1 = c - \delta < x_2 = c + \delta < x_3 = b$, 则 $\overline{S}(T) = M$, $\underline{S}(T) = m$, 而 $M - m \leqslant 2\varepsilon$, 因此 f 在 $[a,b]$ 上关于 α 是 S 可积的, 且

$$f(c) - \varepsilon \leqslant \int_a^b f(x)\mathrm{d}\alpha \leqslant f(c) + \varepsilon,$$

由 ε 的任意性知

$$\int_a^b f(x)\mathrm{d}\alpha = f(c). \qquad \square$$

定理 21.3.8 设 $\sum\limits_{n=1}^{\infty} c_n$ 是收敛的正项级数, $\{s_n\} \subset (a,b)$,

$$\alpha(x) = \sum_{n=1}^{\infty} c_n I(x - s_n).$$

又设 f 在 $[a,b]$ 上连续, 则

$$\int_a^b f(x)\mathrm{d}\alpha = \sum_{n=1}^{\infty} c_n f(s_n).$$

证明　因为 $\sum\limits_{n=1}^{\infty} c_n$ 是收敛的正项级数, 则 $\sum\limits_{n=1}^{\infty} c_n f(s_n)$ 绝对收敛, $\sum\limits_{n=1}^{\infty} c_n I(x - s_n)$ 一致收敛, 且对任意的 $\varepsilon > 0$, 存在正整数 N, 使得当 $k > N$ 时 $\sum\limits_{n=k+1}^{\infty} c_n < \varepsilon$.

当 $k > N$ 时, 设

$$\alpha_1(x) = \sum_{n=1}^{k} c_n I(x - s_n), \quad \alpha_2(x) = \sum_{n=k+1}^{\infty} c_n I(x - s_n),$$

因为 f 在 $[a, b]$ 上连续, 则由定理 21.3.5(2) 和定理 21.3.7 知

$$\int_a^b f(x)\mathrm{d}\alpha_1 = \sum_{n=1}^{k} c_n f(s_n).$$

又 $\alpha_2(b) - \alpha_2(a) = \sum\limits_{n=k+1}^{\infty} c_n < \varepsilon$, 则由定理 21.3.6(3) 知

$$\left| \int_a^b f(x)\mathrm{d}\alpha_2 \right| < \overline{M}\varepsilon,$$

其中 $\overline{M} = \max\limits_{a \leqslant x \leqslant b} |f(x)|$. 又 $\alpha(x) = \alpha_1(x) + \alpha_2(x)$, 则

$$\left| \int_a^b f(x)\mathrm{d}\alpha - \sum_{n=1}^{k} c_n f(s_n) \right| < \overline{M}\varepsilon.$$

令 $k \to \infty$, 知结论成立. □

在定理 21.3.8 中, 若 $f(x) \equiv 1$, 则非负的无穷级数可以表示为 S 积分.

习题 21.3

B1. 证明引理 21.3.1, 引理 21.3.2 和引理 21.3.3.

B2. 证明定理 21.3.6.

B3. 若 f 在区间 $[a, b]$ 上单增, $c \in (a, b)$, f 在 c 点不连续. 证明: f 关于 f 在 $[a, b]$ 上不是 S 可积的.

B4. 若 f 在区间 $[a, b]$ 上非负连续, 且 $\int_a^b f(x)\mathrm{d}\alpha = 0$, 证明: $f(x) = 0, x \in [a, b]$.

B5. 若 f_n 在区间 $[a, b]$ 上连续, 且 $\{f_n\}$ 在区间 $[a, b]$ 上一致收敛于 f, 证明:

$$\lim_{n \to \infty} \int_a^b f_n(x)\mathrm{d}\alpha = \int_a^b f(x)\mathrm{d}\alpha.$$

C6. Riemann-Stieltjes 积分的第二种定义: 设 $f : [a, b] \to \mathbb{R}$ 为有界函数, $\alpha : [a, b] \to \mathbb{R}$ 是单调递增函数. 若存在实数 L, 对任意 $\varepsilon > 0$, 存在 $\delta > 0$, 使得对区间 $[a, b]$ 的任意分割 $T : a = x_0 < x_1 < \cdots < x_n = b$, 只要分割的模 $\|T\| < \delta$, 就有 $\left| \sum\limits_{i=1}^{n} f(\xi_i)\Delta\alpha_i - L \right| < \varepsilon$ 对任意的 $\xi_i \in [x_{i-1}, x_i]$ 成立, 则称函数 f 在区间 $[a, b]$ 上关于 α 是 Riemann-Stieltjes 可积的, 称 L 为函数 $f(x)$ 在区间 $[a, b]$ 上关于 α 的 Riemann-Stieltjes 积分.

(1) 设 $f(x) = \begin{cases} 0, & x \in [0, 1] \\ 1, & x \in (1, 2] \end{cases}$, $\alpha(x) = \begin{cases} 0, & x \in [0, 1) \\ 1, & x \in [1, 2] \end{cases}$, 讨论在两种定义下 f 在区间 $[0, 2]$ 上关于 α 的 Riemann-Stieltjes 可积性;

(2) 证明: 若按本题中的第二种定义, f 在区间 $[a, b]$ 上关于 α 是 Riemann-Stieltjes 可积的, 则按第一种定义 (定义 21.3.1) 也可积.

(3) 若存在 $c \in (a, b)$, 使得 f, α 在 c 点均不连续. 证明: 若按本题中的第二种定义, f 在区间 $[a, b]$ 上关于 α 不是 Riemann-Stieltjes 可积的.

第 22 章　含参变量积分

含参变量积分, 包括含参变量的常义积分与反常积分. 本章主要研究含参变量积分所定义的函数的分析性质. 我们将看到, 含参变量积分是构造新函数的又一重要工具, 一些重要的函数恰恰是由含参变量积分定义的. 对于含参变量反常积分所定义的函数, 其分析性质关键取决于一个比收敛性更强的概念: 一致收敛.

§22.1　含参变量的常义积分

§22.1.1　含参变量积分的概念

给定函数 $f : X \times Y \longrightarrow \mathbb{R}$, 其中, $X \subset \mathbb{R}^n, Y$ 是非空集合, 若对任意给定的 $y \in Y$, 作为 x 的函数, $f(x, y)$ 在 $E_y \subset X$ 上 (广义) 可积, 则称积分

$$\int_{E_y} f(x, y) \mathrm{d}x, \quad y \in Y \tag{22.1.1}$$

为**含参变量积分** (integral depending on parameter), 其中 y 为参数, 或称参变量.

如果 $E_y \subset \mathbb{R}$ 为有界闭区间, 且对任意参数 $y \in Y$, 积分 (22.1.1) 都是常义积分, 则我们称积分 (22.1.1) 为**含参变量常义积分** (proper integral depending on parameter); 如果 $n > 1, E_y \subset \mathbb{R}^n$ 为有界闭区域, 且积分 (22.1.1) 都是常义重积分, 称积分 (22.1.1) 为与 y 有关的**含参变量重积分** (multiple integral depending on parameter); 如果对部分或者所有的参数 $y \in Y$, 积分 (22.1.1) 为反常积分, 或反常重积分, 我们则称积分 (22.1.1) 为**含参变量反常积分** (improper integral depending on parameter), 或 **含参变量反常重积分** (improper multiple integral depending on parameter).

实际上我们以前已经遇到过含参变量积分. 例如, 三重积分的基本计算方法就是截面法和投影法. 当 $f(x, y, z)$ 在区域 Ω 上连续时, 我们有投影法:

$$\iiint_\Omega f(x, y, z) \mathrm{d}x\mathrm{d}y\mathrm{d}z = \iint_D \mathrm{d}x\mathrm{d}y \int_{z_1(x,y)}^{z_2(x,y)} f(x, y, z) \mathrm{d}z,$$

和截面法:

$$\iiint_\Omega f(x, y, z) \mathrm{d}x\mathrm{d}y\mathrm{d}z = \int_{z_1}^{z_2} \mathrm{d}z \iint_{D_z} f(x, y, z) \mathrm{d}x\mathrm{d}y.$$

在上面的累次积分公式中

$$I(x, y) = \int_{z_1(x,y)}^{z_2(x,y)} f(x, y, z) \mathrm{d}z, \ (x, y) \in D$$

是含双参变量 (x, y) 的常义积分, 或者说定义了一个二元函数 $I(x, y)$, 而

$$\iint\limits_{D_z} f(x,y,z)\mathrm{d}x\mathrm{d}y,\ z \in [z_1, z_2]$$

是含参变量 z 的二重积分, 它定义了一个一元函数 $J(z)$.

又如在计算椭圆

$$\frac{x^2}{a^2} + \frac{y^2}{b^2} = 1 (b > a > 0)$$

的周长时, 利用椭圆的参数方程知所求周长为

$$4\int_0^{\frac{\pi}{2}} \sqrt{a^2 \sin^2 t + b^2 \cos^2 t}\mathrm{d}t = 4b\int_0^{\frac{\pi}{2}} \sqrt{1 - k^2 \sin^2 t}\mathrm{d}t,$$

其中, $k = \dfrac{\sqrt{b^2 - a^2}}{b}$. 这里 $\displaystyle\int_0^{\frac{\pi}{2}} \sqrt{1 - k^2 \sin^2 t}\mathrm{d}t$ 就是含参变量 k 的积分, 称为**第二类完全椭圆积分** (complete elliptic integral of second kind).

为简单起见, 本书只讨论 $n = 1$ 的情况. 此时, $E_y \subset \mathbb{R}$ 是有界或无穷区间, 且对每个 $y \in Y, f(x,y)$ 关于 x 在 E_y 上 (广义) 可积, 其对应唯一的积分值为 $\displaystyle\int_{E_y} f(x,y)\mathrm{d}x$, 于是我们得到一个以 y 为自变量的函数, 记为

$$I(y) = \int_{E_y} f(x,y)\mathrm{d}x,\ y \in Y. \tag{22.1.2}$$

本章的主要任务是研究由此得到的函数 $I(y)$ 的分析性质, 即连续性、可导性与可积性等. 本节先讨论含参变量的常义积分, 此时 $E_y = [a,b]$, 式 (22.1.2) 可记为

$$I(y) = \int_a^b f(x,y)\mathrm{d}x,\ y \in Y. \tag{22.1.3}$$

第二节讨论含参变量的反常积分的一致收敛性及含参变量的反常积分所定义的函数的分析性质, 而第三节则研究两个特殊的含参变量的反常积分, 统称为 Euler 积分.

§22.1.2   含参变量的常义积分所定义的函数的分析性质

下面我们讨论含参变量的常义积分所定义的函数的分析性质: 连续性, 可积性和可微性.

1. 连续性定理

定理 22.1.1 (连续性定理)   设 Y 是紧度量空间, $f(x,y)$ 在 $D = [a,b] \times Y$ 上连续, 则函数 $I(y)$ 在 Y 上连续.

证明   因为对任意的 $y \in Y, f(x,y)$ 关于 x 在 $[a,b]$ 上连续, 则 $f(x,y)$ 在 $[a,b]$ 上可积, 因此式 (22.1.3) 有意义. 又因为 (Y,d) 是紧度量空间, 则 $D = [a,b] \times Y \subset \mathbb{R} \times Y$ 是紧的, 故 $f(x,y)$ 在 D 上一致连续. 因此对任意给定的 $\varepsilon > 0$, 存在 $\delta > 0$, 使得对任意两点 $(x_1, y_1), (x_2, y_2) \in D$, 当 $|x_1 - x_2| + d(y_1, y_2) < \delta$ 时, 成立

$$|f(x_1, y_1) - f(x_2, y_2)| < \varepsilon.$$

于是对任意定点 $y_0 \in Y$, 只要 $d(y, y_0) < \delta$, 就有

$$|I(y) - I(y_0)| = \left| \int_a^b (f(x, y) - f(x, y_0)) \, \mathrm{d}x \right|$$

$$\leqslant \int_a^b |f(x, y) - f(x, y_0)| \mathrm{d}x < (b - a)\varepsilon.$$

这说明 $I(y)$ 在 y_0 点连续, 从而 $I(y)$ 在 Y 上连续. □

注 22.1.1 (1) 由定理 22.1.1的证明知: 若 Y 是度量空间, $f(x, y)$ 在 $D = [a, b] \times Y$ 上一致连续, 则函数 $I(y)$ 在 Y 上连续.

(2) 定理 22.1.1说明, 极限运算与积分运算可以交换次序:

$$\lim_{y \to y_0} \int_a^b f(x, y)\mathrm{d}x = \lim_{y \to y_0} I(y) = I(y_0) = \int_a^b f(x, y_0)\mathrm{d}x = \int_a^b \lim_{y \to y_0} f(x, y)\mathrm{d}x. \quad (22.1.4)$$

注 22.1.2 定理 22.1.1中的紧度量空间 Y 可以改成 $\mathbb{R}^n$ 中的任意开集, 结论仍然成立. 因为对任意的 $y_0 \in Y$, 取闭球 $\overline{B(y_0, \delta)} \subset Y$, 闭球为 $\mathbb{R}^n$ 中紧集, 使用定理 22.1.1即可知 $I(y)$ 在 y_0 连续, 从而在 Y 上连续.

例 22.1.1 求极限 $\lim\limits_{t \to 0} \int_0^2 x^2 \cos tx \mathrm{d}x$.

解 由于函数 $f(x, t) = x^2 \cos tx$ 在 $[0, 2] \times [-1, 1]$ 上连续, 由定理 22.1.1得

$$\lim_{t \to 0} \int_0^2 x^2 \cos tx \mathrm{d}x = \int_0^2 \lim_{t \to 0} x^2 \cos tx \mathrm{d}x = \int_0^2 x^2 \mathrm{d}x = \frac{8}{3}.$$

例 22.1.2 求极限 $\lim\limits_{\alpha \to 0} \int_0^1 \dfrac{\mathrm{d}x}{1 + x^2 \cos \alpha x}$.

解 由于函数 $f(x, \alpha) = \dfrac{1}{1 + x^2 \cos \alpha x}$ 在 $[0, 1] \times [-1, 1]$ 上连续, 由定理 22.1.1得

$$\lim_{\alpha \to 0} \int_0^1 \frac{\mathrm{d}x}{1 + x^2 \cos \alpha x} = \int_0^1 \lim_{\alpha \to 0} \frac{\mathrm{d}x}{1 + x^2 \cos \alpha x} = \int_0^1 \frac{\mathrm{d}x}{1 + x^2} = \frac{\pi}{4}.$$

2. 积分次序交换定理

定理 22.1.2 (积分次序交换定理) 设 $f(x, y)$ 在 $[a, b] \times [c, d]$ 上连续, 则

$$\int_c^d \mathrm{d}y \int_a^b f(x, y)\mathrm{d}x = \int_a^b \mathrm{d}x \int_c^d f(x, y)\mathrm{d}y. \quad (22.1.5)$$

证明 由于 $f(x, y)$ 在 $[a, b] \times [c, d]$ 上连续, 因此由二重积分化为累次积分的计算公式可知

$$\int_c^d \mathrm{d}y \int_a^b f(x, y)\mathrm{d}x = \iint\limits_{[a,b] \times [c,d]} f(x, y)\mathrm{d}x\mathrm{d}y = \int_a^b \mathrm{d}x \int_c^d f(x, y)\mathrm{d}y. \quad \square$$

例 22.1.3 计算 $I = \int_0^1 \dfrac{x^b - x^a}{\ln x}\mathrm{d}x$, 其中 $b > a > 0$.

解　由于

$$\int_a^b x^y \mathrm{d}y = \frac{x^b - x^a}{\ln x},$$

因此

$$I = \int_0^1 \mathrm{d}x \int_a^b x^y \mathrm{d}y.$$

而函数 $f(x,y) = x^y$ 在 $[0,1] \times [a,b]$ 上连续, 所以由定理 22.1.2, 交换积分次序得

$$I = \int_0^1 \mathrm{d}x \int_a^b x^y \mathrm{d}y = \int_a^b \mathrm{d}y \int_0^1 x^y \mathrm{d}x = \int_a^b \frac{1}{1+y} \mathrm{d}y = \ln \frac{1+b}{1+a}.$$

例 22.1.4　计算 $I = \displaystyle\int_0^{\frac{\pi}{2}} \frac{1}{\sin x} \ln \frac{1 + a\sin x}{1 - a\sin x} \mathrm{d}x$, 其中 $0 < a < 1$.

解　由于

$$\int_0^a \frac{\mathrm{d}y}{1 - y^2 \sin^2 x} = \frac{1}{2\sin x} \ln \frac{1 + a\sin x}{1 - a\sin x},$$

因此

$$I = 2\int_0^{\frac{\pi}{2}} \mathrm{d}x \int_0^a \frac{\mathrm{d}y}{1 - y^2 \sin^2 x}.$$

而函数 $f(x,y) = \dfrac{1}{1 - y^2 \sin^2 x}$ 在 $\left[0, \dfrac{\pi}{2}\right] \times [0,a]$ 上连续, 所以由定理 22.1.2, 积分次序可以交换:

$$I = 2\int_0^{\frac{\pi}{2}} \mathrm{d}x \int_0^a \frac{\mathrm{d}y}{1 - y^2 \sin^2 x} = 2\int_0^a \mathrm{d}y \int_0^{\frac{\pi}{2}} \frac{\mathrm{d}x}{1 - y^2 \sin^2 x}.$$

又因为

$$\int_0^{\frac{\pi}{2}} \frac{\mathrm{d}x}{1 - y^2 \sin^2 x} = -\int_0^{\frac{\pi}{2}} \frac{\mathrm{d}\cot x}{\cot^2 x + 1 - y^2}$$

$$= -\frac{1}{\sqrt{1-y^2}} \arctan \frac{\cot x}{\sqrt{1-y^2}} \bigg|_0^{\frac{\pi}{2}} = \frac{\pi}{2\sqrt{1-y^2}},$$

所以

$$I = \int_0^{\frac{\pi}{2}} \frac{1}{\sin x} \ln \frac{1 + a\sin x}{1 - a\sin x} \mathrm{d}x = \pi \int_0^a \frac{\mathrm{d}y}{\sqrt{1-y^2}} = \pi \arcsin a.$$

3. 积分号下求导定理

定理 22.1.3 (积分号下求导定理)　设 $f(x,y), f_y(x,y)$ 都在 $[a,b] \times [c,d]$ 上连续, 则 $I(y) = \displaystyle\int_a^b f(x,y)\mathrm{d}x$ 在 $[c,d]$ 上可导, 并且在 $[c,d]$ 上成立

$$\frac{\mathrm{d}}{\mathrm{d}y} \int_a^b f(x,y)\mathrm{d}x = \int_a^b \frac{\partial}{\partial y} f(x,y)\mathrm{d}x. \tag{22.1.6}$$

即求导运算与积分运算可以交换次序.

证明 对任意 $y \in [c,d]$, 当 $y + \Delta y \in [c,d]$ 时, 利用微分中值定理得

$$\frac{I(y+\Delta y)-I(y)}{\Delta y} = \int_a^b \frac{f(x,y+\Delta y)-f(x,y)}{\Delta y}\mathrm{d}x = \int_a^b f_y(x,y+\theta\Delta y)\mathrm{d}x,$$

其中 $\theta \in (0,1)$. 在上式中, 令 $\Delta y \to 0$, 并利用定理 22.1.1得

$$\frac{\mathrm{d}I(y)}{\mathrm{d}y} = \lim_{\Delta y \to 0}\frac{I(y+\Delta y)-I(y)}{\Delta y} = \lim_{\Delta y \to 0}\int_a^b f_y(x,y+\theta\Delta y)\mathrm{d}x$$
$$= \int_a^b \lim_{\Delta y \to 0} f_y(x,y+\theta\Delta y)\mathrm{d}x = \int_a^b f_y(x,y)\mathrm{d}x. \qquad \square$$

注 22.1.3 上式中的 θ 虽然不知道是否是 y 的连续函数, 但它是一个有界量, 所以上式最后一个等式还是成立的. 其实也可以不利用定理 22.1.1, 而直接证明: 由

$$\left|\frac{I(y+\Delta y)-I(y)}{\Delta y} - \int_a^b f_y(x,y)\mathrm{d}x\right| \leqslant \int_a^b \left|f_y(x,y+\theta\Delta y)-f_y(x,y)\right|\mathrm{d}x$$

及 $f_y(x,y)$ 的一致连续性立得所需结果.

例 22.1.5 利用积分号下求导定理可给出例 22.1.3 中积分 I 的另一种求法. 事实上, 把 a 看作常数, b 看作参变量, 由定理 22.1.3 得

$$\frac{\mathrm{d}I}{\mathrm{d}b} = \int_0^1 x^b\mathrm{d}x = \frac{1}{b+1},$$

从而有 $I = \ln(b+1) + c$. 又因为 $b = a$ 时, $I = 0$, 由此可得 $c = -\ln(a+1)$, 于是

$$I = \ln\frac{b+1}{a+1}.$$

在实际问题中, 我们还会遇到积分上限与下限也含参变量的情形, 其一般式为

$$F(y) = \int_{a(y)}^{b(y)} f(x,y)\mathrm{d}x.$$

定理 22.1.4 设 $f(x,y)$ 在 $[a,b]\times[c,d]$ 上连续, $a(y),b(y)$ 是 $[c,d]$ 上的连续函数, 且满足 $a \leqslant a(y) \leqslant b, a \leqslant b(y) \leqslant b$, 则函数 $F(y)$ 在 $[c,d]$ 上连续.

证明 令

$$\varphi(u,v,y) = \int_u^v f(x,y)\mathrm{d}x,$$

则 $F(y)$ 由 $\varphi(u,v,y)$ 与 $u = a(y)$ 和 $v = b(y)$ 复合而成, 由复合函数的连续性即知 $F(y)$ 连续. $\qquad \square$

定理 22.1.5 设 $f(x,y), f_y(x,y)$ 都在 $[a,b]\times[c,d]$ 上连续, $a(y),b(y)$ 是 $[c,d]$ 上的可导函数, 满足 $a \leqslant a(y) \leqslant b, a \leqslant b(y) \leqslant b$, 则函数 $F(y)$ 在 $[c,d]$ 上可导, 并且成立

$$F'(y) = \int_{a(y)}^{b(y)} f_y(x,y)\mathrm{d}x + f(b(y),y)b'(y) - f(a(y),y)a'(y).$$

证明 将 $F(y)$ 写成复合函数形式

$$I(u,v,y) = \int_u^v f(x,y)\mathrm{d}x, u = a(y),\ v = b(y).$$

由定理 22.1.3,
$$\frac{\partial I}{\partial y}(u,v,y)=\int_u^v f_y(x,y)\mathrm{d}x.$$

因为 $\dfrac{\partial I}{\partial y}(u,v,y)$ 关于 u,v 均是 Lipschitz 连续的, 关于 y 是连续的, 则关于 (u,v,y) 是连续的. 由变上限积分的求导法则,
$$\frac{\partial I}{\partial u}=-f(u,y),\quad \frac{\partial I}{\partial v}=f(v,y).$$

且它们都是连续的, 所以函数 $I(y,u,v)$ 可微. 于是由复合函数的链式法则得到
$$\begin{aligned}F'(y)&=\frac{\partial I}{\partial y}+\frac{\partial I}{\partial u}\frac{\mathrm{d}u}{\mathrm{d}y}+\frac{\partial I}{\partial v}\frac{\mathrm{d}v}{\mathrm{d}y}\\&=\int_{a(y)}^{b(y)}f_y(x,y)\mathrm{d}x+f(b(y),y)b'(y)-f(a(y),y)a'(y).\quad\square\end{aligned}$$

例 22.1.6 求函数 $f(x)=\displaystyle\int_x^{x^2}\mathrm{e}^{-x^2u^2}\mathrm{d}u$ 的导数.

解 由定理 22.1.5 得
$$\begin{aligned}f'(x)&=\int_x^{x^2}\frac{\partial}{\partial x}\left(\mathrm{e}^{-x^2u^2}\right)\mathrm{d}u+2x\mathrm{e}^{-x^2\cdot x^4}-\mathrm{e}^{-x^2\cdot x^2}\\&=2x\mathrm{e}^{-x^6}-\mathrm{e}^{-x^4}-\int_x^{x^2}2xu^2\mathrm{e}^{-x^2u^2}\mathrm{d}u.\end{aligned}$$

例 22.1.7 计算积分 $I(\theta)=\displaystyle\int_0^\pi\ln(1+\theta\cos x)\mathrm{d}x\quad(|\theta|<1).$

解 对于任意满足 $|\theta|<1$ 的 θ, 必有正数 $a<1$, 使得 $|\theta|<a$. 记
$$f(x,\theta)=\ln(1+\theta\cos x).$$

易知 $f(x,\theta)$ 与 $f_\theta(x,\theta)$ 都在闭矩形 $[0,\pi]\times[-a,a]$ 上连续. 因此由定理 22.1.3,
$$I'(\theta)=\int_0^\pi\frac{\cos x}{1+\theta\cos x}\mathrm{d}x=\frac{1}{\theta}\int_0^\pi\left(1-\frac{1}{1+\theta\cos x}\right)\mathrm{d}x=\frac{\pi}{\theta}-\frac{1}{\theta}\int_0^\pi\frac{\mathrm{d}x}{1+\theta\cos x}.$$

对于最后一个积分, 作万能代换 $t=\tan\dfrac{x}{2}$, 就得到
$$\begin{aligned}\int_0^\pi\frac{\mathrm{d}x}{1+\theta\cos x}&=\int_0^{+\infty}\frac{2\mathrm{d}t}{1+t^2+\theta(1-t^2)}=\frac{2}{1+\theta}\int_0^{+\infty}\frac{\mathrm{d}t}{1+\frac{1-\theta}{1+\theta}t^2}\\&=\frac{2}{\sqrt{1-\theta^2}}\left(\arctan\sqrt{\frac{1-\theta}{1+\theta}}t\right)\Bigg|_0^{+\infty}=\frac{\pi}{\sqrt{1-\theta^2}}.\end{aligned}$$

于是
$$I'(\theta)=\frac{\pi}{\theta}-\frac{\pi}{\theta\sqrt{1-\theta^2}},\ \theta\in(-1,1).$$

上式两边对 θ 积分, 得到 $I(\theta)=\pi\ln(1+\sqrt{1-\theta^2})+C$. 由于 $I(0)=0$, 代入上式得到 $C=-\pi\ln 2$, 于是
$$I(\theta)=\pi\ln\frac{1+\sqrt{1-\theta^2}}{2}.$$

例 22.1.8 计算积分 $I(a) = \int_0^\pi \ln(1 - 2a\cos x + a^2)\mathrm{d}x \quad (|a| < 1)$.

解 对于任意满足 $|a| < 1$ 的 a, 必有正数 $c < 1$, 使得 $|a| < c$. 记

$$f(x, a) = \ln(1 - 2a\cos x + a^2).$$

易知 $f(x, a)$ 与 $f_a(x, a)$ 都在闭矩形 $[0, \pi] \times [-c, c]$ 上连续. 因此由定理 22.1.3 得

$$I'(a) = \int_0^\pi \frac{2a - 2\cos x}{1 - 2a\cos x + a^2}\mathrm{d}x.$$

作变换 $t = \tan\dfrac{x}{2}$ 得

$$
\begin{aligned}
I'(a) &= 4\int_0^{+\infty} \frac{a - 1 + (a+1)t^2}{[(1-a)^2 + (1+a)^2 t^2](1+t^2)}\mathrm{d}t \\
&= \frac{2}{a}\int_0^{+\infty} \frac{\mathrm{d}t}{1+t^2} + 2\left(a - \frac{1}{a}\right)\int_0^{+\infty} \frac{\mathrm{d}t}{(1-a)^2 + (1+a)^2 t^2} \\
&= \frac{2}{a}\int_0^{+\infty} \frac{\mathrm{d}t}{1+t^2} - \frac{2}{a}\int_0^{+\infty} \frac{\mathrm{d}\left(\dfrac{1+a}{1-a}\right)t}{1 + \left(\dfrac{1+a}{1-a}\right)^2 t^2} = 0.
\end{aligned}
$$

所以 $I(a) = I(0) = 0 (|a| < 1)$.

注 22.1.4 (1) 本题也可以直接利用例 22.1.7 得到结果, 因为

$$\ln(1 - 2a\cos x + a^2) = \ln(1 + a^2) + \ln\left(1 - \frac{2a}{1+a^2}\cos x\right).$$

(2) 当 $|a| > 1$ 时, 令 $b = \dfrac{1}{a}$, 于是 $|b| < 1$, 从而 $I(b) = 0$. 于是

$$I(a) = \int_0^\pi \ln\frac{1 - 2b\cos x + b^2}{b^2}\mathrm{d}x = I(b) - 2\pi\ln|b| = 2\pi\ln|a|.$$

并且

$$
\begin{aligned}
I(1) &= \int_0^\pi \left(\ln 4 + 2\ln\sin\frac{x}{2}\right)\mathrm{d}x = 2\pi\ln 2 + 4\int_0^{\frac{\pi}{2}} \ln\sin t\,\mathrm{d}t \\
&= 2\pi\ln 2 + 4\left(-\frac{\pi}{2}\ln 2\right) = 0.
\end{aligned}
$$

同理 $I(-1) = 0$.

习题 22.1

A1. 求下列极限:

(1) $\displaystyle\lim_{a\to 0}\int_{-1}^1 \sqrt{x^2 + a^2}\,\mathrm{d}x$;

(2) $\displaystyle\lim_{a\to 0}\int_0^{1+a} \frac{\mathrm{d}x}{1 + a^2 + x^2}$;

(3) $\displaystyle\lim_{a\to 0}\int_0^1 x^3\cos ax\,\mathrm{d}x$;

(4) $\displaystyle\lim_{n\to\infty}\int_0^1 \frac{\mathrm{d}x}{1 + \left(1 + \frac{x}{n}\right)^n}$.

A2. 利用交换积分次序的方法计算下列积分:

(1) $\displaystyle\int_0^1 \sin\left(\ln\frac{1}{x}\right)\frac{x^b - x^a}{\ln x}\mathrm{d}x \quad (b > a > 0)$;

(2) $\displaystyle\int_0^1 \cos\left(\ln\frac{1}{x}\right)\frac{x^b - x^a}{\ln x}\mathrm{d}x \quad (b > a > 0)$.

A3. 求导数:

(1) $\displaystyle f(x) = \int_x^{x^2} \mathrm{e}^{-xy^2}\mathrm{d}y$;

(2) $\displaystyle f(x) = \int_{\sin x}^{\cos x} \mathrm{e}^{x\sqrt{1-y^2}}\mathrm{d}y$;

(3) $\displaystyle f(x) = \int_0^x g(x+y)\mathrm{d}y$, 其中 $g(x)$ 连续;

(4) $\displaystyle f(x) = \int_0^x \mathrm{d}t \int_{t^2}^{x^2} g(t,s)\mathrm{d}s$, 求 $f'(x), f''(x)$, 其中 $g(t,s), g_2(t,s)$ 连续;

(5) 设 $\displaystyle I(\alpha) = \int_0^\alpha (x+\alpha)f(x)\mathrm{d}x$, 其中 $f(x)$ 为可微函数, 求 $I''(\alpha)$;

(6) $\displaystyle f(x) = \frac{1}{n!}\int_0^x g(t)(x-t)^n\mathrm{d}t$, 求 $f^{(n+1)}(x)$, 其中 $g(x)$ 连续.

A4. 设 $f(t)$ 二阶连续可导, $g(t)$ 一阶连续可导, 令

$$u(x,t) = \frac{1}{2}[f(x+at) + f(x-at)] + \frac{1}{2a}\int_{x-at}^{x+at} g(y)\mathrm{d}y,$$

试证明: $u(x,t)$ 在 $(-\infty, +\infty) \times (0, +\infty)$ 上二阶连续可导, 且满足

$$u_{tt} = a^2 u_{xx}, \quad u(x,0) = f(x), \quad u_t(x,0) = g(x).$$

B5. 利用积分号下求导法计算下列积分:

(1) $\displaystyle\int_0^{\frac{\pi}{2}} \ln(a^2\sin^2 x + b^2\cos^2 x)\mathrm{d}x \quad (a, b > 0)$;

(2) $\displaystyle\int_0^{\frac{\pi}{2}} \ln(a^2 - \sin^2 x)\mathrm{d}x \quad (a > 1)$.

B6. 计算积分:

$$I(t) = \int_0^{\frac{\pi}{2}} \ln\frac{1+t\cos x}{1-t\cos x}\cdot\frac{\mathrm{d}x}{\cos x} \quad (|t| < 1).$$

B7. 设 $f(x,y)$ 在 (x_0, y_0) 点的某邻域内连续可微, 试证明: 方程

$$y = y_0 + \int_{x_0}^x f(t,y)\mathrm{d}t$$

在 (x_0, y_0) 的某邻域内可确定 y 为 x 的可微函数.

B8. 讨论函数 $\displaystyle F(y) = \int_0^1 \frac{yf(x)}{x^2 + y^2}\mathrm{d}x$ 的连续性, 其中 $f(x)$ 在闭区间 $[0,1]$ 上连续恒正.

B9. 设函数 $u(x,y)$ 在 $\mathbb{R}^2$ 中有二阶连续偏导数, 且 $u_{xx}(x,y) + u_{yy}(x,y) = 0, u_x(x+2\pi, y) = u_x(x,y), u_y(x+2\pi, y) = u_y(x,y)$. 证明: 函数

$$f(y) = \int_0^{2\pi} [u_x^2(x,y) - u_y^2(x,y)]\mathrm{d}x$$

是常数.

B10. (1) 设 $f(x)$ 在 $[0, +\infty)$ 上连续, 对任意的 $c > 0$, 积分 $\displaystyle\int_c^{+\infty}\frac{f(x)}{x}\mathrm{d}x$ 收敛. 证明:

$$\int_0^{+\infty}\frac{f(ax) - f(bx)}{x}\mathrm{d}x = f(0)(\ln b - \ln a), b > a > 0.$$

(2) 利用 (1) 的结论求 $\displaystyle\int_0^{+\infty}\mathrm{d}z\iint_D \frac{\sin(z\sqrt{x^2 + y^2})}{\sqrt{x^2 + y^2}}\mathrm{d}x\mathrm{d}y$.

B11. 设 $f(x)$ 在 $[0, +\infty)$ 上连续, 且 $\lim\limits_{x \to +\infty} f(x) = k$. 证明:

$$\int_0^{+\infty} \frac{f(ax) - f(bx)}{x} \mathrm{d}x = (f(0) - k)(\ln b - \ln a), b > a > 0.$$

B12. 设 $f(x) = \left(\int_0^x \mathrm{e}^{-t^2} \mathrm{d}t \right)^2, g(x) = \int_0^1 \dfrac{\mathrm{e}^{-x^2(1+t^2)}}{1+t^2} \mathrm{d}t.$

(1) 证明: $f(x) + g(x)$ 是常数;

(2) 利用 (1) 计算 Euler-Poisson 积分 $\displaystyle\int_0^{+\infty} \mathrm{e}^{-t^2} \mathrm{d}t.$

C13. (含参变量重积分) 设 $D \subset \mathbb{R}^n$ 是可求体积的有界闭区域, Y 是非空集合, $f(x, y): D \times Y \to \mathbb{R}$. 若对任意的 $y \in Y$, 重积分 $\displaystyle\int_D f(x, y) \mathrm{d}x$ 可积, 则可定义函数 $F(y) = \displaystyle\int_D f(x, y) \mathrm{d}x$, 称之为含参变量重积分.

(1) 若 Y 是紧度量空间, $f(x, y)$ 在 $D \times Y$ 上连续. 证明: $F(y)$ 在 Y 连续;

(2) 若 $Y \subset \mathbb{R}^m$ 是可求体积的有界闭区域, $f(x, y)$ 在 $D \times Y$ 上连续. 证明:

$$\int_Y F(y) \mathrm{d}y = \int_Y \mathrm{d}y \int_D f(x, y) \mathrm{d}x = \int_D \mathrm{d}x \int_Y f(x, y) \mathrm{d}y;$$

(3) 若 Y 是区间, $f(x, y), f_y(x, y)$ 在 $D \times Y$ 上连续, 证明: $F(y)$ 在 Y 中可微, 且

$$F'(y) = \int_D f_y(x, y) \mathrm{d}x.$$

§22.2 含参变量反常积分

含参变量反常积分主要包括**含参变量无穷积分**和**含参变量瑕积分**, 我们以前者的讨论为主.

设二元函数 $f(x, y)$ 定义在 $[a, +\infty) \times Y$ 上, 其中 Y 为非空集合. 考虑含参变量无穷积分

$$\int_a^{+\infty} f(x, y) \mathrm{d}x. \tag{22.2.1}$$

若对某个 $y_0 \in Y$, 反常积分 $\displaystyle\int_a^{+\infty} f(x, y_0) \mathrm{d}x$ 收敛, 则称含参变量无穷积分 (22.2.1) 在 y_0 处收敛, 并称 y_0 为它的**收敛点**. 所有收敛点构成的集合称为含参变量无穷积分 (22.2.1) 的**收敛域** (convergence region). 收敛域也是由含参变量无穷积分 (22.2.1) 所定义的函数

$$I(y) = \int_a^{+\infty} f(x, y) \mathrm{d}x \tag{22.2.2}$$

的定义域.

正如反常积分与数项级数的关系那样, 含参变量反常积分与函数项级数在所研究的问题与论证方法上也极为相似, 希望读者注意比较.

在上一节我们看到, 含参变量常义积分所定义的函数具有很好的分析性质, 即连续性、可积性与可微性. 那么, 含参变量的反常积分所定义的函数也具有这些性质吗?

例 22.2.1　考虑含参变量反常积分

$$\int_0^{+\infty} xy\mathrm{e}^{-yx^2}\mathrm{d}x.$$

容易证明, 其收敛域为 $[0,+\infty)$, 于是我们得到了定义在 $[0,+\infty)$ 上的函数, 记为

$$I(y) = \int_0^{+\infty} xy\mathrm{e}^{-yx^2}\mathrm{d}x, y \in [0,+\infty).$$

那么, $I(y)$ 在 $[0,+\infty)$ 上连续吗?

显然, $I(0) = 0$, 但是 $y \neq 0$ 时

$$I(y) = -\frac{1}{2} \lim_{y\to 0^+} \mathrm{e}^{-yx^2}\Big|_{x=0}^{x=+\infty} = \frac{1}{2},$$

因此 $I(y)$ 在 $y = 0$ 处不 (右) 连续.

上例表明, 与上一节讨论的含参变量常义积分不同, 尽管 $f(x,y)$ 在 $[a,+\infty) \times Y$ 上连续, 由含参变量反常积分式 (22.2.2) 定义的函数在 $Y' \subset Y$ 上有定义, 但 $I(y)$ 在 Y' 上也未必连续, 即等式

$$\lim_{y\to y_0} I(y) = \lim_{y\to y_0} \int_a^{+\infty} f(x,y)\mathrm{d}x = \int_a^{+\infty} \lim_{y\to y_0} f(x,y)\mathrm{d}x = I(y_0)$$

未必成立, 亦即极限与积分运算次序的交换未必总成立.

同样, 上一节成立的积分次序交换定理与积分号下求导定理在反常积分情形也都未必成立, 反例参见本节习题.

为保证由含参变量反常积分所定义的函数的连续性、可微性和可积性, 我们要引入比反常积分收敛性更强的概念——一致收敛性.

§22.2.1　含参变量的反常积分的一致收敛性

定义 22.2.1　设函数 $f(x,y)$ 定义在 $[a,+\infty) \times Y$ 上, 且对任意的 $y \in Y$, 反常积分 (22.2.1) 都收敛于 $I(y)$. 如果对任意的 $\varepsilon > 0$, 存在与 y 无关的正数 $A_0(\geqslant a)$, 使得当 $A > A_0$ 时, 对一切 $y \in Y$, 成立

$$\left| \int_a^A f(x,y)\mathrm{d}x - I(y) \right| = \left| \int_A^{+\infty} f(x,y)\mathrm{d}x \right| < \varepsilon, \tag{22.2.3}$$

则称含参变量无穷积分 (22.2.1) 关于 y 在 Y 上**一致收敛** (uniform convergence)(于 $I(y)$), 也常简称含参变量无穷积分 (22.2.1) 在 Y 上一致收敛.

注 22.2.1　(1) 对于 $\int_{-\infty}^a f(x,y)\mathrm{d}x$ 与 $\int_{-\infty}^{+\infty} f(x,y)\mathrm{d}x$, 可同样定义一致收敛的概念.

(2) 含参变量反常积分 (22.2.1) 在 Y 上不一致收敛

$\Longleftrightarrow \exists \varepsilon_0 > 0, \forall A_0(> a), \exists A > A_0$ 及 $y_0 \in Y$, 使得

$$\left| \int_A^{+\infty} f(x,y_0)\mathrm{d}x \right| \geqslant \varepsilon_0$$

$\Longleftrightarrow \exists y_n \in Y$, 和 $A_n \to +\infty$ 使得 $\int_{A_n}^{+\infty} f(x,y_n)\mathrm{d}x \nrightarrow 0.$

例 22.2.2　证明: 含参变量积分 $I(y) = \displaystyle\int_0^{+\infty} \mathrm{e}^{-xy}\mathrm{d}x$

(1) 在 $[c, +\infty)$ 上一致收敛 $(c > 0)$;

(2) 在 $(0, +\infty)$ 上不一致收敛.

证明　(1) 对任何 $A > 0$, 记 $I_A(y) = \displaystyle\int_A^{+\infty} \mathrm{e}^{-xy}\mathrm{d}x$. 因为 $y \geqslant c > 0$, 所以

$$0 \leqslant I_A(y) = \int_A^{+\infty} \mathrm{e}^{-xy}\mathrm{d}x = \frac{1}{y}\int_{yA}^{+\infty} \mathrm{e}^{-t}\mathrm{d}t = \frac{1}{y}\mathrm{e}^{-yA} \leqslant \frac{1}{c}\mathrm{e}^{-cA}.$$

而

$$\lim_{A \to +\infty} \frac{1}{c}\mathrm{e}^{-cA} = 0,$$

于是, 对任意 $\varepsilon > 0$, 存在 $A_0 > 0$, 使得当 $A \geqslant A_0$ 时, $\dfrac{1}{c}\mathrm{e}^{-cA} < \varepsilon$.

因此, 当 $A \geqslant A_0$ 时, 对一切 $y \geqslant c$, 有 $|I_A(y)| = \displaystyle\int_A^{+\infty} \mathrm{e}^{-xy}\mathrm{d}x < \varepsilon$, 所以含参变量积分 $\displaystyle\int_0^{+\infty} \mathrm{e}^{-xy}\mathrm{d}x$ 在 $[c, +\infty)$ 上一致收敛.

(2) 取 $A_n = n$, $y_n = \dfrac{1}{n}$, 由于

$$\int_n^{+\infty} \mathrm{e}^{-\frac{x}{n}}\mathrm{d}x = n\mathrm{e}^{-1} \to +\infty,$$

所以 $\displaystyle\int_0^{+\infty} \mathrm{e}^{-xy}\mathrm{d}x$ 在 $(0, +\infty)$ 上不一致收敛. $\qquad\square$

对于无界函数的含参变量反常积分, 同样也有一致收敛的概念.

定义 22.2.2　设函数 $f(x, y)$ 定义在 $[a, b) \times Y$ 上, 且对任意的 $y \in Y$, 以 b 为 (可能) 奇点 (瑕点) 的反常积分

$$I(y) = \int_a^b f(x, y)\mathrm{d}x \qquad\qquad (22.2.4)$$

都收敛. 如果对任意的 $\varepsilon > 0$, 都存在与 y 无关的正数 δ, 使得当 $0 < \eta < \delta$ 时, 对一切 $y \in Y$, 成立

$$\left| \int_a^{b-\eta} f(x, y)\mathrm{d}x - I(y) \right| = \left| \int_{b-\eta}^b f(x, y)\mathrm{d}x \right| < \varepsilon,$$

则称 $\displaystyle\int_a^b f(x, y)\mathrm{d}x$ 关于 y 在 Y 上**一致收敛** (uniform convergence)(于 $I(y)$), 常简称 $\displaystyle\int_a^b f(x, y)\mathrm{d}x$ 在 Y 上一致收敛.

若积分 (22.2.4) 以左端点 a 为唯一瑕点时, 可以类似讨论; 若积分 (22.2.4) 有多个瑕点时, 可将积分区间分为若干个小区间, 使得每一个小区间上瑕点是区间的端点来讨论.

§22.2.2　含参变量反常积分一致收敛性的判别

下面仅以无穷积分 $\displaystyle\int_a^{+\infty} f(x, y)\mathrm{d}x$ 为例, 讨论含参变量反常积分的一致收敛性判别法.

定理 22.2.1 (Cauchy 收敛准则)　含参变量反常积分 (22.2.1) 在 Y 上一致收敛的充分必要条件为对任意的 $\varepsilon > 0$, 存在与 y 无关的正数 $A_0(\geqslant a)$, 使得对任意的 $A', A > A_0$, 成立

$$\left| \int_A^{A'} f(x,y)\mathrm{d}x \right| < \varepsilon, \forall y \in Y. \tag{22.2.5}$$

证明　只证充分性. 由不等式 (22.2.5) 和反常积分的 Cauchy 收敛原理知, 对每个 $y \in Y$, 反常积分 (22.2.1) 收敛, 记为 $I(y)$. 再在不等式 (22.2.5) 中令 $A' \to +\infty$ 得, 对任意的 $A > A_0$, 成立

$$\left| \int_A^{+\infty} f(x,y)\mathrm{d}x \right| \leqslant \varepsilon, \ \forall y \in Y.$$

由定义即知, 含参变量反常积分 (22.2.1) 在 Y 上一致收敛.　□

利用 Cauchy 收敛准则, 容易得到下面两个推论.

推论 22.2.1　如果存在 $\varepsilon_0 > 0$, $A_n, A_n' \to +\infty$, 以及 $y_n \in Y$, 使得

$$\left| \int_{A_n}^{A_n'} f(x,y_n)\mathrm{d}x \right| \geqslant \varepsilon_0,$$

则含参变量反常积分 $\displaystyle\int_a^{+\infty} f(x,y)\mathrm{d}x$ 在 Y 上非一致收敛.

推论 22.2.2　如果 $f:[a,+\infty) \times [c,d) \to \mathbb{R}$ 连续, 且反常积分 $\displaystyle\int_a^{+\infty} f(x,c)\mathrm{d}x$ 发散, 则对任意 $c' \in (c,d)$, 含参变量反常积分 $\displaystyle\int_a^{+\infty} f(x,y)\mathrm{d}x$ 在 (c,c') 上非一致收敛.

定理 22.2.2 (比较判别法)　如果存在函数 $g(x,y)$, 使得

(1) $|f(x,y)| \leqslant g(x,y)$, $x \in [a,+\infty)$, $y \in Y$;

(2) 反常积分 $\displaystyle\int_a^{+\infty} g(x,y)\mathrm{d}x$ 在 Y 上一致收敛,

那么反常积分 $\displaystyle\int_a^{+\infty} f(x,y)\mathrm{d}x$ 在 Y 上一致收敛.

证明　因为 $\displaystyle\int_a^{+\infty} g(x,y)\mathrm{d}x$ 在 Y 上一致收敛, 由 Cauchy 收敛准则知, 对于任意给定的 $\varepsilon > 0$, 存在与 y 无关的正数 A_0, 使得当 $A' > A > A_0$ 时, 成立

$$\int_A^{A'} g(x,y)\mathrm{d}x < \varepsilon, \forall y \in Y.$$

因此当 $A' > A > A_0$ 时, 对于任意 $y \in Y$, 不等式

$$\left| \int_A^{A'} f(x,y)\mathrm{d}x \right| \leqslant \int_A^{A'} g(x,y)\mathrm{d}x < \varepsilon$$

成立, 再由 Cauchy 收敛准则知, 含参变量反常积分 $\displaystyle\int_a^{+\infty} f(x,y)\mathrm{d}x$ 在 Y 上一致收敛.　□

推论 22.2.3　绝对一致收敛蕴含一致收敛, 即若反常积分 $\displaystyle\int_a^{+\infty} |f(x,y)|\mathrm{d}x$ 在 Y 上一致收敛, 则反常积分 $\displaystyle\int_a^{+\infty} f(x,y)\mathrm{d}x$ 在 Y 上一致收敛.

证明　在上述定理中取 $g(x,y) = |f(x,y)|$ 即可.　□

推论 22.2.4 (Weierstrass 判别法)　*如果存在函数 $F(x)$, 使得*

(1) $|f(x,y)| \leqslant F(x), x \in [a,+\infty), y \in Y$;

(2) 反常积分 $\displaystyle\int_a^{+\infty} F(x)\mathrm{d}x$ 收敛,

那么含参变量反常积分 $\displaystyle\int_a^{+\infty} f(x,y)\mathrm{d}x$ 在 Y 上 (绝对) 一致收敛 (absolutely uniform convergence).

例 22.2.3　证明 $\displaystyle\int_0^{+\infty} \frac{\cos(xy)}{1+x^2}\mathrm{d}x$ 在 $[0,+\infty)$ 上一致收敛.

证明　因为对任意的 $y \in [0,+\infty)$, 有 $\left| \dfrac{\cos(xy)}{1+x^2} \right| \leqslant \dfrac{1}{1+x^2}$, 而且 $\displaystyle\int_0^{+\infty} \frac{\mathrm{d}x}{1+x^2}$ 收敛, 于是由推论 22.2.4知,

$$\int_0^{+\infty} \frac{\cos(xy)}{1+x^2}\mathrm{d}x$$

在 $[0,+\infty)$ 上一致收敛.　□

例 22.2.4　证明: $\displaystyle\int_0^{+\infty} \sin x e^{-tx^2}\mathrm{d}x$ 在区间 $[a,+\infty)$ $(a > 0)$ 上一致收敛, 但在 $(0,+\infty)$ 上非一致收敛.

证明　对于任意的 $t \geqslant a > 0$, 有 $|\sin x e^{-tx^2}| \leqslant e^{-ax^2}$, 且 $\displaystyle\int_0^{+\infty} e^{-ax^2}\mathrm{d}x$ 收敛, 所以由推论 22.2.4知, $\displaystyle\int_0^{+\infty} \sin x e^{-tx^2}\mathrm{d}x$ 在 $[a,+\infty)$ 上一致收敛.

取 $A_n = 2n\pi + \dfrac{\pi}{4}, A_n' = 2n\pi + \dfrac{\pi}{2}$, 以及 $t_n = \dfrac{1}{\left(2n\pi + \dfrac{\pi}{2}\right)^2}$, 则有

$$\int_{A_n}^{A_n'} \sin x e^{-t_n x^2}\mathrm{d}x \geqslant \sin A_n e^{-t_n(A_n')^2}(A_n' - A_n) = \frac{\pi\sqrt{2}}{8e}.$$

由推论 22.2.1 知, 无穷积分 $\displaystyle\int_0^{+\infty} \sin x e^{-tx^2}\mathrm{d}x$ 在 $(0,+\infty)$ 上非一致收敛.　□

注意到: 因为反常积分 $\displaystyle\int_0^{+\infty} \sin x e^{-tx^2}\mathrm{d}x$ 在 $t = 0$ 时发散, 所以也可直接由推论 22.2.2 知, 含参数无穷积分 $\displaystyle\int_0^{+\infty} \sin x e^{-tx^2}\mathrm{d}x$ 在 $(0,+\infty)$ 上非一致收敛.

定理 22.2.3　*若 $g(x,y)$ 关于 x 单调 (即对每个固定的 $y \in Y$, $g(x,y)$ 关于 x 是单调函数), 且函数 $f(x,y)$ 和 $g(x,y)$ 满足以下两组条件之一, 则无穷积分 $\displaystyle\int_a^{+\infty} f(x,y)g(x,y)\mathrm{d}x$ 关于 y 在 Y 上一致收敛.*

(1) (Abel 判别法) $\displaystyle\int_a^{+\infty} f(x,y)\mathrm{d}x$ *关于 y 在 Y 上一致收敛; 且 $g(x,y)$ 一致有界, 即存在 $M > 0$, 使得*

$$|g(x,y)| \leqslant M, \forall x \in [a,\infty), y \in Y.$$

(2) (Dirichlet 判别法) $\displaystyle\int_a^A f(x,y)\mathrm{d}x$ 一致有界, 即存在 $M' > 0$, 使得

$$\left|\int_a^A f(x,y)\mathrm{d}x\right| \leqslant M', \forall y \in Y, A > a;$$

且当 $x \to +\infty$ 时 $g(x,y)$ 关于 $y \in Y$ 一致收敛于零, 即对于任意给定的 $\varepsilon > 0$, 存在与 y 无关的正数 A_0, 使得当 $x \geqslant A_0$ 时, $|g(x,y)| < \varepsilon$ 对任意的 $y \in Y$ 成立.

证明　我们只证明 Abel 判别法, Dirichlet 判别法的证明类似.

由于 $\displaystyle\int_a^{+\infty} f(x,y)\mathrm{d}x$ 关于 y 在 Y 上一致收敛, 由 Cauchy 收敛准则, 对于任意给定的 $\varepsilon > 0$, 存在与 y 无关的正数 A_0, 使得当 $A', A > A_0$ 时, 对于所有的 $y \in Y$, 成立

$$\left|\int_A^{A'} f(x,y)\mathrm{d}x\right| < \varepsilon, y \in Y.$$

那么当 $A', A > A_0$ 时, 对于任意 $y \in Y$, 由积分第二中值定理 (定理 21.1.7),

$$\left|\int_A^{A'} f(x,y)g(x,y)\mathrm{d}x\right|$$

$$= \left|g(A,y)\int_A^{\xi} f(x,y)\mathrm{d}x + g(A',y)\int_{\xi}^{A'} f(x,y)\mathrm{d}x\right|$$

$$\leqslant |g(A,y)|\left|\int_A^{\xi} f(x,y)\mathrm{d}x\right| + |g(A',y)|\left|\int_{\xi}^{A'} f(x,y)\mathrm{d}x\right|$$

$$< 2M\varepsilon,$$

其中, ξ 在 A 与 A' 之间. 于是由 Cauchy 收敛准则知, $\displaystyle\int_a^{+\infty} f(x,y)\mathrm{d}x$ 在 Y 上一致收敛.　□

例 22.2.5　证明: $\displaystyle\int_0^{+\infty} \mathrm{e}^{-xy}\frac{\sin x}{x}\mathrm{d}x$ 关于 y 在 $[0,+\infty)$ 上一致收敛.

证明　由反常积分的 Dirichlet 判别法知, $\displaystyle\int_0^{+\infty} \frac{\sin x}{x}\mathrm{d}x$ 收敛, 即它关于 y 一致收敛. 显然 e^{-xy} 关于 x 单调, 且

$$0 \leqslant \mathrm{e}^{-xy} \leqslant 1, \quad 0 \leqslant x < +\infty, \quad 0 \leqslant y < +\infty,$$

即 e^{-xy} 一致有界. 由 Abel 判别法知, $\displaystyle\int_0^{+\infty} \mathrm{e}^{-xy}\frac{\sin x}{x}\mathrm{d}x$ 关于 y 在 $[0,+\infty)$ 上一致收敛.　□

例 22.2.6　证明 $\displaystyle\int_0^{+\infty} \frac{\sin xy}{x}\mathrm{d}x$ 关于 y 在 $(0,+\infty)$ 上不一致收敛, 但在 $(0,+\infty)$ 上是内闭一致收敛的, 即对任意的 $\delta > 0$, 积分在 $[\delta,+\infty)$ 上一致收敛.

证明　记 $f(x,y) = \dfrac{\sin xy}{x}$, 设 $A_n = n\pi, A_n' = 2n\pi, y_n = \dfrac{1}{4n}$, 则

$$\int_{A_n}^{A_n'} f(x,y_n)\mathrm{d}x \geqslant \int_{n\pi}^{2n\pi} \frac{\sqrt{2}/2}{2n\pi}\mathrm{d}x = \frac{\sqrt{2}}{4}.$$

因此, 含参变量反常积分 $\displaystyle\int_0^{+\infty} f(x,y)\mathrm{d}x$ 关于 y 在 $(0,+\infty)$ 上不一致收敛.

对任意的 $A > 0, y \in [\delta, +\infty)$ 有

$$\left| \int_0^A \sin xy\mathrm{d}x \right| = \frac{1 - \cos Ay}{y} \leqslant \frac{2}{\delta},$$

它关于 y 一致有界, 又 $\dfrac{1}{x}$ 关于 x 单调且一致收敛于 0, 由 Dirichlet 判别法知, $\displaystyle\int_0^{+\infty} f(x,y)\mathrm{d}x$ 关于 y 在 $[\delta, +\infty)$ 上一致收敛. $\qquad\square$

注 22.2.2 (1) 需要注意的是, 在上例中, 利用变量代换 $t = xy$ 可得

$$I(y) = \int_0^{+\infty} \frac{\sin xy}{x}\mathrm{d}x = \int_0^{+\infty} \frac{\sin t}{t}\mathrm{d}t = I(1),$$

即 $I(y)$ 在 $(0,+\infty)$ 上是常函数, 但含参变量反常积分 $I(y)$ 关于 y 在 $(0,+\infty)$ 上不一致收敛.

(2) 关于无界函数的含参变量反常积分的一致收敛性, 同样有 Cauchy 收敛原理, Weierstrass 判别法, Abel-Dirichlet 判别法, 请读者自己叙述并加以证明 (参见本节习题 C9). 当然, 无界函数的含参变量反常积分的一致收敛性问题也可以转化为含参变量的无穷积分的一致收敛性问题.

在注 22.2.2(1) 中, 我们看到如果用含有参变量的变量代换, 有可能变换前后的含参变量积分一致收敛性不一样, 因此, 不能利用含有参变量的变量代换来判别含参变量反常积分的一致收敛性. 但如果用不含有参变量的变量代换, 变换前后的含参变量反常积分一致收敛性是否一样呢? 请大家思考. 下面我们来看一个具体的例子.

例 22.2.7 讨论积分 $I(p) = \displaystyle\int_0^1 \dfrac{\sin \dfrac{1}{x}}{x^p}\mathrm{d}x$ 关于 p 在 $(0,2)$ 上的一致收敛性和内闭一致收敛性.

解 $x = 0$ 是瑕点. 作变换 $x = \dfrac{1}{t}$ 得 $J(p) = \displaystyle\int_1^{+\infty} \dfrac{\sin t}{t^{2-p}}\mathrm{d}t$.

因为对任意的 $\varepsilon \in (0,1)$

$$\int_\varepsilon^1 \frac{\sin \dfrac{1}{x}}{x^p}\mathrm{d}x = \int_1^{\frac{1}{\varepsilon}} \frac{\sin t}{t^{2-p}}\mathrm{d}t,$$

所以含参变量反常积分 $I(p), J(p)$ 的一致收敛性相同.

积分 $\displaystyle\int_1^A \sin t\mathrm{d}t$ 关于 $A \in [1, +\infty)$ 有界, 且它与 p 无关, 所以一致有界.

对任何 $p_0 < 2$, $\dfrac{1}{t^{2-p}}$ 关于 $t \in [1, +\infty)$ 单调递减, 且因为 $\dfrac{1}{t^{2-p}} \leqslant \dfrac{1}{t^{2-p_0}} \to 0$, 所以当 $t \to +\infty$ 时 $\dfrac{1}{t^{2-p}}$ 一致趋于 0.

由含参变量反常积分一致收敛的 Dirichlet 判别法可知, 积分关于 $p \in (0, p_0]$ 一致收敛, 即含参变量积分关于 p 在 $(0,2)$ 上是内闭一致收敛的.

下证积分在 $(0,2)$ 上非一致收敛. 取 $A_n = 2n\pi, A_n' = (2n+1)\pi, p_n = 2 - \dfrac{1}{n}$, 则

$$\left|\int_{A_n}^{A'_n}\frac{\sin t}{t^{2-p_n}}\mathrm{d}t\right|\geqslant\frac{1}{((2n+1)\pi)^{2-p_n}}\int_{2n\pi}^{(2n+1)\pi}\sin t\mathrm{d}t=\frac{2}{((2n+1)\pi)^{\frac{1}{n}}}\to 2.$$

由 Cauchy 收敛准则知含参变量反常积分在 $(0,2)$ 上非一致收敛.

例 22.2.8 设 $0<p<2$, 讨论反常积分 $I(y)=\int_0^{+\infty}\frac{\sin xy}{x^p}\mathrm{d}x$ 关于 y 在 $(0,+\infty)$ 上的一致收敛性和内闭一致收敛性.

证明 注意到 0 可能是瑕点, 将 $I(y)$ 写成

$$I=\int_0^{+\infty}\frac{\sin xy}{x^p}\mathrm{d}x=\int_0^1\frac{\sin xy}{x^p}\mathrm{d}x+\int_1^{+\infty}\frac{\sin xy}{x^p}\mathrm{d}x\doteq I_1(y)+I_2(y),$$

则 $I(y)$(内闭) 一致收敛的充要条件是 $I_1(y),I_2(y)$ 均 (内闭) 一致收敛.

(1) 先考虑 $I_1(y)$.

(i) 当 $0<p<1$ 时, 由于

$$\left|\frac{\sin xy}{x^p}\right|\leqslant\frac{1}{x^p},$$

而 $\int_0^1\frac{1}{x^p}\mathrm{d}x$ 收敛, 所以 $I_1(y)$ 在 $[0,+\infty)$ 上一致收敛.

(ii) 当 $1\leqslant p<2$ 时, 对任意 $[0,b]\subset[0,+\infty)$, 由于

$$\left|\frac{\sin xy}{x^p}\right|\leqslant\frac{xy}{x^p}\leqslant\frac{b}{x^{p-1}},\ \forall y\in[0,b],$$

而 $\int_0^1\frac{b}{x^{p-1}}\mathrm{d}x$ 收敛, 所以 $I_1(y)$ 在 $[0,b]$ 上一致收敛, 即 I_1 在 $[0,+\infty)$ 内闭一致收敛.

但当 $1\leqslant p<2$ 时, $I_1(y)$ 在 $(0,+\infty)$ 上非一致收敛. 事实上, $\forall n\in\mathbb{N}$, 取 $y_n=n$,

$$\int_{\frac{\pi}{4n}}^{\frac{\pi}{2n}}\frac{\sin nx}{x^p}\mathrm{d}x\geqslant\left(\frac{2n}{\pi}\right)^p\frac{\sqrt{2}}{2n}\geqslant\frac{\sqrt{2}}{\pi},$$

由 Cauchy 收敛准则知, $I_1(y)$ 关于 y 在 $(0,+\infty)$ 上非一致收敛.

(2) 再考虑 $I_2(y)$.

(i) 当 $p>1$ 时,

$$\left|\frac{\sin xy}{x^p}\right|\leqslant\frac{1}{x^p},$$

而 $\int_1^{+\infty}\frac{1}{x^p}\mathrm{d}x$ 收敛, 所以 $I_2(y)$ 在 $[0,+\infty)$ 上一致收敛.

(ii) 当 $0<p\leqslant 1$ 时, 对任意的 $a>0$,

$$\left|\int_1^A\sin xy\mathrm{d}x\right|=\left|\frac{\cos y-\cos(Ay)}{y}\right|\leqslant\frac{2}{y}\leqslant\frac{2}{a},\quad A\geqslant 0,y\in[a,+\infty),$$

因此它在 $[a,+\infty)$ 上一致有界.

显然, $\frac{1}{x^p}$ 是关于 x 的单调递减函数, $\lim\limits_{x\to+\infty}\frac{1}{x^p}=0$, 且 $\frac{1}{x^p}$ 与 y 无关, 因此这个极限关于 $y\in[a,+\infty)$ 是一致的. 于是由 Dirichlet 判别法知, $I_2(y)$ 在 $[a,+\infty)$ 上一致收敛.

再证明 $I_2(y)$ 在 $(0,+\infty)$ 上非一致收敛. 对于任意正整数 n, 取 $y_n=\frac{1}{n}$, 这时

$$\left| \int_{n\pi}^{\frac{3}{2}n\pi} \frac{\sin xy_n}{x^p} \mathrm{d}x \right| = \left| \int_{n\pi}^{\frac{3}{2}n\pi} \frac{\sin \frac{x}{n}}{x^p} \mathrm{d}x \right| > \frac{1}{\left(\frac{3}{2}n\pi\right)^p} \left| \int_{n\pi}^{\frac{3}{2}n\pi} \sin \frac{x}{n} \mathrm{d}x \right| = \frac{n^{1-p}}{\left(\frac{3}{2}\pi\right)^p} \geqslant \left(\frac{2}{3\pi}\right)^p.$$

由 Cauchy 收敛准则知, $I_2(y)$ 在 $(0,+\infty)$ 上非一致收敛.

(3) 综合而言, 对 $0 < p < 2$, 含参变量反常积分 $I(y) = \int_0^{+\infty} \frac{\sin xy}{x^p} \mathrm{d}x$ 在 $(0,+\infty)$ 上内闭一致收敛, 但在 $(0,+\infty)$ 上非一致收敛. $\square$

定理 22.2.4 (Dini 定理) 设 Y 是紧度量空间, 函数 $f(x,y)$ 在 $[a,+\infty) \times Y$ 上连续且定号, 若含参变量反常积分 (22.2.2) 定义的函数 $I(y)$ 在 Y 上连续, 那么这个含参变量反常积分在 Y 上一致收敛.

证明 不妨设 $f(x,y) \geqslant 0$. 若含参变量反常积分 (22.2.2) 在 Y 上不一致收敛, 则存在 $\varepsilon_0 > 0, A_n \to +\infty, y_n \in Y$, 使得

$$\int_{A_n}^{+\infty} f(x,y_n) \mathrm{d}x \geqslant \varepsilon_0.$$

由 Y 的紧性知, 点列 $\{y_n\}$ 必有收敛子列, 不妨将收敛子列仍记为 $\{y_n\}$, 即不妨设 $\{y_n\}$ 收敛. 记 $y_0 = \lim\limits_{n\to\infty} y_n \in Y$.

由于反常积分 $\int_a^{+\infty} f(x,y_0) \mathrm{d}x$ 收敛, 所以存在 $A > a$, 使得

$$\int_A^{+\infty} f(x,y_0) \mathrm{d}x < \frac{\varepsilon_0}{2}.$$

且由 $f(x,y) \geqslant 0$ 知, 当 n 充分大时 $A_n > A$, 则

$$\int_A^{+\infty} f(x,y_n) \mathrm{d}x \geqslant \int_{A_n}^{+\infty} f(x,y_n) \mathrm{d}x \geqslant \varepsilon_0.$$

因为

$$\int_A^{+\infty} f(x,y) \mathrm{d}x = \int_a^{+\infty} f(x,y) \mathrm{d}x - \int_a^A f(x,y) \mathrm{d}x,$$

$\int_a^{+\infty} f(x,y) \mathrm{d}x$ 和 $\int_a^A f(x,y) \mathrm{d}x$ 关于 y 都连续, 故 $\int_A^{+\infty} f(x,y) \mathrm{d}x$ 关于 y 连续. 因此

$$\lim_{n\to\infty} \int_A^{+\infty} f(x,y_n) \mathrm{d}x = \int_A^{+\infty} f(x,y_0) \mathrm{d}x < \frac{\varepsilon_0}{2}.$$

这与 n 充分大时 $\int_A^{+\infty} f(x,y_n) \mathrm{d}x \geqslant \varepsilon_0$ 矛盾. 因此无穷积分 (22.2.2) 在 Y 上一致收敛. $\square$

Dini 定理中紧性条件不成立时, (即使对列紧集) 结论不一定成立. 如例 22.2.2 中的含参变量反常积分 $I(y) = \int_0^{+\infty} \mathrm{e}^{-xy} \mathrm{d}x$ 在 $(0,1]$ 上非一致收敛, 但 $I(y) = \frac{1}{y}$ 在 $(0,1]$ 上连续.

§22.2.3 一致收敛反常积分的分析性质

现在讨论含参变量反常积分定义的函数的分析性质, 即连续性、可微性和可积性.

定理 22.2.5 (连续性定理)　设 (Y, d) 是度量空间, 若对任意的 $A > a$, $f(x, y)$ 在 $[a, A] \times Y$ 上一致连续, 含参变量反常积分 $\displaystyle\int_a^{+\infty} f(x, y)\mathrm{d}x$ 关于 y 在 Y 上一致收敛, 则函数

$$I(y) = \int_a^{+\infty} f(x, y)\mathrm{d}x$$

在 Y 上连续, 即

$$\lim_{y \to y_0} \int_a^{+\infty} f(x, y)\mathrm{d}x = \int_a^{+\infty} \lim_{y \to y_0} f(x, y)\mathrm{d}x, \forall y_0 \in Y.$$

也就是说, 极限运算与反常积分运算可以交换次序.

证明　对任意 $y_0 \in Y, \varepsilon > 0$, 由 $\displaystyle\int_a^{+\infty} f(x, y)\mathrm{d}x$ 关于 y 在 Y 上一致收敛知, 存在 $A_0 > a$, 使得当 $A \geqslant A_0$ 时, 式 (22.2.3) 成立, 即

$$\left| \int_{A_0}^{+\infty} f(x, y)\mathrm{d}x \right| < \varepsilon, \ \forall y \in Y.$$

由连续性定理 (定理 22.1.1) 及注 22.1.1 知, $\displaystyle\int_a^{A_0} f(x, y)\mathrm{d}x$ 是 Y 上的连续函数, 所以对上述的 $\varepsilon > 0$, 存在 $\delta > 0$, 使得当 $y \in Y, d(y, y_0) < \delta$ 时,

$$\left| \int_a^{A_0} f(x, y)\mathrm{d}x - \int_a^{A_0} f(x, y_0)\mathrm{d}x \right| < \varepsilon.$$

于是,

$$\begin{aligned}
|I(y) - I(y_0)| &= \left| \int_a^{+\infty} f(x, y)\mathrm{d}x - \int_a^{+\infty} f(x, y_0)\mathrm{d}x \right| \\
&\leqslant \left| \int_a^{A_0} f(x, y)\mathrm{d}x - \int_a^{A_0} f(x, y_0)\mathrm{d}x \right| \\
&\quad + \left| \int_{A_0}^{+\infty} f(x, y)\mathrm{d}x \right| + \left| \int_{A_0}^{+\infty} f(x, y_0)\mathrm{d}x \right| \\
&< \varepsilon + \varepsilon + \varepsilon = 3\varepsilon.
\end{aligned} \tag{22.2.6}$$

因此 $I(y)$ 在 y_0 点连续. 由 $y_0 \in Y$ 的任意性知 $I(y)$ 在 Y 上连续,　　　　　　　□

注 22.2.3　(1) 若 (Y, d) 是紧度量空间, $f(x, y)$ 在 $[a, +\infty) \times Y$ 上连续, 结论仍然成立.

(2) 若 $Y \subset \mathbb{R}^n$ 为开集, 含参变量反常积分在 Y 上 (内闭) 一致收敛, 则结论仍然成立.

(3) 定理 22.2.5所述结论的逆不真, 如例 22.2.6 中, 对任意的 $A > 0$, 被积函数 $f(x, y) = \dfrac{\sin xy}{x}$ 可以连续延拓到 $[0, A] \times [0, 1]$ 上. 因此 $f : [0, A] \times (0, 1] \to \mathbb{R}$ 一致连续, 且 $I(y)$ 为常数, 当然连续, 但含参变量积分不一致收敛.

又例如:

$$\int_0^{+\infty} \mathrm{e}^{-ax} \sin x \mathrm{d}x = \frac{1}{1 + a^2}, a \in (0, 1]$$

关于 a 在 $(0,1]$ 上连续, 且被积函数对任意的 $A > 0$ 在 $[0, A] \times [0,1]$ 上一致连续, 但是积分关于 a 在 $(0,1]$ 上并不一致收敛. 事实上, 取 $\varepsilon_0 = \dfrac{2}{e} > 0$, 对任意 $A > 0$, 存在 $A' = 2n\pi, A'' = (2n+1)\pi > A$ 及 $a_0 = \dfrac{1}{(2n+1)\pi} \in (0,1]$, 使得

$$\left| \int_{A'}^{A''} e^{-a_0 x} \sin x \mathrm{d}x \right| = \int_{2n\pi}^{(2n+1)\pi} e^{\frac{-x}{(2n+1)\pi}} \sin x \mathrm{d}x \geqslant \frac{1}{e} \int_{2n\pi}^{(2n+1)\pi} \sin x \mathrm{d}x = \frac{2}{e} = \varepsilon_0.$$

(4) Dini 定理不是定理 22.2.5 的逆定理, 但当 $f(x,y)$ 保持定号时, 由 Dini 定理, $I(y)$ 的连续性能得到 $\int_a^{+\infty} f(x,y)\mathrm{d}x$ 的一致收敛性.

定理 22.2.6 (积分次序交换定理) 设 $f(x,y)$ 在 $[a, +\infty) \times [c, d]$ 上连续, $\int_a^{+\infty} f(x,y)\mathrm{d}x$ 关于 $y \in [c, d]$ 一致收敛, 则函数

$$I(y) = \int_a^{+\infty} f(x,y)\mathrm{d}x$$

在 $[c, d]$ 上可积, 且可以交换积分次序, 即

$$\int_c^d \mathrm{d}y \int_a^{+\infty} f(x,y)\mathrm{d}x = \int_a^{+\infty} \mathrm{d}x \int_c^d f(x,y)\mathrm{d}y.$$

证明 根据连续性定理, $I(y)$ 在 $[c, d]$ 上连续, 从而可积. 因为 $\int_a^{+\infty} f(x,y)\mathrm{d}x$ 关于 $y \in [c, d]$ 一致收敛, 故对任何的 $\varepsilon > 0$, 存在 $A_0 > a$, 使得当 $A > A_0$ 时, 有

$$\left| \int_A^{+\infty} f(x,y)\mathrm{d}x \right| < \varepsilon, \ \forall y \in [c, d]. \tag{22.2.7}$$

由含参变量常义积分交换次序定理知, 对任何 $A > A_0 > a$,

$$\int_c^d \mathrm{d}y \int_a^A f(x,y)\mathrm{d}x = \int_a^A \mathrm{d}x \int_c^d f(x,y)\mathrm{d}y. \tag{22.2.8}$$

于是

$$\int_c^d I(y)\mathrm{d}y = \int_c^d \left(\int_a^A f(x,y)\mathrm{d}x \right) \mathrm{d}y + \int_c^d \left(\int_A^{+\infty} f(x,y)\mathrm{d}x \right) \mathrm{d}y$$

$$= \int_a^A \left(\int_c^d f(x,y)\mathrm{d}y \right) \mathrm{d}x + \int_c^d \left(\int_A^{+\infty} f(x,y)\mathrm{d}x \right) \mathrm{d}y,$$

再由不等式 (22.2.7) 知,

$$\left| \int_c^d I(y)\mathrm{d}y - \int_a^A \left(\int_c^d f(x,y)\mathrm{d}y \right) \mathrm{d}x \right| \leqslant \left| \int_c^d \left(\int_A^{+\infty} f(x,y)\mathrm{d}x \right) \mathrm{d}y \right| < \varepsilon(d-c),$$

因此积分可交换次序. $\qquad\qquad\square$

由 Dini 定理, 对于定号函数, 含参变量积分 $I(y)$ 在 $[c, d]$ 上的一致收敛性可以由其连续性得到, 因此立即可以得到下面推论.

推论 22.2.5   设 $f(x,y)$ 在 $[a,+\infty) \times [c,d]$ 上连续且非负, $I(y) = \int_a^{+\infty} f(x,y)\mathrm{d}x$ 关于 $y \in [c,d]$ 连续, 则

$$\int_c^d \mathrm{d}y \int_a^{+\infty} f(x,y)\mathrm{d}x = \int_a^{+\infty} \mathrm{d}x \int_c^d f(x,y)\mathrm{d}y.$$

例 22.2.9   计算积分

$$\int_0^{+\infty} \frac{\mathrm{e}^{-ax} - \mathrm{e}^{-bx}}{x}\mathrm{d}x \quad (0 < a < b).$$

解   因为

$$\frac{\mathrm{e}^{-ax} - \mathrm{e}^{-bx}}{x} = \int_a^b \mathrm{e}^{-xy}\mathrm{d}y,$$

且 $I(y) = \int_0^{+\infty} \mathrm{e}^{-xy}\mathrm{d}x = \dfrac{1}{y}$ 在 $[a,b]$ 上连续, 则由上面推论知

$$\int_0^{+\infty} \frac{\mathrm{e}^{-ax} - \mathrm{e}^{-bx}}{x}\mathrm{d}x = \int_0^{+\infty} \mathrm{d}x \int_a^b \mathrm{e}^{-xy}\mathrm{d}y$$

$$= \int_a^b \mathrm{d}y \int_0^{+\infty} \mathrm{e}^{-xy}\mathrm{d}x = \int_a^b \frac{\mathrm{d}y}{y} = \ln\frac{b}{a}.$$

例 22.2.10   对任意固定的 $A > 1$, 因为

$$\left| \int_A^{+\infty} \frac{x^2 - y^2}{(x^2 + y^2)^2}\mathrm{d}x \right| = -\frac{x}{x^2 + y^2}\Big|_{x=A}^{+\infty} = \frac{A}{A^2 + y^2} < \frac{1}{A}, \forall y \in \mathbb{R},$$

所以 $\int_1^{+\infty} \dfrac{x^2 - y^2}{(x^2 + y^2)^2}\mathrm{d}x$ 关于 y 在 $(-\infty, +\infty)$ 上一致收敛. 同理 $\int_1^{+\infty} \dfrac{x^2 - y^2}{(x^2 + y^2)^2}\mathrm{d}y$ 关于 x 在 $(-\infty, +\infty)$ 上也一致收敛. 但是直接计算得

$$-\frac{\pi}{4} = \int_1^{+\infty} \mathrm{d}x \int_1^{+\infty} \frac{x^2 - y^2}{(x^2 + y^2)^2}\mathrm{d}y \neq \int_1^{+\infty} \mathrm{d}y \int_1^{+\infty} \frac{x^2 - y^2}{(x^2 + y^2)^2}\mathrm{d}x = \frac{\pi}{4},$$

即两个累次积分的次序不能交换.

上面的例子表明, 若关于 y 的积分是反常积分时, 定理 22.2.6的条件还不足以保证积分次序可交换. 但在增加绝对收敛的条件后则可以保证积分次序可交换.

定理 22.2.7   设 $f(x,y)$ 在 $[a,+\infty) \times [c,+\infty)$ 上连续, $\int_a^{+\infty} f(x,y)\mathrm{d}x$ 关于 y 在 $[c,+\infty)$ 上内闭一致收敛, $\int_c^{+\infty} f(x,y)\mathrm{d}y$ 关于 x 在 $[a,+\infty)$ 上内闭一致收敛, 且

$$\int_a^{+\infty} \mathrm{d}x \int_c^{+\infty} |f(x,y)|\mathrm{d}y$$

和

$$\int_c^{+\infty} \mathrm{d}y \int_a^{+\infty} |f(x,y)|\mathrm{d}x$$

中有一个存在, 则

$$\int_a^{+\infty} \mathrm{d}x \int_c^{+\infty} f(x,y)\mathrm{d}y = \int_c^{+\infty} \mathrm{d}y \int_a^{+\infty} f(x,y)\mathrm{d}x.$$

证明 不妨假设 $\displaystyle\int_a^{+\infty}\mathrm{d}x\int_c^{+\infty}|f(x,y)|\mathrm{d}y$ 存在. 记

$$J(x)=\int_c^{+\infty}f(x,y)\mathrm{d}y,\ K(x)=\int_c^{+\infty}|f(x,y)|\mathrm{d}y.$$

由假定知, $J(x)$ 在 $[a,+\infty)$ 上连续, $\displaystyle\int_a^{+\infty}K(x)\mathrm{d}x$ 收敛, 而 $|J(x)|\leqslant K(x)$, 所以由比较判别法知, $\displaystyle\int_a^{+\infty}J(x)\mathrm{d}x$ 绝对收敛, 从而收敛. 再由定理 22.2.6,

$$\int_c^{+\infty}\mathrm{d}y\int_a^{+\infty}f(x,y)\mathrm{d}x=\lim_{C\to+\infty}\int_c^C\mathrm{d}y\int_a^{+\infty}f(x,y)\mathrm{d}x=\lim_{C\to+\infty}\int_a^{+\infty}\mathrm{d}x\int_c^C f(x,y)\mathrm{d}y.$$

所以我们下面要证明

$$\lim_{C\to+\infty}\int_a^{+\infty}\mathrm{d}x\int_c^C f(x,y)\mathrm{d}y=\int_a^{+\infty}\mathrm{d}x\int_c^{+\infty}f(x,y)\mathrm{d}y,$$

也就是要证明

$$\lim_{C\to+\infty}\int_a^{+\infty}\mathrm{d}x\int_C^{+\infty}f(x,y)\mathrm{d}y=0.$$

令

$$\int_a^{+\infty}\mathrm{d}x\int_C^{+\infty}f(x,y)\mathrm{d}y=\int_a^A\mathrm{d}x\int_C^{+\infty}f(x,y)\mathrm{d}y+\int_A^{+\infty}\mathrm{d}x\int_C^{+\infty}f(x,y)\mathrm{d}y=I_1+I_2.$$

由 $\displaystyle\int_a^{+\infty}\mathrm{d}x\int_c^{+\infty}|f(x,y)|\mathrm{d}y$ 收敛, 故对 $\forall\varepsilon>0,\exists A_0$, 当 $A>A_0$ 时, 有

$$\begin{aligned}|I_2|&=\left|\int_A^{+\infty}\mathrm{d}x\int_C^{+\infty}f(x,y)\mathrm{d}y\right|\leqslant\int_A^{+\infty}\mathrm{d}x\int_C^{+\infty}|f(x,y)|\mathrm{d}y\\&\leqslant\int_A^{+\infty}\mathrm{d}x\int_c^{+\infty}|f(x,y)|\mathrm{d}y<\frac{\varepsilon}{2}.\end{aligned}$$

固定 A, 由于 $\displaystyle\int_c^{+\infty}f(x,y)\mathrm{d}y$ 关于 x 在 $[a,A]$ 上一致收敛, 所以存在 C_0, 当 $C>C_0$ 时, 有

$$\left|\int_C^{+\infty}f(x,y)\mathrm{d}y\right|<\frac{\varepsilon}{2(A-a)},\forall x\in[a,A].$$

因此

$$|I_1|=\left|\int_a^A\mathrm{d}x\int_C^{+\infty}f(x,y)\mathrm{d}y\right|\leqslant\int_a^A\left|\int_C^{+\infty}f(x,y)\mathrm{d}y\right|\mathrm{d}x<\frac{\varepsilon}{2}.$$

综上所述, 当 $C>C_0$ 时, 有

$$\left|\int_a^{+\infty}\mathrm{d}x\int_C^{+\infty}f(x,y)\mathrm{d}y\right|<\varepsilon. \qquad\square$$

用定理 22.2.7 来讨论反常累次积分的可交换性, 需要验证的条件很多. 类似于推论 22.2.5, 对于非负函数, 根据 Dini 定理, 由含参变量积分的连续性可以得到内闭一致收敛性, 因此得到了以下条件更易于验证的推论.

推论 22.2.6　设 $f(x,y)$ 在 $[a,+\infty) \times [c,+\infty)$ 上连续且非负, $I(y) = \int_a^{+\infty} f(x,y)\mathrm{d}x$, $J(x) = \int_c^{+\infty} f(x,y)\mathrm{d}y$ 分别在 $[c,+\infty), [a,+\infty)$ 上连续, 且下面两个累次广义积分

$$\int_a^{+\infty} \mathrm{d}x \int_c^{+\infty} f(x,y)\mathrm{d}y, \quad \int_c^{+\infty} \mathrm{d}y \int_a^{+\infty} f(x,y)\mathrm{d}x$$

中有一个存在, 则另一个也存在且积分值相等.

例 22.2.11　通过交换累次广义积分计算 Euler-Poisson 积分 $\int_0^{+\infty} \mathrm{e}^{-x^2}\mathrm{d}x$.

解　对于任意的 $y > 0$, 作变量代换 $u = xy$, 则有 $I \doteq \int_0^{+\infty} \mathrm{e}^{-u^2}\mathrm{d}u = y\int_0^{+\infty} \mathrm{e}^{-(xy)^2}\mathrm{d}x$.
令 $f(x,y) = y\mathrm{e}^{-(1+x^2)y^2}, x,y \geqslant 0$, 注意到函数在一个点的函数值不影响积分, 则

$$I^2 = \int_0^{+\infty} \mathrm{e}^{-y^2}\mathrm{d}y \int_0^{+\infty} \mathrm{e}^{-u^2}\mathrm{d}u = \int_0^{+\infty} \mathrm{d}y \int_0^{+\infty} f(x,y)\mathrm{d}x.$$

而

$$\int_0^{+\infty} f(x,y)\mathrm{d}x = \mathrm{e}^{-y^2}I, \quad \int_0^{+\infty} f(x,y)\mathrm{d}y = \frac{1}{2(1+x^2)}$$

分别关于 y, x 在 $[0,+\infty)$ 上均连续, 且

$$\int_0^{+\infty} \mathrm{d}x \int_0^{+\infty} f(x,y)\mathrm{d}y = \int_0^{+\infty} \frac{1}{2(1+x^2)}\mathrm{d}x = \frac{\pi}{4},$$

则积分可交换, 故 $I^2 = \frac{\pi}{4}$, 因此 $I = \frac{\sqrt{\pi}}{2}$.

定理 22.2.8 (积分号下求导定理)　设区间 $Y \subset \mathbb{R}$, $f(x,y), f_y(x,y)$ 在 $[a,+\infty) \times Y$ 上都连续, $\int_a^{+\infty} f(x,y)\mathrm{d}x$ 对任意 $y \in Y$ 收敛, $\int_a^{+\infty} f_y(x,y)\mathrm{d}x$ 关于 y 在 Y 上内闭一致收敛, 则函数

$$I(y) = \int_a^{+\infty} f(x,y)\mathrm{d}x$$

在 Y 上连续可导, 且有

$$I'(y) = \int_a^{+\infty} f_y(x,y)\mathrm{d}x,$$

即

$$\frac{\mathrm{d}}{\mathrm{d}y} \int_a^{+\infty} f(x,y)\mathrm{d}x = \int_a^{+\infty} \frac{\partial}{\partial y}f(x,y)\mathrm{d}x,$$

也就是说, 求导运算与积分运算可交换.

证明 记 $\phi(y) = \displaystyle\int_a^{+\infty} f_y(x,y)\mathrm{d}x$, 由于 $\displaystyle\int_a^{+\infty} f_y(x,y)\mathrm{d}x$ 关于 y 在 Y 上内闭一致收敛, 可知 $\phi(y)$ 在 Y 上连续. 于是对于 $t \in [c,d] \subset Y$, 由定理 22.2.6 得

$$\int_c^t \phi(y)\mathrm{d}y = \int_c^t \mathrm{d}y \int_a^{+\infty} f_y(x,y)\mathrm{d}x = \int_a^{+\infty} \mathrm{d}x \int_c^t f_y(x,y)\mathrm{d}y$$
$$= \int_a^{+\infty} [f(x,t) - f(x,c)]\mathrm{d}x = \int_a^{+\infty} f(x,t)\mathrm{d}x - \int_a^{+\infty} f(x,c)\mathrm{d}x$$
$$= I(t) - I(c).$$

由于 $\phi(y)$ 在 $[c,d]$ 上连续, 所以函数 $\displaystyle\int_c^t \phi(y)\mathrm{d}y$ 可导, 从而 $I(t)$ 可导. 上式两边求导得

$$I'(y) = \phi(y) = \int_a^{+\infty} f_y(x,y)\mathrm{d}x.$$

又由定理 22.2.6 知 $I'(y)$ 在 $[c,d]$ 上连续, 因此结论成立. □

例 22.2.12 确定函数

$$I(y) = \int_0^{+\infty} \frac{\ln(1+x)}{x^y}\mathrm{d}x$$

的连续范围.

解 由例 8.2.9 知, $I(y)$ 的定义域为 $(1,2)$.

下面证明 $I(y)$ 在其定义域 $(1,2)$ 上连续. 因为被积函数 $f(x,y) = \dfrac{\ln(1+x)}{x^y}$ 在 $(0, +\infty) \times (1,2)$ 上连续, 因此下面只要分别证明 $I_1(y)$ 和 $I_2(y)$ 在 $(1,2)$ 上内闭一致收敛, 其中,

$$I_1(y) = \int_0^1 \frac{\ln(1+x)}{x^y}\mathrm{d}x, \quad I_2(y) = \int_1^{+\infty} \frac{\ln(1+x)}{x^y}\mathrm{d}x.$$

任意给定闭区间 $[a,b] \subset (1,2)$, 由于

$$0 < \frac{\ln(1+x)}{x^y} \leqslant \frac{\ln(1+x)}{x^b}, 0 < x \leqslant 1, a \leqslant y \leqslant b < 2,$$

且 $\displaystyle\int_0^1 \frac{\ln(1+x)}{x^b}\mathrm{d}x$ 收敛, 由 Weierstrass 判别法知, $I_1(y)$ 在 $[a,b]$ 上一致收敛.
又由于

$$0 < \frac{\ln(1+x)}{x^y} \leqslant \frac{\ln(1+x)}{x^a}, 1 \leqslant x < +\infty, 1 < a \leqslant y \leqslant b,$$

且 $\displaystyle\int_1^{+\infty} \frac{\ln(1+x)}{x^a}\mathrm{d}x$ 收敛, 再由 Weierstrass 判别法知, $I_2(y)$ 在 $[a,b]$ 上一致收敛.
综上所述, $I(y)$ 在其定义域 $(1,2)$ 内连续.

例 22.2.13 计算 Dirichlet 积分

$$I = \int_0^{+\infty} \frac{\sin x}{x}\mathrm{d}x.$$

解   考虑含参变量反常积分 (这里引进了**收敛因子** $e^{-\alpha x}$):

$$I(\alpha) = \int_0^{+\infty} e^{-\alpha x}\frac{\sin x}{x}\mathrm{d}x, \alpha \geqslant 0.$$

记

$$f(x,\alpha) = \begin{cases} e^{-\alpha x}\dfrac{\sin x}{x}, & x \neq 0, \\ 1, & x = 0. \end{cases}$$

显然 $f(x,\alpha)$ 与 $f_\alpha(x,\alpha) = -e^{-\alpha x}\sin x$ 都在 $[0,+\infty) \times [0,+\infty)$ 上连续.

由例 22.2.5 知, $\int_0^{+\infty} e^{-\alpha x}\dfrac{\sin x}{x}\mathrm{d}x$ 关于 α 在 $[0,+\infty)$ 上一致收敛, 因此 $I(\alpha)$ 在 $[0,+\infty)$ 上连续, 从而

$$I = I(0) = \lim_{\alpha \to +0} I(\alpha).$$

为了求 $I(\alpha)$, 利用积分号下求导的方法. 考虑

$$\int_0^{+\infty} f_\alpha(x,\alpha)\mathrm{d}x = -\int_0^{+\infty} e^{-\alpha x}\sin x\mathrm{d}x.$$

对于任意 $\alpha_0 > 0$, 由于 $|e^{-\alpha x}\sin x| \leqslant e^{-\alpha_0 x}(0 \leqslant x < +\infty, \alpha_0 \leqslant \alpha < +\infty)$, 且 $\int_0^{+\infty} e^{-\alpha_0 x}\mathrm{d}x$ 收敛, 由 Weierstrass 判别法, $\int_0^{+\infty} f_\alpha(x,\alpha)\mathrm{d}x = -\int_0^{+\infty} e^{-\alpha x}\sin x\mathrm{d}x$ 在 $[\alpha_0,+\infty)$ 上一致收敛. 由定理 22.2.8,

$$I'(\alpha) = -\int_0^{+\infty} e^{-\alpha x}\sin x\mathrm{d}x = \left[\frac{e^{-\alpha x}(\alpha\sin x + \cos x)}{1+\alpha^2}\right]\Bigg|_0^{+\infty} = -\frac{1}{1+\alpha^2}.$$

由 α_0 的任意性可知上式在 $(0,+\infty)$ 上成立. 对上式两边积分, 得到

$$I(\alpha) = -\arctan\alpha + C.$$

由于在 $(0,+\infty)$ 上

$$|I(\alpha)| = \left|\int_0^{+\infty} e^{-\alpha x}\frac{\sin x}{x}\mathrm{d}x\right| \leqslant \int_0^{+\infty} e^{-\alpha x}\mathrm{d}x = \frac{1}{\alpha},$$

因此 $\lim\limits_{\alpha \to +\infty} I(\alpha) = 0$, 所以 $C = \dfrac{\pi}{2}$, 从而 $I(\alpha) = -\arctan\alpha + \dfrac{\pi}{2}$. 于是

$$\int_0^{+\infty} \frac{\sin x}{x}\mathrm{d}x = I(0) = \lim_{\alpha \to 0^+} I(\alpha) = \lim_{\alpha \to 0^+}\left(-\arctan\alpha + \frac{\pi}{2}\right) = \frac{\pi}{2}.$$

注 22.2.4   尽管 $\dfrac{\sin x}{x}$ 的原函数不是初等函数, 但利用含参变量积分求导方法可以求得它在 $(0,+\infty)$ 上的积分值.

另外由此易得

$$\int_0^{+\infty} \frac{\sin\alpha x}{x}\mathrm{d}x = \frac{\pi}{2}\mathrm{sgn}\alpha.$$

显然 $\mathrm{sgn}\alpha$ 不是初等函数, 但可以用含参变量积分表示.

例 22.2.14 计算积分

$$J = \int_{-\infty}^{+\infty} \left(\frac{\sin x}{x}\right)^2 \mathrm{d}x.$$

解 因为积分 $I = \int_0^{+\infty} \left(\frac{\sin x}{x}\right)^2 \mathrm{d}x$ 收敛, 由分部积分法得

$$I = x\left(\frac{\sin x}{x}\right)^2 \Big|_0^{+\infty} - \int_0^{+\infty} 2x\left(\frac{\sin x}{x} \cdot \frac{x\cos x - \sin x}{x^2}\right)\mathrm{d}x$$

$$= -\int_0^{+\infty} \frac{\sin 2x}{x}\mathrm{d}x + 2I.$$

再利用 Dirichlet 积分得

$$I = \int_0^{+\infty} \frac{\sin 2x}{x}\mathrm{d}x = \int_0^{+\infty} \frac{\sin x}{x}\mathrm{d}x = \frac{\pi}{2}.$$

因此

$$J = \int_{-\infty}^{+\infty} \left(\frac{\sin x}{x}\right)^2 \mathrm{d}x = 2\int_0^{+\infty} \left(\frac{\sin x}{x}\right)^2 \mathrm{d}x = \pi.$$

例 22.2.15 计算积分

$$I(x) = \int_0^{+\infty} \mathrm{e}^{-t^2}\cos(xt)\mathrm{d}t.$$

解 记 $f(x,t) = \mathrm{e}^{-t^2}\cos xt$, 则 $f_x(x,t) = -t\mathrm{e}^{-t^2}\sin xt$. 这时有

$$|f_x(x,t)| = |-t\mathrm{e}^{-t^2}\sin xt| \leqslant t\mathrm{e}^{-t^2}, -\infty < x < +\infty,\ 0 \leqslant t < +\infty.$$

由于反常积分 $\int_0^{+\infty} t\mathrm{e}^{-t^2}\mathrm{d}t$ 收敛, 由 Weierstrass 判别法知, 含参变量反常积分

$$\int_0^{+\infty} f_x(x,t)\mathrm{d}t = -\int_0^{+\infty} t\mathrm{e}^{-t^2}\sin(xt)\mathrm{d}t$$

关于 x 在 $(-\infty, +\infty)$ 上一致收敛. 应用积分号下求导定理, 得到

$$I'(x) = -\int_0^{+\infty} t\mathrm{e}^{-t^2}\sin(xt)\mathrm{d}t = \frac{1}{2}\left[\mathrm{e}^{-t^2}\sin xt\Big|_0^{+\infty} - x\int_0^{+\infty} \mathrm{e}^{-t^2}\cos(xt)\mathrm{d}t\right] = -\frac{x}{2}I(x).$$

于是可解得

$$I(x) = C\mathrm{e}^{-\frac{x^2}{4}}.$$

由于 $I(0) = \int_0^{+\infty} \mathrm{e}^{-t^2}\mathrm{d}t = \frac{\sqrt{\pi}}{2}$, 因此 $C = \frac{\sqrt{\pi}}{2}$. 于是

$$I(x) = \frac{\sqrt{\pi}}{2}\mathrm{e}^{-\frac{x^2}{4}}.$$

习题 22.2

A1. 证明下列含参变量积分在指定区间上一致收敛:

(1) $\displaystyle\int_1^{+\infty} \frac{y^2 - x^2}{(x^2 + y^2)^2}\mathrm{d}y, x \in (-\infty, +\infty);$

(2) $\displaystyle\int_1^{+\infty} y^x \mathrm{e}^{-y}\mathrm{d}y, \quad x \in [a,b];$

(3) $\displaystyle\int_0^{+\infty} \frac{\mathrm{e}^{-xy}\cos xy}{x^2 + y^2}\mathrm{d}y, \ x \geqslant a > 0;$

(4) $\displaystyle\int_0^1 y^{x-1}(1-y)\mathrm{d}y, \quad x \geqslant a > 0;$

(5) $\displaystyle\int_0^{+\infty} \frac{\sin 2y}{x+y}\mathrm{e}^{-xy}\mathrm{d}y, \quad x \in [0,a];$

(6) $\displaystyle\int_0^1 \ln(xy)\mathrm{d}y, \quad x \in \left[\frac{1}{b}, b\right](b > 1);$

(7) $\displaystyle\int_0^{+\infty} y\sin y^4 \cos xy\mathrm{d}y, \quad x \in [a,b];$

(8) $\displaystyle\int_0^1 \frac{\mathrm{d}y}{y^x}, \quad x \in (-\infty, b](b < 1).$

A2. 讨论下列含参变量积分的一致收敛性:

(1) $\displaystyle\int_{-\infty}^{+\infty} \mathrm{e}^{-(x-\alpha)^2}\mathrm{d}x, \quad$ (i) $\alpha \in (a,b),$ (ii) $\alpha \in (-\infty, +\infty);$

(2) $\displaystyle\int_0^1 x^{\alpha-1}\ln^2 x\mathrm{d}x, \quad$ (i) $\alpha \in [\alpha_0, +\infty)(\alpha_0 > 0),$ (ii) $\alpha \in (0, +\infty);$

(3) $\displaystyle\int_0^{+\infty} \frac{x\sin \alpha x}{\alpha(1 + x^2)}\mathrm{d}x, \quad \alpha \in (0, +\infty);$

(4) $\displaystyle\int_0^{+\infty} \mathrm{e}^{-\alpha x}\sin x\mathrm{d}x, \quad$ (i) $\alpha \in [\alpha_0, +\infty)(\alpha_0 > 0),$ (ii) $\alpha \in (0, +\infty).$

A3. 证明:

(1) 函数 $F(y) = \displaystyle\int_0^{+\infty} \mathrm{e}^{-(x-y)^2}\mathrm{d}x$ 在 $(-\infty, +\infty)$ 上连续;

(2) 函数 $F(y) = \displaystyle\int_1^{+\infty} \frac{\cos x\mathrm{d}x}{x^y}$ 在 $(0, +\infty)$ 上连续;

(3) 函数 $F(y) = \displaystyle\int_0^\pi \frac{\sin x\mathrm{d}x}{x^y(\pi - x)^{2-y}}$ 在 $(0, 2)$ 上连续;

(4) 函数 $F(y) = \displaystyle\int_0^{+\infty} \frac{\cos x\mathrm{d}x}{1 + (x+y)^2}$ 在 $(-\infty, +\infty)$ 上可微.

A4. 计算:

(1) $\displaystyle\int_0^{+\infty} \frac{\cos ax - \cos bx}{x^2}\mathrm{d}x \quad (0 < a < b);$

(2) $\displaystyle\int_0^{+\infty} \mathrm{e}^{-px}\frac{\cos bx - \cos ax}{x}\mathrm{d}x \quad (p > 0, 0 < a < b);$

(3) $\displaystyle\int_0^{+\infty} \frac{\mathrm{e}^{-a^2 x^2} - \mathrm{e}^{-b^2 x^2}}{x^2}\mathrm{d}x \quad (0 < a < b);$

(4) $\displaystyle\int_0^{+\infty} \mathrm{e}^{-t}\frac{\sin xt}{t}\mathrm{d}t;$

(5) $\displaystyle\int_0^{+\infty} \mathrm{e}^{-x}\frac{1 - \cos xy}{x^2}\mathrm{d}x;$

(6) $\displaystyle\int_0^{+\infty} \frac{\arctan bx - \arctan ax}{x}\mathrm{d}x \quad (b \geqslant a > 0);$

(7) $\displaystyle\int_0^{+\infty} \frac{\mathrm{d}x}{(x^2 + a^2)^{n+1}} \quad (a > 0).$ $\left(\text{提示: 利用}\displaystyle\int_0^{+\infty} \frac{\mathrm{d}x}{x^2 + a^2} = \frac{\pi}{2a}\right)$

B5. 设 $I(y) = \displaystyle\int_1^{+\infty} \frac{\arctan xy}{x^2\sqrt{x^2 - 1}}\mathrm{d}x.$ (1) 讨论 $I(y)$ 的可导性, 且求 $I'(y);$ (2) 求 $I(y).$

B6. 应用 $\displaystyle\int_0^{+\infty} \mathrm{e}^{-at^2}\mathrm{d}t = \frac{\sqrt{\pi}}{2}a^{-\frac{1}{2}}(a > 0),$ 证明:

(1) $\displaystyle\int_0^{+\infty} t^{2n}\mathrm{e}^{-at^2}\mathrm{d}t = \frac{\sqrt{\pi}}{2}\frac{1 \cdot 3 \cdot \cdots \cdot (2n-1)}{2^n}a^{-(n+\frac{1}{2})}, n \in \mathbb{N};$

(2) (Fresnel 积分) $\displaystyle\int_0^{+\infty} \sin x^2\mathrm{d}x = \int_0^{+\infty} \cos x^2\mathrm{d}x = \frac{1}{2}\sqrt{\frac{\pi}{2}}.$

B7. 证明:

$$\int_0^{+\infty} e^{-yx} \frac{\sin bx - \sin ax}{x} dx = \arctan \frac{b}{y} - \arctan \frac{a}{y}, y > 0, b > a > 0,$$

由此求出 Dirichlet 积分 $\displaystyle\int_0^{+\infty} \frac{\sin x}{x} dx$.

C8. 回答下列问题:

(1) 对极限 $\displaystyle\lim_{x \to 0+} \int_0^{+\infty} x e^{-xy} dy$ 能否进行极限与积分运算次序的交换来求解?

(2) 对 $\displaystyle\int_0^1 dy \int_0^{+\infty} (2y - 2xy^3) e^{-xy^2} dx$ 能否运用积分次序交换来求解?

(3) 对 $F(x) = \displaystyle\int_0^{+\infty} x^3 e^{-x^2 y} dy$ 能否运用积分与求导运算次序交换来求解?

C9. (含参变量瑕积分的一致收敛判别法) 设二元函数 $f(x, y)$ 定义在 $[a, b) \times Y$ 上, 且对任意 $y \in Y$, 以 b 为奇点的反常积分 $I(y) = \displaystyle\int_a^b f(x, y) dx$ 都收敛. 证明以下判别法:

(1) (Cauchy 收敛准则) 含参变量反常积分 $I(y) = \displaystyle\int_a^b f(x, y) dx$ 在 Y 上一致收敛的充分必要条件为 $\forall \varepsilon > 0$, 存在与 y 无关的正数 $\delta > 0$, 使得对任意的 $c, d \in [a, b)$, 当 $|c - d| < \delta$ 时都有 $\left| \displaystyle\int_c^d f(x, y) dx \right| < \varepsilon$ 对任意的 $y \in Y$ 成立.

(2) (比较判别法) 如果存在函数 $g(x, y)$, 使得 $|f(x, y)| \leqslant g(x, y), x \in [a, b), y \in Y$, 且 $\displaystyle\int_a^b g(x, y) dx$ 在 Y 上一致收敛, 则 $\displaystyle\int_a^b f(x, y) dx$ 在 Y 上一致收敛.

(3) (Dini 定理) 设 Y 是紧度量空间, 函数 $f(x, y)$ 在 $[a, b) \times Y$ 上连续且定号, 若 $I(y)$ 在 Y 上连续, 那么 $\displaystyle\int_a^b g(x, y) dx$ 在 Y 上一致收敛.

(4) (Abel-Dirichlet 判别法) 若 $g(x, y)$ 关于 x 单调, 且函数 $h(x, y)$ 和 $g(x, y)$ 满足以下两组条件之一, 则 $\displaystyle\int_a^b h(x, y) g(x, y) dx$ 关于 y 在 Y 上一致收敛.

(a) (Abel 判别法) $\displaystyle\int_a^b h(x, y) dx$ 关于 y 在 Y 上一致收敛, 且 $g(x, y)$ 在 $[a, b) \times Y$ 上一致有界;

(b) (Dirichlet 判别法) $\displaystyle\int_a^c h(x, y) dx$ 关于 $c \in [a, b), y \in Y$ 一致有界, 且当 $x \to b-$ 时 $g(x, y)$ 关于 $y \in Y$ 一致收敛于 0.

C10. (一致收敛的含参变量瑕积分的分析性质) 设二元函数 $f(x, y)$ 定义在 $[a, b) \times Y$ 上, 且对任意 $y \in Y$, 以 b 为奇点的反常积分 $I(y) = \displaystyle\int_a^b f(x, y) dx$ 都收敛. 证明以下分析性质:

(1) (连续性定理) 设 (Y, d) 是紧度量空间, $f(x, y)$ 在 $[a, b) \times Y$ 上连续, $\displaystyle\int_a^b f(x, y) dx$ 关于 y 在 Y 上一致收敛, 则函数 $I(y) = \displaystyle\int_a^b f(x, y) dx$ 在 Y 上连续. 即

$$\lim_{y \to y_0} \int_a^b f(x, y) dx = \int_a^b \lim_{y \to y_0} f(x, y) dx, \forall y_0 \in Y.$$

(2) (积分次序交换定理) 设 $f(x, y)$ 在 $[a, b) \times [c, d]$ 上连续, $\displaystyle\int_a^b f(x, y) dx$ 关于 $y \in [c, d]$ 一致收敛, 则函数 $I(y) = \displaystyle\int_a^b f(x, y) dx$ 在 $[c, d]$ 上可积, 且可以交换积分次序, 即

$$\int_c^d dy \int_a^b f(x, y) dx = \int_a^b dx \int_c^d f(x, y) dy.$$

(3) (积分号下求导定理)　设 Y 是区间, $f(x,y), f_y(x,y)$ 都在 $[a,b] \times Y$ 上连续, $\int_a^b f(x,y)\mathrm{d}x$ 对任意 $y \in Y$ 收敛, $\int_a^b f_y(x,y)\mathrm{d}x$ 关于 y 在 Y 上内闭一致收敛, 则函数 $I(y) = \int_a^b f(x,y)\mathrm{d}x$ 在 Y 上连续可导, 且有 $I'(y) = \int_a^b f_y(x,y)\mathrm{d}x$.

§22.3　Euler 积分

本节中, 我们将讨论两个重要的含参变量积分: Beta 函数和 Gamma 函数, 统称为 Euler 积分.

§22.3.1　Beta 函数

考虑含参变量 p, q 的反常积分

$$\int_0^1 x^{p-1}(1-x)^{q-1}\mathrm{d}x.$$

因为 0 和 1 是可能的瑕点, 将其表为

$$\int_0^1 x^{p-1}(1-x)^{q-1}\mathrm{d}x = \int_0^{\frac{1}{2}} x^{p-1}(1-x)^{q-1}\mathrm{d}x + \int_{\frac{1}{2}}^1 x^{p-1}(1-x)^{q-1}\mathrm{d}x.$$

由非负函数瑕积分的比较判别法易知, 当 $p > 0$ 时第一个积分收敛, 当 $q > 0$ 时, 第二个积分收敛, 因此, 当 $p, q > 0$ 时该含参变量积分收敛, 从而积分定义了 p, q 的二元函数, 通常称它为 **Beta 函数**, 或**第一类 Euler 积分** (Eulerian integral of first kind), 记为

$$\mathrm{B}(p,q) = \int_0^1 x^{p-1}(1-x)^{q-1}\mathrm{d}x. \tag{22.3.1}$$

下面研究 Beta 函数的性质.

性质 22.3.1 (对称性)　$\mathrm{B}(p,q) = \mathrm{B}(q,p)$.

证明　令 $x = 1 - t$, 则

$$\mathrm{B}(p,q) = \int_0^1 x^{p-1}(1-x)^{q-1}\mathrm{d}x = \int_0^1 (1-t)^{p-1}t^{q-1}\mathrm{d}t = \mathrm{B}(q,p). \qquad \square$$

性质 22.3.2 (连续性)　$\mathrm{B}(p,q)$ 在其定义域 $(0,+\infty) \times (0,+\infty)$ 内连续.

证明　对于任意固定的 $p_0 > 0, q_0 > 0$, 当 $p \geqslant p_0, q \geqslant q_0$ 时,

$$x^{p-1}(1-x)^{q-1} \leqslant x^{p_0-1}(1-x)^{q_0-1}, \quad 0 \leqslant x \leqslant 1.$$

因为 $\int_0^1 x^{p_0-1}(1-x)^{q_0-1}\mathrm{d}x$ 收敛, 由 Weierstrass 判别法, $\int_0^1 x^{p-1}(1-x)^{q-1}\mathrm{d}x$ 关于 (p,q) 在 $[p_0,+\infty) \times [q_0,+\infty)$ 上一致收敛, 由定理 22.2.5可知, $\mathrm{B}(p,q)$ 在 $[p_0,+\infty) \times [q_0,+\infty)$ 上连续.

由 $p_0 > 0, q_0 > 0$ 的任意性得知 $\mathrm{B}(p,q)$ 在 $(0,+\infty) \times (0,+\infty)$ 上连续.　$\square$

性质 22.3.3 (递推公式 (reduction formula))

$$\mathrm{B}(p,q) = \frac{q-1}{p+q-1}\mathrm{B}(p,q-1), \quad p > 0, q > 1. \tag{22.3.2}$$

证明 利用分部积分法得

$$B(p,q) = \int_0^1 x^{p-1}(1-x)^{q-1}dx = \int_0^1 \frac{1}{p}(1-x)^{q-1}dx^p$$

$$= \frac{1}{p}x^p(1-x)^{q-1}\bigg|_0^1 + \frac{q-1}{p}\int_0^1 x^p(1-x)^{q-2}dx$$

$$= \frac{q-1}{p}\left[\int_0^1 x^{p-1}(1-x)^{q-2}dx - \int_0^1 x^{p-1}(1-x)^{q-1}dx\right]$$

$$= \frac{q-1}{p}B(p,q-1) - \frac{q-1}{p}B(p,q).$$

移项整理后就得到递推公式 (22.3.2). □

由 $B(p,q)$ 的对称性并结合递推公式可得当 $p>1$, $q>1$ 时, 成立

$$B(p,q) = \frac{(p-1)(q-1)}{(p+q-1)(p+q-2)}B(p-1,q-1).$$

由 $B(p,1) = \frac{1}{p}$ 及递推公式得

$$B(p,n) = \frac{n-1}{p+n-1} \cdot \frac{n-2}{p+n-2} \cdots \frac{n-(n-1)}{p+n-(n-1)} \cdot B(p,1)$$

$$= \frac{(n-1)!}{p(p+1)\cdots(p+n-1)}.$$

特别地, 当 m,n 为正整数时, 有

$$B(m,n) = \frac{(m-1)!(n-1)!}{(m+n-1)!}. \tag{22.3.3}$$

性质 22.3.4 Beta 函数其他表示:

(1) $B(p,q) = 2\int_0^{\frac{\pi}{2}} \cos^{2p-1}t \sin^{2q-1}t dt$;

(2) $B(p,q) = \int_0^{+\infty} \frac{t^{q-1}}{(1+t)^{p+q}}dt = \int_0^1 \frac{t^{p-1}+t^{q-1}}{(1+t)^{p+q}}dt.$

证明 (1) 作变量代换 $x = \cos^2 t$, 得

$$B(p,q) = 2\int_0^{\frac{\pi}{2}} \cos^{2p-1}t \sin^{2q-1}t dt. \tag{22.3.4}$$

(2) 作变量代换 $x = \frac{1}{1+t}$ 得到

$$B(p,q) = \int_0^{+\infty} \frac{t^{q-1}}{(1+t)^{p+q}}dt. \tag{22.3.5}$$

再作变量代换 $t = \frac{1}{u}$ 得到

$$\int_1^{+\infty} \frac{t^{q-1}}{(1+t)^{p+q}}dt = \int_0^1 \frac{u^{p-1}}{(1+u)^{p+q}}du.$$

于是

$$B(p,q) = \int_0^1 \frac{t^{q-1}}{(1+t)^{p+q}}dt + \int_1^{+\infty} \frac{t^{q-1}}{(1+t)^{p+q}}dt = \int_0^1 \frac{t^{p-1}+t^{q-1}}{(1+t)^{p+q}}dt. \tag{22.3.6}$$

□

由 (1) 可得

$$B\left(\frac{1}{2}, \frac{1}{2}\right) = \pi, B\left(1, \frac{1}{2}\right) = 2. \tag{22.3.7}$$

由递推公式和式 (22.3.3), 式 (22.3.7), 对任意正整数 m, n, 可求出 $B\left(\frac{m}{2}, \frac{n}{2}\right)$ 的值.

例 22.3.1　设 $b > a$, 计算 $\displaystyle\int_a^b \frac{1}{\sqrt{(x-a)(b-x)}} \mathrm{d}x$.

解　令 $t = \dfrac{x-a}{b-a}$, 则

$$\int_a^b \frac{1}{\sqrt{(x-a)(b-x)}} \mathrm{d}x = \int_0^1 \frac{1}{\sqrt{t(1-t)}} \mathrm{d}t = B\left(\frac{1}{2}, \frac{1}{2}\right) = \pi.$$

§22.3.2　Gamma 函数

易知, 当 $s > 0$ 时, 含参变量积分 $\displaystyle\int_0^{+\infty} x^{s-1}\mathrm{e}^{-x}\mathrm{d}x$ 收敛, 由它定义的函数称为 **Gamma 函数**, 或**第二类 Euler 积分** (Eulerian integral of second kind), 记为

$$\Gamma(s) = \int_0^{+\infty} x^{s-1}\mathrm{e}^{-x}\mathrm{d}x, s \in (0, +\infty). \tag{22.3.8}$$

显然 $\Gamma(1) = 1$. 下面来讨论 Gamma 函数的性质.

性质 22.3.5 (递推公式)

$$\Gamma(s+1) = s\Gamma(s), s > 0. \tag{22.3.9}$$

证明　利用分部积分法得到

$$\begin{aligned}
\Gamma(s+1) &= \int_0^{+\infty} x^s \mathrm{e}^{-x}\mathrm{d}x = -\int_0^{+\infty} x^s \mathrm{d}\mathrm{e}^{-x} \\
&= -x^s \mathrm{e}^{-x}\Big|_0^{+\infty} + s\int_0^{+\infty} x^{s-1}\mathrm{e}^{-x}\mathrm{d}x = s\Gamma(s). \quad \square
\end{aligned}$$

特别地, 当 $s = n$ 为正整数时, 由于 $\Gamma(1) = 1$, 所以

$$\Gamma(n+1) = n\Gamma(n) = \cdots = n!\Gamma(1) = n!, \tag{22.3.10}$$

因此可以说 Gamma 函数是阶乘的推广.

性质 22.3.6 (连续可微性)　$\Gamma(s)$ 在其定义域 $(0, +\infty)$ 上任意阶连续可微.

证明　因为

$$\int_0^{+\infty} \frac{\partial}{\partial s}(x^{s-1}\mathrm{e}^{-x})\mathrm{d}x = \int_0^{+\infty} x^{s-1}\mathrm{e}^{-x}\ln x\,\mathrm{d}x,$$

对于任意闭区间 $[a, b] \subset (0, +\infty)$, 当 $s \in [a, b]$ 时成立

$$x^{s-1}\mathrm{e}^{-x}|\ln x| \leqslant x^{a-1}\mathrm{e}^{-x}|\ln x|, x \in (0, 1].$$

而 $\displaystyle\int_0^1 x^{a-1}\mathrm{e}^{-x}|\ln x|\mathrm{d}x$ 收敛, 由 Weierstrass 判别法, $\displaystyle\int_0^1 x^{s-1}\mathrm{e}^{-x}\ln x\,\mathrm{d}x$ 关于 s 在 $[a, b]$ 上一致收敛.

当 $s \in [a, b]$ 时成立

$$x^{s-1}\mathrm{e}^{-x}|\ln x| \leqslant x^{b-1}\mathrm{e}^{-x}|\ln x|, x \in [1, +\infty).$$

而 $\int_1^{+\infty} x^{b-1}\mathrm{e}^{-x}|\ln x|\mathrm{d}x$ 收敛, 由 Weierstrass 判别法知, $\int_1^{+\infty} x^{s-1}\mathrm{e}^{-x}\ln x\mathrm{d}x$ 在 $[a, b]$ 上一致收敛.

综上 $\int_0^{+\infty} x^{s-1}\mathrm{e}^{-x}\ln x\mathrm{d}x$ 关于 s 在 $(0, +\infty)$ 上内闭一致收敛, 又 $\Gamma(s)$ 在 $(0, +\infty)$ 上收敛, 于是由积分号下求导定理得 $\Gamma(s)$ 在 $(0, +\infty)$ 上连续可微, 且

$$\Gamma'(s) = \int_0^{+\infty} x^{s-1}\mathrm{e}^{-x}\ln x\mathrm{d}x, s > 0.$$

同样用类似的方法, 可进一步得到 $\Gamma(s)$ 在 $(0, +\infty)$ 上任意阶可导, 且成立

$$\Gamma^{(n)}(s) = \int_0^{+\infty} x^{s-1}\mathrm{e}^{-x}(\ln x)^n\mathrm{d}x, s > 0, \forall n \in \mathbb{N}^+. \tag{22.3.11}$$

$\square$

特别地, $\Gamma''(s) > 0$, 所以 Gamma 函数是严格凸函数.

又由于 $\Gamma(s) = \dfrac{\Gamma(s+1)}{s}$ 以及 $\Gamma(1) = 1$, 所以有

$$\lim_{s \to 0^+} \Gamma(s) = +\infty. \tag{22.3.12}$$

又因为

$$\Gamma(s) = \int_0^{+\infty} x^{s-1}\mathrm{e}^{-x}\mathrm{d}x \geqslant \int_1^{+\infty} x^{s-1}\mathrm{e}^{-x}\mathrm{d}x,$$

所以, 当 $s \geqslant 1$ 时, $\Gamma(s) \geqslant \int_1^{+\infty} \mathrm{e}^{-x}\mathrm{d}x = \mathrm{e}^{-1}$, 再由递推公式 (22.3.9) 知

$$\lim_{s \to +\infty} \Gamma(s) = +\infty. \tag{22.3.13}$$

例 22.3.2 计算 $\lim\limits_{n \to \infty} \int_0^{+\infty} \mathrm{e}^{-t^n}\mathrm{d}t$.

解 令 $x = t^n$, 则

$$\int_0^{+\infty} \mathrm{e}^{-t^n}\mathrm{d}t = \frac{1}{n}\int_0^{+\infty} x^{\frac{1}{n}-1}\mathrm{e}^{-x}\mathrm{d}x = \frac{1}{n}\Gamma\left(\frac{1}{n}\right) = \Gamma\left(\frac{1}{n}+1\right).$$

因此

$$\lim_{n \to \infty} \int_0^{+\infty} \mathrm{e}^{-t^n}\mathrm{d}t = \lim_{n \to \infty} \Gamma\left(\frac{1}{n}+1\right) = 1.$$

定理 22.3.1 $\ln\Gamma(x)$ 是凸函数.

证明 设正数 p, q 满足 $\dfrac{1}{p} + \dfrac{1}{q} = 1, x, y > 0$, 则

$$\Gamma\left(\frac{x}{p} + \frac{y}{q}\right) = \int_0^{+\infty} t^{\frac{x}{p}+\frac{y}{q}-1}\mathrm{e}^{-t}\mathrm{d}t$$

$$= \int_0^{+\infty} \left(t^{\frac{x-1}{p}} \mathrm{e}^{-\frac{t}{p}} \right) \left(t^{\frac{y-1}{q}} \mathrm{e}^{-\frac{t}{q}} \right) \mathrm{d}t.$$

因此, 由 Hölder 不等式知

$$\Gamma\left(\frac{x}{p} + \frac{y}{q} \right) \leqslant \Gamma^{\frac{1}{p}}(x) \Gamma^{\frac{1}{q}}(y),$$

两边取对数可知结论成立.　　　　　　　　　　　　　　　　　　　　　　　　□

性质 22.3.7　Gamma 函数的其他表示:

(1) 作变量代换 $x = t^2$, 得

$$\Gamma(s) = 2 \int_0^{+\infty} t^{2s-1} \mathrm{e}^{-t^2} \mathrm{d}t. \tag{22.3.14}$$

特别地,

$$\Gamma\left(\frac{1}{2} \right) = 2 \int_0^{+\infty} \mathrm{e}^{-t^2} \mathrm{d}t = \sqrt{\pi}. \tag{22.3.15}$$

由递推公式得

$$\Gamma\left(n + \frac{1}{2} \right) = \frac{(2n-1)!!}{2^n} \sqrt{\pi}. \tag{22.3.16}$$

(2) 作变量代换 $x = at (a > 0)$, 得

$$\Gamma(s) = a^s \int_0^{+\infty} t^{s-1} \mathrm{e}^{-at} \mathrm{d}t.$$

(3) 作变量代换 $x = \mathrm{e}^{-t}$, 得

$$\Gamma(p) = \int_0^1 \left(\ln \frac{1}{x} \right)^{p-1} \mathrm{d}x. \tag{22.3.17}$$

注 22.3.1 (定义域的延拓)　由于等式

$$\Gamma(s) = \frac{\Gamma(s+1)}{s}$$

的右边在 $(-1, 0)$ 上有意义, 则可以应用上式来定义左边函数 $\Gamma(s)$ 在 $(-1, 0)$ 上的值. 用同样的方法, 再利用 $\Gamma(s)$ 在 $(-1, 0)$ 上定义的值, 可以定义 $\Gamma(s)$ 在 $(-2, -1)$ 上的值. 如此继续下去, 就可以把 $\Gamma(s)$ 的定义域延拓到 $(-\infty, +\infty) \backslash \{0, -1, -2, \cdots\}$ 上.

例 22.3.3　计算 $I_n = \displaystyle\int_0^{+\infty} t^n \mathrm{e}^{-t^2} \mathrm{d}t$.

解　利用表示式 $\Gamma(s) = 2 \displaystyle\int_0^{+\infty} t^{2s-1} \mathrm{e}^{-t^2} \mathrm{d}t$, 则有

$$I_n = \frac{1}{2} \Gamma\left(\frac{n+1}{2} \right),$$

则

$$I_{2n+1} = \frac{1}{2} \Gamma(n+1) = \frac{n!}{2};$$

$$I_{2n} = \frac{1}{2} \Gamma\left(\frac{2n+1}{2} \right) = \frac{1}{2} \cdot \frac{2n-1}{2} \cdot \frac{2n-3}{2} \cdot \cdots \cdot \frac{1}{2} \cdot \Gamma\left(\frac{1}{2} \right) = \frac{(2n-1)!!}{2^{n+1}} \sqrt{\pi}.$$

例 22.3.4 计算: (1) $\displaystyle\int_0^1 \sqrt{\ln\dfrac{1}{x}}\mathrm{d}x$; (2) $\displaystyle\int_0^1 \dfrac{\mathrm{d}x}{\sqrt{\ln\dfrac{1}{x}}}$.

解 (1) $\displaystyle\int_0^1 \sqrt{\ln\dfrac{1}{x}}\mathrm{d}x = \Gamma\left(\dfrac{3}{2}\right) = \dfrac{1}{2}\Gamma\left(\dfrac{1}{2}\right) = \dfrac{\sqrt{\pi}}{2}$.

(2) $\displaystyle\int_0^1 \dfrac{\mathrm{d}x}{\sqrt{\ln\dfrac{1}{x}}} = \Gamma\left(\dfrac{1}{2}\right) = \sqrt{\pi}$.

Gama 函数满足以上的诸多性质, 而且我们可以证明, 满足以上 (部分) 性质的函数一定是 Gama 函数.

定理 22.3.2 若函数 $f:(0,+\infty) \to (0,+\infty)$ 满足: (1) $f(x+1) = xf(x)$, (2) $f(1) = 1$, (3) $\ln f(x)$ 是凸函数, 则 $f(x) = \Gamma(x)$. 且有如下 Euler-Gauss 公式成立:

$$\Gamma(x) = \lim_{n\to\infty} \frac{n^x n!}{x(x+1)\cdots(x+n)}. \tag{22.3.18}$$

证明 由条件显然得 $f(n) = \Gamma(n) = (n-1)!, n = 1,2,\cdots$.

设 $g(x) = \ln f(x)$, 则 $g(x+1) = g(x) + \ln x$, $g(1) = 0$, 故

$$g(n+1+x) = g(x) + \ln[x(x+1)\cdots(x+n)], \quad g(n+1) = \ln(n!). \tag{22.3.19}$$

由 $g(x)$ 是凸函数知, 若 $x \in (0,1]$, 则 $g(x)$ 在区间 $[n,n+1], [n+1,n+1+x], [n+1,n+2]$ 上的差商 (即割线的斜率) 是单调递增的, 因此

$$\ln n \leqslant \frac{g(n+1+x) - g(n+1)}{x} \leqslant \ln(n+1).$$

移项化简得

$$0 \leqslant g(n+1+x) - g(n+1) - x\ln n \leqslant x\ln\left(1 + \frac{1}{n}\right).$$

将式 (22.3.19) 代入上式得

$$0 \leqslant g(x) - \ln\frac{n^x n!}{x(x+1)\cdots(x+n)} \leqslant x\ln\left(1 + \frac{1}{n}\right).$$

因此

$$g(x) = \lim_{n\to\infty} \ln\frac{n^x n!}{x(x+1)\cdots(x+n)}, x \in (0,1],$$

即

$$f(x) = \lim_{n\to\infty} \frac{n^x n!}{x(x+1)\cdots(x+n)}, x \in (0,1],$$

若 $x \in (1,2]$, 则

$$f(x) = (x-1)f(x-1) = \lim_{n\to\infty} \frac{(x-1)n^{x-1}n!}{(x-1)x\cdots(x+n-1)} \cdot \frac{n}{n+x} = \lim_{n\to\infty} \frac{n^x n!}{x(x+1)\cdots(x+n)}.$$

类似可得对任意 $x > 2$, 上式成立. 因此对任意 $x > 0$, 有

$$f(x) = \lim_{n \to \infty} \frac{n^x n!}{x(x+1) \cdots (x+n)}.$$

上式右边唯一存在, 即满足条件 (1)(2)(3) 的函数唯一, 而 $\Gamma(x)$ 也满足条件 (1)(2)(3), 则 $f(x) = \Gamma(x)$, 且式 (22.3.18) 成立.　　　　□

§22.3.3　Beta 函数与 Gamma 函数的关系

定理 22.3.3 (Dirichlet 公式)　Beta 函数与 Gamma 函数之间有如下关系

$$\mathrm{B}(p, q) = \frac{\Gamma(p)\Gamma(q)}{\Gamma(p+q)}, \quad p > 0, q > 0. \tag{22.3.20}$$

证明　因为

$$\Gamma(p) = 2 \int_0^{+\infty} t^{2p-1} \mathrm{e}^{-t^2} \mathrm{d}t, \quad \Gamma(q) = 2 \int_0^{+\infty} t^{2q-1} \mathrm{e}^{-t^2} \mathrm{d}t,$$

所以, 利用化反常重积分为累次积分的方法, 得到

$$\Gamma(p)\Gamma(q) = 4 \int_0^{+\infty} s^{2p-1} \mathrm{e}^{-s^2} \mathrm{d}s \int_0^{+\infty} t^{2q-1} \mathrm{e}^{-t^2} \mathrm{d}t = 4 \iint\limits_{\Omega} s^{2p-1} \mathrm{e}^{-s^2} t^{2q-1} \mathrm{e}^{-t^2} \mathrm{d}s \mathrm{d}t.$$

其中, $\Omega = \{(s,t) | 0 \leqslant s < +\infty, 0 \leqslant t < +\infty\}$. 对上式右边的反常二重积分作极坐标变换 $s = r\cos\theta, t = r\sin\theta$, 即得到

$$\begin{aligned}
\Gamma(p)\Gamma(q) &= 4 \iint\limits_{\substack{0 \leqslant r < +\infty \\ 0 \leqslant \theta \leqslant \frac{\pi}{2}}} r^{2(p+q)-1} \mathrm{e}^{-r^2} \cos^{2p-1}\theta \sin^{2q-1}\theta \mathrm{d}r \mathrm{d}\theta \\
&= \left(2 \int_0^{\pi/2} \cos^{2p-1}\theta \sin^{2q-1}\theta \mathrm{d}\theta \right) \left(2 \int_0^{+\infty} r^{2(p+q)-1} \mathrm{e}^{-r^2} \mathrm{d}r \right) \\
&= \mathrm{B}(p,q)\Gamma(p+q).
\end{aligned}$$

整理即得式 (22.3.20).　　　　□

例 22.3.5　计算积分 $I = \displaystyle\int_0^{\frac{\pi}{2}} \sin^6 x \cos^2 x \mathrm{d}x$.

解　利用 Beta 函数的性质及 Gamma 函数的递推公式得

$$\begin{aligned}
I &= \int_0^{\frac{\pi}{2}} \sin^6 x \cos^2 x \mathrm{d}x = \frac{1}{2} \mathrm{B}\left(\frac{3}{2}, \frac{7}{2}\right) = \frac{1}{2} \frac{\Gamma\left(\frac{3}{2}\right) \Gamma\left(\frac{7}{2}\right)}{\Gamma(5)} \\
&= \frac{1}{2 \cdot 4!} \left(\frac{1}{2} \cdot \sqrt{\pi} \right) \left(\frac{5}{2} \cdot \frac{3}{2} \cdot \frac{1}{2} \cdot \sqrt{\pi} \right) = \frac{5\pi}{256}.
\end{aligned}$$

例 22.3.6　计算积分 $I = \displaystyle\int_0^1 x^5 \sqrt{1-x^3} \mathrm{d}x$.

解 作变量代换 $x^3 = t$, 得到

$$I = \int_0^1 x^5 \sqrt{1 - x^3} \mathrm{d}x = \frac{1}{3} \int_0^1 t \sqrt{1 - t} \mathrm{d}t$$

$$= \frac{1}{3} \mathrm{B}\left(2, \frac{3}{2}\right) = \frac{1}{3} \frac{\Gamma(2)\Gamma\left(\frac{3}{2}\right)}{\Gamma\left(\frac{7}{2}\right)}$$

$$= \frac{\Gamma\left(\frac{3}{2}\right)}{3 \cdot \frac{5}{2} \cdot \frac{3}{2} \cdot \Gamma\left(\frac{3}{2}\right)} = \frac{4}{45}.$$

例 22.3.7 计算 $\displaystyle\int_0^1 \frac{\mathrm{d}x}{\sqrt{1 - x^4}} \int_0^1 \frac{x^2 \mathrm{d}x}{\sqrt{1 - x^4}}$.

解 令 $t = x^4$, 则

$$\int_0^1 \frac{\mathrm{d}x}{\sqrt{1 - x^4}} \int_0^1 \frac{x^2 \mathrm{d}x}{\sqrt{1 - x^4}} = \frac{1}{16} \int_0^1 t^{-\frac{3}{4}} (1 - t)^{-\frac{1}{2}} \mathrm{d}t \int_0^1 t^{-\frac{1}{4}} (1 - t)^{-\frac{1}{2}} \mathrm{d}t$$

$$= \frac{1}{16} \mathrm{B}\left(\frac{1}{2}, \frac{1}{4}\right) \mathrm{B}\left(\frac{1}{2}, \frac{3}{4}\right) = \frac{1}{16} \frac{\Gamma\left(\frac{1}{2}\right)\Gamma\left(\frac{1}{4}\right)}{\Gamma\left(\frac{3}{4}\right)} \cdot \frac{\Gamma\left(\frac{1}{2}\right)\Gamma\left(\frac{3}{4}\right)}{\Gamma\left(\frac{5}{4}\right)}$$

$$= \frac{1}{4} \Gamma\left(\frac{1}{2}\right)^2 = \frac{\pi}{4}.$$

例 22.3.8 设 $\alpha > -1$. 计算 $\displaystyle\int_0^{\frac{\pi}{2}} \sin^\alpha x \mathrm{d}x$ 与 $\displaystyle\int_0^{\frac{\pi}{2}} \cos^\alpha x \mathrm{d}x$, 并用 Gamma 函数表示 n 维球体 $B_n(R) = \{(x_1, x_2, \cdots, x_n) | x_1^2 + x_2^2 + \cdots + x_n^2 \leqslant R^2\}$ 的体积 V_n.

解 令 $x = \frac{\pi}{2} - t$, 得

$$\int_0^{\frac{\pi}{2}} \sin^\alpha x \mathrm{d}x = \int_0^{\frac{\pi}{2}} \cos^\alpha x \mathrm{d}x.$$

利用 Beta 函数的性质得

$$\int_0^{\frac{\pi}{2}} \sin^\alpha x \mathrm{d}x = \int_0^{\frac{\pi}{2}} \cos^\alpha x \mathrm{d}x = \frac{1}{2} \mathrm{B}\left(\frac{\alpha + 1}{2}, \frac{1}{2}\right)$$

$$= \frac{1}{2} \cdot \frac{\Gamma\left(\frac{\alpha + 1}{2}\right)\Gamma\left(\frac{1}{2}\right)}{\Gamma\left(\frac{\alpha + 2}{2}\right)} = \frac{\sqrt{\pi}}{2} \cdot \frac{\Gamma\left(\frac{\alpha + 1}{2}\right)}{\Gamma\left(\frac{\alpha + 2}{2}\right)}.$$

由重积分的知识, n 维球体体积为

$$V_n = \left(\int_0^R r^{n-1} \mathrm{d}r\right) \left(\int_0^\pi \sin^{n-2} \varphi_1 \mathrm{d}\varphi_1\right) \cdots$$

$$\left(\int_0^\pi \sin^2 \varphi_{n-3}\mathrm{d}\varphi_{n-3}\right)\left(\int_0^\pi \sin\varphi_{n-2}\mathrm{d}\varphi_{n-2}\right)\left(\int_0^{2\pi}\mathrm{d}\varphi_{n-1}\right).$$

再利用以上的计算结果得

$$
\begin{aligned}
V_n &= \frac{2\pi R^n}{n}\left(\int_0^\pi \sin^{n-2}\varphi_1\mathrm{d}\varphi_1\right)\cdots\left(\int_0^\pi \sin^2\varphi_{n-3}\mathrm{d}\varphi_{n-3}\right)\left(\int_0^\pi \sin\varphi_{n-2}\mathrm{d}\varphi_{n-2}\right)\\
&= \frac{2\pi R^n}{n}\left(2\int_0^{\frac{\pi}{2}}\sin^{n-2}\varphi_1\mathrm{d}\varphi_1\right)\cdots\left(2\int_0^{\frac{\pi}{2}}\sin^2\varphi_{n-3}\mathrm{d}\varphi_{n-3}\right)\left(2\int_0^{\frac{\pi}{2}}\sin\varphi_{n-2}\mathrm{d}\varphi_{n-2}\right)\\
&= \frac{2\pi R^n}{n}\left(\sqrt{\pi}\frac{\Gamma\left(\frac{n-1}{2}\right)}{\Gamma\left(\frac{n}{2}\right)}\right)\cdots\left(\sqrt{\pi}\frac{\Gamma\left(\frac{3}{2}\right)}{\Gamma\left(\frac{4}{2}\right)}\right)\left(\sqrt{\pi}\frac{\Gamma\left(\frac{2}{2}\right)}{\Gamma\left(\frac{3}{2}\right)}\right)\\
&= \frac{2\pi R^n(\sqrt{\pi})^{n-2}}{n}\cdot\frac{\Gamma(1)}{\Gamma\left(\frac{n}{2}\right)} = \frac{(\sqrt{\pi}R)^n}{\frac{n}{2}\Gamma\left(\frac{n}{2}\right)} = \frac{(\sqrt{\pi}R)^n}{\Gamma\left(\frac{n}{2}+1\right)}.
\end{aligned}
$$

设 $S_{n-1}(R)$ 为 $\mathbb{R}^n$ 中半径为 R 的球面的面积, 由几何知识可知, $\mathrm{d}V_n(R)=S_{n-1}(R)\mathrm{d}R$, 所以由上例得

$$S_{n-1}(R) = \frac{\mathrm{d}V_n(R)}{\mathrm{d}R} = \frac{2\pi^{\frac{n}{2}}R^{n-1}}{\Gamma\left(\frac{n}{2}\right)}.$$

§22.3.4　Legendre 公式、余元公式和 Stirling 公式

定理 22.3.4 (Legendre 公式)

$$\Gamma(s)\Gamma\left(s+\frac{1}{2}\right) = \frac{\sqrt{\pi}}{2^{2s-1}}\Gamma(2s), s > 0. \tag{22.3.21}$$

证明　由于

$$
\begin{aligned}
\mathrm{B}(s,s) &= \int_0^1 x^{s-1}(1-x)^{s-1}\mathrm{d}x = \int_0^1\left[\frac{1}{4}-\left(\frac{1}{2}-x\right)^2\right]^{s-1}\mathrm{d}x\\
&= 2\int_0^{\frac{1}{2}}\left[\frac{1}{4}-\left(\frac{1}{2}-x\right)^2\right]^{s-1}\mathrm{d}x.
\end{aligned}
$$

作变量代换 $\frac{1}{2}-x=\frac{1}{2}\sqrt{t}$, 得到

$$\mathrm{B}(s,s) = \frac{1}{2^{2s-1}}\int_0^1 (1-t)^{s-1}t^{-\frac{1}{2}}\mathrm{d}t = \frac{1}{2^{2s-1}}\mathrm{B}\left(\frac{1}{2},s\right).$$

再利用 Beta 函数与 Gamma 函数的关系, 从上式得到

$$\frac{\Gamma(s)\Gamma(s)}{\Gamma(2s)} = \frac{1}{2^{2s-1}}\cdot\frac{\Gamma\left(\frac{1}{2}\right)\Gamma(s)}{\Gamma\left(s+\frac{1}{2}\right)} = \frac{1}{2^{2s-1}}\cdot\frac{\sqrt{\pi}\Gamma(s)}{\Gamma\left(s+\frac{1}{2}\right)},$$

整理后就得到 Legendre 公式.　□

定理 22.3.5 (余元公式 (complement formula))

$$\mathrm{B}(s, 1-s) = \Gamma(s)\Gamma(1-s) = \frac{\pi}{\sin(\pi s)}, 0 < s < 1. \tag{22.3.22}$$

证明 $\mathrm{B}(s, 1-s) = \Gamma(s)\Gamma(1-s)$ 由定理 22.3.3直接可得.

由 Euler-Gauss 公式, 得

$$\begin{aligned}
\Gamma(s)\Gamma(1-s) &= \lim_{n\to\infty} \frac{n(n!)^2}{s(s+1)\cdots(s+n)(1-s)(2-s)\cdots(n+1-s)} \\
&= \lim_{n\to\infty} \frac{n}{s(n+1-s)} \cdot \lim_{n\to\infty} \frac{(n!)^2}{(1-s^2)(2^2-s^2)\cdots(n^2-s^2)} \\
&= \frac{1}{s}\prod_{n=1}^{\infty} \frac{1}{1-\dfrac{s^2}{n^2}}.
\end{aligned}$$

由例 17.5.12 有

$$\sin(\pi s) = \pi s \prod_{n=1}^{\infty} \left(1 - \frac{s^2}{n^2}\right),$$

可得余元公式. $\qquad\qquad\square$

定理 22.3.6 (Stirling 公式) Gamma 函数有如下的渐进估计:

$$\Gamma(s+1) = \sqrt{2\pi s}\left(\frac{s}{\mathrm{e}}\right)^s \mathrm{e}^{\frac{\theta}{12s}}, s > 0,\ 0 < \theta < 1.$$

特别地, 当 $s = n$ 为正整数时,

$$n! = \sqrt{2\pi n}\left(\frac{n}{\mathrm{e}}\right)^n \mathrm{e}^{\frac{\theta}{12n}}, 0 < \theta < 1.$$

证明略.

例 22.3.9 计算积分 $I = \displaystyle\int_0^{+\infty} \frac{\sqrt[3]{x}}{(1+x)^3}\mathrm{d}x$.

解

$$\begin{aligned}
I &= \int_0^{+\infty} \frac{\sqrt[3]{x}}{(1+x)^3}\mathrm{d}x = \int_0^{+\infty} \frac{x^{\frac{4}{3}-1}}{(1+x)^{\frac{4}{3}+\frac{5}{3}}}\mathrm{d}x \\
&= \mathrm{B}\left(\frac{4}{3},\frac{5}{3}\right) = \frac{\Gamma\left(\dfrac{4}{3}\right)\Gamma\left(\dfrac{5}{3}\right)}{\Gamma(3)} \\
&= \frac{1}{2!}\cdot\frac{1}{3}\cdot\frac{2}{3}\Gamma\left(\frac{1}{3}\right)\Gamma\left(\frac{2}{3}\right) = \frac{1}{9}\cdot\frac{\pi}{\sin\dfrac{\pi}{3}} = \frac{2\sqrt{3}\pi}{27}.
\end{aligned}$$

例 22.3.10 计算曲线 $r^4 = \sin^5\theta\cos^3\theta$ 所围图形的面积 A.

解 由于面积微元为 $\mathrm{d}S = \dfrac{1}{2}r^2\mathrm{d}\theta$, 所以

$$\begin{aligned}
A &= 2\cdot\frac{1}{2}\int_0^{\frac{\pi}{2}} \sin^{\frac{5}{2}}\theta\cos^{\frac{3}{2}}\theta\mathrm{d}\theta = \frac{1}{2}\mathrm{B}\left(\frac{5}{4},\frac{7}{4}\right) \\
&= \frac{\Gamma\left(\dfrac{5}{4}\right)\Gamma\left(\dfrac{7}{4}\right)}{2\Gamma(3)} = \frac{3}{64}\Gamma\left(\frac{1}{4}\right)\Gamma\left(\frac{3}{4}\right) = \frac{3\sqrt{2}\pi}{64}.
\end{aligned}$$

习题 22.3

A1. 计算 $\Gamma\left(\dfrac{7}{2}\right), \Gamma\left(-\dfrac{5}{2}\right), \Gamma\left(\dfrac{2n+1}{2}\right), \Gamma\left(-\dfrac{2n-1}{2}\right), \mathrm{B}(5,6), \mathrm{B}\left(\dfrac{3}{4},2\right)$.

A2. 计算下列积分:

(1) $\displaystyle\int_0^{\frac{\pi}{2}} \sin^4 x \cos^2 x \mathrm{d}x$;

(2) $\displaystyle\int_0^{\frac{\pi}{2}} \sin^7 x \cos^3 x \mathrm{d}x$;

(3) $\displaystyle\int_0^1 \dfrac{\mathrm{d}x}{\sqrt[n]{1-x^n}}\,(n>1)$;

(4) $\displaystyle\int_0^{\frac{\pi}{2}} \sin^{2n+1} u \mathrm{d}u$;

(5) $\displaystyle\int_0^{\frac{\pi}{2}} \sin^{2n} u \mathrm{d}u$;

(6) $\displaystyle\int_0^{\pi} \dfrac{\mathrm{d}x}{\sqrt{3-\cos x}}$.

A3. 计算下列积分:

(1) $\displaystyle\int_0^{+\infty} x^m \mathrm{e}^{-x^n}\mathrm{d}x \quad (m,n>0)$;

(2) $\displaystyle\int_0^{+\infty} \dfrac{\mathrm{d}x}{1+x^3}$;

(3) $\displaystyle\int_0^{+\infty} \dfrac{\sqrt[4]{x}}{(1+x)^2}\mathrm{d}x$;

(4) $\displaystyle\int_0^{+\infty} \dfrac{x^{b-1}}{1+x^a}\mathrm{d}x \quad (a>b>0)$;

(5) $\displaystyle\int_{-\infty}^{+\infty} x^2 \mathrm{e}^{-x^2}\mathrm{d}x$;

(6) $\displaystyle\int_0^1 \ln\Gamma(x)\mathrm{d}x$.

A4. 证明下列各式:

(1) $\Gamma(a) = \displaystyle\int_0^1 \left(\ln\dfrac{1}{x}\right)^{a-1}\mathrm{d}x, a>0$;

(2) $\displaystyle\int_0^{+\infty} \dfrac{x^{a-1}}{1+x}\mathrm{d}x = \Gamma(a)\Gamma(1-a), 0<a<1$;

(3) $\displaystyle\int_0^1 x^{p-1}(1-x^r)^{q-1}\mathrm{d}x = \dfrac{1}{r}\mathrm{B}\left(\dfrac{p}{r},q\right), p>0,q>0,r>0$;

(4) $\displaystyle\int_0^{\infty} \dfrac{x^{p-1}\mathrm{d}x}{(a+bx^q)^r} = \dfrac{a^{\frac{p}{q}-r}}{qb^{\frac{p}{q}}}\mathrm{B}\left(\dfrac{p}{q}, r-\dfrac{p}{q}\right), p,q,a,b,r>0$;

(5) $\mathrm{B}(p,q) = \mathrm{B}(p+1,q) + \mathrm{B}(p,q+1)$.

A5. 计算 $\displaystyle\int_0^{+\infty} \mathrm{e}^{-x^4}\mathrm{d}x \int_0^{+\infty} x^2 \mathrm{e}^{-x^4}\mathrm{d}x$.

B6. 计算积分 $\displaystyle\int_{-\frac{\pi}{4}}^{\frac{\pi}{4}} \left(\dfrac{\cos x + \sin x}{\cos x - \sin x}\right)^t \mathrm{d}x \quad (|t|<1)$.

B7. 证明: (1) $\displaystyle\int_0^{\pi} \left(\dfrac{\sin\varphi}{1+\cos\varphi}\right)^{a-1} \dfrac{\mathrm{d}\varphi}{1+k\cos\varphi} = \dfrac{1}{1+k}\left(\sqrt{\dfrac{1+k}{1-k}}\right)^a \dfrac{\pi}{\sin\frac{a}{2}\pi}$, (其中 $0<a<2, 0<$

$k<1$);

(2) $\displaystyle\int_0^h (1-t^2)^{\frac{n-3}{2}}\mathrm{d}t \geqslant \dfrac{\sqrt{\pi}}{2} \dfrac{\Gamma\left(\dfrac{n-1}{2}\right)}{\Gamma\left(\dfrac{n}{2}\right)} h \quad (0 \leqslant h < 1, n \geqslant 3)$.

B8. (1) 设 c 是任意实数, 利用 Stirling 公式证明: $\displaystyle\lim_{x\to+\infty} \dfrac{\Gamma(x+c)}{x^c\Gamma(x)} = 1$;

(2) 利用 (1) 的结论证明: $\displaystyle\lim_{n\to n\infty} \sqrt{n}\int_{-1}^1 (1-x^2)^n \mathrm{d}x = \sqrt{\pi}$.

C9. (反常积分和极限的可交换) (1) 设 $f_n(x)$ 在 $(a,+\infty)$ 上非负连续, 且对任意 $x \in (a,+\infty)$ 关于 n 单增, $f_n(x)$ 在 $(a,+\infty)$ 上点态收敛于连续函数 $f(x)$, 反常积分 $\displaystyle\int_a^{+\infty} f(x)\mathrm{d}x$ 收敛, 证明:

$$\lim_{n\to\infty} \int_a^{+\infty} f_n(x)\mathrm{d}x = \int_a^{+\infty} f(x)\mathrm{d}x;$$

(2) 讨论 Riemann ζ 函数 $S(t) = \displaystyle\sum_{n=1}^{\infty} \dfrac{1}{n^t}$ 的收敛域;

(3) 证明: $\displaystyle\int_1^{+\infty} \dfrac{(\ln x)^{t-1}}{x(x-1)}\mathrm{d}x = \Gamma(t)S(t), t>1$;

(4) 请探讨 (1) 中 $f_n(x)$ 的单调性条件不成立时, 反常积分和极限的可交换问题.

参 考 文 献

阿黑波夫, 萨多夫尼奇, 丘巴里阔夫. 2006. 数学分析讲义. 3 版. 王昆扬译. 北京: 高等教育出版社.

常庚哲, 史济怀. 2003. 数学分析教程. 北京: 高等教育出版社.

陈纪修, 於崇华, 金路. 2004. 数学分析. 2 版. 北京: 高等教育出版社.

菲赫金哥尔茨. 1978. 微积分学教程. 叶彦谦, 路见可, 余家荣译. 北京: 人民教育出版社.

华东师范大学数学系. 2001. 数学分析. 3 版. 北京: 高等教育出版社.

江泽涵. 1978. 拓扑学引论. 上海: 上海科学技术出版社.

柯朗, 约翰. 2005. 微积分和数学分析引论 (第一卷). 张鸿林, 周民强译. 北京: 科学出版社.

李忠, 方丽萍. 2008. 数学分析教程. 北京: 高等教育出版社.

裴礼文. 2006. 数学分析中的典型问题与方法. 2 版. 北京: 高等教育出版社.

吴良森, 毛羽辉, 韩士安, 等. 2004. 数学分析学习指导书. 北京: 高等教育出版社.

谢惠民, 恽自求, 易法槐, 等. 2003. 数学分析习题课讲义. 北京: 高等教育出版社.

张福保, 薛星美, 潮小李. 2019. 数学分析讲义 (第一册). 北京: 科学出版社.

张福保, 薛星美, 潮小李. 2019. 数学分析讲义 (第二册). 北京: 科学出版社.

张福保, 薛星美, 潮小李. 2019. 数学分析讲义 (第三册). 北京: 科学出版社.

郑维行, 王声望. 2010. 实变函数与泛函分析概要. 4 版. 北京: 高等教育出版社.

周民强, 方企勤. 2014. 数学分析. 北京: 科学出版社.

卓里奇. 2019. 数学分析 (第二卷). 7 版. 李植译. 北京: 高等教育出版社.

Rudin W. 2004. 数学分析原理. 3 版. 赵慈庚, 蒋铎译. 北京: 机械工业出版社.

Conway J B. 1985. A Course in Functional Analysis. New York: Springer.

Courant R, John F. 1999. Introduction to Calculus and Analysis I. New York: Springer.

Krantz S G, Parks H R. 2002. The Implicit Function Theorem: History, Theory and Applications. New York: Springer.

Richardson D. 1969. Some undecidable problems involving elementary functions of a real variable. The Journal of Symbolic Logic, 33(4): 514-520.

Ritt J F. 1948. Integration in Finite Terms: Liouville's Theory of Elementary Methods. New York: Columbia University Press.

Strichartz R S. 2000. The Way of Analysis. Boston: Jones and Bartlett Publishers.

索　引

A

鞍点 (saddle point), 623

B

半正定 (positive semidefinite), 612

比较判别法 (comparison test), 653, 662, 682, 697

闭包 (closure), 559

闭集 (closed set), 559

边界 (boundary), 559

边界点 (boundary point), 559

变上限积分 (integral with variable upper limit), 644

不定矩阵 (indefinite matrix), 624

不动点 (fixed point), 579

不可数集 (uncountable set), 508

部分和 (partial sum), 564, 591

部分积 (partial product), 546

D

代数数 (algebraic number), 511

导集 (derived set), 559

导数 (derivative), 602

道路 (arc/curve/path), 586

道路连通 (arcwise connected/pathwise connected), 586

等度连续 (equicontinuous), 595

等价 (equivalent), 514

等价类 (equivalence class), 514

递推公式 (reduction formula), 698, 700

第二对数判别法 (second logarithmic test), 545

第二类完全椭圆积分 (complete elliptic integral of second kind), 672

度量空间 (metric space), 555

对等 (equipotent), 507

对数判别法 (logarithmic test), 535

多元凸函数 (convex function of several variables), 611

E

二次可微 (twice differentiable), 604

二阶导数 (second derivative), 604

F

发散 (divergent), 546, 650

反常重积分 (improper multiple integrals), 661

反常二重积分 (improper double integrals), 650

反常三重积分 (improper triple integrals), 661

范数 (norm), 564

分部积分公式 (formula for integration by parts), 665

分部求和公式 (formula for summation by parts), 532

分割 (partition), 629

分割的模 (norm of partition), 630

负定 (negative definite), 623

复内积空间 (complex inner product space), 567

复线性空间 (complex linear space), 567

赋范空间 (normed space), 564

G

共轭空间 (dual space), 575

勾股定理 (pythagoras theorem), 567

构成区间 (component interval), 562

孤立点 (isolated point), 559

广义积分第一中值定理 (first mean value theorem for improper integral), 640

广义原函数 (generalized primitive), 645

H

含参变量常义积分 (proper integral depending on parameter), 671

含参变量反常重积分 (improper multiple integral depending on parameter), 671

含参变量反常积分 (improper integral depending on parameter), 671, 679

含参变量重积分 (multiple integral depending on parameter), 671, 679

注: 为方便学习, 本索引给出了所有词条的英文, 尽管有些词条的英文在正文中未出现.

含参变量积分 (integral depending on parameter), 671

恒等算子 (identity operator), 569

弧长公式 (arclength formula), 635

J

积分第二中值定理 (second mean value theorem for integral), 641

积分区间可加性 (additive with respect to integral intervals), 639

基 (base), 563

基数 (cardinality), 507

极限 (limit), 576

极限点 (limit point), 522, 524, 560

奇点 (singular point), 650

奇线 (singular curve), 657

检比法 (ratio test), 534

检根法 (nth-root test), 533

简单闭曲线 (simple closed curve), 649

交换群 (Abelian group), 513

紧集 (compact set), 517, 583

紧集套定理 (theorem of nested compact sets), 585

聚点 (cluster point), 559

绝对可积 (absolutely integrable), 654

绝对可积性 (absolute integrability), 638, 654

绝对收敛 (absolute convergence), 534, 551, 564

绝对一致收敛 (absolutely uniform convergence), 683

K

开覆盖 (open cover), 583

开集 (open set), 559

开球 (open ball), 558

可导 (derivable), 602

可积 (integrable), 651

可积的第二充要条件 (second necessary and sufficient conditions for integrability), 633

可积的第三充要条件 (third necessary and sufficient conditions for integrability), 635

可积的第一充要条件 (first necessary and sufficient conditions for integrability), 632

可偏导 (partially differentiable), 609

可数集 (countable set), 508

可微映射 (differentiable mapping), 602

L

离散度量 (discrete metric), 556

离散度量空间 (discrete metric space), 556

连通集 (connected set), 585

连续可微 (continuously differentiable), 602

连续统基数 (cardinality of the continuum), 517

连续映射 (continuous mapping), 577

链式法则 (chain rule), 605

列紧集 (sequential compact set), 583

邻域 (neighborhood), 558

M

幂集 (power set), 508

N

内部 (interior), 559

内点 (interior point), 559

内积 (inner product), 565

内积空间 (inner product space), 565

逆映射定理 (inverse function theorem), 615

P

偏导数 (partial derivative), 609

Q

强保序性 (strong property of order-preserving), 637

区间套定理 (nested intervals theorem), 519

曲面上的极值 (local extrema on surface), 621

曲面上的最值 (extrema on surface), 624

确界原理 (supremum and infimum principle), 515

S

上积分 (upper integral), 631

上极限 (upper limit), 509, 523

上界 (upper bound), 512

上确界 (supremum), 512

上有界 (bounded from above), 512

实线性空间 (real linear space), 562

收敛 (convergence), 546, 576, 679

收敛列 (convergent sequence), 514, 515

收敛域 (convergence region), 679

算子范数 (norm of operator), 570

T

条件极大值 (local maximum with constraint), 622

条件极小值 (local minimum with constraint), 622

条件极值 (local extrema with constraint), 621
条件收敛 (conditional convergence), 534
条件最大值 (maximum with constraint), 624
条件最小值 (minimum with constraint), 624
条件最值 (extrema with constraint), 624
凸 (convex), 611
凸集 (convex set), 563

W

外点 (exterior point), 559
完备度量空间 (complete metric space), 557
完备赋范空间 (complete normed space), 564
微积分基本定理 (fundamental theorem of calculus), 644
维数 (dimension), 563
无穷乘积 (infinite product), 546

X

下积分 (lower integral), 631
下极限 (lower limit), 509, 523
下界 (lower bound), 512
下确界 (infimum), 513
下有界 (bounded from below), 512
线性表示 (linear representation), 562
线性泛函 (linear functional), 575
线性空间 (linear space), 562
线性算子 (linear operator), 568
线性无关 (linearly independent), 563
线性相关 (linearly dependent), 563

Y

压缩映射 (contraction mapping), 580
严格凸 (strictly convex), 611
一致连续 (uniformly continuous), 578
一致收敛 (uniform convergence), 589, 591, 680, 681
隐函数定理 (implicit function theorem), 618
映射的极限 (limit of mapping), 576
优级数判别法 (majorant series test), 592
有界 (bounded), 555
有界变差函数 (function of bounded variation), 664
有界线性算子 (bounded linear operator), 569
有限增量定理 (finite-increment theorem), 606
有限子覆盖 (finite subcover), 583
有序集 (ordered set), 512

有序域 (ordered field), 514
余元公式 (complement formula), 707
域 (field), 513
原函数 (primitive), 644

Z

张成空间 (spanning space), 562
振幅 (oscillation), 632
正定 (positive definite), 613, 623
正交 (orthogonality), 566
直径 (diameter), 555
逐点收敛 (pointwise convergence), 589, 591
逐段光滑 (piecewise smooth), 649
驻点 (critical point), 613
最大下界性 (greatest lower bound principle), 513
最大值 (maximal), 512
最小上界性 (least upper bound principle), 513
最小值 (minimal), 512

其他

第二类 Euler 积分 (Eulerian integral of second kind), 700
第一类 Euler 积分 (Eulerian integral of first kind), 698
Abel-Dirichlet 判别法 (Abel-Dirichlet test), 533, 592, 683, 697
Abel 变换 (Abel transformation), 531
Abel 判别法 (Abel test), 533, 592, 683, 697
Abel 引理 (Abel's lemma), 532
Arzela-Ascoli 定理 (Arzela-Ascoli theorem), 597
Banach 空间 (Banach space), 564
Banach 压缩映像原理 (Banach's fixed point theorem), 580
Beta 函数 (beta function), 698
Bolzano-Weierstrass 定理 (Bolzano -Weierstrass theoren), 518
Bonnet 公式 (Bonnet's formula), 641
Cantor-Heine 定理 (Cantor-Heine theorem), 587
Cauchy-Hadamard 定理 (Cauchy-Hadamard theorem), 537
Cauchy-Schwartz 不等式 (Cauchy-Schwartz inequality), 566
Cauchy 列 (Cauchy sequence), 514, 515, 557
Cauchy 判别法 (Cauchy's test), 533, 656, 662
Cauchy 收敛准则 (Cauchy convergence criterion),

515, 564, 589, 592, 682, 697

D'Alembert 判别法 (D'Alembert's test), 534

Darboux 定理 (Darboux theorem), 631

Darboux 和 (Darboux's sum), 629

Darboux 上和 (upper Darboux sum), 629

Darboux 下和 (lower Darboux sum), 629

Dini 定理 (Dini's theorem), 594, 687, 697

Dirichlet 公式 (Dirichlet formula), 704

Dirichlet 函数 (Dirichlet function), 531

Dirichlet 积分 (Dirichlet integral), 693, 697

Dirichlet 级数 (Dirichlet series), 593

Dirichlet 判别法 (Dirichlet test), 533, 592, 684, 697

Euclid 度量 (Euclidean metric), 555

Euler-Gauss 公式 (Euler-Gauss formula), 703

Euler-Poisson 积分 (Euler-Poisson integral), 660, 679, 692

Euler 积分 (Eulerian integral), 698

Fresnel 积分 (Fresnel integrals), 654, 696

Gamma 函数 (gama function), 700

Hölder 不等式 (Hölder inequality), 543

Heine-Borel 定理 (Heine-Borel theorem), 517

Heine 定理 (Heine theorem), 576

Hesse 矩阵 (Hessian matrix), 623

Hilbert 空间 (Hilbert space), 567

Jacobi 矩阵 (Jacobi matrix), 607

Jordan 曲线 (Jordan curve), 649

Lagrange 乘数法 (method of Lagrange multipliers), 622

Lagrange 函数 (Lagrange function), 622

Legendre 公式 (Legendre's formula), 706

Lipschitz 连续 (Lipschitz continuous), 578

Lipschitz 条件 (Lipschitz condition), 578

Minkowski 不等式 (Minkowski inequality), 544

Newton-Leibniz 公式 (Newton-Leibniz formula), 644, 649

Poisson 积分 (Poisson integral), 660

Rabbe 判别法 (Rabbe's test), 536

Riemann 函数 (Riemann function), 635, 645

Riemann 和 (Riemann sum), 629

Riemann 上和 (upper Riemann sum), 629

Riemann 下和 (lower Riemann sum), 629

Riemann-Stieltjes 积分 (Riemann-Stieltjes integral), 664, 670

Riemann-Stieltjes 上和 (upper Riemann-Stieltjes sum), 663

Riemann-Stieltjes 上积分 (upper Riemann-Stieltjes integral), 663

Riemann-Stieltjes 下和 (lower Riemann-Stieltjes sum), 663

Riemann-Stieltjes 下积分 (lower Riemann-Stieltjes integral), 663

Riemann ζ 函数 (Riemann ζ function), 593, 708

Stirling 公式 (Stirling's formula), 552, 554, 707

Stone-Weierstrass 定理 (Stone-Weierstrass theorem), 597

Taylor 公式 (Taylor's formula), 610

Viète 公式 (Vieta's formula), 549

Wallice 公式 (Wallice formula), 548

Weierstrass 判别法 (Weierstrass test), 592, 683

Young 不等式 (Young inequality), 542

Zermelo 选择公理 (Zermelo's axiom of choice), 509